JN423801

제4판

Introduction to Probability and Statistics

사례로 배우는

확률과 통계

민만식 지음

한티미디어

민만식

고려대학교 수학과
고려대학교 대학원 통계학과 (경제학석사)
고려대학교 대학원 통계학과 (이학박사)
수원대학교 데이터과학부 Adjunct Professor

[저서]
〈SPSS를 활용한 통계학〉, 〈선형대수학〉, 〈미적분학〉, 〈미분방정식과 미적응용〉, 〈통계수학〉, 〈행렬대수〉, 〈이산수학〉, 〈R통계학〉, 〈R확률론〉 등을 비롯해 여러 논문이 있다.

제4판
사례로 배우는 확률과 통계

발행일 2020년 3월 2일 1쇄
2022년 2월 25일 2쇄
저 자 민만식
펴낸이 김준호
펴낸곳 한티미디어 | **주 소** 서울시 마포구 동교로 23길 67 3층
등 록 제15-571호 2006년 5월 15일
전 화 02)332-7993~4 | **팩 스** 02)332-7995
마케팅 노호근 박재인 최상욱 김원국 김택성 | **관 리** 김지영 문지희
편 집 김은수 유채원
ISBN 978-89-6421-393-3 (93410)
정 가 25,000원

이 책에 대한 의견이나 잘못된 내용에 대한 수정정보는 한티미디어 홈페이지나 이메일로 알려주십시오.
독자님의 의견을 충분히 반영하도록 늘 노력하겠습니다.
홈페이지 www.hanteemedia.co.kr | **이메일** hantee@hanteemedia.co.kr

■ 이 책은 저자와 한티미디어의 독점계약에 의해 발행한 것이므로 내용, 사진, 그림 등의 전부나 일부의 무단 전재와 복제를 금합니다.
■ 파본 도서는 구입처에서 교환해 드립니다.

이 책을 집필하는데 많은 격려와 조언을 해주신 여러분께 깊은 감사의 뜻을 표하며 앞으로도 계속적인 지도 편달을 해주시기 바란다. 아울러 이 책을 보다 알차게 만들어 간행해 준 한티미디어에 감사드린다.

저자

Preface

현대사회의 모든 학문을 아우르는 통계학을 평이하

현대사회의 모든 학문 분야에서 통계학의 필요성과 그 응용이 매 농업, 생물, 의학, 심리학, 공학 등 모든 자연과학뿐만 아니라 경제, 사 등 인문사회과학 전반에 이르기까지 여러 측면에서 그 어느 때보 적 분석 방법에 대한 올바른 이해가 절실히 요구되고 있다.

이 책은 여러 학문 분야에 응용할 수 있는 통계학의 기본 지식을 로 다양한 학문을 연계, 융합하는데 기초가 되도록 하였다. 따라서 기초이론의 교과서 또는 참고서가 되도록 엮었으며, 사회 각 분야에 생들이 통계학의 기본 인식과 응용을 하려 할 때 초보적인 수리에 입 사항을 쉽게 이해할 수 있도록 서술했다.

대학에서 통계학 강의는 수학에 대하여 충분한 예비 지식을 갖지 는 경우가 많다. 통계학은 수학적인 표현 없이 전개할 수 없는 특징을 에서는 수학적인 기초가 없으면서도 통계학을 학습하는데 어려운 부 록 평이하게 설명했다. 많은 정리와 충분한 예제를 다루었으며 예비 대수학, 미분적분학의 기초 과정을 넘지 않도록 했다.

각 절의 마지막에서는 연습문제를 다양하게 수록해 학생들이 자 더욱 이해를 확실하게 하는데 도움이 되도록 하였다. 이 연습문제들 답을 첨부 했다.

이 책은 세 부분으로 나눈다. 첫 번째 부분은 1장~2장으로 자료를 기술통계를 설명했으며, 두 번째 부분은 3장~6장으로 통계학의 개념 적인 확률분포 이론을 다루었다. 세 번째 부분의 7장~8장에서는 추 으며, 9장에서는 범주형 자료분석, 10장에서는 두 개의 변수를 갖는 는 분산분석, 12장에서는 표본 조사와 실험을 해설했다.

Contents

Chapter 01

기술 통계

자료를 구성하고 요약하는 방법은 아주 다양한데 이는 크게 두 가지로 나눌 수 있다. 하나는 표이고 또 하나는 그래프 표현이다. 특히 그래프 표현은 모형이나 모양을 보고 자료 전체의 분포를 알 수 있다. 자료의 시각적 표현 방법들 중 가장 일반적인 것은 점도표, 막대그래프, 히스토그램, 그리고 줄기-잎 그림이다 모든 그래프 표현에서 그래프가 나타내는 것이 무엇인가를 확실하게 해주는 변수를 정확히 표기하는 것이 중요하다.

원자료가 주어졌을 때, 전체 모형을 알 수가 없다. 그러나 어떤 값이 더 자주 나타나고, 몇개의 이상치가 나타나고, 값들의 범위를 대충 알 수 있다. 요약과 설명, 그리고 평균값, 분포의 측정, 다양한 값들의 위치, 그리고 분포의 형태와 자료의 표현은 기술 통계학이라는 넓은 주제에 속한다.

1.1 그래프를 이용한 자료 요약

1.1.1 도수분포표

데이터가 명목형이나 순서형인 경우에 하나의 변수에 대해서 도수분포표(frequency table)를 작성할 수 있다. 이 때 각 범주에 해당하는 관측치의 개수를 세어 범주의 도수(빈도)로 놓는다. 도수분포표에는 흔히 상대도수나 누적상대도수가 같이 쓰인다. 상대도수는 각 구간의 도수를 자료의 총수로 나눈 값이고, 누적상대도수는 이의 누계이다. 장점으로 각 범주의 도수와 상대적인 비율을 쉽게 비교할 수 있다.

예제 1.1 35명의 학생이 있는 반에서, 10명이 농구를 그들이 가장 좋아하는 운동으로 꼽았고, 7명이 야구, 6명이 미식 축구, 5명이 축구, 5명이 테니스, 그리고 2명이 하키를 꼽았다고 가정하자. 이 자료들의 도수분포표를 나타내어라.

풀이

〈표 1.1〉 운동 종목에 대한 도수분포표

범주	도수	상대도수(%)
야구	7	20
농구	10	29
미식축구	6	17
하키	2	6
축구	5	14
테니스	5	14

1.1.2 점도표

점도표와 막대그래프는 특히 각 개체들이 어떤 분류에 속하는지 찾는 범주형 (또는 질적) 변수에 유용하다. 이는 수적인 값들인 양적 변수와 대비되는 것이다.

예제 1.2 35명의 학생이 있는 반에서, 10명이 농구를 그들이 가장 좋아하는 운동으로 꼽았고, 7명이 야구, 6명이 미식 축구, 5명이 축구, 5명이 테니스 그리고 2명이 하키를 꼽았다고 가정하자. 이 자료들을 점도표로 나타내어라.

풀이

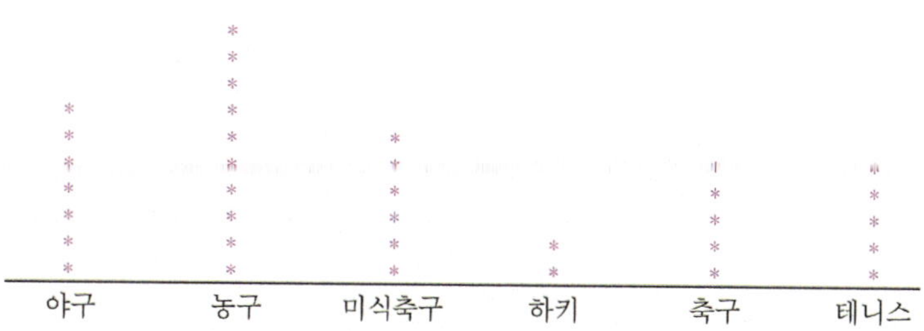

[그림 1.1] 운동 종목에 대한 도수분포표

도표의 점들의 수는 각 결과의 횟수를 나타낸다.

1.1.3 선그래프, 막대그래프

범주 또는 그룹들의 크기를 비교하는 일반적인 시각적 표현이고, 크기들은 빈도수나 퍼센트로 측정되며 다음과 같이 나열 할 수 있다.

- 선그래프 : 각 범주에 대응하는 도수 또는 상대도수 등을 수직선으로 나타낸 그림
- 막대그래프 : 각 범주에 대응하는 도수 또는 상대도수 등을 같은 폭의 수직막대로 나타낸 그림.
- 파레토 그림(Pareto chart) : 각 범주의 도수가 감소하도록 범주를 재배열한 막대그래프.

■ 장점

각 범주에 대한 도수분포표에 비하여 각 범주의 도수 또는 상대도수를 시각적으로 쉽게 비교할 수 있다.

예제 1.3 어느 화장지 회사에서 생산된 미용용 화장지 50장을 임의로 뽑아 불량품을 조사하여 불량의 종류를 알아보았더니, 구멍 뚫림이 15개, 잘못 접혀짐이 5개, 찢어짐이 22개 그리고 기타의 불량이 8개씩 있었다. 불량의 종류에 대한 막대그래프로 나타내어라.

풀이 불량이 1개씩 있는 4가지의 불량을 기타의 항목으로 묶은 후 불량의 종류를 도수의 크기 순서로 배열하면 찢어짐, 구멍 뚫림, 기타, 잘못 접혀짐, 크기 불량, 두께 불량이 된다. 크기 순서대로 배열하고 도수분포표를 만들어 4번째 열에 누적상대도수를 배치하면 다음과 같다.

〈표 1.2〉 화장지 불량품에 대한 도수분포표

불량의 종류	도수	상대도수	누적상대도수
찢어짐	22	0.44	0.44
구멍 뚫림	15	0.30	0.74
기타	8	0.16	0.90
잘못 접혀짐	5	0.10	1
합	50	1.00	

〈표 1.2〉의 도수분포표를 이용하여 히스토그램을 만들면 다음과 같이 주어진다. 그림을 보면 찢어짐, 구멍 뚫림이 전체 불량품 중에서 74% 차지하고 있고 그 이외의 불량은 소수를 차지하고 있다는 것을 알 수 있다. 따라서, 불량품을 줄이려면 먼저 앞의 2가지의 불량에 대한 원인을 찾아 해결하여야 할 것이다.

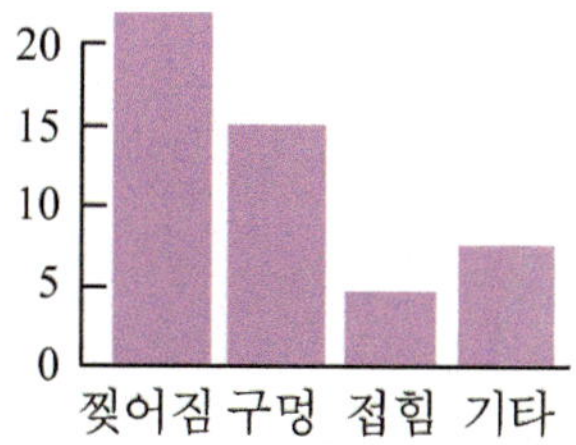

[그림 1.2] 화장지 불량품에 대한 막대그래프

1.1.4 히스토그램

히스토그램은 계급구간과 막대의 높이가 주어짐으로써 그릴 수 있는데, 막대의 높이는 상대도수를 계급구간의 폭으로 나눔으로써 구할 수 있다. 이렇게 구한 히스토그램의 전체 면적은 1이 된다. 모든 계급구간의 폭이 같으면 도수 또는 상대도수를 막대의 높이로 사용하여 그린 그림과 히스토그램과는 같은 모양이 된다. 따라서 도수나 상대도수를 막대의 높이로 사용하여 히스토그램의 모양을 얻기도 한다. 히스토그램의 유형은 [그림 1.3]과 같다.

■ 장점

도수분포표에 비하여 보다 더 시각적으로 중심의 위치와 자료가 어떠한 모양으로 흩어져 있는가에 대하여 쉽게 파악할 수 있다.

■ 단점

각 계급 안에 놓이는 자료의 정확한 측정값을 알 수 없다.

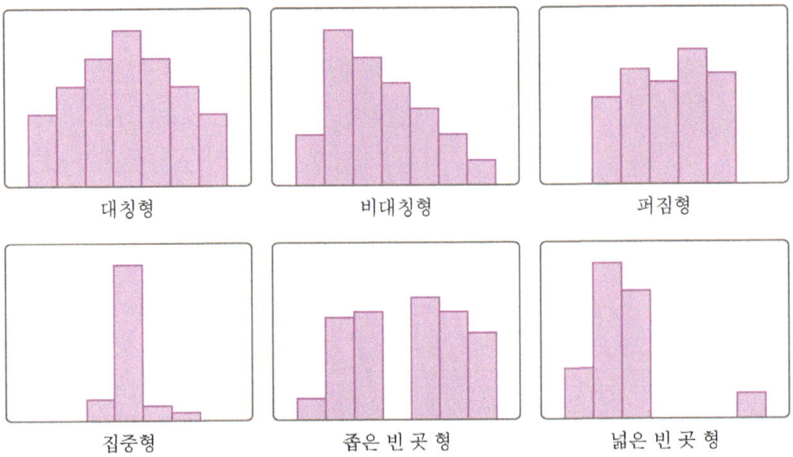

[그림 1.3] 히스토그램의 여러 가지 유형

예제 1.4 조그만 도시에 2000 가구들이 살고, 그들의 자녀의 분포는 다음과 같다. 300가구는 자녀가 없고, 400가구는 한 명, 700가구는 두 명, 300가구는 세 명, 100가구는 네 명, 100가구는 다섯 명, 그리고 100가구는 여섯 명이 있다고 가정하자. 이 자료들은 히스토그램으로 나타내어라.

풀이

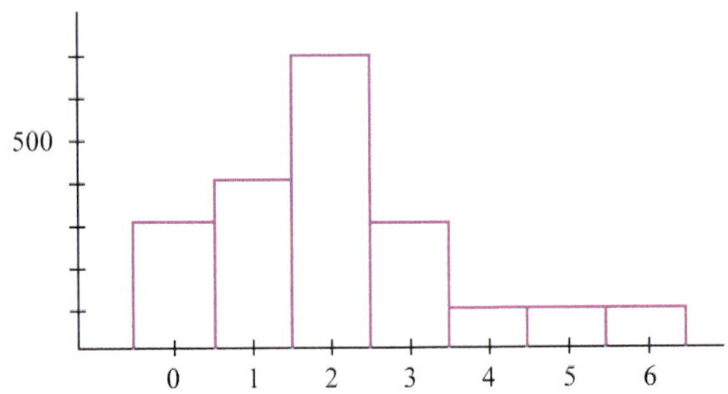

[그림 1.4] 자녀수에 대한 히스토그램

가끔, 세로축에 빈도수 라벨을 표기하는 대신, 빈도수에 전체 모집단의 수로 나눈 상대 도수를 사용하는 것이 더욱 편리하거나 더 의미 있다.

〈표 1.3〉 자녀수에 대한 도수분포표

자녀 수	도수	상대도수
0	300	300/2000 = .150
1	400	400/2000 = .200
2	700	700/2000 = .350
3	300	300/2000 = .150
4	100	100/2000 = .050
5	100	100/2000 = .050
6	100	100/2000 = .050

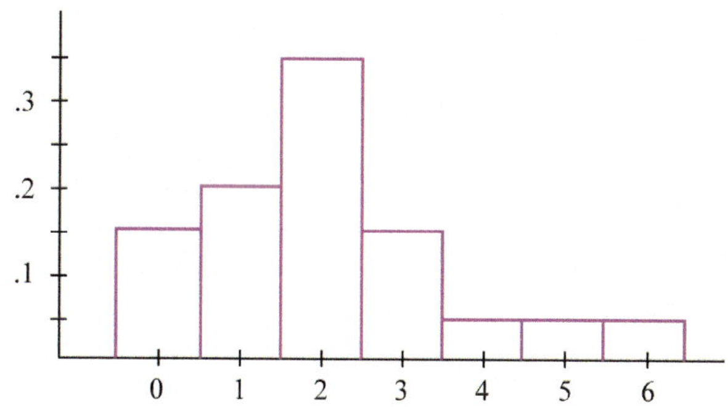

[그림 1.5] 상대도수 대한 히스토그램

히스토그램은 세로축에 빈도수가 표기되거나 상대 빈도수가 표기되거나 그 모양은 같다는 것을 유의하자.

1.1.5 집단화 자료의 도수분포표

양적자료를 적당한 크기로 집단화하여 좀 더 쉽게 이해하도록 적당한 간격으로 집단화하여 만든 도수분포표를 의미한다.

■ 장점

① 누적상대도수 즉, 분포함수가 $F(x)=0.5$가 되는 대략적인 중심의 위치를 알 수 있다.

② 대략적인 자료의 흩어진 정도 파악할 수 있다.

■ 단점

원자료의 정확한 관찰값을 알 수 없다.

※ 용어설명

- 계급(class) : 적당한 간격으로 집단화하여 나타낸 범주들
- 계급간격(class width) : 이웃하는 두 계급의 위쪽 경계에서 아래쪽 경계를 뺀 값
- 계급값(class mark) : 각 계급의 중앙에 위치한 값. $\dfrac{\text{위쪽 경계}+\text{아래쪽 경계}}{2}$

■ 도수분포표의 작성

① 표본자료의 최대값과 최소값을 찾아 (범위)=(최대값)−(최소값)을 구한다.

② 자료의 크기가 5~20 정도의 계급의 개수를 정하고, 계급의 폭은

$$(\text{범위}) \div (\text{계급의 개수})$$

를 계산하여 자료값의 최소 단위까지 끊어 올려 정한다.

③ 첫 번째 계급의 시작점은

$$(\text{최소값})-\frac{1}{2}(\text{자료값의 최소 단위})$$

로 정하며, ②에서 구한 계급의 폭에 따라 그 다음 계급을 정한다.

④ 각 계급의 상대도수 (또는 도수를 구한다.)

예제 1.5 다음의 자료는 미국 대통령 취임 나이를 기록한 것이다.

〈표 1.4〉 미국 대통령 취임 나이

7대통령	나이	대통령	나이	대통령	나이
Washington	57	Lincoln	52	Hoover	54
J. Adams	61	A. Johnson	56	F.D.Roosevelt	51
Jefferson	57	Grant	46	Truman	60
Madison	57	Hayes	54	Eisenhower	61
Monroe	58	Garfield	49	Kennedy	43
J.Q.Adams	57	Arthur	51	L.B.Johnson	55
Jackson	61	Cleveland	47	Nixon	56
Van Buren	54	B.Harrison	55	Ford	61
W.H.Harrison	68	Cleveland	55	Carter	52
Tyler	51	McKinley	54	Reagan	69
Polk	49	T. Roosevelt	42	G. Bush	64
Taylor	64	Taft	51	Clinton	46
Fillmore	50	Wilson	56	G.W.Bush	54
Pierce	48	Harding	55		
Buchanan	65	Coolidge	51		

(1) 대통령 취임 나이에 대한 도수분포표와 히스토그램을 그려라.

(2) 분포의 형태와 대표값, 범위를 써라.

(3) 나이가 가장 젊은 대통령과 나이가 가장 많은 대통령은 누구인가?

풀이 (1)

〈표 1.5〉 대통령 취임 나이에 대한 도수분포표

계급	도수	상대도수	누적도수	상대 누적도수
39.5 ~ 44.5	2	2/43=0.047, 4.7%	2	2/43=0.047, 4.7%
44.5 ~ 49.5	6	6/43=0.140, 14%	8	8/43=0.186, 18.6%
49.5 ~ 54.5	13	13/43=0.302, 30.2%	21	21/43=0.488, 48.8%
54.5 ~ 59.5	12	12/43=0.279, 27.9%	33	33/43=0.767, 76.7%
59.5 ~ 64.5	7	7/43=0.163, 16.3%	40	40/43=0.930, 93.0%
64.5 ~ 69.5	3	3/43=0.070, 7.0%	43	43/43=1.000, 100%
합	43			

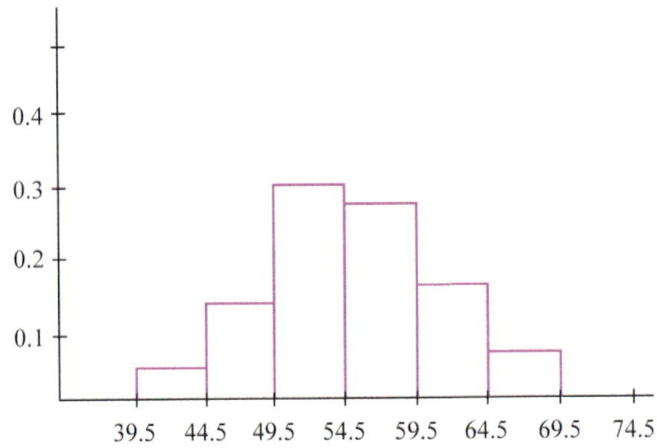

[그림 1.6] 대통령 취임나이에 대한 히스토그램

(2) 분포형태는 55세를 중심으로 대칭형태이다. 또 범위는 27세이다.

(3) 가장 젊은 대통령은 루즈벨트로 42세이고, 가장 나이가 많은 대통령은 레이건, 69세이다.

예제 1.6 금융기관 초임직원들의 연봉이 어느 정도인가를 알아보기 위해 임의로 선택된 초임직원 20명의 연봉을 조사해본 결과 다음과 같다고 하자.

33	36	37	38	39	27	30	35	26	48
40	41	41	42	45	35	24	30	40	42

금융기관 초임직원들의 연봉의 도수분포표와 상대도수와 누적상대도수및 히스토그램을 그려라.

풀이 계급의 수를 임의로 5개로 하자. 이 자료에서는 최댓값이 48, 최솟값이 24이므로 계급의 크기는 다음에 의해

$$\text{계급의 크기} = \frac{\text{최대값} - \text{최소값}}{\text{계급의 개수}}$$

$$= \frac{48-24}{5}$$

$$= 4.8 \approx 5$$

가 된다. 계급의 크기가 5이므로 계급의 경계를 24~29, 29~34, 34~39, 39~44, 44~49로 정할 수 있지만 어떤 자료도 계급간의 경계에 놓이지 않도록 하

기 위해서는 자료의 최소값보다 조금 작은 값을 경계로 선택한다. 이를 위해 보통 자료의 최소값으로부터 최소단위의 반을 뺀 값을 많이 사용하는데, 이 예에서는 자료의 최소값이 24이므로

$$24 - \frac{1}{2} \times 1 = 23.5$$

가 초기값이 된다. 따라서 계급의 크기가 5이므로 계급의 경계는 23.5~28.5, 28.5~33.5, 33.5~38.5,~ 38.5~43.5, 43.5~48.5가 되고, 어떤 자료도 계급의 경계에 놓이지 않게 된다.

각 계급에 따른 도수를 구하여 도수분포표를 작성하면 다음 [표 2-4]와 같다.

〈표 1.6〉 도수분포표

계급	도수
23.5~28.5	3
28.5~33.5	3
33.5~38.5	5
38.5~43.5	7
43.5~48.5	2
합계	20

각 계급에 속하는 도수들의 비율인 상대도수와 상대도수의 누적값인 누적상대도수를 계산하면 [표 2-5]와 같다.

〈표 1.7〉 상대도수와 누적상대도수

계급	도수	상대도수	누적상대도수
23.5~28.5	3	0.15	0.15
28.5~33.5	3	0.15	0.30
33.5~38.5	5	0.25	0.55
38.5~43.5	7	0.35	0.90
43.5~48.5	2	0.10	1.00
합계	20	1.00	

위의 표에서 상대도수를 그래프로 나타낸 것이 [그림 2-8]의 히스토그램이다.

히스토그램을 표현할 때 유의할 점은 다음과 같다.

첫째, 자료들은 계급의 경계에 놓이지 않도록 해야 한다. 그러기 위해서는 계급의 경계를 자료의 최소값보다 최소단위의 반만큼 적은 값으로 잡는 것이 좋다.

둘째, 일반적으로 모든 계급의 크기는 동일해야 한다. 그러나 많은 관측값이 좁은 구간에 들어가고 다른 관측값들은 넓게 퍼져 있다면 계급간격을 다르게 할 수도 있다. 이런 경우, 히스토그램을 효과적으로 나타내기 위해서는 계급구간의 크기를 조정해야 할 것이다.

셋째, 계급의 수는 보통 5개~ 20개로 정하지만 관측값의 수가 많고 퍼진 정도가 심할수록 수를 늘리는 것이 타당하다.

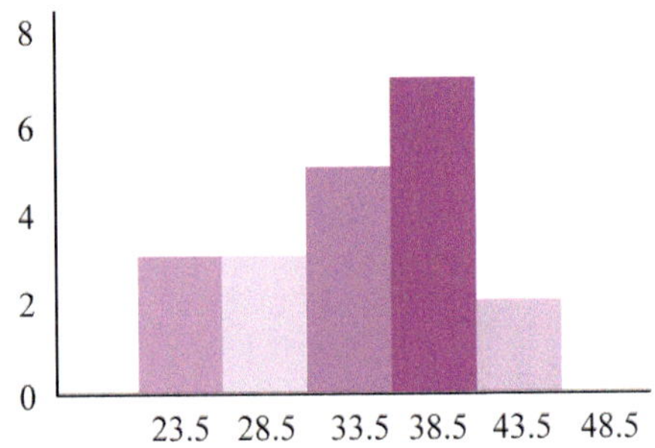

[그림 1.7] 연봉에 대한 히스토그램

1.1.6 줄기-잎 그림

히스토그램이 많은 기록들이 각 그룹이나 간격에 떨어지는지 보여주지만, 각각의 기록들의 정확한 값의 정보를 얻을 수 없다. 그 대안으로, 줄기-잎 그림이라고 불리는 그림의 표현은 각 정보를 포함한다.

■ 줄기-잎 작성 방법

① 줄기와 잎을 구분한다. 변동이 작은 부분을 줄기, 변동이 많은 부분을 잎으로 지정한다.

② 줄기 부분을 작은 수부터 순차적으로 나열하고, 잎 부분을 원자료의 관찰 순서대로 나열한다.

③ 각 잎에 있는 숫자들을 오름차순서로 재정렬한다.

예제 1.7 농구선수의 13년 경력 동안 3점 슛의 퍼센트를 나타낸 집합인 {17, 17, 18, 13, 28, 38, 31, 27, 35, 50, 43, 37, 24}을 보자. 1, 2, 3, 4, 5를 10, 20, 30, 40, 50로 대체해보자. 그 결과는 이 자료들의 줄기 도표를 나타내어라.

풀이

줄기	잎
1	7 7 8 3
2	8 7 4
3	8 1 5 7
4	3
5	0

[그림 1.8] 3점슛의 퍼센트에 대한 줄기-잎 그림

더 상세한 형태는 각 잎에 있는 숫자들을 오름차 순서로 재정렬 하여 나타낼 수 있다. 이 정렬된 표현은 본래의 도수 도표에서 더 자세한 정보를 나타낸다.

예시 1.7의 자료의 개선된 표현은 다음과 같다.

1	3 7 7 8
2	4 7 8
3	1 5 7 8
4	3
5	0

[그림 1.9] [그림 1-7]의 재배열할 줄기-잎 그림

예제 1.8 어느 집단에서 광고된 25채의 집의 가격의 집단은 {56, 89, 165, 73, 83, 145, 90, 189, 127, 77, 110, 112, 132, 120, 94, 130, 84, 65, 99, 154, 86, 120, 122, 103, 130}이라 주어졌다고 가정하자. 이 자료들로 가능한 줄기-잎 그림을 나타내어라.

풀이

줄기	잎							
50 ~ 74	56	65	73					
75 ~ 99	77	83	84	86	89	90	94	99
100 ~ 124	03	10	12	20	20	22		
125 ~ 149	27	30	30	32	45			
175 ~ 200	89							

[그림 1.10] 집가격에 대한 줄기-잎그림

줄기는 25의 간격으로 선택되었고, 잎에서 세로로 정렬하기 위해 100에서 1은 빠져있다는 것을 유의하자.

1.1.7 분포의 모양

분포는 다양한 형태로 표현된다. 어떤 특정 모형은 따로 언급할 가치가 있다.

① 대칭 분포는 대칭축에 대해 대칭인 것을 말한다. 예를 들어, 어떤 단체의 모든 사람들의 몸무게는 대개 평균에 대해 대칭 분포에 속한다.

② 분포가 높은 값으로 갈수록 멀리 그리고 얇게 퍼져있다면 이 분포는 오른쪽으로 기운 분포이다. 예를 들어, 90대의 사람들은 90세에서 99세로 갈수록 현저하게 감소하는 수로 분포한다.

③ 분포가 낮은 값으로 갈수록 멀리 그리고 얇게 퍼져있다면 이 분포는 왼쪽으로 기운 분포이다. 예를 들어, 쉬운 시험의 점수는 높은 곳에 집중적으로 분포하고 낮은 쪽에는 적게 분포한다.

④ 벨-모양의 분포는 중심이 종 모양으로 올라와 있고 기울어진 양 끝부분이 있다. 예를 들어, 일반 대중들의 IQ 점수들은 대충 100의 중심이 종모양으로 기울어진 양 끝부분을 나타낸다.

⑤ 분포의 히스토그램이 가로선이면 그 분포는 일정하다. 예를 들어, 공정한 주사위를 던져서 윗면에 몇 개의 점이 나오는 횟수는 1부터 6까지 모두 같이 일정한 분포를 나타낸다.

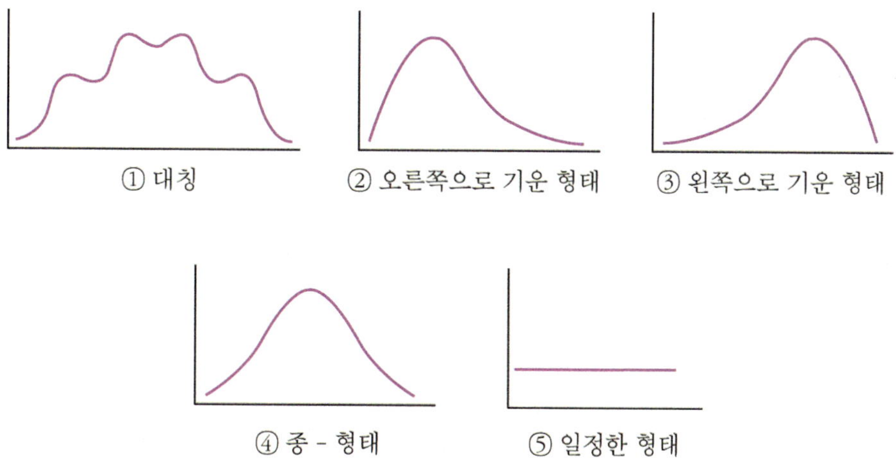

[그림 1.11] 여러 가지 분포모양의 예

기본적인 형태가 나와도 어떤 자료들은 이 형태에서 벗어나는지 확인하는 것이 중요하다.

1.2 수치를 통한 자료 요약

1.2.1 중심 측정 : 중앙값 그리고 평균값

■ 평균값

중심의 위치를 나타내는데 가장 보편적으로 사용하는 위치척도를 나타내며, 확률변수 X의 기댓값 $E(X)$가 확률분포의 중심을 나타내는 것과 동일한 의미를 갖는다.

평균은 모집단 또는 표본에서 관찰된 모든 측정값을 더하여 전체 도수로 나눈 수치를 의미한다.

전체 모집합의 평균값은 자주 그리스 문자 μ(mu)로 표기되고, 표본의 평균값은 $\overline{x}$로 자주 표기된다.

① 모평균(population mean)

$$\text{모집단의 평균} : \mu = \frac{1}{N}\sum_{i=1}^{N} x_i$$

② 표본평균(sample mean)

$$\text{표본의 평균} : \overline{x} = \frac{1}{n}\sum_{i=1}^{n} x_i$$

예를 들어, 미국에 있는 모든 가구들의 집합의 평균값은 $\mu = \$52,100$이고, 무작위로 뽑은 100가구의 평균값은 아마 $\overline{x} = \$52,100$ 또는 $\overline{x} = \$63,000$ 또는 $\overline{x} = \$124,000$일 것이다.

표본평균의 특성은 다음과 같다.

■ 장점

① 계산하기 쉽다.

② 모든 측정값을 반영한 정보를 제공한다.

③ 각 자료와 평균과의 편차의 제곱을 모두 더한 잔차제곱합(residual sum of squares : RSS)이 다른 유형의 위치척도에 비하여 작다.

■ **단점**

이상점에 큰 영향을 받는다.

예제 1.9 13개의 야구장에서 필드의 중심까지의 홈런 거리의 집합을 살펴보자. {387, 400, 400, 410, 410, 410, 414, 415, 420, 420, 421, 457, 461} 평균값은 얼마인가?

풀이 중앙값은 414이고 (414 밑으로 6개의 값이 있고 위로 6개의 값이 있다), 평균값은 $\frac{387+400+400+410+410+\dots+457+461}{13}=417.3$ feet

■ **중앙값**

중앙값이라는 단어는 "중간"이라는 뜻을 가진 라틴어 medius에서 유래된 것이다. 수집된 자료 값들은 오름차순 또는 내림차순으로 정렬할 수 있다. 자료값 들의 수가 홀수라면, 한 가운데 위치한 값이 중앙값이다. 그 수가 짝수라면 중앙값은 중간에 있는 두 개의 값을 더하여 2로 나눈 값이 된다. 중앙값은 자료의 중심부분에서 현저하게 벗어난 매우 큰 자료값 또는 매우 작은 값에 영향을 받지 않는다. 따라서 중앙값은 이상치라 불리는 극단적인 값들이 조금 의심스럽거나 이상치의 영향을 줄이길 원할 때 특히 유용한 척도이다. 자료 값들의 개수를 n이라고 하면 중앙값(Me)은 다음과 같다.

① n이 홀수일 때

$$\text{Me}=x_{\left(\frac{n+1}{2}\right)}$$

② n이 짝수일 때

$$\text{Me}=\frac{x_{\left(\frac{n}{2}\right)}+x_{\left(\frac{n}{2}+1\right)}}{2}\ (\text{단, } x_{(i)}\text{는 순서통계량})$$

■ 장점

① 어느 한 쪽으로 치우친 분포를 갖는 자료에 대하여 평균보다 좋은 중심의 위치를 나타낸다.

② 표본평균이 갖는 이상점에 대한 영향을 제거할 수 있는 중심위치의 척도를 나타낸다.

■ 단점

① 전체 자료를 크기 순으로 나열하여 중앙에 놓이는 자료를 찾아야 한다는 점에서 자료의 수가 많은 경우에 부적절하다.

② 수리적으로 다루기 매우 힘들다는 이유로 추측통계학에서 별로 사용하지 않는다.

중앙값이 기술 통계학에서 유용하나 평균값은 통계학 추론과 분석에서 가장 중요하다.

예제 1.10 한달 동안 다섯 명의 의사가 불필요한 수술을 제안한 수의 집합이 {2, 2, 8, 20, 33}으로 주어졌다고 가정해보자.

(1) 중앙값과 평균을 구하여라.

(2) 다섯 번째 의사 불필요한 수술을 추가적으로 25번 제안했다면, 중앙값과 평균값은 어떻게 영향을 받을 것인가?

풀이 (1) 중앙값은 8이고, 평균값은 $\frac{2+2+8+20+33}{5}=13$.

(2) 집합은 이제 {2, 2, 8, 20, 58}이다. 중앙값은 여전히 8이다.

평균값은 $\frac{2+2+8+20+58}{5}=18$로 바뀐다.

1.2.2 분포의 측정 : 범위, 사분위수 범위, 상자그림, 분산 그리고 표준편차

■ 범위

가장 간단하고 쉽게 변이성을 계산하는 척도는 범위(Range)이다. 가장 큰 값과 가장 작은 값의 차이를 빨리 알 수 있고, 범위는 분산에 대한 의미를 준다. 이것은 완전히 두 이상치에 의존하고 있고 중간 값들에 예민하지 않다.

범위(R)의 한 용도로는 아주 적은 항목들을 가진 표본에서 분포로 계산할 때 유용하다.

예제 1.11 집단 A : 최대값=95, 최소값=20,
집단 A : 최대값=81, 최소값=55,
이라 가정하자. 각 집단의 범위를 각각 구하고 설명하여라.

풀이 $R_A = 95 - 20 = 75$
$R_B = 81 - 55 = 26$ 이므로 집단 B에 비하여 집단 A가 폭넓게 분포되어 있다.

■ 사분위수 범위

자료를 크기 순으로 나열했을 때 전체 자료가 4등분 되는 위치의 관측값을 사분위수(quartile)라고 한다. 사분위수는 제일 작은 사분위수를 제1사분위수(Q_1), 두 번째로 작은 사분위수를 제2사분위수(Q_2), 다음 사분위수를 제3사분위수(Q_3)라 하며, 제2사분위수는 중앙값이 된다.

사분위수 범위(IQR)를 찾는 것은 범위에서 극값들의 영향을 받지 않기 위한 하나의 방법이다. 그것은 중간 50% 값들의 범위이다.

즉

$$IQR = Q_3 - Q_1$$

으로 계산한다.

이상치를 구하는데 사용되는 수적 규칙으로 만약 이상치가 $Q_1 - IQR \times 1.5$ 보다 작거나 $Q_3 + IQR \times 1.5$보다 클 때, 이상치라 부른다.

예제 1.12 한 작은 마을의 농장 크기가 다음과 같은 성질을 가지고 있다고 가정해보자. 가장 작은 값은 16.6 에이커이고, 값의 10%는 23.5 에이커, 값의 25%는 41.1 에이커, 중앙값은 57.6 에이커, 75%는 101.9 에이커, 90%는 124.0 에이커이다. 가장 큰 값은 201.7 에이커이다.

(1) 범위는 무엇인가?

(2) 사분위수 범위는 얼마인가?

(3) 수적 규칙은 이상치에 적용했을 때, 가장 작은 값 또는 가장 큰 값을 이상치라 할 수 있는가?

풀이 (1) 범위는 201.7 - 16.6 = 185.1 에이커

(2) 사분위수 범위는 101.9 - 41.1 = 60.8 에이커이다.

(3) $1.5 \times IQR = 1.5 \times 60.8 = 91.2$. 만약 한 숫자가 제1사분위수에서 91.2 만큼 작고, 제3사분위수에서 91.2보다 크다면 이상치이다. 가장 큰 값인 201.7은 101.9 + 91.2 = 193.1 보다 크기 때문에, 이는 수적 규칙에서 이상치라고 여긴다.

■ 상자 그림

줄기-잎 그림이나 히스토그램 등의 그림은 자료가 모여있는 위치나 자료의 범위 등에 관한 대략적인 정보를 한 눈에 볼 수 있게 하는 장점이 있으나 이상점에 대한 정보를 완전하게 제공하지 못한다는 단점이 있다. 상자그림(box plot)은 표본 사분위수범위를 이용하고 이런 단점은 보완하면서 자료의 흩어진 모양을 쉽게 알 수 있도록 자료를 요약한 그림을 말한다. 상자그림은 주로 사분위수가 중심이 되어 작성된다. 제 1 사분위수에서 제 3 사분위수까지를 상자로 그리고 좌우에 선을 그어 최소값, 최대값을 나타낸다. 상자

그림을 작성하는 자세한 과정은 다음과 같다. [그림 1.12]는 이해를 돕기 위하여 구성요소를 표시한 상자그림이다.

이제 다음 순서에 따라 상자 그림을 그린다.

① 자료를 크기순으로 나열하여 사분위수(Q_1, Q_2, Q_3)를 결정한다.

② Q_1과 Q_3을 네모난 상자로 연결하고, 중앙값(Q_2)의 위치에 수직선을 긋는다.

③ 사분위수범위$=Q_3-Q_1$을 계산한다.

④ 상자 양끝에서 $1.5\times IQR$ 크기의 범위를 경계로 하여, 이 범위에 포함되는 최소값과 최대값을 Q_1과 Q_3으로부터 각각 선으로 연결한다.

⑤ 양 경계를 벗어나는 자료값들을 *로 표시하고, 이 점들을 이상점이라고 한다.

다음 그림을 보면 상자그림은 상자와 상자에 붙은 선으로 이루어져 있으므로 때로는 상자-수염 그림(box-whisker plot)이라고도 한다.

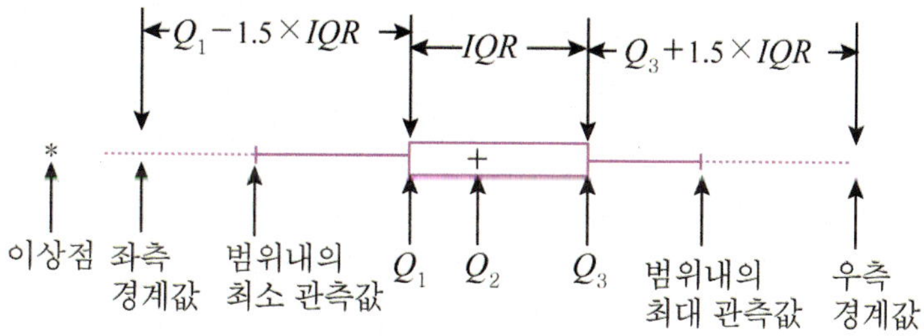

[그림 1.12] 상자그림

예제 1.13 어떤 교차로에서 교통소음 정도를 측정한 값이 아래와 같다. 측정자료를 이용하여 상자그림을 그려라.

55.9 63.8 57.2 59.8 65.7 62.7 60.8 51.3 61.8 56.0
66.9 56.8 66.2 64.6 59.5 63.1 60.6 62.0 59.4 67.2
63.6 60.5 66.8 61.8 64.8 55.8 55.7 77.1 62.1 61.0
58.9 60.0 66.9 61.7 60.3 51.5 67.0 60.2 56.2 59.4
67.9 64.9 55.7 61.4 62.6 56.4 56.4 69.4 57.6 63.8

풀이 이 자료를 크기 순서로 재배열하여 사분위수를 구한다. $Q_1 = x_{(13)} = 57.6$, $Q_2 = (x_{(25)} + x_{(26)})/2 = 61.2$, $Q_3 = x_{(38)} = 64.6$이 된다. 제 1, 제 3 사분위수로부터 상자의 아래와 위의 경계치는 각각 $Q_1 - 1.5 \times IQR =$ $= 57.6 - 10.5 = 47.1$, $Q_3 + 1.5 \times IQR = 64.6 + 10.5 = 75.1$이 된다. 관측값 77.1은 이 경계를 초과하기 때문에 해당 위치에 *로 표시하고, 이상점이라 판정한다. 이렇게 작성된 상자그림은 [그림 1.13]과 같다.

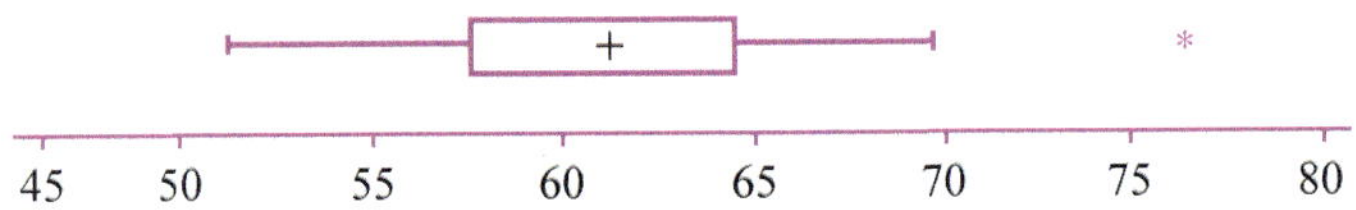

[그림 1.13] 교통소음에 대한 상자그림

■ **분산**

많은 다양한 상황에서 우리는 수많은 영향의 가능성으로 인해 평균값에서부터의 분산을 측정하려고한다. 이러한 상황들에서 올바른 방법은 평균값에서부터의 편차의 제곱들의 평균이다. 이것은 분산이라고 하고 σ^2로 표기된다.

$$\sigma^2 = \frac{\sum_{i=1}^{N} (x_i - \mu)^2}{N}$$

s^2로 표기되는 표본의 분산은 다음과 같이 계산된다.

$$s^2 = \frac{\sum_{i=1}^{n} (x_i - \overline{x})^2}{n-1}$$

예제 1.14 생산직의 직원들 일주일 평균 일하는 시간은 각각 45, 43, 41, 39, 39, 35, 37, 40, 39, 36, 37이었다. 분산은 얼마인가?

풀이

$$\mu = \frac{45+43+41+39+39+35+37+40+39+36+37}{11} = 39.2\text{시간}$$

$$\sigma^2 = \frac{(45-39.2)^2+(43-39.2)^2+\cdots(37-39.2)^2}{11} = 8.15$$

■ **표준편차**

특정 모집단의 변이성을 대표하는 값을 구하려고 한다. 따라서 분산의 제곱근을 고려해야 한다. 이 값은 표준편차라고 하며, 다음과 같이 표기한다.

$$\sigma = \sqrt{\frac{\sum_{i=1}^{N}(x_i-\mu)^2}{N}} = \sqrt{\frac{\sum_{i=1}^{N}x_i^2}{N}-\mu^2}$$

표본의 표준편차는 s로 표기되고 계산기로 계산하거나 다음과 같이 계산할 수 있다.

$$s = \sqrt{\frac{\sum_{i=1}^{n}(x_i-\overline{x})^2}{n-1}}$$

분산이 제곱 단위로 측정되는 반면, 표준편차는 자료와 같은 단위로 측정된다.

1.2.3 상대적 위치 측정 : 단순 서열, 백분위수 서열 그리고 z-위치

분포의 중심을 나타내는 값을 정하는 다양한 방법을 살펴보았다. 자료 값들의 상대적 위치에 대해서도 얘기해볼 필요가 있다. 예를 들어, 대학 원서 평가 같은 경우, 백분위 순위에 따른 상대적 위치를 나타내야 한다. 중심 경향과 변이성 모두의 측정 위치를 찾아야 하는 경우도 있다.

위치를 구할 때 알려진 3가지 중요한 절차가 있다.

① 단순 서열은 구성요소들을 어떠한 순서로 정렬하고 특정 값이 어느 순서에 해당하는지 확인하는 방법이다.
② 백분위수는 모든 값들이 어떤 비율이 특정 값 아래에 포함돼 있는지를 암시하는 방법이다.
③ z-위치는 특정한 값이 평균으로부터 얼마나 많은 표준편차로 다른지를 아주 자세하게 알려준다.

■ 단순 서열

단순 서열은 쉽게 계산할 수 있고 쉽게 이해할 수 있다. 우리는 누군가가 435명 중 2등으로 졸업을 하거나 30명이 있는 팀에서 7번째로 훌륭한 배팅 평균을 가지고 있다는 것이 무엇을 의미하는지 안다. 단순 서열은 수치가 아닌 값들과 관련된 분야에서도 유용하다. 예를 들어, 세정제는 세기의 수적인 계산없이 상대적인 세정능력에 따라 순위를 매길 수 있다.

■ 백분위수

위치의 계산을 쉽게 이해할 수 있는 또 다른 방법인 백분위수는 다른 성분의 두 위치들을 비교할 때 유용하다. 704명 중에 176등과 935명 중에 187등을 첫 번째는 75%, 두 번째는 80%의 순위를 갖는다는 정보를 가지고 더욱 쉽게 비교할 수 있다. 백분위수 서열은 정확한 모집단의 크기를 모르거나, 애매할 때 또한 유용하다. 예를 들어, 학생이 국가에서 실시하는 시험에서 아주 많은 응시자들 주에서 정확히 몇 등을 했는가를 찾기보다 90번째 백분위수를 기록했다고 하는 것이 더욱 의미가 있다고 할 수 있다.

사분위수에서, Q_1과 Q_3는 각각 나열된 선에서 제1분위 수와 제3분위 수 위에 놓여진다. 그들의 백분위수는 각각 25%와 75%이다. 앞에서 정의한 IQR은 $Q_3 - Q_1$로 정의할 수도 있다. 십분위수는 각각 나열된 선에서 10분의 1, 10분의 9 위치에 놓여있고 10%와 90%의 백분위수를 가지고 있다.

※ 제 100 × p백분위수를 구하는 방법

1. 관측값을 큰 순서로 배열한다.
2. 관측값의 개수(n)에 p를 곱한다.
   ⓐ 만약 $n\times p$가 정수이면, $n\times p$번째로 큰 관측값과 $n\times(p+1)$번째로 큰 관측값의 평균을 제 100 × p 백분위수로 한다.
   ⓑ 만약 $n\times p$가 정수가 아니면, $n\times p$에서 정수부분에서 1을 더 한 값 m을 구한 후, m번째 큰 관측값을 제 $n\times p$ 백분위수로 한다.

예제 1.15 서울의 한 전철역에서 수원의 한 전철역까지 소요되는 시간을 기록한 자료가 다음과 같다.(단위 : 분)

42 40 38 37 43 39 78 38 45 44 40 38 41 35 31 44

제 50 백분위수인 중앙값과 제 30 백분위수를 구하여라.

풀이 위의 자료를 크기순서로 재배열하면 다음과 같다.

31 35 37 38 38 38 39 40 40 41 42 43 44 44 45 78

관측값의 개수가 16이고 $16\times0.5=8$이므로 제 50 백분위수는 8번째로 큰 값과 9번째로 큰 값의 평균으로 주어진다. 그런데 주어진 자료에서 8번째와 9번째 큰 값 모두 40이므로 제 50 백분위수인 중앙값은 40이 된다. 제 30 백분위수의 경우는 $16\times0.3=4.8$이므로 제 30 백분위수의 값은 5번째 큰 값인 38로 주어지게 된다.

■ z−위치

z-위치는 분포의 중심과 분포 모두를 고려하는 위치의 측정을 말한다. 값의z-위치는 그 값이 평균으로부터 얼마의 표준편차를 가지는지를 말해준다. 수학적으로, $x-\mu$는 μ에서부터 x까지의 원래의 거리를 나타내고 이 수를 σ로 나눈것이 z−위치이다. 따라서 x는 원래 위치이고, μ는 평균값이고, σ는 표준편차일 때,

$$z=\frac{x-\mu}{\sigma}$$

이다. 만약 x 위치는 평균값 μ보다 크면, z는 양수이고, x가 μ보다 작으면, z는 음수이다.

z-위치가 주어지면, 그에 대응하는 원래의 위치를 찾을 수 있다. x를 구하는 식은 $x = \mu + z\sigma$이다.

예제 1.16 큰 도시의 휘발유의 평균 가격이 갤런 당 \$1.80이고 표준편차가 \$0.05라고 가정해보자. \$1.90의 z-값, \$1.65의 z-값, z-값 +2.2일 때 원래 값, z-위치 -1.6의 원래 값을 구하여라.

풀이 \$1.90의 z-값은 $\frac{1.90-1.80}{0.05}=+2$, \$1.65의 z-값은 $\frac{1.65-1.80}{0.05}=-3$, 원래의 값 z-값이 2.2일 때 원래의 값은 $x=1.80+2.2\times0.05=1.91$, z-값이 -1.6일 때 $x=1.80-1.6(0.05)=1.72$에 해당한다.

예제 1.17 두 자료집단의 측정값 비교와 표준점수에 의한 비교를 하고 설명하여라.

〈표 1.8〉 집단 A, B 자료

집단	측정 값
A	20, 35, 43, 28, 37, 35, 49, 28, 32, 25, 39, 29, 28, 36, 44
B	77, 80, 76, 87, 85, 71, 75, 76, 81, 87, 75, 85, 78, 79, 86

풀이
- 자료집단 A와 자료집단 B의 평균과 표준편차의 비교

$\bar{x}_A = 33.87,\quad \sigma_A = 7.84$

$\bar{x}_B = 79.87,\quad \sigma_B = 5.08$

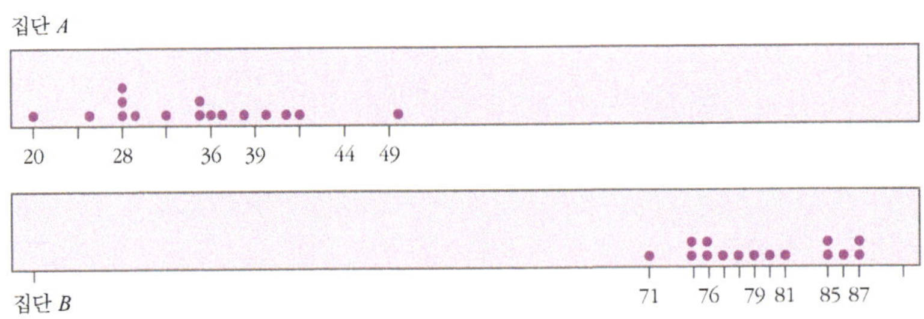

[그림 1.14] 두 집단의 절대 측정값에 대한 점도표 비교

- 결과 : 자료집단 A에 비하여 자료집단 B의 평균이 매우 클 뿐만 아니라 평균에 관한 자료의 밀집정도도 자료집단 B가 작다.

 z-점수 : $z_A = \frac{x-33.87}{7.84}$, $z_B = \frac{y-79.87}{5.08}$ 이다.

1.2.4 단위 변환의 효과

단위 변환은 달러에서 루블로, 마일에서 킬로미터로 변할 때 그 값이 달라진다. 이런 변화로 중심값과 분산의 측정이 어떻게 영향을 받는가를 알아보자.

모든 값에 변수를 더하면, 평균과 중앙값도 같은 변수만큼 증가한다. 증가한 값들 사이의 거리는 일정하게 유지되고, 따라서 범위와 표준편차도 변하지 않는다.

모든 값에 상수의 값을 곱하면, 평균, 중심값, 범위, 그리고 표준편차는 모두 그 상수만큼 배가 된다.

예제 1.18 어떤 액제의 어는점을 측정한 실험의 집합에서 평균은 섭씨 25.32에 표준편차는 섭씨 1.47°가 나왔다. 만약 모든 측정이 화씨로 변환된다면, 새로운 평균과 표준편차는 얼마인가?

풀이 $F = \frac{9}{5}C + 32$에서 새로운 평균은 $\frac{9}{5} \times 25.32 + 32 = 77.58$화씨이고 표준편차는 $\frac{9}{5} \times 1.47 = 2.65$이다.

예제 1.19 우리나라 남쪽 농장들의 크기를 측정한 결과는 평균 59.2 헥타르에 표준편차 11.2 헥타르를 나타내었다. 만약 모든 측정을 헥타르에서 (미터법)에서 에이커(1 헥타르는 2.471 에이커)로 변환시킨다면, 새로운 평균과 표준편차는 얼마인가?

풀이 1 헥타르는 2.471 에이커와 같다. 따라서 새로운 평균은 $2.471 \times 59.2 = 146.3$ 에이커이고 표준편차는 $2.471 \times 11.2 = 27.7$ 에이커이다.

연 · 습 · 문 · 제

01. 다음 자료는 헌혈자 40명의 혈액형을 나타낸 것이다.

O O A B A O A A A O B O B O O A O O A A A A AB A B A A O O A O O A A A O A O O AB

위의 자료에 대한 도수분포표를 만들어라.

02. 한 사람이 자동차를 운전하여 집 앞에 있는 신호등을 통과하는 데까지 걸린 시간을 42일 동안 측정한 결과가 다음과 같다.

5.9 5.3 1.6 7.4 9.8 1.7 8.9 1.2 2.1 4.0 6.5 7.2 7.3 8.4 8.9 6.7 9.2 2.8 4.5 6.3 7.6 9.7 9.4 8.8 3.5 1.1 4.3 3.3 3.1 1.3 8.4 1.6 8.2 6.5 4.1 3.1 1.1 5.0 9.4 6.4 7.7 2.7

(1) 도수분포표를 구하여라.

(2) (1)의 도수분포표를 이용하여 막대그림표를 그려라.

(3) 신호등을 통과하는 데 5분 이상 소요된 경우는 몇 %인가?

03. 자료는 문이 닫혀있을 때 방출되는 전자파의 양을 25개의 표본에서 측정한 결과이다.(단위 : mw/cm^2)

15 3 18 10 5 12 8 5 8 10 7 2 1 5 3 5 15 10 15 9 8 18 1 2 11

위의 자료에 대한 점도표를 그려라.

04. 중년여성의 칼슘부족에 대한 연구를 위하여, 7명의 중년여성 손뼈의 무기물 양을 잰 결과 다음과 같다.

0.90 1.06 1.06 0.79 0.85 0.91 0.96

위의 자료에 대한 점도표를 그려라.

05. 다음은 미국에 사는 도마뱀들의 속도를 측정한 결과이다.(m/초)

1.28 1.36 1.24 2.47 1.94 2.52 2.67 1.29 1.56 2.66 2.17 1.57 2.10 2.54 1.63
2.11 2.57 1.72 0.76 1.02 1.78 0.50 1.49 1.57 1.04 1.92 1.55 1.78 1.70 1.20

(1) 0.45~0.90, 0.90~1.35…의 구간을 이용하여 도수분포표를 작성하라.

(2) 히스토그램을 그려라.

06. 다음은 오일 안에 있는 철의 양에 대하여 측정한 결과이다.

20 18 25 26 17 14 20 14 18 15 22 15 17 25 22 12 52 27 24 41 34 20 17 20
19 20 16 20 15 34 22 29 29 34 27 13 6 24 47 32 12 17 36 35 41 36 32 46
30 51

줄기-잎 그림을 그려라.

07. 혈중 콜레스테롤 농도를 43명으로부터 조사하였다.

239 212 249 227 218 310 281 330 226 233 223 161 195 233 279 284 245
174 154 256 196 299 210 301 199 258 208 195 227 244 355 234 195 179
357 282 265 286 286 176
195 163 297

(1) 도수분포표를 작성하라.

(2) 히스토그램을 그리고 분포에 대해 설명하라.

08. 소음공해에 관한 규정을 새로 제정하기 위해 18개의 동력분무기의 소음을 데시벨단위로 측정해서 다음과 같은 자료를 얻었다.

95 120 117 99 110 107 125 98 85 127 105 114 103 112 92 101 122 120

위의 자료를 분석하기 위하여 점도표를 그려서 분석하라.

09. 어느 도시의 5월 1일부터 5월 31일 까지의 낮 최고기온을 재보았더니 다음과 같았다. 단위는 ℃ 이다.

15.2 11.0 16.8 23.2 14.3 21.9 22.4 20.5 15.0 17.0 12.8 21.0 27.7 28.0 18.8
16.4 14.9 20.0 23.5 23.9 24.0 13.2 13.6 24.1 25.9 30.8 26.3 32.1 29.2 31.5
28.5

(1) 계급의 수를 5개로 하여 도수분포표를 작성하라.

(2) 도수분포표를 기초로 하여 막대그림표와 꺾은선 그림표를 작성하라.

10. 싸이클 경기에 참가한 8명의 선수들은 다음과 같은 기록으로 경기를 마쳤다. (단위 : 분)

28 22 26 33 21 23 37 24

경기를 마친 기록의 평균과 중앙값을 구하여라.

11. 다음은 남부 위스콘신 주에서 수집된 인디언들의 고분의 직경 측정치이다. (단위 : 미터)

6.71 7.32 9.14 6.71 6.10 8.53 9.14 7.32 10.36 10.96 4.57 11.28

(1) 점도표를 그려라.

(2) 평균과 중앙값을 구하고 점도표 위에 그것을 표시하여라.

(3) 사분위수를 구하라.

12. 다음 자료를 가지고 문제에 답하여라.

10, 8, 16, 6

(1) 편차$(x_i - \overline{x})$를 계산하고, 합이 0이 됨을 보여라.

(2) 분산과 표준편차를 계산하라.

13. 어느 학과의 학생 40명의 시험 총점이 다음과 같다.

162 171 138 145 144 126 145 162 174 178 167 98 161 152 182 136 165
137 133 143 184 166 115 115 95 190 119 144 176 135 194 147 160 158
178 162 131 106 157 154

(1) 중앙값을 구하라.

(2) 사분위수 Q_1과 Q_3를 구하라.

14. 다음은 한 음반매장에서 베토벤 교향곡 9번 콤팩트 디스크 7장을 표본으로 하여 연주 시간을 재어 본 결과이다.(단위 : 분)

66.9 66.2 71.0 68.6 65.4 68.4 71.9

(1) 표본중앙값을 구하라.

(2) 표본평균을 구하라.

(3) 표본표준편차를 구하라.

15. 다음 자료는 30개의 동종의 연료펌프에 대한 수명 년 수를 소수 첫째 자리까지 측정한 것이다.

2.0 3.0 0.3 3.3 1.3 0.4 0.2 6.0 5.5 6.5 0.2 2.3 1.5 4.0 5.9 1.8 4.7 0.7 4.5 0.3
1.5 0.5 2.5 5.0 1.0 6.0 5.6 6.0 1.2 0.2

(1) 각각의 측정값에 대해 소수점의 왼쪽 숫자만 줄기로 사용하여 연료펌프의 수명에 대한 줄기-잎 그림을 작성하라.

(2) 상대도수분포표를 구하라.

(3) 표본평균, 표본범위, 표본표준편차를 구하라.

16. 다음 자료는 한 대학교 1학년 학생 30명의 평균 평점이다.

2.6 1.8 2.6 3.7 1.9 4.2 3.8 2.1 2.7 3.0 4.0 2.4 2.3 4.3 3.1 2.6 2.6 2.5 2.7 2.7
2.9 3.4 1.9 2.3 3.3 2.2 3.5 3.0 2.5 3.4

(1) 도수분포표를 구하여라.

(2) 막대그림표를 그려라.

(3) 평균, 중위수를 구하여라.

(4) Q_1와 Q_3를 구하여라.

(5) 상자그림을 그려라.

17. 연습문제 2에 주어진 자료를 이용하여 다음 질문에 답하여라.

(1) 줄기와 잎 그림을 그려라.

(2) 평균, 중위수, 최빈값을 구하여라.

(3) 범위, 표준편차를 구하여라.

(4) 상자그림을 그려라.

18. 20 명의 통계 클래스의 SAT 수학 점수는 다음과 같다.

> 664, 658, 610, 670, 640, 643, 675, 650, 676, 575, 660, 661, 520, 667, 668, 635, 671, 673, 645, 650.

점수의 분포는?

19. 다음은 데이터가 125개인 집단의 줄기-잎그림이다.

1	8
2	0013567789
3	01123333445666678899
4	0001112223333445667788
5	00002223333344444555666777778
	8888999999999999
6	0001112223445566778899
7	01256679
8	12

이 집단의 중앙값은?

20. 115 마리 말 색깔은 다음과 같다; 혼합모색 1, 회색 4, 밤나무색 36, 암갈색 53, 흑갈색 17, 검정색 4. 이 중 가장 적당한 시각적인 것은?

21. 두 개의 유명한 브랜드의 자동차 배터리의 한 달 수명을 비교하는 양쪽줄기-잎 그림을 통하여 옳은 진술을 구하여라.

Brand A		Brand B
	3	7
7	4	2 3 4 8 8
8 7 5 4 6	3	4 6 6 8
9 6 5 3 3 0	7	6
6 5 4 3 3 1	8	

22. 국제정책을 위한 프로그램의 응답 평균은 18%이었고, 중앙값은 15%였다. 이 응답의 분산모양은?

23. 한국 시리즈 두 번째 게임에서 10명의 선수들은 치지 못했고, 여덟 명의 선수들은 각각 한번 쳤고 한명의 선수만 세 번 넣었다. 이것의 평균과 중앙값은?

24. 데이터 집단에 이상점이 있을 때, 대표값과 변화량의 값으로 어떤 것을 더 선호하는가?

25. 한 교수님이 두 개의 통계학 반을 가르치고 있다. 기말시험에서 첫 번째 반에서 20명의 학생들은 평균 92점이고, 두 번째 반에서는 25명의 평균이 83점이다. 교수님이 그 반들을 결합할 때, 기말시험의 평균은?

26. 한 개의 분포가 평균이 180이고, 표준편차가 20이다. Q_1의 z-값이 -0.7이고, Q_3의 z-값이 0.8이라면, 이상점의 값은?

27. 2000년 각 주에 등록한 자동차는 최소 262,000(알래스카)에서 최고 16,873,000(캘리포니아)이고 중앙값은 2,329,000(아이오와)이고 사분위수는 834,000, 그리고 3/4분위수는 3,749,000이다. 2010년에는 등록대수가 462,000(버몬트)대부터 21,926,000 (캘리포니아)대였고, 중앙값은 2,649,000(오클라호마)이고 사분위수는 1,054,000, 3/4분위수는 4,444,000였다. 평행한 박스그림을 그리고 그 분포를 비교하여라. 위에서 언급한 6개의 주가 각각의 분포에서 이상점이 되는지 안 되는지를 말하여라.

Chapter 02

두 변수 자료의 요약

하나의 변수에 대한 관측 자료를 도표나 수치로 요약 정리하는 방법을 알아보았다. 그러나 조사 대상의 각 개체(sampling unit)로부터 둘 또는 그 이상의 변수들을 동시에 관측하는 경우가 많다. 이 때에 여러 개의 변수를 동시에 분석할 필요가 있다. 이 장에서는 두 변수에 관한 관측값을 도표로 요약하고 해석하는 방법을 소개한다.

2.1 분포의 비교

현실적으로 많은 통계학에서 두 모집단을 비교한다. 이러한 비교들은 두개의 집합을 동시에 보여주기 위해 점도표, 막대그래프, 줄기 분포, 상자 분포 그리고 누적 분포표와 같은 그래프 표현으로 자료를 요약한다.

■ 점 도표

예제 2.1 두 개의 체중 감량 프로그램에서 각 25명이 섭취한 칼로리를 기록은 다음과 같다.

〈표 2.1〉 프로그램 A, B에서 칼로리

- 프로그램 A : 1000, 1000, 1100, 1100, 1100, 1200, 1200, 1200, 1200, 1300, 1300, 1300, 1300, 1300, 1400, 1400, 1400, 1400, 1400, 1500, 1500, 1600, 1600, 1700, 1900
- 프로그램 B : 1000, 1100, 1100, 1200, 1200, 1200, 1300, 1300, 1300, 1400, 1400, 1400, 1400, 1500, 1500, 1500, 1500, 1500, 1600, 1600, 1600, 1700, 1700, 1800, 1800

이 자료들은 같은 가로 눈금을 이용해 점도표로 서로 비교 설명 하여라.

풀이

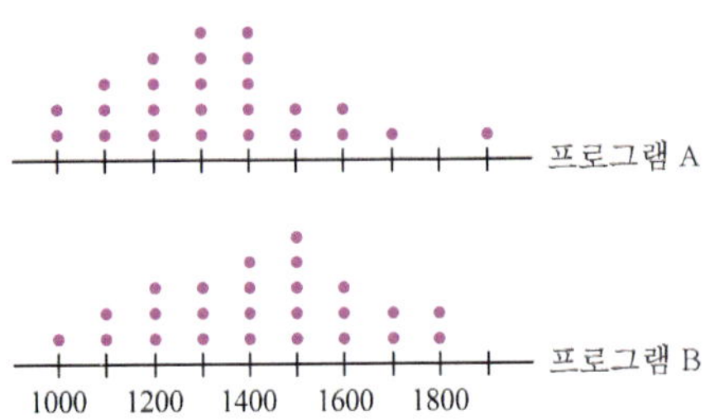

[그림 2.1] 프로그램 A,B에 대한 점도표

프로그램 A는 프로그램 B보다 더 적은 평균 칼로리 섭취량을 보였다. 모양, 중심, 그리고 분포를 비교해 보면 다음과 같다 :

- 분포모양 : 우리는 두 자료의 집합 모두 거의 벨 형태를 보이고, 프로그램 A는 19000칼로리인 이상치를 가진다(반면 프로그램 B는 이상치들이 없다).
- 대표값 : 시각적으로, 또는 점을 세어 봤을 때, 프로그램 A와 B 두 분포의 중앙값은 각각 1300, 그리고 1400칼로리이다. (평균값 $\overline{x_A}=1340$과 $\overline{x_B}=1424$이다). 어느 방법으로도 프로그램 B의 중심값이 더 높다.
- 분포 : 두 집합의 범위는 거의 같다, 프로그램 A에서는 1000에서 1900까지이고, 프로그램 B에서는 1000부터 1800까지 이다 (표준편차 $s_A=229$와 $s_B=218$이다.)

■ 막대그래프

예제 2.2 각 년도에 도시가스와 전기의 난방연료 사용량에 대한 막대그래프이다. 높이가 낮은 것이 전기 높이가 높은 것은 가스를 의미하며 비교설명하여라.

[그림 2.2] 년도별 전기와 가스에 대한 사용량 백분위수

풀이 년도별 난방연료에 대한 도수분포를 구하면 다음과 같다.

〈표 2.2〉 각 연도별 상대도수 분포표

	전기	가스	전기+가스	기타	합계
2001	0.34	0.58	0.92	0.08	1
2002	0.33	0.59	0.92	0.08	1
2003	0.32	0.60	0.92	0.08	1
2004	0.29	0.65	0.94	0.06	1
2005	0.29	0.66	0.95	0.05	1

위 표에서 전기+가스는 약간증가하며 기타 연료는 감소, 전기보다 가스 사용량이 증가하는 것을 알 수 있다.

■ 히스토그램

예제 2.3 어느 도시에서 나이와 결혼관이 다음 히스토그램과 같다. 비교분석하여라.

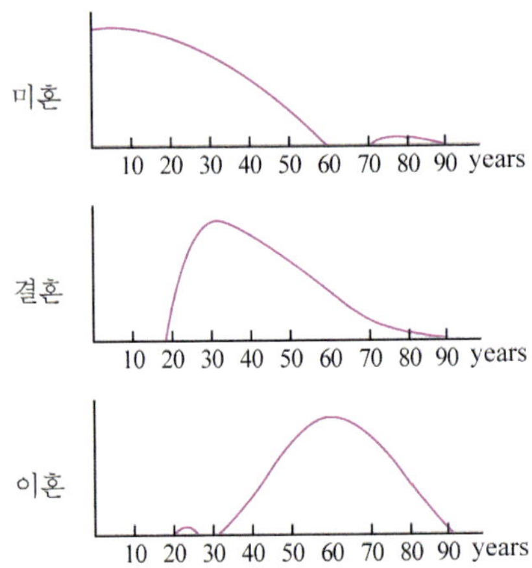

[그림 2.3] 각 결혼관에 대한 히스토그램

풀이
- 분포모양 : 미혼과 결혼한 분포는 오른쪽에 기운형태인 반면 이혼한 분포는 종모양이고 대칭형이다. 미혼은 50과 70세에 갭이 있으며 70세에서 90세에 송이를 이루고 있다. 이혼은 아마 20세에서 21세는 이상치 일 것이다.
- 중앙값 : 미혼 20세 결혼 40세 이혼 60세가 중앙값이다.
- 분포 : 범위는 각각 미혼 0~90세 결혼 18~85세 이혼 20~90세이다.

■ 줄기 잎 그림

예제 2.4 40년 간의 연구에서, 두 개의 다른 화학치료를 받고 있는 암 환자들의 생존 년 수를 측정하였다. 약품A를 치료받는 환자, 약품 B를 치료받는 환자 30명의 자료는 다음과 같다.

〈표 2.3〉 약품 A, B에대한 생존 년수

- 약품 A : 5, 10, 17, 39, 29, 25, 20, 4, 8, 31, 21, 3, 12, 11, 19, 10, 4, 22, 17, 18, 13, 28, 11, 14, 21
- 약품 B : 19, 12, 20, 28, 22, 35, 1, 21, 21, 26, 18, 28, 29, 20, 15, 32, 31, 24, 22, 26, 18, 20, 22, 35, 30, 18, 25, 24, 19, 21

약품 A와 약품B를 치료받은 환자의 생존년수를 줄기-잎 그림으로 비교분석하여라.

풀이 위 자료를 마주보는 줄기 분포로 나타내면, 우리는 줄기의 양쪽에 세로 줄을 그리고 그 오른쪽과 왼쪽에 뻗는 잎들의 집합을 정렬시킨다.

약품 B		약품 A
1	0	3 4 4 5 8
9 9 8 8 8 5 2	1	0 0 1 1 2 3 4 7 7 8 9
9 8 8 6 6 5 4 4 2 2 2 1 1 1 0 0 0	2	0 1 1 2 5 8 9
5 5 2 1 0	3	1 9

[그림 2.4] 약품 A,B에 대한 줄기 잎 그림

약품 A가 가장 오래 생존한 환자 (39년)를 보이고, 약품 B는 가장 짧게 생존한 환자 (1년)를 보이더라도, 마주보는 줄기 도표는 약품 B의 대부분의 환자들이 약품 A의 대부분의 환자들 보다 더 오래 살았다는 것을 암시한다.

모양, 중심, 그리고 분포를 비교해 보면 다음과 같다.

- 분포모양 : 두 분포 모두 거의 벨 형태를 가졌다. 약품 A의 분포는 최대값이 39년을 나타내고, 약품 B의 분포는 이상치인 최소값 1년을 나타낸다.
- 대표값 : 시각적으로 또는 값들을 세어봤을 때, 두 분포의 중앙값은 각각 17, 22이다. (평균값 $\overline{x_A}=16.48$과 $\overline{x_B}=22.73$을 가져다 준다.) 어떤 방법으로든 약품 B이 더 큰 대표값을 가지고 있다.

- 분포 : 약품 A는 3에서 39까지의 생존 년 수의 분포를 가지고 있고, 약품 B는 1에서 35가지의 생존 년 수를 가진다. (표준편차 s_A =9.25와 s_B =6.97을 가져다 준다.) 어떤 방법으로든 약품 A의 분포가 약품 B의 분포보다 더 큰 분포를 가지고 있다.

■ 상자도표

예제 2.5 **대학교 컴퓨터공학과 신입생의 키에 관한 자료에서 남녀를 구분하면 다음과 같다. 남자 신입생과 여자 신입생에 대하여 각각 상자그림을 그리고 분포를 비교, 설명하여라.**

〈표 2.4〉 신입생 키에 관한 자료

남자 :	181	170	179	183	178	171	177	174	163	167	163	173	178	170
	167	177	176	180	169	178	173	173	171	171	170	174	180	
여자 :	161	160	158	169	162	163	158	160	160	158	160	165	170	152
	158	160	160	159	162	160	167	168	166	164				

풀이 남자의 경우에는 관측값의 개수가 27이고 27×0.25 = 6.25, 27×0.5=13.5, 27×0.75=20.25이므로 관측값을 큰 순서로 배열하였을 때 제 1사분위수, 중앙값, 제 3사분위수는 각각 7번째 관측값(170), 14번째 관측값(173), 21번째 관측값(178)이 된다. 따라서 사분위수범위는 8이 된다. 그리고 경계값은 $Q_1 - 1.5 \times 8 = 158$과 $Q_3 + 1.5 \times 8 = 190$인데, 관측값이 최소값과 최대값이 각각 163과 183이므로 이상점은 없고 선의 양 끝 점은 163과 183이 된다. 여자의 경우에는 관측값의 개수가 24이고 24×0.25=6, 24×0.25=12, 24×0.75=18이므로, 제 1 사분위수, 중앙값, 제 3 분위수는 관측값을 큰 순서로 배열하였을 때 6번째 관측값과 7번째 관측값의 평균, 12번째 관측값과 13번째 관측값의 평균, 18번째 관측값과 19번째 관측값의 평균으로 주어지게 된다. 따라서, $Q_1 = 159.5$, $Q_2 = 160$, $Q_3 = 164.5$, $IQR = 5$가 된다. 그리고 경계값은 $Q_1 - 1.5 \times 5 = 167$과 $Q_3 + 1.5 \times 5 = 172$로 주어지고 모든 관측값이 이 범위 안에 있으므로 이상점은 없고 양 끝점은 관측값의 최소값과 최대값인 152와 170이 된다.

남자와 여자에 대하여 상자그림을 그리면 [그림 2.5]와 같이 된다. [그림 2.5]로부터 남자와 여자의 키의 분포를 비교할 수 있다. 먼저 남자의 키가 여자의 키보다 평균적으로 약 10cm 정도 크다는 것을 알 수 있고, 사분위수 범위는 남자의 경우가 여자의 경우보다 크지만 범위는 남자와 여자의 경우가 거의 같다는 것을 알 수 있다. 또한 남자 키의 분포는 대칭에 가까운 반면 여자 키의 분포는 제 1사분위수와 중앙값 사이에 좁게 몰려있는 모양을 하고 있다. 실제로 여자 키의 관측값을 보면 158cm와 160cm 사이에 많은 관측값이 있는 것을 알 수 있는데 이러한 사실에서 분포가 중앙값을 중심으로 대칭이 아니라 조금 작은 쪽에 집중적으로 몰려 있다는 것을 알 수 있다.

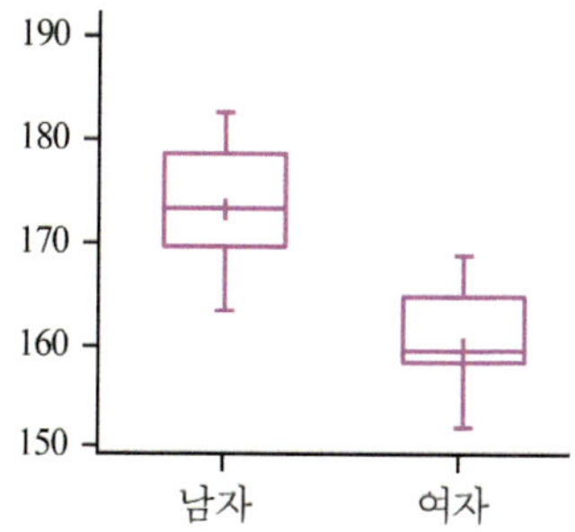

[그림 2.5] 상자그림을 통한 남자 신입생의 키와 여자 신입생의 키 비교

■ 평행한 상자도표

평행한 상자 분포는 몇 개의 분포를 비교하는 상황을 표현하는 데에 있어 유용하다.

예제 2.6 다음 평행 상자 도표는 5년 간의 어떤 특정한 주식의 가격의 오르내림을 보여준다. 상자 분포들은 어떤 특징을 보이는가?

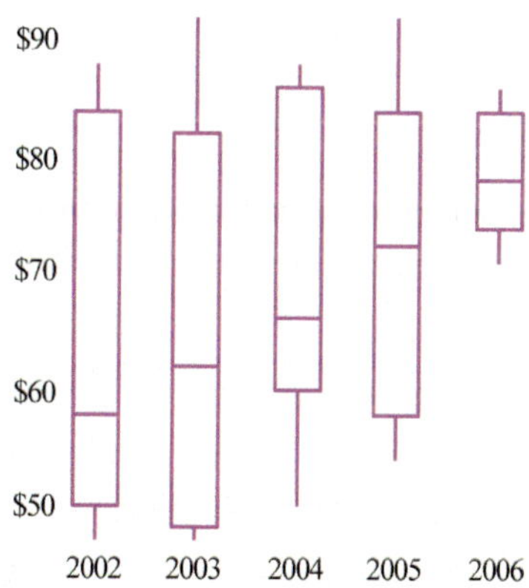

[그림 2.6] 년도별 특정한 주식 가격에 대한 상자도표]

풀이 평행 상자 도표는 매일 주식 값이 해마다 꾸준하게 올라 \$58에서 \$78까지 20달러나 오른 것을 보여준다, 제3분위 값(Q_3)은 \$84로 거의 같았고, 해마다 제1사분위수(Q_1)는 증가하고 있는 것을 알 수 있다. 그리고 사분위수 범위는 2002년에서 2005년도 까지는 거의 변함이 없다.

■ 누적 도수 분포표

예제 2.7 아래의 그래프는1980년도와 2000년도에 미국 인구와 나이를 누적 도수 분포표로 나타내 비교한 것이다.

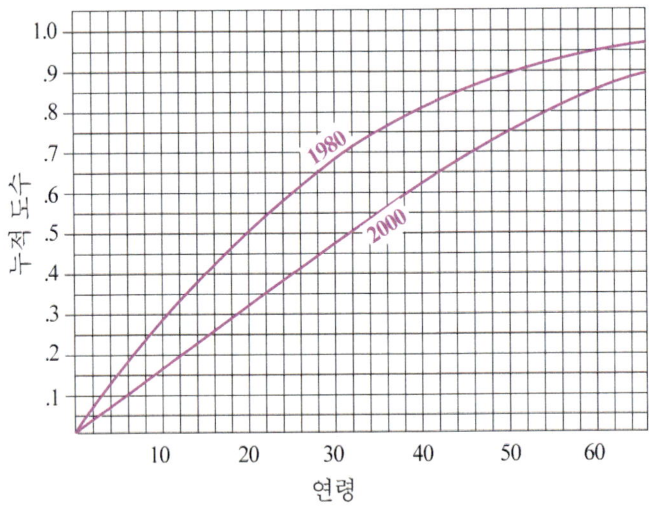

[그림 2.7] 1980년과 2000년 인구와 나이에 대한 누적도수분포표

중앙값과 사분위수들은 어떻게 비교되는가?

풀이 세로 축 .5를 따라가 보면, 우리는 1980년도에 인구의 반이 20세 미만이었고, 2000년도에는 인구의 반이 모두 32세 이상에 포함되어 있었다. 세로축 .25와 .75를 따라가 보면, 우리는 1980년도에 $Q_1 = 9$ 그리고 $Q_3 = 35$이어서 사분위수 범위는 $35 - 9 = 26$세이고, 2000년도에 $Q_1 = 16$ 그리고 $Q_3 = 50$이어서 사분위수 범위는 서열은 $50 - 16 = 34$세인 것을 볼 수 있다.

2.2 두 범주형 변수요약

두 변수가 모두 범주형에 속하는 경우, 수집된 자료는 앞 절에서 소개한 도수 분포표를 2차원으로 확장한 형태로 요약될 수 있다. 한 변수에 대한 범주는 왼쪽에, 또 다른 변수에 대한 범주는 위쪽에 표시하고, 두 변수의 범주들이 교차하는 칸(cell)마다 각 변수의 범주를 동시에 갖는 관측값들을 세어 그 칸의 도수로 삼으면 된다. 이렇게 도표로 요약된 자료를 보통 분할표(contingency table)라 부른다. 분할표에서는 필요에 따라 여러 가지 값을 각 교차하는 부분에 표시할 수 있는데 도수와 상대도수이다.

■ 도수 분할표

질적인 자료는 자주 서로 의지하는 관계일 수도 있고 아닐 수도 있는 두 분류적인 변수들을 포함한다. 이 자료들은 두 개의 방법의 분할표로 나타낼 수 있다.

예제 2.8 70세를 넘은 남자들의 혈액 콜레스테롤 수치 정도에 따라 심각하거나 또는 심각하지 않은 심장 마비로 고생하였는지 조사한 4년 연구가 뉴욕 타임즈에 실렸다. 심장 마비의 심각성은 행의 변수이고, 콜레스테롤 수치는 열의 변수이다. 이 자료들을 분석하는 하나의 방법은 각 열과 각 행의 합계를 계산하는 것이다.

〈표 2.5〉 두 변수 자료의 분할표

	낮은 콜레스테롤	중간 콜레스테롤	높은 콜레스테롤	합계
심각하지 않은 심장 발작	29	17	18	64
심각한 심장 발작	19	20	9	48
합계	48	37	27	112

주변분포를 비교 설명하여라.

풀이 이 합계들은 오른쪽과 아래에 테이블의 가장자리에 표기되고 따라서 주변 빈도라고 불린다.

이 주변 빈도들은 종종 비율 또는 퍼센트의 형태로 나타낸다. 콜레스테롤 수치의 주변 분포는

- 낮음 : $\frac{48}{112} = .429 = 42.9\%$
- 중간 : $\frac{37}{112} = .330 = 33.0\%$
- 높음 : $\frac{27}{112} = .241 = 24.1\%$

이 분포는 다음과 같이 막대그래프로 나타낼 수 있다:

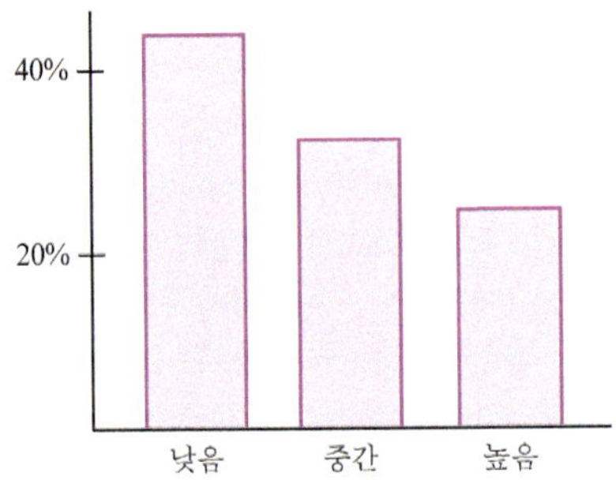

[그림 2.8] 콜레스테롤 수치에 따른 막대그래프

비슷하게, 우리는 심장 마비의 강도의 주변 분포를 찾을 수 있다:

- 심각하지 않음 : $\frac{64}{112} = .571 = 57.1\%$
- 심각함 : $\frac{48}{112} = .429 = 42.9\%$

대표적인 막대그래프는

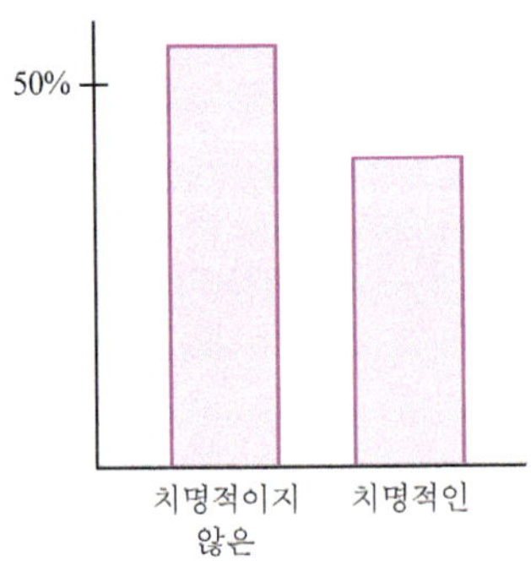

[그림 2.9] 심장 발작 수준에 따른 막대그래프

■ 조건부 상대도수 분할표

위에서 설명하고 계산한 주변 분포는 두 분류적 변수의 관계를 설명하거나 측정하지 않는다. 이를 위해 우리는 주변에 있는 합계만 볼 것이 아니라 분할표에 있는 정보를 알아야 한다.

예제 2.9 탈모가 신체 용적 지수와 관련이 있을까? 769명을 대상으로 한 연구(미국 의학 연구 잡지, 1993년 2월 24일 페이지 1000)는 다음과 같은 수를 나타낸다. 분석은 먼저 이 전에 했던 것과 같이 열과 행의 합계를 찾는다.

〈표 2.6〉 두 변수 자료의 분할표

		탈모 형태			
		이상 없음	이마	정수리	
신체 용적 지수	<25	137	22	40	199
	25~28	218	34	67	319
	>28	153	30	68	251
		508	86	175	769

우리는 신체 용적 지수에 따라 머리가 빠지는 패턴을 예측하는 것에 관심을 가지고, 그래서 우리는 각각의 행을 본다. 용적지수에 대한 상대도수 분포표와 막대그래프를 그려라.

풀이 신체 용적 지수에서 25보다 적은 199명의 남자가 머리 빠지는 패턴이 있는 비율 또는 확률은 다음과 같다.

- 없음 : $\frac{137}{199} = .688 = 68.8\%$
- 이마 : $\frac{22}{199} = .111 = 11.1\%$
- 정수리 : $\frac{40}{199} = .201 = 21.1\%$

이 조건부 상대도수를 각 부분이 이것의 상대도수에 맞는 길이를 가지는 막대그래프와 각 부분을 하나의 막대그래프에 나타내는 막대그래프로 나누어 나타낼 수 있다.

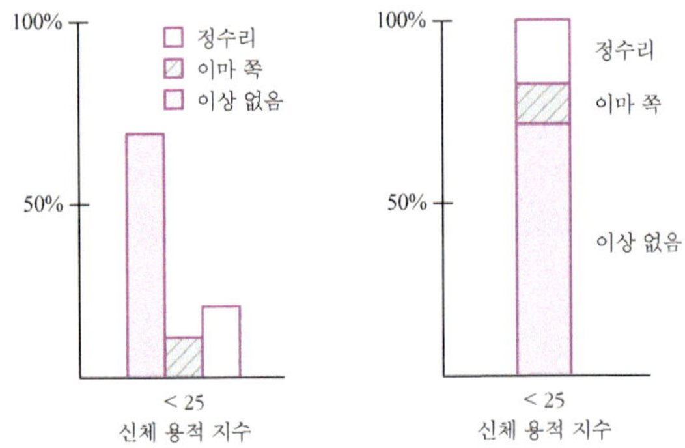

[그림 2.10] 신체용적지수가 25이하인 막대그래프

비슷하게, 신체 용적 지수에서 25와 28 사이인 남자 319명의 조건부 상대 도수는

- 없음 : $\frac{218}{319} = .683 = 68.3\%$
- 이마 : $\frac{34}{319} = .107 = 10.7\%$
- 정수리 : $\frac{67}{319} = .210 = 21.0\%$

신체 용적 지수의28보다 높은 남자 251명에게서는

- 없음 : $\frac{163}{251} = .610 = 61.0\%$
- 이마 : $\frac{30}{251} = .120 = 12.0\%$
- 정수리 : $\frac{68}{251} = .271 = 27.1\%$

다음 두 막대그래프 모두는 좋은 시각적 그림들이다.

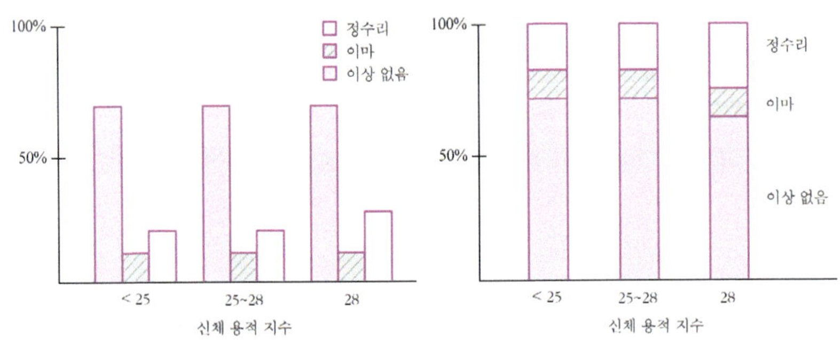

[그림 2.11] 신체용적지수에 따른 막대그래프

예제 2.10 고등학교에 다니는 각 학년들을 대상으로 바닐라 또는 초콜릿 맛의 선호도를 비교하기 위해 조사된 연구의 결과는 다음과 같다.

〈표 2.7〉 두 변수 자료의 분할표

	바닐라	초콜릿
1학년	20	10
2학년	24	12
3학년	18	9
4학년	22	11

각 학년의 조건부 상대 도수는 얼마인가?

풀이

- 1학년 : $\frac{20}{30}=.667$은 바닐라를 선호하였고 $\frac{10}{30}$은 초콜렛을 선호하였다.
- 2학년 : $\frac{24}{36}=.667$은 바닐라를 선호하였고 $\frac{12}{36}$은 초콜렛을 선호하였다.
- 3학년 : $\frac{18}{27}=.667$은 바닐라를 선호하였고 $\frac{9}{27}$은 초콜렛을 선호하였다.
- 4학년 : $\frac{22}{33}=.667$은 바닐라를 선호하였고 $\frac{11}{33}$은 초콜렛을 선호하였다.

모든 조건부 상대 도수 분포가 같을 경우, 우리는 두 변수가 완전히 독립적이라 한다.

2.3 심프슨 파라독스

어떤 범주 내에서의 어떤 속성에 대한 비율을 서로 비교한 결과가 각 범주의 부범주(subcategory)에서의 그 속성들에 대한 비율을 서로 비교한 결과와 상치하는 현상을 심프슨 파라독스라고 말한다.

예제 2.11 당신은 심장 수술을 받아야 하고 두 명의 의사 Dr. F과 Dr. P 중 누구를 선택할 지 고민하고 있다. 당신은 각 의사가 250번의 수술을 하고 다음과 같은 결과가 있었다는 것을 알아냈다.

〈표 2.8〉 두 변수자료의 분할표

	Dr. F	Dr. P
사망	60	50
생존	190	200

당신은 누구한테로 가야 하는가?

풀이 Dr.F의 환자들은 250명 중 190명이 생존, 생존자의 비율은 $\frac{190}{250}=0.76$ 또는 76%이고, Dr.P의 환자들은 250명 중 200명이 생존, 생존자의 비율은 $\frac{200}{250}=.80$ 또는 80%이다. 당신의 결정을 분명해 보인다.

하지만, 더 자세 조사에서 당신은 다음 결과와 함께 의사들이 수술한 환자가 중증 상태였나 경증 상태였나를 확인할 것이다.

〈표 2.9〉 경증과 중증에서 생존률

경증

	Dr. F	Dr. P
사망	8	17
생존	60	120

중증

	Dr. F	Dr. P
사망	52	33
생존	130	80

의사들이 경증 환자들을 수술할 때 비교하여 보자. Dr. F의 경증 상태였던 60명의 환자들은 $\frac{60}{68}$=.882 또는 88.2%의 생존 확률을 가지고, Dr. P의 경증 상태였던 137명의 환자들은 $\frac{120}{137}$=.876 또는 87.6%의 생존 확률을 가진다. 비슷하게, 우리는 Dr. F의 중증 상태였던 182명의 환자들은 $\frac{130}{182}$=.714 또는 71.4%의의 생존 확률을 가지고, Dr. P의 경증 상태였던 환자들은 $\frac{80}{113}$=.708 또는 70.8%의 생존 확률을 가지는 것을 확인한다.

따라서 Dr. F은 경증 환자들의 수술을 더 잘하고 (88.2%에 비해 Dr. P는 87.6%) 또한 중증 환자들의 수술도 더 잘한다 (71.4%에 비해 Dr. P는 70.8%) 하지만, Dr. F은 전체 환자들의 더 낮은 생존 확률을 가지고 있다 (76%에 비해 Dr. P는 80%)! 어떻게 된 것인가?

이 문제는 하나 보다 더 많은 그룹이 합쳐져 한 그룹을 만들 때 비교가 바뀔 수 있는 Simpson의 역설의 예이다. 종종 잠복 변수라고 불리는 다른 변수의 영향은 그룹들이 합쳐졌을 때 가려진다. 이 특정 예에서, 더 자세한 조사는 Dr. F이 Dr. P보다 더 많은 중증 환자들을 수술한다는 점을 말해주는데, 이 중증 환자들은 정확히 더 낮은 생존율을 가진 사람들이다. 따라서 Dr. F이 모든 환자들을 상대로 더 잘 할지라도, 그의 평균 비율은 낮다. 우리의 본래 테이블은 환자들의 상태에 관련된 잠복 변수의 영향을 숨기고 있었다.

심프슨의 파라독스(simpson's paradox)는 분할표를 다음에 있어서 어떤 주의가 필요한가를 말하여 준다는 점에서 매우 교훈적이다.

심프슨 파라독스가 자연과학 분야에서만 일어나는 것은 물론 아니다. 이제 사회과학 분야에 관심을 갖고 있는 독자들을 위해 〈표 2.10〉의 자료를 제시하기로 한다. 이 자료는 1993년 미국 캘리포니아 버클리대학(University of California, Berkeley)의 대학원 입학허가에 관한 것으로, 입학허가에 있어서 남녀 차별이 있었는가에 관한 실증적 조사에서 나온 것이다. 여러분들은 입학허가에 있어 여자들이 남자들에 비해서 상대적으로 불이익을 받았다는 여성단체의 주장에 대해 어떻게 생각하는가? 이 자료에서 강조하고 싶은 것은, 일반적으로 여러 비율들의 비교에 있어서 전체집단에서의 단순비율에만 의존하여 대소를 가름하는 것보다는 비율의 결정에 영향을 미치는 여러 관련요인(교락요인)들에 의하여 분할된 부차 집단에서의 비율을 비교, 종합하는 것이 바람직하다는 점이다.

〈표 2.10〉 버클리 대학원 합격률 자료

6개 분야 전체의 자료

	지원자	합격자	합격률
남자	2,691	1,400	52.0 %
여자	1,835	722	42.1 %

분야별 자료

가) 남자

분야	지원자	합격자	합격률
A	825	512	61.2 %
B	560	353	63.0 %
C	325	120	36.9 %
D	417	138	33.1 %
E	191	53	27.8 %
F	373	224	60.1 %
합계	2,691	1,400	

나) 여자

분야	지원자	합격자	합격률
A	108	89	82.4 %
B	25	17	68.0 %
C	593	202	34.1 %
D	375	131	34.9 %
E	393	94	23.9 %
F	341	239	70.1 %
합계	1,835	772	

관측자료가 아닌 실험자료에서도 이론 상으로는 심프슨의 파라독스가 발생할 수 있다.

연 · 습 · 문 · 제

01. 다음 히스토그램들을 비교분석 하여라.

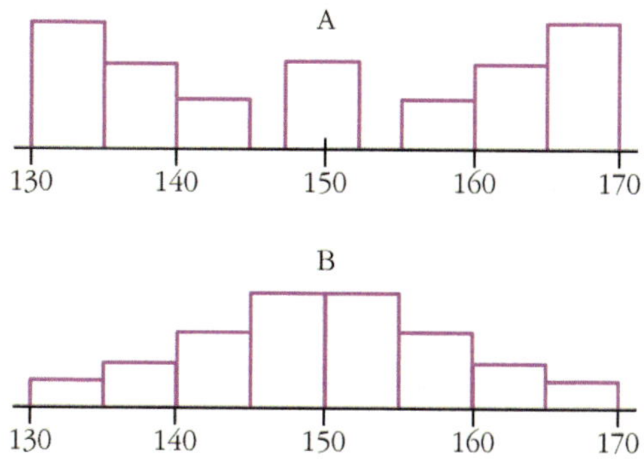

02. 유명 브랜드 A, B 의 자동차 배터리 수명의 표본의 줄기 잎 그림이다. 비교 설명하여라.

Brand A	줄기	Brand B
	3	7
7	4	2 3 4 8 8
3 2	5	1 4 5 6 7 8 9 9
8 7 5 4	6	3 4 6 6 8
9 6 5 3 3 0	7	6
6 5 4 3 3 3 1	8	

03. 1월에서 6월까지 뉴욕시의 일일온도의 상자 그림이다 비교분석 하여라.

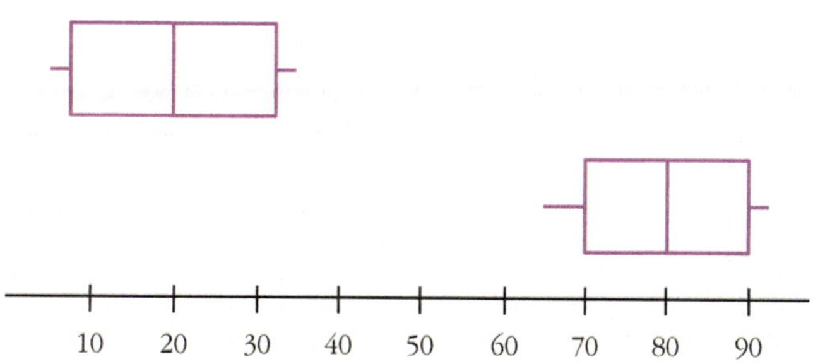

04. 다음 줄기 잎 그림을 보고 비교설명하여라.

		7	3	2				
	6	4	2	3	3	7		
			7	4	2	4	6	
9	3	0	0	5	7			
9	9	2	0	6	0	0	3	9
	9	4	3	7	0	2	9	9
			8	8	3	4	9	
				9	8			

05. 세 종류의 자동차의 연비에 대한 상자도표이다 비교분석하여라.

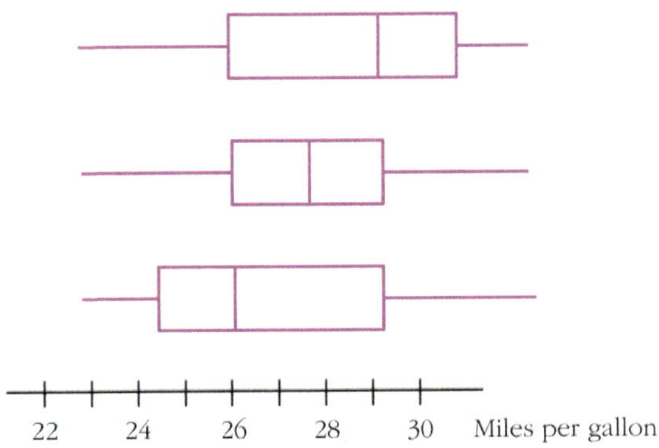

06. 한 시즌에서 각각 20 상위 게임당 리바운드의 수는 9.4, 9.6, 9.7, 10.3, 10.4, 10.6, 10.6, 10.6, 10.8, 10.9, 10.9, 10.9, 11.0, 11.1, 11.4, 12.6, 13.4, 14.1, 16.8이고 게임당 어시스트의 수는 6.1, 6.2, 6.4, 6.9, 7.1, 7.2, 7.4, 7.5, 7.6, 7.7, 7.7, 7.9, 8.2, 8.3, 8.7, 8.8, 9.3, 9.4, 10.2, 12.3 일 때 줄기 상자 그림으로 비교 분석하여라.

07. 1990년에 자동차 등록대수는 최소값 262,000(Alaska). 최대값 16,873,000(California), 중앙값 2,329,000(Iowa), Q_1 =834,000, Q_3 =3,749,000, 2000년에 차량등록대수의 기초통계량은 최소값 462,000(vermount), 최대값 21,926,000(California) Q_2 =2,649,000 (Oklahoma) Q_1 =1,054,000, Q_3 =4,444,000일 때 상자도표로 비교분석하라.

08. 세대의 크르즈선의 승객 나이에 대한 누적 도수 분포 그래프가 다음과 같다.

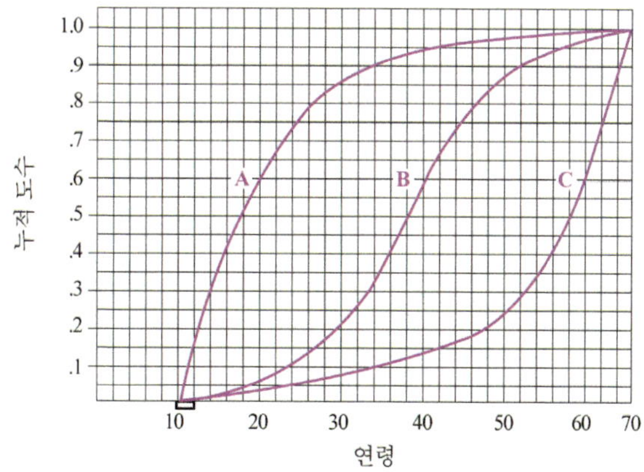

각 크르즈선의 승객의 나이의 분포들을 비교설명하여라.

09. 새로 제안된 어떤 정책에 대한 지지여부를 알아보기 위하여 500명을 임의추출하여 조사하였다. 추출된 각 개인의 정당과 지지여부를 해당범주에 따라 정리한 결과가 표와 같다.

	찬성	반대	미결정
민주당	50	150	50
공화당	125	50	25
무소속	15	10	25

상대도수에 의한 분할표와 정당별 지지여부에 대한 상대도수 분할표를 작성하여라.

10. 다음 음악선호도에 대한 조각막대그래프이다.

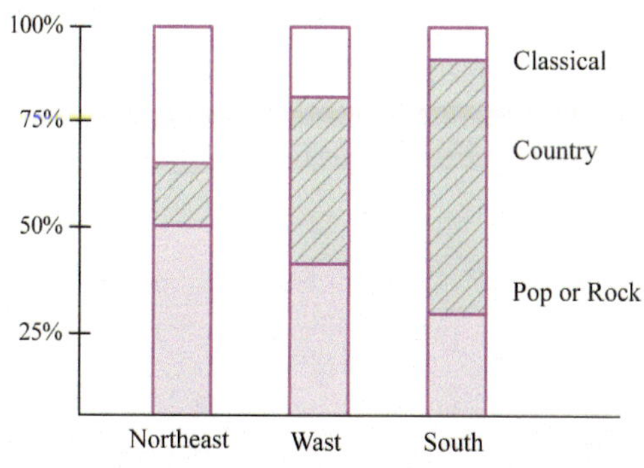

지역에 따른 상대도수 분할표를 작성하고 비교설명하여라.

11. 환경문제에 대한 지지여부를 알아보기 위하여 800명을 표본으로 추출된 각 개인의 성별과 지지여부를 정리한 결과가 다음과 같다.

	찬성	반대
남	450	150
여	160	40

성별과 지지여부에 대하여 주변분포와 조건부 분포를 구하여라.

12. 상용 항공기의 노화는 비행기 외체결합에 대한 약점을 가중시킬 수 있다. 한 항공기 제조업체에서 현재 사용중인 3가지 모델에 대하여 사용연한을 조사하여 다음과 같은 표를 얻었다.

모 델	사 용 연 한	
	20년 미만	20년 이상
B7	90	123
B27	1214	435
B37	1042	9

모형에 대한 상대도수를 각 노화정도에 따라 구하고 3가지 모형의 비행기들의 노화과정을 비교하라.

13. 비행기 여행 시 여행자들이 멀미로 고생하는 경우가 있다. 한 제약회사에서는 멀미를 멈추게 하는 약을 개발하였는데 약의 효능을 시험하기 위하여 멀미를 하는 200명의 승객에게 새로 개발된 약과 심리적인 효과만을 주기 위한 설탕으로 만든 가짜약을 무작위로 나누어 주었다.

	멀미의 정도(강도)				합 계
	안함	약하게함	보통으로 함	심하게 함	
알약	43	36	18	3	100
가짜약	19	33	36	12	100
합계					

(1) 주변의 합을 구하여 위의 표를 완성하라.

(2) 알약과 가짜약 각각에 대해 각 멀미 정도의 상대도수를 구하라.

(3) 알약과 가짜약의 효과를 비교 설명하라.

14. 개발된 항암제 'NEW'의 기존의 항암제 'OLD'의 임상효과를 실증적으로 비교한다고 하자. 40명의 암환자에는 항암제 NEW를 투약하고 다른 40명의 암환자에는 항암제 OLD를 투약하여, 1년의 치료기간 후 그 결과 다음과 같이 나타났다고 하자.

항암제의 치료 효과 -총괄 자료-

	생존	사망	합계	생존율
항암제 NEW	20명	20명	40명	50%
항암제 OLD	16명	24명	40명	40%
합계	36명	44명	80명	

항암제의 치료효과 -세부 자료-

가)

	생존	사망	합계	생존율
항암제 NEW	18명	12명	30명	60%
항암제 OLD	7명	3명	10명	70%
합계	25명	15명	40명	

나)

	생존	사망	합계	생존율
항암제 NEW	2명	8명	10명	20%
항암제 OLD	9명	21명	30명	30%
합계	11명	29명	40명	

위 자료를 보고 자료분석하여라.

Chapter 03

확률

우리 주위의 세상에서는 예상하지 못한 일들이 가끔 일어난다. 다양한 일들의 크고 작은 원인 때문에 정확한 결과를 예측하는 것은 비현실적이고, 불가능하다. 하지만, 우리는 정확한 결과를 예측할 수는 없지만, 특정 사건이 일어날 비슷한 상황을 암시하는 확률이라는 것을 정할 수 있다. 이 장에서는 조합분석과 확률의 개념을 소개하고 확률의 해석과 성질에 대하여 알아보고 관심 있는 사건들의 확률을 계산해 본다.

3.1 조합분석

어떤 일이 일어날 수 있는 경우의 수를 계산하는 효과적인 방법이 있다면 유용할 것이다. 사실, 많은 확률론 문제들은 어떤 사건이 발생할 수 있는 서로 다른 경우의 수를 계산하여 간단히 해결할 수 있다. 계산의 수학적 이론을 조합분석이라 한다.

3.1.1 경우의 수

어떤 사건이 일어날 수 있는 방법 하나하나를 경우라 하고 그 개수를 경우의 수라 한다.

유한집합 A에 속하는 원소의 개수를 $n(A)$로 나타내며 경우의 수 계산은 원소의 개수를 세는 것과 동일하다. 경우의 수를 계산 할 때에는 중복하지 않고, 빠짐없이, 가능한 모든 경우를 세는 것이 중요하다.

(1) 합사건

사건 A와 B가 일어나는 경우의 수를 각각 m, n, 두 사건 A와 B가 동시에 일어나는 경우의 수가 l가지이면 사건 A또는 사건 B가 일어나는 경우의 수는

$$n(A \cup B) = n(A) + n(B) - n(A \cap B) = m + n - l$$

합의 법칙은 3개 이상의 사건에 대해서도 성립한다.

$$n(A\cup B\cup C)=n(A)+n(B)+n(C)-n(A\cap B)-n(A\cap C)-n(B\cap C)$$
$$+n(A\cap B\cap C)$$

(2) 곱사건

두 개의 사건 A, B에 있어서 A는 m가지이고 A의 각각에 대하여 B가 n가지로 일어날 수 있다고 할 때, A가 일어나는 동시에 B가 일어나는 경우의 수는 mn이다. 두 사건 A, B가 일어나는 경우의 수를 각각 m, n이라 할 때,

A와 B가 동시에 일어나는 경우의 수는 $m\times n$

예제 3.1 갑, 을 두 개의 주사위를 동시에 던질 때, 나오는 눈의 수의 합이 3 또는 8이 되는 경우의 수를 구하여라.

풀이 눈의 합이 3인 경우의 집합을 A라 하고 눈의 합이 8인 경우의 집합을 B라고 하면

$A=\{(1,\ 2),\ (2,\ 1)\}$, $B=\{(2,\ 6),\ (3,\ 5),\ (4,\ 4),\ (5,\ 3),\ (6,\ 2)\}$

여기서 A, B가 동시에 일어날 수 없으므로 구하는 경우의 수는

$n(A)+n(B)=2+5=7$

예제 3.2 새로운 지역의 개발자가 주택구매자에게 4가지 종류의 주택디자인, 3가지의 난방시스템, 차고 또는 간이차고, 옥외테라스 또는 스크린이 설치된 현관 등의 선택사항을 제시했다. 이 구매자가 선택할 수 있는 서로 다른 계획이 얼마나 되겠는가?

풀이 $4\times 3\times 2\times 2=48$

예제 3.3 A에서 B로 가는 방법은 4가지, B에서 C로 가는 방법은 3가지, A에서 C로 직접 가는 방법은 5가지가 있다. A를 출발하여 C에 갔다 올 때, B를 한 번만 거치는 방법의 수를 구하여라.

풀이 $A \to B \to C \to A \quad 4 \times 3 \times 5 = 60$, $A \to C \to B \to A \quad 5 \times 3 \times 4 = 60$
따라서 120

예제 3.4 경제적 연료연구에서, 3대의 경주용 자동차가 각기 다른 장소에 위치하고 있는 7군데 시험장에서 5가지 다른 상표의 가솔린을 사용해서 시험이 이루어진다. 2명의 운전자가 각기 다른 결합조건하에서 주행시험이 이루어진다면 몇 번의 주행시험이 필요한가?

풀이 $3 \times 5 \times 7 \times 2 = 210$

3.1.2 순열

서로 다른 n개의 물건 중에서 서로 다른 r개를 택하여 한 줄로 늘어놓는 것을 n개에서 r개를 택한 순열(Permutation)이라 하고, 이 순열의 수를 ${}_nP_r$로 나타낸다.

$${}_nP_r = n(n-1)(n-2)\cdots(n-r+1) \qquad (\text{단, } n \geq r)$$

이다.

예제 3.5 다음 문제를 구하여라.

(1) 네 개의 숫자 1, 2, 3, 4에서 서로 다른 숫자로 만들 수 있는 세 자리의 자연수의 개수는?

(2) 43명으로 구성된 학급에서 실장 1명, 부실장 1명, 총무 1명을 선출 하는 방법의 수?

(3) 어떤 농구팀에서 어떠한 수비위치라도 맡을 수 있는 8명의 선수들 중 5명이 경기시작에 배치될 수 있는 가짓수는 얼마인가?

(4) 한 명의 교사가 심리학개론강좌를 한 번만 담당할 수 있을 때, 6명의 교사가 4개의 강좌에 배정될 수 있는 가짓수를 찾아라.

풀이 (1) ${}_4P_3 = 24$

(2) ${}_{43}P_3 = 43 \times 42 \times 41 = 74046$

(3) ${}_8P_5$

(4) ${}_6P_4$

예제 3.6 다음 문제를 구하여라.

(1) 30개의 역이 있는 철도회사에서 출발역과 도착역을 명기한 차표를 준비하려고 한다. 1, 2, 3 등의 구분은 없고 왕복표를 포함한다고 할 때, 발행할 차표의 종류의 수는?

(2) A, B, C, D, E 다섯 사람 중에서 위원장, 부위원장, 서기를 각각 1명씩 뽑을 때, 위원장은 반드시 A가 뽑히는 경우는 몇 가지인가?

풀이 (1) ${}_{30}P_2 \times 2 = 1740$

(2) 위원장은 이미 A, 나머지 4명에서 두명 ${}_4P_2 = 12$

3.1.3 중복순열

서로 다른 n개의 물건에서 중복을 허락하여 r개를 뽑아 일렬로 나열해 놓은 것을 서로 다른 n개에서 r개를 취하는 중복순열(Repeated Permutation)이라 하고 이 순열의 수를 나타낸다.

$$_n\Pi_r = n^r$$

이다.

■ 중복순열의 대표적인 예

① 보통 자릿수 : 1, 2, 3을 사용하여 만들 수 있는 두 자리수; $_3\Pi_2$(개)

② 모르스 부호 : ・(돈) 과 −(쓰)에서 3개를 뽑아 만들 수 있는 전신부호의 개수; $_2\Pi_3$(개)

③ 기명투표 : 두 후보자에게 5명의 유권자가 기명 투표하는 방법의 수; $_2\Pi_5$(개)

④ 우체통에 편지 넣기 : 5통의 편지를 3개의 우체통에 넣는 방법; $_3\Pi_5$(개)

⑤ 함수의 개수 : $A = \{1, 2\}$, $B = \{a, b, c\}$에서 A에서 B로의 함수의 개수: $_3\Pi_2$(개)

예제 3.7 다음 문제를 구하여라.

(1) 후보자가 세 사람, 선거인이 10사람이 있다. 기명투표로 한 사람이 한 표씩 투표를 할 때 그 결과 나타나는 방법의 수는? (단, 후보자는 투표하지 않고 무효표는 없다.)

(2) 기호 ・(돈) 과 −(쓰)를 배열하여 전신 부호를 만들 때, 세 개를 택하여 만들 수 있는 부호의 개수는 몇 개인가?

(3) 세 통의 편지를 다섯 개의 우체통에 넣는 방법의 수는? (단, 한통의 편지도 넣지 않는 우체통이 있어도 된다고 한다.)

풀이 (1) ${}_3\Pi_{10} = 3^{10}$ (2) ${}_2\Pi_3 = 2^3 = 8$

(3) ${}_5\Pi_3 = 5^3 = 125$

예제 3.8 다음 문제를 구하여라.

(1) 5명의 학생을 A, B, C 세 모임에 가입시키는 방법은 몇 가지인가?

(2) 9개의 질문으로 되어 있는 진위(T, F)테스트에서 서로 다른 응답방법은 얼마나 되겠는가?

풀이 (1) ${}_3\Pi_5 = 3^5 = 243$ (2) ${}_2\Pi_9 = 2^9 = 512$

3.1.4 같은 것을 포함하는 순열(복수순열)

같은 것을 포함하고 있는 것을 한 줄로 늘어놓는 방법의 수 n개의 물건 중에서 같은 것이 각각 $p, q, \cdots, s$개가 있을 때, 이들 n개 모두를 일렬로 늘어놓는 방법의 수

$$\frac{n!}{p!q!\cdots s!} \quad (\text{단}, p+q+\cdots+s=n)$$

이다.

예제 3.9 다섯 개의 숫자 1,1,1,2,2로 만들 수 있는 네 자리의 정수의 개수를 구하여라.

풀이 (1) 1,1,1,2를 택할 때, 이 네 숫자로 만들 수 있는 정수의 개수는 $\frac{4!}{3!} = 4$

(2) 1,1,2,2,를 택할 때, 이 네 숫자로 만들 수 있는 정수의 개수는 $\frac{4!}{2!2!} = 6$

따라서, (1), (2)에서 구하는 정수의 개수는 $4 + 6 = 10$

예제 3.10 (1) infinity라는 단어를 구성하는 글자들로 만들어질 수 있는 서로 다른 순열의 수는 얼마인가?

(2) 같은 종류의 나무는 구별하지 않을 때 3그루의 오크나무, 4그루의 소나무, 그리고 2그루의 단풍나무가 경계선을 따라 식수될 수 있는 가짓수는 얼마인가?

(3) 어떤 대학의 축구팀이 시즌 중에 12번의 축구경기를 한다. 이 팀이 7번을 이기고, 3번을 지고, 그리고 2번을 비기면서 시즌을 마칠 수 있는 가짓수는 얼마인가?

풀이 (1) $\frac{8!}{3!2!}$ (2) $\frac{9!}{3!4!2!}$ (3) $\frac{12!}{7!3!2!}$

예제 3.11 success의 7개의 문자를 모두 일렬로 배열한다.

(1) 양 끝에 s가 오도록 배열하는 방법의 수는 몇 가지인가?

(2) 세 개의 s가 모두 인접하도록 배열하는 방법의 수는 몇 가지인가?

풀이 (1) 60가지 (2) 60가지

3.1.5 원순열

서로 다른 n개의 물건을 원형으로 나열하는 것을 원순열(Circular permutation)이라 한다. 서로 다른 n개를 원형으로 늘어놓는 방법의 수

$$(n-1)!$$

이다.

예제 3.12 정오각뿔의 옆면을 5가지 색으로 칠하는 방법은 모두 몇 가지인가?

풀이 $(5-1)!=24$

예제 3.13 부모를 포함한 6명의 가족이 원형의 식탁에 다음과 같이 둘러앉는 방법의 수를 구하여라.

(1) 부모가 이웃하게 앉는다.

(2) 부모가 마주보고 앉는다.

풀이 (1) 부모를 한 사람으로 생각하여 모두 5명이 식탁에 둘러앉는 방법의 수는 $(5-1)!=24$이고, 그 각각에 대하여 부모가 서로 바꿔 앉는 방법의 수는 2가지이다. 따라서 $24\times2=48$

(2) 부모가 마주보고 앉으면 다른 4자리의 위치는 확정된다. 따라서 구하는 방법의 수는 $4!=24$

예제 3.14 다음 문제를 푸시오.

(1) 남학생 3명과 여학생 3명이 원형의 탁자에 둘러앉을 때, 남녀가 교대로 앉는 방법의 수를 구하여라.

(2) 다섯 가지 서로 다른 나무들이 원형으로 식수될 수 있는 가짓수는 얼마인가?

(3) 애리조나로부터 온 8개의 포장마차들로 이루어진 무리가 원형으로 마차를 배열할 수 있는 가짓수는 얼마인가?

풀이 (1) $(3-1)!\times3!=12$ (2) $4!$

(3) $7!$

예제 3.15 세 쌍의 부부가 원탁에 둘러앉을 때 남편 세 사람 모두 자기 부인과 이웃하여 앉는 방법의 수는?

풀이 $(3-1)!\times 2\times 2\times 2=16$

3.1.6 조합

서로 다른 n개의 물건(원소) 중에서 순서를 생각하지 않고 r개를 뽑을 때 이 r개로 이루어진 각각의 집합을 n개에서 r개를 취하는 조합(Combination)이라 하고 이 조합의 수를 ${}_nC_r$ 또는 $\binom{n}{r}$로 표시한다.

$$ {}_nC_r=\frac{{}_nP_r}{r!}=\frac{n!}{r!(n-r)!} $$

이다.

예제 3.16 어떤 학급의 학생 수 45명에서 학급 대표 2명을 뽑는 방법의 수는?

풀이 ${}_{45}C_2=\dfrac{45!}{2!(45-2)!}=45\times 22=990$

예제 3.17 어떤 회합에서 각 회원이 나머지 회원들과 꼭 한 번씩의 악수를 교환할 때, 그 회수가 435회였다. 회원 수를 구하여라.

풀이 ${}_nC_2=\dfrac{n(n-1)}{2}=435,\quad n(n-1)=30\cdot 29,\quad n=30$

예제 3.18 야구선수 9명, 농구선수 5명이 있다. 물음에 답하여라.

(1) 이 중에서 3명의 야구선수와 2명의 농구선수를 뽑는 방법은 몇 가지인가?

(2) 5명을 뽑을 때, 야구 대표 1명, 농구 대표 1명이 포함되는 경우의 수?

(3) 3명을 뽑을 때, 적어도 농구선수 1명이 포함되는 경우의 수?

(4) 3명을 뽑을 때, 야구, 농구선수가 적어도 각각 1명의 선수가 포함되는 경우의 수?

풀이 (1) ${}_9C_3\,{}_5C_2 = 840$ (2) ${}_{12}C_3 = \dfrac{12\times11\times10}{3\times2\times1} = 220$

(3) ${}_{14}C_3 - {}_9C_3 = 280$

(4) ${}_{14}C_3 - ({}_9C_3 + {}_5C_3) = 364 - (84+10) = 270$

3.1.7 중복조합

서로 다른 n개의 원소 중에서 중복을 허락하여 r개를 택하는 조합을 중복조합이라고 하고, 이 중복조합의 수를 ${}_nH_r$로 나타내며

$${}_nH_r = {}_{n+r-1}C_r$$

로 계산한다.

예제 3.19 방정식 $x+y+z=7$을 만족시키는 x, y, z에 대하여 다음을 구하여라.

(1) 음이 아닌 정수인 해 (x, y, z)의 개수

(2) 자연수인 해 (x, y, z)의 개수

풀이 (1) x, y, z의 3개의 문자 중 중복을 허락하여 7개를 뽑는 조합의 수와 같으므로

$${}_3H_7 = {}_{3+7-1}C_7 = {}_9C_7 = {}_9C_2 = 36$$

(2) $x-1=z$, $y-1=b$, $z-1=c$로 놓으면 $x+y+z=7$에서

$(a+1)+(b+1)+(c+1)=7$

$\therefore a+b+c=4$

즉, 구하는 해의 개수는 방정식 $a+b+c=4$에서 음이 아닌 정수인 해 (a, b, c)의 개수와 같으므로

$${}_3H_4 = {}_{3+4-1}C_4 = {}_6C_4 = {}_6C_2 = 15$$

예제 3.20 4명의 학생들에게 같은 종류의 음료수 10개를 나누어 주려고 한다. 다음을 구하여라.

(1) 음료수 10개를 나누어 주는 방법의 수

(2) 음료수 10개를 한 학생에게 적어도 한 개씩 나누어 주는 방법의 수

풀이 (1) 구하는 방버의 수는 방정식 $a+b+c+d=10$에서 음이 아닌 정수인 해 (a, b, c, d)의 개수와 같으므로

$${}_4H_{10} = {}_{4+10-1}C_{10} = {}_{13}C_{10} = {}_{13}C_3 = 286$$

(2) 구하는 방법의 수는 방정식 $a+b+c+d=10$에서 자연수인 해 (a, b, c, d)의 개수와 같으므로

$${}_4H_6 = {}_{4+(10-4)-1}C_{10-4} = {}_9C_6 = {}_9C_3 = 84$$

3.2 이항정리

3.2.1 이항정리

조합을 이용한 $(a+b)^n$의 정리이다. n이 양의 정수 일 때,

$$(a+b)^n = {}_nC_0 a^n + {}_nC_1 a^{n-1}b^1 + {}_nC_2 a^{n-2}b^2 + \cdots + {}_nC_r a^{n-r}b^r + \cdots + {}_nC_n b^n$$
$$= \sum_{r=0}^{n} {}_nC_r a^{n-r}b^r$$

이것을 이항정리(Binomial Theorem)라 하고

(1) 일반항 : ${}_nC_r a^{n-r}b^r$

(2) 이항계수 : ${}_nC_0,\ {}_nC_1,\ {}_nC_2,\ \cdots,\ {}_nC_r,\ \cdots,\ {}_nC_n$

$$(a+b)^n = (a+b)(a+b)\cdots(a+b)$$

n개의 인수 $(a+b)$의 각각에서 a 또는 b를 하나씩 뽑아서 곱한 단항식의 곱이다. 이 때, n개의 인수 중에서 r개의 b를 뽑고 나머지 $n-r$개는 a를 뽑아서 곱한 것이 $a^{n-r}b^r$이고 이것은 n개에서 r개를 뽑는 조합의 수만큼 나타난다. 따라서 $(a+b)^n$의 전개식에서 $a^{n-r}b^r$의 계수는 ${}_nC_r$이다.

$(a+b)^n = (a+b_1)(a+b_2)(a+b_3)\cdots(a+b_n) = a^n + a^{n-1}B_1 + a^{n-2}B_2 + \cdots + aB_{n-1} + B_n$ 이라면

$B_1 = b_1 + b_2 + \cdots b_n$: $b_1, b_2, \cdots, b_n$에서 하나씩 항수 : ${}_nC_1$

$B_2 = b_1b_2 + b_1b_3 + \cdots + b_{n-1}b_n$: $b_1, b_2, \cdots, b_n$에서 두 개씩 항수 : ${}_nC_2$

$\vdots$

$B_n = b_1b_2\cdots b_n$: $b_1, b_2, \cdots, b_n$에서 n개. 항수 : ${}_nC_n$

이를 정리하면

$$(a+b)^n = {}_nC_0 a^n + {}_nC_1 a^{n-1}b^1 + {}_nC_2 a^{n-2}b^2 + \cdots + {}_nC_r a^{n-r}b^r + \cdots + {}_nC_n b^n$$
$$= \sum_{r=0}^{n} {}_nC_r a^{n-r}b^r$$

예제 3.21 $(a+b)^3$의 전개식에서 a^2b와 ab^2의 계수는 얼마인가?

풀이 $(a+b)^3 = a^3 + 3a^2b + 3ab^2 + b^3$이므로, a^2b와 ab^2의 계수는 3

예제 3.22 $\left(2x^2 - \dfrac{1}{x}\right)^6$의 전개식에서 x^3의 계수는?

풀이 전개식에서 일반항은 ${}_6C_r(2x^2)^{6-r}\left(-\dfrac{1}{x}\right)^r = (-1)^r {}_6C_r 2^{6-r} x^{12-3r}$

$12-3r=3$에서 $r=3$

x^3의 계수는 $(-1)^3 {}_6C_3 (2)^3 = -160$

예제 3.23 $\left(ax^3 + \dfrac{2y}{x^2}\right)^4$의 전개식에서 x^2y^2의 계수가 6일 때, a의 값을 구하여라.

풀이 ${}_4C_r(ax^3)^{4-r}(2yx^{-2})^r = 2^r a^{4-r} {}_4C_r x^{12-5r} y^r$

$r=2$일 때 $a = \pm\dfrac{1}{2}$

예제 3.24 $(1+x)+(1+x)^2+\cdots+(1+x)^n$의 전개식에서 x^2의 계수는?

풀이 $(1+x)^k$에서 x^2에 계수는 ${}_kC_2$, 전체의 x^2의 계수는 각 항의 x^2의 계수의 합과 같으므로

$$ {}_2C_2+{}_3C_2+{}_4C_2+\cdots+{}_nC_2=\frac{2\times1}{2\times1}+\frac{3\times2}{2\times1}+\frac{4\times3}{2\times1}+\cdots+\frac{n(n-1)}{2\times1} $$

$$ =\sum_{k=2}^{n}\frac{k(k-1)}{2}=\frac{1}{2}\sum_{k=2}^{n}(k^2-k)=\frac{1}{2}\left\{\frac{n(n+1)(2n+1)}{6}-\frac{3n(n+1)}{6}\right\} $$

$$ =\frac{n(n+1)(n-1)}{6} $$

예제 3.25 $(1+x^2)+(1+x^2)^2+\cdots+(1+x^2)^{20}$의 전개식에서 x^4의 계수는?

풀이 등비수열의 합

$\dfrac{(1+x^2)\{(1+x^2)^{20}-1\}}{(1+x^2)-1}=\dfrac{(1+x^2)^{21}-(1+x^2)}{x^2}$ 이므로, $(1+x^2)^{21}$의 전개식에서 x^6의 항의 계수와 같다.

${}_{21}C_r(x^2)^r={}_{21}C_r\,x^{2r}$에서 $r=3$. 그러므로 구하는 계수는 ${}_{21}C_3=1330$

예제 3.26 $p+q=1,\ p\ge 0,\ q\ge 0$일 때, 다음을 증명하여라.

(1) $\displaystyle\sum_{r=0}^{n}{}_nC_rp^rq^{n-r}=1$

(2) $\displaystyle\sum_{r=0}^{n}r\,{}_nC_rp^rq^{n-r}=np$

풀이 (1) $\sum_{r=0}^{n} {}_nC_r p^r q^{n-r} = (p+q)^n = 1$

(2) $r=0$ 이면 준식은 0

$$\sum_{r=0}^{n} r\, {}_nC_r p^r q^{n-r} = \sum_{r=1}^{n} n\, {}_{n-1}C_{r-1} p^r q^{n-r} \qquad \Rightarrow \quad r\, {}_nC_r = n\, {}_{n-1}C_{r-1}$$

$$= np \sum_{r=1}^{n} {}_{n-1}C_{r-1} p^{r-1} q^{(n-1)-(r-1)}$$

$$= np \sum_{rr=0}^{n-1} {}_{n-1}C_{rr}\, p^{rr} q^{(n-1)-(rr)}$$

$$= np(p+q)^{n-1} = np$$

예제 3.27 다음 값을 구하여라.

(1) $\sum_{k=0}^{n} {}_nC_k\, 4^k$

(2) $\sum_{k=1}^{n} 2^k\, {}_nC_k\, p^k q^{n-k}$

(3) $\sum_{r=1}^{n} {}_nC_r\, 3^{n-r} 8^r$

풀이 (1) $\sum_{k=0}^{n} {}_nC_k\, 4^k = {}_nC_0 + {}_nC_1 4^1 + {}_nC_2 4^2 + \cdots + {}_nC_n 4^n = (1+4)^n = 5^n$

(2) $\sum_{k=1}^{n} 2^k\, {}_nC_k\, p^k q^{n-k} = \sum_{k=1}^{n} {}_nC_k\, q^{n-k}(2p)^k = \sum_{k=0}^{n} {}_nC_k\, q^{n-k}(2p)^k - {}_nC_0\, q^{n-0}(2p)^0$

$$= (q+2p)^n - q^n = (2p+q)^n - q^n$$

(3) $\sum_{r=1}^{n} {}_nC_r\, 3^{n-r} 8^r = \sum_{r=0}^{n} {}_nC_r\, 3^{n-r} 8^r - {}_nC_0\, 3^n\, 8^0 = (3+8)^n - 3^n = 11^n - 3^n$

3.2.2 이항계수의 성질

(1) ${}_nC_0 + {}_nC_1 + {}_nC_2 + {}_nC_3 + \cdots + {}_nC_n = 2^n$

$(1+x)^n = {}_nC_0\, x^0 + {}_nC_1\, x^1 + {}_nC_2\, x^2 + \cdots + {}_nC_n x^n$ 에서 $x=1$ 대입

$${}_nC_0 + {}_nC_1 + {}_nC_2 + {}_nC_3 + \cdots + {}_nC_n = 2^n$$

(2) ${}_nC_0 - {}_nC_1 + {}_nC_2 - {}_nC_3 + \cdots + (-1)^n {}_nC_n = 0$

$(1+x)^n = {}_nC_0\, x^0 + {}_nC_1\, x^1 + {}_nC_2\, x^2 + \cdots + {}_nC_n x^n$ 에서 $x = -1$ 대입

$${}_nC_0 - {}_nC_1 + {}_nC_2 - \cdots + (-1)^n {}_nC_n = 0$$

(3) ${}_nC_0 + {}_nC_2 + {}_nC_4 + \cdots = {}_nC_1 + {}_nC_3 + {}_nC_5 + \cdots = 2^{n-1}$

(1)+(2) : 홀수 번째 항의 계수의 합

(1)−(2) : 짝수 번째 항의 계수의 합

(4) $1\,{}_nC_1 + 2\,{}_nC_2 + 3\,{}_nC_3 + \cdots + n\,{}_nC_n = n\,2^{n-1}$

$(1+x)^n = {}_nC_0\, x^0 + {}_nC_1\, x^1 + {}_nC_2\, x^2 + \cdots + {}_nC_n x^n$ 에서

$(1+x)^n$ 의 전개식의 양변을 미분한 식에 $x = 1$ 대입

$$1\,{}_nC_1 + 2\,{}_nC_2 + 3\,{}_nC_3 + \cdots + n\,{}_nC_n = n\,2^{n-1}$$

(5) ${}_nC_0 + \frac{{}_nC_1}{2} + \cdots + \frac{{}_nC_n}{n+1} = \frac{1}{n+1}(2^{n+1} - 1)$

$(1+x)^n = {}_nC_0\, x^0 + {}_nC_1\, x^1 + {}_nC_2\, x^2 + \cdots + {}_nC_n x^n$ 에서

$(1+x)^n$ 의 전개식의 양변을 적분

$\frac{1}{n+1}(x+1)^{n+1} + C = {}_nC_0\, x + \frac{1}{2}\,{}_nC_1 x^2 + \frac{1}{3}\,{}_nC_2 x^3 + \cdots + \frac{1}{n+1}\,{}_nC_n x^{n+1}$

적분상수 C를 구하기 위하여 양변에 $x = 0$를 대입

$\frac{1}{n+1} + C = 0 \qquad C = -\frac{1}{n+1}$

따라서 ${}_nC_0\, x + \frac{1}{2}\,{}_nC_1 x^2 + \frac{1}{3}\,{}_nC_2 x^3 + \cdots + \frac{1}{n+1}\,{}_nC_n x^{n+1}$

$= \frac{1}{n+1}(x+1)^{n+1} - \frac{1}{n+1} = \frac{1}{n+1}\left((x+1)^{n+1} - 1\right)$

이 식에 $x = 1$ 대입하면

$${}_nC_0 + \frac{1}{2}\,{}_nC_1 + \frac{1}{3}\,{}_nC_2 + \cdots + \frac{1}{n+1}\,{}_nC_n = \frac{1}{n+1}(2^{n+1} - 1)$$

예제 3.28 ${}_nC_0 + {}_nC_1 + {}_nC_2 + {}_nC_3 + \cdots + {}_nC_n = 64$인 n은?

풀이 $2^n = 64$에서 $n = 6$

예제 3.29 ${}_{10}C_0 + {}_{10}C_1 + {}_{10}C_2 + \cdots + {}_{10}C_{10}$의 값을 구하여라.

풀이 $2^{10} = 1024$

예제 3.30 부등식 $500 < {}_nC_1 + {}_nC_2 + \cdots + {}_nC_n < 1000$을 만족하는 자연수 n의 값은?

풀이 ${}_nC_0 + {}_nC_1 + {}_nC_2 + \cdots + {}_nC_n = 2^n$

$500 < 2^n - 1 < 1000$, $2^8 = 256$, $2^{10} = 1024$이므로 $n = 9$

예제 3.31 11^{10}의 일의 자리, 십의 자리, 백의 자리 숫자를 각각 a, b, c라 할 때, a+b+c 의 값은?

풀이 $11^{10} = (10+1)^{10}$이므로

${}_{10}C_0 + {}_{10}C_1 10^1 + {}_{10}C_2 10^2 + \cdots + {}_{10}C_{10} 10^{10}$

$= 1 + 10 \times 10 + 45 \times 10^2 + 10^3({}_{10}C_1 + {}_{10}C_3 10 + \cdots + {}_{10}C_{10} 10^7)$

$= 1 + 10 \times 10 + 45 \times 10^2 + 10^3 \times$ (자연수) $= 4601 + 10^3 \times$ (자연수)

$a + b + c = 6 + 0 + 1 = 7$

예제 3.32 이항정리를 이용하여 101^3의 값을 구하여라.

풀이 $101^3 = (1+100)^3 = {}_3C_0 + {}_3C_1 100 + {}_3C_2 100^2 + {}_3C_3 100^3$

$= 1 + 300 + 30000 + 1000000 = 10303030$

3.2.3 다항정리

조합을 이용한 $(p_1 + p_2 + \cdots + p_k)^n$의 정리이다.

일반적으로 $\{(a+b)+c\}^n$을 전개하면 c^r의 항은 ${}_nC_r(a+b)^{n-r}c^r$

또, $(a+b)^{n-r}$의 전개식에서 b^q의 항은

${}_{n-r}C_q\, a^{n-r-q}b^q = {}_{n-r}C_q\, a^p\, b^q \qquad (p+q+r=n)$

따라서 $(a+b+c)^n$의 전개식에서의 $a^pb^qc^r$의 계수는

${}_nC_r\,{}_{n-r}C_q = \dfrac{n!}{r!(n-r)!} \times \dfrac{(n-r)!}{q!(n-r-q)!} = \dfrac{n!}{p!q!r!}$

따라서

$$(a+b+c)^n = \sum \frac{n!}{p!\,q!\,r!} a^p\, b^q\, c^r$$

(단, $p \geq 0,\ q \geq 0,\ r \geq 0$이고 $p+q+r=n$)이다.

이항을 k개로 확장하면 다음과 같다.

$$(p_1 + p_2 + \cdots + p_k)^n = \sum \frac{n!}{x_1!\,x_2! \cdots x_k!} p_1^{x_1} \cdots p_k^{x_k} \qquad (1)$$

(단, $x_1 \geq 0,\ x_2 \geq 0,\ x_3 \geq 0,\ \cdots\cdots$이고 $x_1 + x_2 + x_3 \cdots\cdots + x_k = n$)

식 (1)으로부터 $p_1^{x_1}\ p_2^{x_2} \cdots p_k^{x_k}$을 얻을 수 있는 방법의 수는

$$\frac{n!}{x_1!\,x_2! \cdots x_k!} \qquad (2)$$

위의 수 (2)를 다항계수(Multinomial Coefficient)라 하며, 이항계수는 다항계수에서 $k=2$인 특수한 경우이다. 따라서 $k=2$라 하면 다항정리(Multinomial Theorem)는 이항정리가 된다.

예제 3.33 다음 물음에 답하여라.

(1) $(a+b+c)^9$의 전개식에서 $a^2b^3c^4$의 계수를 구하여라.

(2) $(a+b+c)^5$의 전개식에서 계수가 5인 항은 몇 개인가?

풀이 (1) 전개식의 일반항은 $\dfrac{9!}{p!q!r!}a^p b^q c^r$ (단, $p+q+r=9$) 이므로,

$a^2b^3c^4$항은 $p=2, q=3, r=4$일 때이다.

따라서 $a^2b^3c^4$의 계수는 $\dfrac{9!}{2!3!4!}=1260$

(2) $a^p b^q c^r$의 계수가 5라 하면 $\dfrac{5!}{p!q!r!}=5$ (단, $p+q+r=5$).

곧 $p!q!r!=4!$, $\quad p+q+r=5$

이 두 식을 동시에 만족시키는 p, q, r의 쌍의 수는 4, 1, 0의 순열의 수와 같으므로 $3!=6$개

예제 3.34 $\left(x^2+\dfrac{1}{x}+1\right)^6$의 전개식에서 x^3의 계수를 구하여라.

풀이 전개식의 일반항은 $\dfrac{6!}{p!q!r!}(x^2)^p\left(\dfrac{1}{x}\right)^q 1^r=\dfrac{6!}{p!q!r!}x^{2p-q}$ (단, $p+q+r=6$)

$2p-q=3$, $\quad p+q+r=6$

p, q, r은 음이 아닌 정수이므로 $(p, q, r)=(2, 1, 3), (3, 3, 0)$

따라서 x^3의 계수는 $\dfrac{6!}{2!1!3!}+\dfrac{6!}{3!3!0!}=80$

예제 3.35 다음 문제에서 경우의 수를 구하여라.

(1) 대학 축구선수 10명을 일렬로 세우려고 한다. 이들 10명을 학년으로 구분했을 때 1학년이 1명, 2학년이 2명, 3학년이 4명, 4학년이 3명이라면, 이들을 학년만을 구분하여 일렬로 세울 수 있는 방법은 몇 가지나 되겠는가?

(2) 어느 생물학 실험의 대상이 될 10명의 그룹이 있다. 이 중 3명의 혈액형이 O형, 4명은 A형이고 나머지 3명은 B형일 경우의 수는 얼마인가?

(3) 7명의 과학자를 3인용 객실 하나와 2인용 객실 둘에 투숙시키는 방법은 몇 가지가 있겠는가?

풀이 (1) $\frac{10!}{1!2!4!3!} = 12{,}600$

(2) $\frac{10!}{3!4!3!}$

(3) $\binom{7}{3,2,2} = \frac{7!}{3!2!2!} = 210$

3.3 확률

3.3.1 시행과 사건

확률에 대해 설명함에 있어서, 이 확률들이 어떤 상황에서 어떻게 계산 될 수 있는지를 보여준다. 준비단계로 확률실험의 표본공간과 사건의 개념이 필요하다. 이를위해 사용되는 용어들을 소개하면 다음과 같다.

(1) 시행

동일한 조건하에서 반복할 수 있고 그 결과가 우연에 의하여 지배되는 가능한 모든 결과의 집합을 알 수 있는 관찰이나 실험이나 관찰 등의 행위를 시행이라 하고 그 결과로 일어나는 사실을 그 시행의 사건이라고 한다. 예를들어, 한 개의 주사위5를 던지는 것은 시행이고 '짝수의 눈이 나온다'등은 이 시행의 사건이다.

(2) 표본공간과 사건

어떤 시행에서 일어날 수 있는 모든 가능한 결과의 집합을 표본공간이라 하고 표본공간의 부분집합을 사건이라 한다. 표본공간은 전체집합으로 표시된다. 하나의 시행에서 가능한 결과가 $e_1, e_2, e_3, \ldots, e_n$뿐이라 할 때, 전체집합 $S=\{e_1, e_2, e_3, \ldots, e_n\}$을 시행의 표본공간 또는 표본집단이라 한다. 또, 표본공간 S의 부분집합을 사건이라 한다. 특히 전체집합인 표본공간 S를 전사건(반드시 일어나는 사건), S의 단 하나의 원소로 된 부분집합 $\{e_1\}, \{e_2\}, \ldots$를 근원사건, S의 부분집합인 공집합 $\varnothing$을 공사건(결코 일어나지 않는 사건)이라 한다.

(3) 합사건, 곱사건, 여사건

표본공간 S의 부분집합을 사건 A, B라 할 때, $A \cup B$를 사건 A, B의 합사건, $A \cap B$를 사건 A, B의 곱사건, A^c를 사건 A의 여사건 이라 한다.

(4) 배반사건

두 사건 A, B가 동시에는 일어나지 않을 때, 곧 $A \cap B = \varnothing$ 일 때 A와 B는 서로 배반한다고 하고, 이 두 사건을 배반사건이라고 한다. 또, 세 개 이상의 사건에 대해서 어떠한 두 사건도 서로 배반하면 이들 사건은 서로 배반한다고 말한다.

예제 3.36 100원짜리 동전 1개와 500원 짜리 동전 1개를 던지는 시행에서 앞면을 H, 뒷면을 T로 나타내고, 100원짜리는 앞면, 500원 짜리는 뒷면이 나오는 근원사건을 $\{H, T\}$라 할 때, 다음을 구하여라.

(1) 표본공간 S를 구하여라.

(2) 두 개 모두 같은 면이 나오는 사건 A는?

(3) 적어도 한 개는 뒷면이 나오는 사건 B는?

풀이 (1) $S = \{(H,H), (H, T), (T, H), (T, T)\}$

(2) $A = \{(H,H), (T, T)\}$

(3) $B = \{(H, T), (T, H), (T, T)\}$

예제 3.37 $S = \{1, 2, 3, 4, 5, 6\}$에서 $A = \{2, 4, 6\}$, $B = \{1, 3, 5\}$일 때, A와 B는 배반사건인가?

풀이 $A \cap B = \varnothing$ 이므로 배반사건이다.

예제 3.38 하나의 주사위를 한 번 던지는 시행에서 i의 눈이 나오는 것을 e_i로 나타내기로 할 때, 다음에 답하여라. 또한 3 이하의 눈이 나오는 사건 E, 짝수의 눈이 나오는 사건 F, 5의 눈이 나오는 사건 G라 하자.

(1) 표본공간 S를 만들어라.

(2) 다음 사건 $E,\ F,\ G$를 나타내어라.

(3) E와 F의 합 사건은 G의 여사건과 같음을 보여라.

(4) E와 F는 서로 배반하지 않음을 보여라.

(5) E와 서로 배반하는 사건은 몇 가지 인가?

풀이 (1) $S=\{e_1, e_2, e_3, e_4, e_5, e_6\}$

(2) $E=\{e_1, e_2, e_3\}, F=\{e_2, e_4, e_6\}, G=\{e_5\}$

(3) $E\cup F=\{e_1, e_2, e_3, e_4, e_6\},\ G^c=\{e_1, e_2, e_3, e_4, e_6\}$ 이므로, $E\cup F=G^c$

(4) $E\cap F=\{e_2\}\neq\varnothing$

(5) $\{e_4, e_5, e_6\}$의 부분집합의 개수와 같으므로 $2^3=8$가지

예제 3.39 25명의 산업공학, 10명의 기계공학, 10명의 전기공학, 8명의 토목공학 학생들로 구성된 통계학 수업이 있다. 이중 한명의 학생을 임의로 뽑을 때 그 학생이 (1) 산업공학학생, (2) 토목공학이나 전기공학 학생일 확률을 각각 구하여라.

풀이 총 53명의 학생들 중 산업, 기계, 전기, 토목공학 학생을 각각 A, B, C, D로 나타내기로 하자.

(1) 53명 중 산업공학 학생은 25명 이므로 $P(A)=\dfrac{25}{53}$

(2) 53명중 토목공학이나 전기공학 학생은 모두 18명 이므로 $P(C\cup D)=\dfrac{18}{53}$

3.3.2 확률의 정의

확률이란 임의성과 불확실성에 의해 일어날 수 있는 여러 결과중의 대한 연구 분야이다.

(1) 수학적 확률

어떤 시행에서 표본공간의 원소의 개수를 $n(S)$라 하고, 개개의 근원사건이 일어나는 것이 같은 정도로 확실할 때, 사건 A의 원소의 개수가 $n(A)$라 하면 사건 A가 일어날 수학적 확률은 다음과 같다.

$$P(A)=\frac{(A\text{에 속하는 근원사건의 개수})}{(\text{근원사건의 총 개수})}=\frac{n(A)}{n(S)}$$

(2) 통계적 확률

상대도수 $\frac{a}{N}$에 있어서 $\lim_{N\to\infty}\frac{a}{N}=p$일 때, 이 p의 값을 사건 A가 일어날 통계적 확률 또는 경험적 확률이라 한다. 그런데 실제로 N을 무한히 크게 할 수 없으므로 N이 어느 정도 클 때의 $\frac{a}{N}$를 통계적 확률로 보는 것이 보통이다.

(3) 확률의 기본성질

임의의 사건 A, 전사건 S, 공사건 $\varnothing$ 에 대하여 $0\le P(A)\le 1$, $P(S)=1$, $P(\varnothing)=0$

예제 3.40 **하나의 주사위를 던질 때, (1) 짝수의 눈이 나올 확률을 구하여라. (2) 3이상의 눈이 나올 확률을 구하여라. (3) 소수의 눈이 나올 확률을 구하여라.**

풀이 하나의 주사위를 던질 때, 표본공간을 S, 짝수의 눈이 나오는 사건을 A, 3 이상의 눈이 나오는 사건을 B라 하면 $S=\{1,2,3,4,5,6\}$, $A=\{2,4,6\}$, $B=\{3,4,5,6\}$, $C=\{2,3,5\}$ 이므로

(1) $P(A) = \frac{n(A)}{n(S)} = \frac{3}{6} = \frac{1}{2}$　　(2) $P(B) = \frac{n(B)}{n(S)} = \frac{4}{6} = \frac{2}{3}$

(3) $P(C) = \frac{n(C)}{n(S)} = \frac{3}{6} = \frac{1}{2}$

예제 3.41 어떤 통계의 결과 출생아 1000명 중에서 출생 후 1년까지 산 아이가 950명이라면 어떤 출생아가 1년 후 까지 살 확률은 얼마인가?

풀이 $\text{확률} = \frac{\text{기대하는 것이 일어난 횟수}}{\text{실험한 모든 횟수}} = \frac{950}{1000} = 0.95$

예제 3.42 5권의 소설, 3권의 시집, 그리고 한 권의 사전이 있는 서재로부터 임의로 3권의 책이 선택될 때 다음 확률은 얼마인가?

(1) 사전이 선택될 확률

(2) 소설 2권과 시집 1권이 선택될 확률

풀이 (1) $\frac{{}_1C_1\,{}_8C_2}{{}_9C_3}$　　(2) $\frac{{}_5C_2\,{}_3C_1}{{}_9C_3}$

예제 3.43 흰공 5개, 검은 공 3개가 들어 있는 주머니에서 한 번에 1개씩 차례로 2개의 공을 꺼낼 때(꺼낸 공을 다시 넣지 않음) 2개 모두 검은 공이 나올 확률?

풀이 처음 검은 공 : $\frac{3}{8}$, 두 번째 검은공이 나올 확률 : $\frac{2}{7}$,

두 개 모두 검은 공일 확률 $= \frac{3}{8} \times \frac{2}{7} = \frac{6}{56}$

예제 3.44 12개의 제비 중 4개의 당첨 제비가 들어 있다. 이 중 3개를 뽑을 때, 당첨 제비가 2개 뽑힐 확률은?

풀이 12개의 제비 중 3개를 뽑는 경우의 수 : ${}_{12}C_3$, 당첨 제비 4개 중 2개를 뽑고, 당첨 제비가 아닌 제비를 8개 중 1개를 뽑는 경우 : ${}_4C_2\,{}_8C_1$, 그러므로

$$\frac{{}_4C_2\,{}_8C_1}{{}_{12}C_3} = \frac{12}{55}$$

예제 3.45 흰 공 3개와 검은 공 4개가 들어 있는 주머니에서 2개의 공을 꺼낼 때, 같은 색 공이 나올 확률은?

풀이 $$P(A) = \frac{n(A)}{n(S)} = \frac{{}_3C_2 + {}_4C_2}{{}_7C_2} = \frac{1}{7} + \frac{2}{7} = \frac{3}{7}$$

예제 3.46 20개의 제비속에 3개의 당첨제비가 들어있다. 3개의 제비를 뽑을 때, 그 중에서 2개가 당첨 제비가 될 확률은?

풀이 $$P = \frac{{}_3C_2\,{}_{17}C_1}{{}_{20}C_3} = \frac{17}{380}$$

3.3.3 확률의 가법정리

이 절에서는 사건들의 기본 연산인 여사건, 합사건등과 확률계산에 유용한 확률법칙을 알아보자.

(1) 일반적인 덧셈정리

두 사건 A, B중 적어도 어느 한 쪽이 일 어나는 사건을 A와 B의 합사건 $A \cup B$이라 하고 A와 B가 동시에 일어나는 사건을 A와 B의 곱사건 $A \cap B$라 한다.

$$P(A \cup B) = P(A) + P(B) - P(A \cap B)$$

(2) 배반사건의 덧셈정리

일반적으로 어떤 시행에서 두사건 A, B중 어느 한 쪽이 일어나면 다른 쪽은 일어나지 않을 때, A와 B는 서로 배반이라 하고 A, B를 배반사건이라 한다. 이것은 $A \cap B = \varnothing$인 경우이다.

$$P(A \cup B) = P(A) + P(B)$$

(3) 여사건의 확률

사건 A의 확률과 여사건 A^c의 확률사이의 관계는

$$P(A) + P(A^c) = 1,\ P(A) = 1 - P(A^c)$$

예제 3.47 한 개의 주사위를 던질 때, 짝수의 눈 또는 3이상의 눈이 나올 확률은?

풀이 $P(A \cup B) = P(A) + P(B) - P(A \cap B) = \frac{3}{6} + \frac{4}{6} - \frac{2}{6} = \frac{5}{6}$

예제 3.48 두 사건 A, B에 대해 $P(A)=0.3, P(B)=0.5, P(A^c \cap B^c)=0.4$일 때, $P(A \cap B)$의 값은?

풀이
$$P(A^c \cap B^c) = P\{(A \cup B)^c\} = 0.4$$
$$P(A \cup B) = 1 - P\{(A \cup B)^c\} = 0.6$$
$$P(A \cup B) = P(A) + P(B) - P(A \cap B)$$
$$0.6 = 0.3 + 0.5 - P(A \cap B)$$
$$P(A \cap B) = 0.2$$

예제 3.49 100명의 학생 중 혈액형이 O형, A형, B형, AB형인 학생이 각각 29명, 41명, 18명, 12명이라 한다. 이 중에서 임의로 한 명을 뽑을 때, O형이거나 A형일 확률을 구하여라.

풀이 O형일 사건을 O, A형일 사건을 A라 하면 O와 A는 서로 배반사건이므로 덧셈정리에 의하여 $P(O \cup A) = P(O) + P(A) = \frac{29}{100} + \frac{41}{100} = \frac{7}{10}$

예제 3.50 불량품이 2개 들어 있는 10개의 제품 두 개의 제품을 임의로 선택할 때, 적어도 한 개가 불량품일 확률은?

풀이 10개중 2개 뽑는 경우의 수 : ${}_{10}C_2 = 45$

뽑은 2개가 정품일 경우의 수 : ${}_{8}C_2 = 28$

여사건의 확률에서 $1 - \frac{{}_{8}C_2}{{}_{10}C_2} = 1 - \frac{28}{45} = \frac{17}{45}$

예제 3.51 남자 4명, 여자 3명중 3명의 위원을 선출 할 때, 여자 위원이 적어도 한 명 선출될 확률은?

풀이 7명중 3명 선출 : ${}_7C_3$

위원 3명이 남자일 확률 : $\dfrac{{}_4C_3}{{}_7C_3}$

$$1-\frac{{}_4C_3}{{}_7C_3}=1-\frac{4}{35}=\frac{31}{35}$$

예제 3.52 흰 공 5개, 검은 공 3개, 빨간 공 2개가 들어 있는 주머니에서 4개의 공을 꺼낼 때, 적어도 2개가 흰 공이 나올 확률을 구하면?

풀이 전체 : ${}_{10}C_4$, 흰 공이 1개 : ${}_5C_1\,{}_5C_3=50$

흰 공이 없을 때 : ${}_5C_4={}_5C_1=5$

$$1-\frac{55}{{}_{10}C_4}=\frac{31}{42}$$

예제 3.53 새 자동차를 사려고 하는 어느 고객이 녹색, 백색, 적색 혹은 청색의 자동차를 구입할 확률이 각각 0.09, 0.15, 0.21, 0.23이라고 할 때, 그 고객이 네 가지 색 중 어느 한 가지의 색의 차를 구입할 확률은 얼마인가?

풀이 녹색, 백색, 적색, 청색의 차를 구입할 사건을 각각 G, W, R, B라 하면, 이 네 사상은 서로 배반이므로 $P(G\cup W\cup R\cup B)=P(G)+P(W)+P(R)+P(B)=0.09+0.15+0.21+0.23=0.68$이 된다.

예제 3.54 어느 자동차 업체가 리콜을 고려하고 있다. 리콜을 할 경우 브레이크 결함, 변속기 결함, 연료계통 결함, 기타결함일 확률이 각각 0.25, 0.18, 0.17, 0.40 이라고 한다.

(1) 브레이크와 연료계통이 동시에 결함일 확률이 0.15라고 할 때, 리콜 된 차가 브레이크나 연료계통의 결함이 있을 확률은 얼마인가?

(2) 브레이크나 연료계통에 결함이 없을 확률은 얼마인가?

풀이 (1) $P(A)+P(B)-P(A\cap B)=0.25+0.17-0.15=0.27$

(2) $1-P(A\cup B)=1-0.27=0.73$

3.3.4 확률의 곱셈정리

표본공간을 S라 하고 임의의 사건 E를 $P(E)>0$인 사건이라 하자. 사건 E가 일어났을 때 어떤 사건 A가 일어날 확률을 생각하여 보자.

(1) 조건부 확률

실험결과에 관한 어떤 일부분의 정보를 알고 있을 때 확률들을 계산하고자 하는 경우가 종종 있다. 이러한 경우에 구하는 확률이 조건부 확률이다.

확률이 0이아닌 두 사건 A, B에 대하여 A가 일어났다는 조건하에서 B가 일어날 확률을 사건 A가 일어났을 때의 사건 B의 조건부 확률이라 하고, $P(B|A)$또는 $P_A(B)$로 나타낸다. 사건 A가 일어났을 때의 사건 B의 조건부 확률(A가 일어났을 때의 B의 조건부확률)위의 정의에 의해

$$P(B|A)=\frac{P(A\cap B)}{P(A)},\ \text{단},\ P(A)>0$$

가 성립하며 이로부터 곱셈정리 $P(A)>0$, $P(B)>0$일 때,

$$P(A \cap B) = P(A)P(B|A) = P(B)P(A|B)$$

이다.

(2) 독립사건과 종속사건

① 두 사건 A, B에 대하여 사건 A가 일어날 경우와 사건 A가 일어나지 않을 경우에 따라 사건 B가 일어날 확률이 달라질 때 곧,

$$P(B|A) \neq P(B|A^c)$$

일 때, 사건 A와 B는 종속이라고 하고, 종속인 두 사건을 종속사건이라 한다.

② 두 사건 A, B에 대하여 사건 A가 일어날 경우와 사건 A가 일어나지 않을 경우에 따라 사건 B가 일어날 확률이 달라지지 않을 때, 곧

$$P(B|A) = P(B|A^c) = P(B)$$

일 때, A와 B는 독립이라고 하고, 독립인 두 사건을 독립사건이라 한다.

③ 특히 사건 A와 사건 B가 서로 독립일 때는 다음 곱셈정리가 성립한다.

$$\text{사건 } A, B\text{가 독립} \Leftrightarrow P(A \cap B) = P(A)P(B)$$

(3) 베이즈 정리

서로 배반인 사건 $E_1, E_2, \ldots E_n$이 전체사건이고, 이들을 원인으로 하여 사건 A가 일어났을 때 사건 A가 일어난 원인이 E_i일 확률은

$$P(E_i|A) = \frac{P(E_i)P(A|E_i)}{P(E_1)P(A|E_1) + \cdots + P(E_n)P(A|E_n)}$$

두 배반사건 E_1, E_2에서 사건 A가 일어날 원인이 E_1일 확률은

$$P(E_1|A) = \frac{P(E_1)P(A|E_1)}{P(E_1)P(A|E_1) + P(E_2)P(A|E_2)}$$

예제 3.55 아래의 테이블은 1200명의 대학생들의 음주와 흡연 습관을 조사한 결과를 나타낸다.

	음주	불음주	합계
흡연	315	165	480
비흡연자	585	135	720
합계	900	300	1200

(1) 이 그룹에서 흡연을 하는 사람의 확률은 얼마인가?

(2) 음주를 하는 학생 중 흡연자의 확률은 얼마인가?

(3) 음주자의 확률은 얼마인가?

(4) 흡연자 중 음주를 하는 학생의 확률은 얼마인가?

풀이 (1) $P(\text{흡연}) = \dfrac{480}{1200} = 0.4$

(2) $P(\text{흡연} \mid \text{음주}) = \dfrac{315}{900} = 0.35$

(3) $P(\text{음주}) = \dfrac{900}{1200} = 0.75$

(4) $P(\text{음주} \mid \text{흡연}) = \dfrac{315}{480} = 0.65625$

예제 3.56 A시에서 환경보호 운동에 참여하고 있는 주민은 전체 주민의 20%이며, 이 중에서 여성의 비율은 60%이다. 환경보호 운동에 참여하고 있는 A시 주민 중에서 한 명을 뽑을 때, 그 사람이 남자일 확률은?

풀이 환경운동에 참여하는 사람을 E, 남자를 M라 할 때,

$$P(M|E) = \frac{P(M \cap E)}{P(E)} = \frac{0.2 \times 0.4}{0.2} = \frac{2}{5}$$

예제 3.57 어떤 비행기의 승객 중 60%가 한국인, 승객 중 42%가 한국인 남자다. 한국인 중 임의의 한 명을 뽑을 때, 그 사람이 남자일 확률은?

풀이 한국인일 사건을 A, 남자일 사건을 B라 하면

$$P(A)=\frac{60}{100}=\frac{3}{5},\ P(A\cap B)=\frac{42}{100}=\frac{21}{50}$$

$$P(A\cap B)=P(A)P(B|A)$$

$$P(B|A)=\frac{P(A\cap B)}{P(A)}=\frac{\frac{21}{50}}{\frac{3}{5}}=\frac{7}{10}$$

예제 3.58 한 개의 주사위를 던질 때, 짝수의 눈이 나오는 사건을 A, 4 이상의 눈이 나오는 사건을 B, 1 또는 6의 눈이 나오는 사건을 C라 할 때, A와 B는 종속이고, B와 C는 독립임을 보여라.

풀이

$$P(B|A)=\frac{P(B\cap A)}{P(A)}=\frac{2/6}{3/6}=\frac{2}{3},\ P(B)=\frac{3}{6},\ P(B|A)\neq P(B)$$

$$P(B|C)=\frac{P(B\cap C)}{P(C)}=\frac{1/6}{2/6}=\frac{1}{2},\ P(B)=\frac{3}{6},\ P(B|C)=P(B)$$

예제 3.59 한 개의 주사위와 한 개의 동전을 동시에 던질 때, 주사위의 짝수의 눈과 동전의 앞면이 나올 확률을 구하여라.

풀이 주사위의 짝수의 눈이 나올 사건을 A, 동전의 앞면이 나올 사건을 B라 하면 사건 A, B는 서로 독립이므로

$$P(A\cap B)=P(A)P(B)=\frac{3}{6}\times\frac{1}{2}=\frac{1}{4}$$

예제 3.60 오른손잡이와 왼손잡이의 IQ점수에 관심이 있던 심리학자는 간단히 2000명의 고등학교 학생들의 무작위 표본을 대상으로 다음과 같은 자료를 수집하였다.

	오른손 잡이	왼손 잡이	합계
높은 IQ	190	10	200
낮은 IQ	1710	90	1800
합계	1900	100	2000

(1) 이 그룹의 학생이 높은 IQ를 가질 확률은 얼마인가?

(2) 왼손잡이인 학생들이 높은 IQ를 가질 확률은 얼마인가?

풀이 (1) $P(\text{높은 } IQ) = \dfrac{200}{2000} = 0.1$

(2) $P(\text{높은 } IQ | \text{왼손잡이}) = \dfrac{10}{100} = 0.1$

높은 IQ를 가질 확률은 학생이 왼손잡이라는 사실에 영향을 받지 않는다. 따라서 두 사건은 독립적이다.

예제 3.61 은행의 세 부서에 하루에 각각 120, 180, 100명의 손님들이 온다고 가정해보자. 손님이 방문했을 때 $100가 넘는 액수를 거래할 확률은 각각 0.5, 0.6, 0.7이라고 가정해보자. 손님을 무작위로 선택하였다. 그 손님이 $100가 넘는 액수를 거래하고 첫 번째 부시에 방문할 확률은 얼마인가?

풀이 세 부서를 B_1, B_2, B_3, 100$이상일 사건을 E라 하면

$$P(B1) = \frac{120}{400} = 0.3,\ P(B2) = \frac{180}{400} = 0.45,\ P(B3) = \frac{100}{400} = 0.25$$

$$P(B1 \cap E) = P(B_1)P(E|B_1) = (0.3)(0.5) = 0.15$$

$$P(B2 \cap E) = P(B_2)P(E|B_2) = (0.45)(0.6) = 0.27$$

$$P(B3 \cap E) = P(B_3)P(E|B_3) = (0.25)(0.7) = 0.175$$

$P(E) = P(B1 \cap E) + P(B2 \cap E) + P(B3 \cap E) = 0.15 + 0.27 + 0.175 = 0.595$,

그러므로 $P(B1 \mid E) = \dfrac{0.15}{0.595} = 0.252$

예제 3.62 3개의 기계 A, B, C가 각각 이 공장의 생산품 전체의 50%, 30%, 20%를 생산한다. 이들 기계가 불량품을 생산할 비율은 3%, 4%, 5%이다. 한 제품이 임의로 선정된다고 하고 그 제품이 불량일 때 그것이 A 기계에서 생산될 확률을 구하여라.

풀이 제품이 불량인 사건을 E라 하면

$P(E) = P(A)P(E|A) + P(B)P(E|B) + P(C)P(E|C)$

$= (0.5)(0.03) + (0.3)(0.04) + (0.2)(0.05) = 0.037$

Bayes 정리에 의하여

$$P(A|E) = \frac{P(A)P(E|A)}{P(A)P(E|A) + P(B)P(E|B) + P(C)P(E|C)}$$

$$= \frac{(0.5)(0.03)}{(0.5)(0.03) + (0.3)(0.04) + (0.2)(0.05)} = \frac{15}{37}$$

예제 3.63 볼트를 만드는 어느 공장에서 세 대의 기계 A, B, C가 각각 전체의 25%, 35%, 40%를 만들며, 또 각각의 제품의 5%, 4%, 2%가 불량품이라 한다. 제품 가운데 임의로 꺼낸 하나의 볼트가 불량품이었다고 할 때, 그것이 기계 A에서 만들어졌을 확률을 구하여라.

풀이 제품이 불량일 사건을 E라 하면, $P(E) = P(A \cap E) + P(B \cap E) + P(C \cap E)$

$= P(A)P(E|A) + P(B)P(E|B) + P(C)P(E|C)$

$= 0.25 \times 0.05 + 0.35 \times 0.04 + 0.4 \times 0.02 = 0.0345$

$$P(A|E) = \frac{P(A \cap E)}{P(E)} = \frac{0.0125}{0.0345} = \frac{25}{69}$$

연 · 습 · 문 · 제

01. success라는 단어의 문자를 모두 써서 만들 수 있는 배열의 가지 수는 몇 가지인가?

02. a, b, c, d 네 문자를 모두 써서 일렬로 세우는 방법의 가짓수는 몇 가지인가?

03. 검은 공 7개, 흰 공 5개가 들어 있는 주머니 속에서 임의로 1개의 공을 끄집어낼 때 그 것이 흰 공일 확률은 얼마인가?

04. 7명 중에서 5명을 선출할 때 특별한 2명 중 1명만을 포함할 확률은 얼마인가?

05. a, b, c, d, e 다섯 문자 중 어느 세 문자를 골라 일렬로 나열하는 방법의 가짓수는 몇 가지인가?

06. $1, 2, 3, 4, 5$를 써서 중복을 허락하여 만들어지는 4자리 정수 중 적어도 2자리 이상 중복이 되는 정수의 개수는 몇 개인가?

07. 7명 중 3명의 대표를 뽑는 방법의 가짓수는 얼마인가?

08. $\left(3x^2 - \frac{1}{x}\right)^6$ 의 전개식에서 상수항을 구하여라.

09. $\left(ax^3 - \frac{1}{x^3}\right)^5$ 의 전개식에서 x^3의 계수가 10일 때 a의 값을 구하여라.

10. $\left(x^2 - \frac{2}{x}\right)^6$의 전개식에서 x^3의 계수는?

11. $(x+1)^5(3x-2)^4$의 전개식에서 x^2은?

12. 다음 관계식을 만족시키는 양의 정수 n의 값을 구하여라.

(1) ${}_nC_1 + {}_nC_2 + {}_nC_3 + \cdots + {}_nC_n = 31$

(2) $2000 < {}_nC_1 + {}_nC_2 + \cdots + {}_nC_n < 3000$

13. $(x^2+x+1)^6$의 전개식에서 x^3의 계수를 구하여라.

14. 한 줄에 이어진 9개의 소켓에 3개의 빨간등, 4개의 노란등 2개의 파란등을 끼워서 크리스마스 트리를 장식하려고 한다. 이 표본 공간의 표본점의 개수는?

15. 세 대의 버스 A, B, C의 좌석이 각각 3석, 2석, 5석이 비어있다. 10명의 승객을 이 세 대에 분승시키는 방법은 모두 몇 가지인가?

16. 어느 공장에서 생산된 제품을 조사하니 1급품이 50%, 2급품이 30%, 3급품이 20%였다. 10개의 제품을 임의로 추출했을 때, 1급품이 4개, 2급품이 3개, 3급품이 3개일 확률을 구하여라.

17. 회의에 참가하는 대표단이 비행기, 버스, 자동차, 기차로 도착할 확률은 각각 0.4, 0.2, 0.3, 0.1이다. 대표단에서 무작위로 추출된 9명 중 3명은 비행기, 3명은 버스, 1명은 자동차, 2명은 기차로 도착했을 확률은?

18. $P(A) = \frac{1}{3}$, $P(B) = \frac{1}{4}$, $P(A \cup B) = \frac{1}{2}$일 때, $P(A \cap B)$의 값은 얼마인가?

19. 한 주사위를 여섯 번 던져 그 중에서 1의 눈이 두 번만 연속으로 나올 확률은 얼마인가?

20. $0, 1, 2, 3, 4, 5$의 6개의 숫자를 배열해서 되는 다섯 자리 정수 중 1개를 택할 때 5의 배수가 될 확률은 얼마인가?

21. 주머니 속에 100원짜리 2장, 50원 짜리 6장이 들어 있다. 이 속에서 임의로 3장을 꺼내어 갖기로 한 사람의 기대 금액은 얼마인가?

22. $1, 2, 3, 4, 5, 6, 7$이란 번호를 매긴 7개의 공이 들어있는 주머니에서 4개를 꺼냈을 때 그 중에 $2, 4, 6$의 번호를 가진 공이 들어있을 확률을 구하라.

23. $P(A)=0.9,\ P(A\cap B)=0.6$일 때, $P(B|A)$는 얼마인가?

24. 어느 기구의 직육면체 부품을 깎아낼 때 그 각 모서리 길이의 설계 값의 오차가 0.01mm 이내이면 정품으로 본다. 오차가 0.01mm를 넘을 확률은 가로에서 $p_1=0.08$, 세로에서 $p_2=0.12$, 높이에서 $p_3=0.1$이라면 이 부품이 불량품이 될 확률은 얼마인가?

25. 1, 2, 3 번호를 붙인 3개의 상자가 있고 그 각각에는 아래의 표와 같이 붉은 공, 흰 공, 푸른 공이 들어있다. 임의로 1개의 상자를 선택하고 그 상자로부터 1개의 공을 뽑는 실험을 행할 때 그 실험에서 뽑은 공이 붉은 공이었다고 하면 그 공이 제 2의 상자로부터 나왔을 확률은 얼마인가?

상자 \ 공	붉은 공	흰 공	푸른 공	계
1	3	4	1	8
2	1	2	3	6
3	4	3	2	9

26. 흰 공 6개와 검은 공 4개가 들어 있는 주머니가 있다. 이 주머니에서 1개의 공을 끄집어내어 그 색을 확인한 다음 다시 주머니 안에 넣고 다음에 또다시 1개의 공을 끄집어낸다. 이 방법을 5번 거듭할 때 3번은 흰 공이고 2 번은 검은 공일 확률은 얼마인가?

27. 한 개의 주사위와 한 개의 동전을 던졌다. A를 동전의 표면이 나오는 사건, B를 주사위 6이 나오는 사건으로 정의할 때 $P(B)$, $P(B|A)$의 값을 구하라.

28. 주사위 한 개를 두 번 던져 적어도 한 번은 5가 나올 확률은 얼마인가?

29. 흰 공 10개, 붉은 공 4개, 검은 공 2개가 들어 있는 주머니에서 2개를 꺼낼 때, 적어도 하나는 흰 공일 확률은 얼마인가?

30. 다음과 같은 사망 원인 통계가 있다고 할 때 담배를 피우던 어떤 사람의 사망 원인이 암 질환이었을 확률은 얼마인가?

	암 질환	암 이외의 질환	합계
담배 피우는 사람	360	200	560
피우지 않는 사람	290	150	440
합계	650	350	1000

31. 2개의 주사위를 던질 때 합이 많아야 5가 될 확률을 구하여라.

32. 2개의 주사위를 던질 때 합이 적어도 4일 때 많아야 5가 될 확률은 얼마인가?

33. 1, 2, 3, 4, 5의 5개의 숫자를 써서 만든 순열 가운데 양 끝에 홀수가 오는 경우는 모두 몇 가지인가?

34. 세 대의 버스 A, B, C의 좌석이 각각 3석, 2석, 5석이 비어 있다. 10명의 승객을 이 세 대에 분승시키는 방법은 모두 몇 가지인가?

35. A, B, C 세 사람의 판매원이 판매에 성공할 확률은 각각 $\frac{5}{8}, \frac{3}{8}, \frac{1}{3}$이라 할 때 꼭 한 사람이 판매에 성공할 확률은?

36. 2개의 주사위를 던질 때 눈의 합이 3이하일 확률은 얼마인가?

37. 10개의 제비 중 당첨 제비가 3개 있다 A, B, C가 한 개씩 이 순서대로 제비를 뽑을 때 적어도 한 사람이 당첨될 확률을 구하여라.

38. 6명의 가족이 원탁에 앉을 때 부모가 이웃해서 앉는 방법의 가짓수는 얼마인가?

39. 한 개의 주사위를 다섯 번 던질 때 3의 배수의 눈이 3회 나올 확률은 얼마인가?

40. 서로 색이 다른 6개의 구슬로 만들 수 있는 목걸이의 가짓수는 몇 가지인가?

41. 자동차 부품 공장이 상하이에 위치할 확률이 0.7, 베이징에 위치할 확률이 0.4, 그리고 상하이 또는 베이징에 혹은 양쪽에 위치할 확률이 0.8이다. 그 공장이 다음과 같이 위치할 확률은 얼마인가?

(1) 두 도시 양쪽에 모두 위치할 확률

(2) 두 도시 어느 쪽에도 위치하지 않을 확률

42. 부품이 시험 중 고장 나는 사상을 A, 고장은 아니지만 변형이 있는 사상을 B라고 하자. 사상 A의 확률은 0.20, 사상 B의 확률은 0.35이다.

(1) 부품이 시험 중 고장 나지 않을 확률은 얼마인가?

(2) 부품이 고장 나지도, 변형이 되지도 않을 확률은 얼마인가?

(3) 부품이 고장 나거나 변형이 있을 확률은 얼마인가?

43. 어느 합성세제 제조공장에서 제품을 용기에 담는 기계는 정확한 양을 담거나(A), 부족하게 담거나(B), 넘치게 담는다(C)고 한다.
$P(A)=0.99$, $P(B)=0.001$이라고 하자.

(1) $P(C)$를 구하라.

(2) 이 기계가 부족하게 담지 않을 확률은 얼마인가?

(3) 이 기계가 부족하게 담거나 넘치게 담을 확률은 얼마인가?

44. 한 도시에 독립적으로 운행되는 두 대의 소방차가 있다. 소방차가 필요할 때 특정한 한 대의 소방차를 이용할 수 있는 확률은 0.96이다.

(1) 소방차가 필요할 때 어느 소방차도 이용할 수 없을 확률은?

(2) 소방차 필요할 때 어느 한 대의 소방차를 이용할 수 있을 확률은?

45. 어떤 지방에서는 과거의 경험으로 보아 나이가 40세보다 많은 성인이 암을 가지고 있을 확률이 0.05라고 알려져 있다. 의사가 암환자를 옳게 진단할 확률이 0.78이고 암환자가 아닌 사람을 환자로 오진할 확률이 0.06이다.

(1) 어떤 사람이 암환자로 진단될 확률은 얼마인가?

(2) 암환자라고 진단받은 사람이 실제로 병에 걸렸을 확률은?

46. 어느 제조업체에서는 제품개발 시 세 가지 분석법을 적용하고 있는 데, 비용의 문제로 분석법 $1, 2, 3$을 제품의 $30\%, 20\%, 50\%$ 에 각각 적용하고 있다. 세 가지 방법에 따라 불량률은 다음과 같이 각각 다른 것으로 알려졌다.

$P(D|P_1) = 0.01,\ P(D|P_2) = 0.03,$
$P(D|P_3) = 0.02$

여기에서 $P(D|P_j)$는 분석법 j였을 때 불량품일 확률을 나타낸다. 한 제품을 임의로 선택한 수 검사한 결과 불량이었다면, 어느 분석법을 사용했을 가능성이 가장 많은가?

Chapter 04

확률변수와 확률분포

표본공간에서 어떤 사건의 확률은 구하는 것이 매우 복잡하거나 어려울 때가 있다. 때때로 실험결과를 수치로 나타내는 것이 아주 중요한 의미를 가지게 된다. 예를 들어, 3개의 동전을 던졌을 때 출현가능한 모든 결과들을 자세하게 보여 주는 표본공간을 다음과 같다.

$$S = \{HHH, HHT, HTH, THH, HTT, THT, TTH, TTT\}$$

H은 앞면을 의미하고, T는 뒷면을 의미한다. 당연히 앞면의 수에 관심을 가지게 될 것이다. 따라서, 각 표본점에 0, 1, 2, 3의 숫자들을 대응시킬 수 있다. 이 값들은 3개의 동전을 던졌을 때 앞면의 수를 의미하는 확률변수(random variable) X라고 생각할 수 있다.

그러므로 확률변수는 표본공간 내에 있는 각 원소에 하나의 실수값을 대응시키는 함수로 정의된다. 표본공간이 유한개 혹은 셀 수 있는 무한개의 원소로 이루어졌을 때 이산표본공간(discrete sample space)이라 한다. 어떤 통계적 실험에서는 출현 가능한 결과들이 유한하지도 않고 셀 수 없는 경우가 있다. 예를 들어, 어떤 자동차가 5리터의 휘발유로 규정된 시험코스를 주행한 거리를 측정하는 것은 그런 경우에 해당된다. 주행거리를 어느 정도의 정확성을 가지고 측정되는 변수라고 생각한다면 표본공간 내의 가능한 거리들은 무한개가 된다. 표본공간이 실선의 어떤 구간 내의 모든 수를 포함할 때 연속표본공간(continuous sample space)이라 한다.

4.1 이산형 확률분포

이산형 확률분포에서는 각 값에 확률을 할당한다. 하나의 동전을 세 번 던지는 실험에서 확률변수 X가 앞면이 나온 횟수를 의미한다면 확률변수값 2에는 확률 3/8이 부어되는데, 이는 발생가능성이 동일한 8개의 표본점 중에서 앞면이 두 번, 뒷면이 한 번 나오는 경우가 세 가지이기 때문이다. 이 취할 수 있는 가능한 값과 그에 대한 확률은 다음과 같이 주어진다.

x	0	1	2	3
$P(X=x)$	1/8	3/8	3/8	1/8

위의 x값은 X이 취할 수 있는 모든 값들이므로, 각 값에 대한 확률의 합은 당연히 1이 된다.

확률변수 X의 확률함수 $f(x_i)=P(X=x_i)$는 다음 조건을 만족하면 이를 이산형 확률변수 X의 확률함수, 확률질량함수(probability mass function), 혹은 확률분포라고 한다.

① $f(x) \geq 0$

② $\sum_x f(x) = 1$

③ $P(X=x) = f(x)$

예제 4.1 어느 대리점에서 판매된 외제차의 50%에 디젤엔진이 장착되었다고 할 때, 이 대리점에서 다음에 판매될 6대의 외제차 가운데 디젤엔진이 장착된 차의 수의 확률분포에 대한 함수를 구하라.

풀이 일반적으로 x대의 디젤모델과 $(6-x)$대의 가솔린모델이 판매될 사상은 $\binom{6}{x}$개의 방법으로 발생할 수 있으며, 여기서 x는 0, 1, 2, 3, 4, 5, 6의 값을 취할 수 있다. 확률분포 $f(x)=P(X=x)$는 다음과 같이 된다.

$$f(x)=\frac{\binom{6}{x}}{64},\ x=0,1,2,3,4,5,6$$

실제로는 확률변수 X의 관측값이 어떤 실수 x보다 작거나 같을 확률을 계산해야 될 경우가 많이 있다. 모든 실수 x에 대한 $F(x)=P(X\le x)$를 확률변수 X의 누적분포함수(cumulative distribution function)라고 한다.

확률분포 $f(x)$를 가지는 이산형 확률변수 X의 누적분포함수 $F(x)$는

$$F(x)=P(X\le x)=\sum_{t\le x} f(t), \qquad -\infty < x < \infty$$

로 주어진다.

누적분포는 주어진 확률변수가 취할 수 있는 값에서뿐만 아니라 모든 실수에서 정의되어진다는 사실에 유의하여야 한다.

예제 4.2 예제 4.1에서 확률변수 X의 누적분포를 구하라. 그리고 $F(x)$를 사용하여 $f(2)=\frac{15}{64}$ 됨을 증명하라.

풀이 예제 4.1의 확률분포를 직접 계산해 보면 $f(0)=1/64$, $f(1)=6/64$, $f(2)=15/64$, $f(3)=20/64$, $f(4)=15/64$, $f(5)=6/64$, $f(6)=1/64$이 된다. 따라서

$$F(0)=f(0)=\frac{1}{64}$$

$$F(1)=f(0)+f(1)=\frac{7}{64}$$

$$F(2)=f(0)+f(1)+f(2)=\frac{22}{64}$$

$$F(3)=f(0)+f(1)+f(2)+f(3)=\frac{42}{64}$$

$$F(4)=f(0)+f(1)+f(2)+f(3)+f(4)=\frac{57}{64}$$

$$F(5)=f(0)+f(1)+f(2)+f(3)+f(4)+f(5)=\frac{63}{64}$$

$$F(6)=f(0)+f(1)+f(2)+f(3)+f(4)+f(5)+f(6)=1$$

그러므로

$$F(x)=\begin{cases} 0, & x<0 \\ 1/64, & 0\le x<1 \\ 7/64, & 1\le x<2 \\ 22/64, & 2\le x<3 \\ 42/64, & 3\le x<4 \\ 57/64, & 4\le x<5 \\ 63/64, & 5\le x<6 \\ 1, & 6\le x<7 \end{cases}$$

$$f(2)=F(2)-F(1)=\frac{22}{64}-\frac{7}{64}=\frac{15}{64}$$

예제 4.3 1개의 동전을 계속하여 3회 던져서 앞면의 수의 횟수 X의 분포함수를 구하고 분포함수의 그래프를 그려라.

풀이

x	0	1	2	3
$P(x)$	$\frac{1}{8}$	$\frac{3}{8}$	$\frac{3}{8}$	$\frac{1}{8}$

집합 0, 1, 2, 3에서 각각의 값에 대하여 $F(x)$를 구하면

$$F(0)=P(X\le 0)=P(X=0)=P(0)=\frac{1}{8},$$

$$F(1)=P(X\le 1)=P(X=0)+P(X=1)=P(0)+P(1)=\frac{1}{8}+\frac{3}{8}=\frac{4}{8},$$

$$F(2)=P(X\le 2)=P(X=0)+P(X=1)+P(X=2)=P(0)+P(1)+P(2)$$
$$=\frac{1}{8}+\frac{3}{8}+\frac{3}{8}=\frac{7}{8},$$

$$F(3)=P(X\le 3)=P(X=0)+P(X=1)+P(X=2)+P(X=3)$$
$$=P(0)+P(1)+P(2)+P(3)=\frac{1}{8}+\frac{3}{8}+\frac{3}{8}=\frac{1}{8}=1$$

이다. 이때 X의 분포함수는

$$F(x)=\begin{cases}0, & x<0\\ \frac{1}{8}, & 0\le x<1\\ \frac{4}{8}, & 1\le x<2\\ \frac{7}{8}, & 2\le x<3\\ 1, & 3\le x\end{cases}$$

이고, 이를 그래프로 나타내면 [그림 4.1]과 같다.

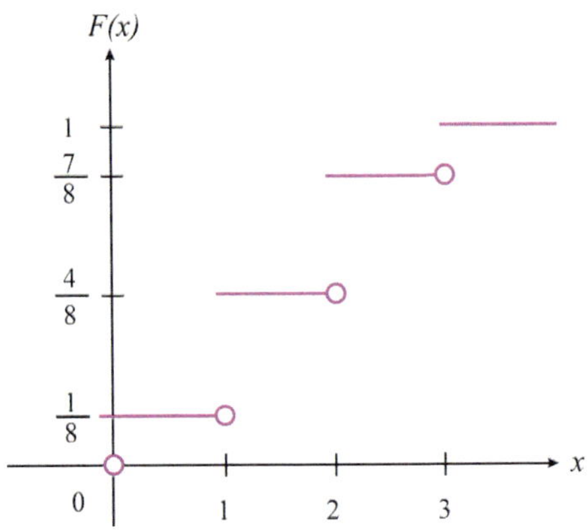

[그림 4.1] 분포함수

4.2 연속형 확률분포

연속형 확률분포에서는 확률변수 값의 어느 한 점보다는 어떤 구간에 더 관심을 가지게 된다. 즉, $P(a<X<b)$ 혹은 $P(X \geq c)$와 같이 연속형 확률변수의 여러 구간에 대한 확률을 계산하는 데 관심을 가진다. X가 연속확률변수이면

$$P(a<X\leq b)=P(a<X<b)+P(X=b)=P(a<X<b)$$

이다. 즉, 연속형 확률분포에서는 어떤 구간의 끝점이 포함이 되든 안 되든 그것은 문제가 되지 않는다.

연속형 확률변수의 확률분포가 표 형태로 표시될 수는 없지만 어떤 식으로 표시될 수는 있다. 그러한 식은 필수적으로 연속형 확률변수 X의 수치함수여야 하고, 함수기호 $f(x)$로 표시된다. 연속형 확률변수를 취급할 때 $f(x)$를 X의 확률밀도함수(probability density function) 혹은 간단히 밀도함수(density function)라고 한다.

다음 확률변수 X가 구간 $[\alpha, \beta]$에서 모든 값을 취하고 이 구간에서 정의된 함수 $f(x)$가

① $f(x) \geq 0$

② $\int_{\alpha}^{\beta} f(x)dx=1$

③ $P(a<X<b)=\int_{a}^{b} f(x)dx$ (단, $\alpha \leq a<b \leq \beta$)

를 만족할 때, 변수 X를 확률변수, 함수 $f(x)$를 X의 확률밀도함수라 한다.

예제 4.4 제어실험에서 반응온도의 변화에 따른 오차는 다음과 같은 확률분포를 가지는 연속확률변수 X라고 가정하자.

$$f(x)=\begin{cases}\dfrac{x^2}{3}, & -1<x<2\\ 0, & \text{기타}\end{cases}$$

(1) $\displaystyle\int_{-1}^{2}\frac{x^2}{3}dx=1$을 보여라.

(2) $P(1<X\le 2)$를 구하라.

풀이 (1) $\displaystyle\int_{-\infty}^{\infty}f(x)dx=\int_{-1}^{2}\frac{x^3}{3}dx=1$

(2) $\displaystyle P(1<X\le 2)=\int_{1}^{2}\frac{x^2}{3}dx=\frac{7}{9}$

확률밀도함수가 $f(x)$인 연속형 확률변수 X의 누적분포함수 $F(x)$는 다음과 같다.

$$F(x)=P(X\le x)=\int_{-\infty}^{x}f(t)dt,\ -\infty<x<\infty$$

다음의 두 가지 사실을 알 수 있다.

① $P(a<X<b)=F(b)-F(a)$

② 미분이 가능하면 $f(x)=\dfrac{dF(x)}{dx}$

예제 4.5 예제 4.4의 확률밀도함수에 대하여 $F(x)$를 구하고, 그것을 이용하여 $P(1 < X \leq 2)$을 구하라.

풀이 $-1 < x < 2$에 대하여

$$F(x) = \int_{-\infty}^{x} f(t)dt = \int_{-1}^{x} \frac{t^2}{3} dt = \frac{x^3+1}{9}$$

따라서, $F(x) = \begin{cases} 0, & x < -1 \\ \dfrac{x^3+1}{9} & -1 \leq x < 2 \\ 1, & x \geq 2 \end{cases}$

$$P(1 < X \leq 2) = F(2) - F(1) = \frac{7}{9}$$

4.3 결합확률분포

앞 절까지는 확률변수와 그것의 확률분포가 한 가지 측면에서의 특성이나 수치만을 관찰하는 경우에 대해서 다루었다. 그러나 여러 개의 확률변수들의 결과를 동시에 취급해야 될 경우가 있다. 예를 들면, 사람의 키와 몸무게를 같이 측정한다든지, 어느 위원회에서 구성하는 성별과 나이를 조사하는 경우가 이에 해당한다고 하겠다.

X와 Y가 두 이산형 확률변수라 할 때 두 변수의 확률분포는 확률변수 X와 Y의 범위 내에서 어떤 (x, y)에 대하여 $f(x, y)$를 값으로 가지는 함수로 표시될 수 있다. 이러한 함수를 X와 Y의 결합확률분포(joint probability distribution)라 한다.

이산적인 경우에는

$$f(x, y) = P(X = x,\ Y = y)$$

이다. 즉, $f(x, y)$는 x와 y가 동시에 일어날 확률이 된다. 예를 들면, X를 TV의 사용년수, Y를 그 TV에 들어 있는 결함이 있는 튜브의 수라 하면, $f(5, 3)$은 그 TV가 5년된 것이고, 3개의 새로운 튜브를 필요로 할 확률이다.

다음조건이 만족될 때 함수 $f(x, y)$를 이산확률변수 X와 Y의 결합확률분포 또는 결합확률질량함수라 한다.

① 모든 (x, y)에 대하여 $f(x, y) \geq 0$

② $\sum_x \sum_y f(x, y) = 1$

③ $P(X = x,\ Y = y) = f(x, y)$

④ X의 주변확률질량함수 $f_X(x) = \sum_y f(x, y)$

Y의 주변확률질량함수 $f_Y(x) = \sum_x f(x, y)$

⑤ X와 Y가 독립이면 $P(X = x,\ Y = y) = f_X(x) f_Y(y)$이다.

x, y평면상의 어떤 영역 A에 대하여 $P[(X, Y) \in A] = \sum\sum_A f(x, y)$가 된다.

예제 4.6 3개의 흰색, 2개의 검정색, 3개의 빨간색 공이 들어 있는 상자에서 임의로 2개를 추출하고자 한다. X를 흰 공의 수, Y를 검정 공의 수라 할 때,

(1) X, Y의 결합확률분포를 구하여라.

(2) $P[(X, Y) \in A]$를 구하라. 단, $A = \{(x, y) | x + y \le 1\}$

(3) $P(X < Y)$를 구하여라.

풀이 (1) (x,y)의 가능한 쌍은 $(0, 0), (0, 1), (1, 0), (1, 1), (0, 2), (2, 0)$이다. 이중 $f(0,1)$은 하나의 검정 공과 빨간 공이 선택될 확률이다. 8개 중에서 임의로 2개를 뽑는 경우의 수는 $\binom{8}{2}$=28가지이다. 2개의 검정 공 중 하나가 선택되고, 3개의 빨간 공 중 하나가 선택되는 경우의 수는 $\binom{2}{1}\binom{3}{1}$=6이다. 따라서, $f(0, 1) = \frac{6}{28} = \frac{3}{14}$이다. 같은 방법으로 다른 경우에 대해서도 확률을 계산할 수 있으며, 계산결과가 〈표 4.1〉에 나타나 있다. 〈표 4.1〉의 결합확률분포는 다음과 같다.

$$f(x, y) = \frac{\binom{3}{x}\binom{2}{y}\binom{3}{2-x-y}}{\binom{8}{2}}$$

여기서, $x = 0, 1, 2$, $y = 0, 1, 2$, $0 \le x + y \le 2$이다.

〈표 4.1〉 x와 y의 결합확률분포

$f(x, y)$		y = 0	1	2	행의 합
x	0	3/28	6/28	1/28	10/28
	1	9/28	6/28	0	15/28
	2	3/28	0	0	3/28
열의 합		15/28	12/28	1/28	1

(2) $P[(x,y) \in A] = P(x + y \le 1) = f(0,0) + f(0,1) + f(1,0)$ =3/28 + 3/14 + 9/28 = 9/14

(3) $P(X < Y) = f(0,1) + f(0,2) + f(1,2) = \frac{6}{28} + \frac{1}{28} + 0 = \frac{7}{28}$

예제 4.7 X와 Y의 결합질량함수가 다음 표와 같을 때, 아래의 물음에 답하여라.

$f(x, y)$		y		
		0	1	2
x	0	0.10	0.04	0.02
	1	0.08	0.20	0.06
	2	0.06	0.14	0.30

(1) $P(X=1,\ Y=1)$

(2) $P(X \le 1,\ Y \le 1)$

(3) $P(X \le 1)$

(4) X와 Y는 독립인가?

풀이 (1) $P(X=1,\ Y=1)=0.2$

(2) $P(X \le 1,\ Y \le 1) = f(0,\ 0)+f(0,\ 1)+f(1,\ 0)+f(1,\ 1)$
$= 0.1 + 0.01 + 0.08 + 0.2 = 0.42$

(3) $P(X \le 1) = f(0,\ 0)+f(0,\ 1)+f(0,\ 2)+f(1,\ 0)+f(1,\ 1)+f(1,\ 2) = 0.5$

(4) $f(0, 0) \ne f_X(0) f_Y(0)$이므로 독립이 아니다.

X와 Y가 연속형 확률변수라고 하면 결합밀도함수(joint density function) $f(x, y)$는 xy 평면 위에 놓여 있는 표면이 되며 A를 xy 평면상의 임의의 영역이라면 $P[(X, Y) \in A]$는 밑면 A와 표면으로 구성되는 입체의 부피와 같게 된다.

다음 조건이 만족될 때 함수 $f(x, y)$를 연속확률변수 X와 Y의 결합밀도함수라고 한다.

① 모든 (x, y)에 대하여 $f(x, y) \ge 0$이다.

② $\int_{-\infty}^{\infty} \int_{-\infty}^{\infty} f(x, y)\,dx\,dy = 1$

③ $P[(X,\ Y) \in A] = \int\int_A f(x, y)\,dx\,dy$, 이때 A는 xy평면상의 임의의 영역이다.

④ X의 주변확률밀도함수 $f_X(x) = \int_{-\infty}^{\infty} f(x,\ y)\,dy$

Y의 주변확률밀도함수 $f_Y(y) = \int_{-\infty}^{\infty} f(x,\ y)\,dx$

⑤ X와 Y가 독립이면 $f(x,\ y) = f_X(x) f_Y(y)$이다.

예제 4.8 어느 제과점에서는 크림, 토피, 그리고 땅콩에 각각 연한 초콜릿과 진한 초콜릿을 입힌 과자를 취급하고 있다. 임의로 하나의 과자를 선택했을 때, X와 Y를 각각 크림초콜릿 중 연한 초콜릿과 진한 초콜릿의 비율이라 하면, 결합확률분포는 다음과 같이 주어진다.

$$f(x,y)=\begin{cases}\frac{2}{5}(2x+3y), & 0\le x\le 1, 0\le y\le 1\\ 0, & \text{기타}\end{cases}$$

(1) $\int_{-\infty}^{\infty}\int_{-\infty}^{\infty} f(x,y)dxdy=1$임을 보여라.

(2) $A=\left\{(x,y)|\frac{1}{2}<x<1, \frac{1}{4}<y<\frac{1}{2}\right\}$일 때 $P[(X,Y)\in A]$를 구하라.

풀이 (1) $\int_{-\infty}^{\infty}\int_{-\infty}^{\infty} f(x,y)dx\,dy=\int_0^1\int_0^1\frac{2}{5}(2x+3y)dxdy=1$

(2) $P[(X,Y)\in A]=P(\frac{1}{2}<x<1, \frac{1}{4}<y<\frac{1}{2})$

$$=\int_{\frac{1}{4}}^{\frac{1}{2}}\int_{\frac{1}{2}}^{1}\frac{2}{5}(2x+3y)dxdy=\frac{81}{160}$$

예제 4.9 X와 Y의 결합 확률밀도함수가 $f(x,y)=\begin{cases}6e^{-2x-3y}, & x>0, \quad y>0\\ 0, & \text{기타}\end{cases}$일 때,

(1) X와 Y는 서로 독립인가를 보여라.

(2) $A=\left\{(x,y)|0<x<\frac{1}{2}, \frac{1}{4}<y<\frac{1}{2}\right\}$일 때,

$P[(X,Y)\in A]$를 구하여라.

풀이 (1) X의 주변 확률밀도함수는 $f_X(x)=\int_0^{\infty}6e^{-2x-3y}dy=2e^{-2x}$이므로

$$f_X(x)=\begin{cases}2e^{-2x}, & x>0\\ 0, & \text{기타}\end{cases}$$

또한 같은 방법으로 Y의 주변확률밀도함수는 $f_Y(y)=\begin{cases}3e^{-3y}, & y>0\\ 0, & \text{기타}\end{cases}$

따라서 $f(x,\ y)=6e^{-2x-3y}=2e^{-2x}3e^{-3y}=f_X(x)f_Y(y)$가 성립하므로

두 확률변수 X와 Y는 독립이다.

$$(2)\ P\left(0<x<\frac{1}{2}, \frac{1}{4}<y<\frac{1}{2}\right)=\int_{\frac{1}{4}}^{\frac{1}{2}}\int_{0}^{\frac{1}{2}}6e^{-2x-3y}\,dx\,dy$$

$$=6\int_{\frac{1}{4}}^{\frac{1}{2}}e^{-3y}dy\int_{0}^{\frac{1}{2}}e^{-2x}\,dx$$

$$=\left(e^{-\frac{3}{4}}-e^{-\frac{3}{2}}\right)(1-e^{-1})$$

예제 4.10 예제 4.8의 결합분포에 대하여 $f_X(x)$와 $f_Y(y)$를 구하라.

풀이 정의에 의하여 $f_X(x)=\int_{-\infty}^{\infty}f(x,y)dy=\int_0^1\frac{2}{5}(2x+3y)dy=\frac{4x+3}{5}$

그 외의 영역에서는 $f_X(x)$=0이 된다. 같은 방법으로

$$f_Y(y)=\int_{-\infty}^{\infty}f(x,y)\,dx=\int_0^1\frac{2}{5}(2x+3y)dx=\frac{2(1+3y)}{5}$$

그 외의 영역에서는 $f_Y(y)$=0이 된다.

주어진 조건부 확률의 정의를 사용하면 $P(B|A)=\frac{P(A\cap B)}{P(A)}$, $P(A)>0$이 되는데, 여기서 A와 B를 각각 $X=x$, $Y=y$에 의해서 정의되는 사상이라고 하자. 그리고 X와 Y를 이산형 확률분포라 할 때

$$P(Y=y|X=x)=\frac{P(X=x,\ Y=y)}{P(X=x)}=\frac{f(x,y)}{f_X(x)},\quad f_X(x)>0$$

이 된다.

X와 Y를 이산형 또는 연속형인 두 확률변수라고 하자. $X=x$로 주어졌을 때 확률변수 Y의 조건부 분포(conditional distribution)는 다음과 같이 주어진다.

$$f(y|x)=\frac{f(x,y)}{f_X(x)},\ f_X(x)>0$$

같은 방법으로 $Y=y$로 주어졌을 때 확률변수 X의 조건부 분포는 다음과 같이 주어진다.

$$f(x|y)=\frac{f(x,y)}{f_Y(y)},\ f_Y(y)>0$$

이산형 확률변수가 $Y=y$라고 주어졌을 때 이산형 확률변수 X가 a와 b 사이의 값을 가질 확률을 구하고자 한다면 다음과 같이 계산하면 되고,

$$P(a<X<b|\,Y=y)=\sum_{a<x<b} f(x|y)$$

X와 Y가 연속형일 때에는 다음과 같이 하면 된다.

$$P(a<X<b|\,Y=y)=\int_a^b f(x|y)\,dx$$

예제 4.11 예제 4.6에서 $Y=1$로 주어졌을 때 X의 조건부 분포를 구하고, 그것을 이용하여 $P(X=0|\,Y=1)$을 구하라.

풀이 y=1일 때 $f(x\,|\,y)$가 필요하므로 $f_Y(1)$을 구해야 한다.

$f_Y(1)=\sum_{x=0}^{2} f(x,1)=\frac{3}{14}+\frac{3}{14}+0=\frac{3}{7}$이 되고,

$f(x|1)=\frac{f(x,1)}{f_Y(1)}=\frac{7}{3}f(x,1),\ x=0,1,2$가 된다.

$f(0|1)=\frac{7}{3}f(0,1)=\left(\frac{7}{3}\right)\left(\frac{3}{14}\right)=\frac{1}{2}$

$$f(1|1) = \frac{7}{3}f(1,1) = \left(\frac{7}{3}\right)\left(\frac{3}{14}\right) = \frac{1}{2}$$

$$f(2|1) = \frac{7}{3}f(2,1) = \left(\frac{7}{3}\right)(0) = 0$$

$Y=1$ 일때 X의 조건부 분포는 다음과 같다.

x	0	1	2
$f(x\|1)$	1/2	1/2	0

끝으로,

$$P(X=0|Y=1) = f(0|1) = \frac{1}{2}$$

예제 4.12 X와 Y를 각각 단위온도변화량과 어떤 원자가 방출하는 스펙트럼변화율을 나타내는 확률변수라 할 때, 확률변수 (X, Y)에 대한 결합밀도함수는 다음과 같다고 한다.

$$f(x,y) = \begin{cases} 10xy^2, & 0 < x < y < 1 \\ 0, & \text{기타} \end{cases}$$

(1) 주변확률밀도함수 $f_X(x)$, $f_Y(y)$와 조건부확률밀도함수 $f(y|x)$를 구하라.

(2) 온도가 0.2 단위일 때, 스펙트럼변화량이 $\frac{1}{2}$보다 클 확률을 구하라.

풀이 (1) 정의에 의하여

$$f_X(x) = \int_{-\infty}^{\infty} f(x,y)dy = \int_x^1 10xy^2dy = \frac{10}{3}x(1-x^3), 0 < x < 1$$

$$f_Y(y) = \int_{-\infty}^{\infty} f(x,y)dx = \int_0^y 10xy^2dx = 5y^4, 0 < y < 1$$

따라서,

$$f(y|x) = \frac{f(x,y)}{f_X(x)} = \frac{3y^2}{1-x^3}, 0 < x < y < 1$$

(2) $P(Y > \frac{1}{2} |X=0.2) = \int_{1/2}^1 f(y|x=0.2)dy = \int_{\frac{1}{2}}^1 \frac{3y^2}{1-0.2^3}dy = \frac{875}{992}$

예제 4.13 결합확률분포가 다음과 같이 주어졌을 때 $f_X(x)$, $f_Y(y)$, $f(x|y)$를 구하고,

$P(\frac{1}{2}< X< 1|Y= \frac{1}{3})$의 값을 구하라.

$$f(x,y)=\begin{cases}\frac{x(1+3y^2)}{4}, & 0<x<2, 0<y<1\\ 0, & 기타\end{cases}$$

풀이 정의에 의해서

$$f_X(x)=\int_{-\infty}^{\infty}f(x,y)dy=\int_0^1\frac{x(1+3y^2)}{4}dy = \frac{x}{2}, 0<x<2$$

이고

$$f_Y(y)=\int_{-\infty}^{\infty}f(x,y)\,dx=\int_0^2\frac{x(1+3y^2)}{4}dx=\frac{1+3y^2}{2}, 0<y<1$$

이다. 따라서,

$f(x|y)=\frac{f(x,y)}{f_Y(y)}=\frac{x}{2}$, $0<x<2$이고

$$P(\frac{1}{2}< X< 1|Y=\frac{1}{3})=\int_{1/2}^1\frac{x}{2}dx-\frac{3}{16}$$

이 된다.

4.4 확률변수와 평균

X가 확률분포 $f(x)$를 가지는 확률변수라고 할 때 X가 이산형인 경우에 X의 평균 혹은 기댓값은

$$\mu = E(X) = \sum_x x f(x)$$

가 되고, X가 연속형인 경우에는

$$\mu = E(X) = \int_{-\infty}^{\infty} x f(x) dx$$

가 된다.

예제 4.14 품질검사원이 7개의 부품으로 구성되어 있는 불량품을 검사하려고 한다. 만일 이 부품에 4개의 양호한 부품과 3개의 결함이 있는 부품이 들어 있다고 하면, 검사원이 3개의 부품을 추출하였을 때 나타나는 양호한 부품의 평균 개수를 구하라.

풀이 X를 양호한 부품의 수라고 하자. 그러면 X의 확률분포는

$$f(x) = \frac{\binom{4}{x}\binom{3}{3-x}}{\binom{7}{3}}, x = 0, 1, 2, 3$$

으로 주어진다. 따라서 $f(0)=1/35$, $f(1)=12/35$, $f(2)=18/35$, $f(3)=4/35$이다. 그러므로

$$\mu = E(X) = (0)\left(\frac{1}{35}\right) + (1)\left(\frac{12}{35}\right) + (2)\left(\frac{18}{35}\right) + (3)\left(\frac{4}{35}\right) = \frac{12}{7} = 1.7$$이다.

예제 4.15 어떤 종류의 기계부품의 수명(단위 : 시간)을 확률변수 X라고 하자. 확률밀도함수가

$$f(x)=\begin{cases}\dfrac{20000}{x^3}, & x>100\\ 0, & \text{기타}\end{cases}$$

로 주어졌을 때 이 기계부품의 기대수명을 구하라.

풀이 $\mu=E(X)=\int_{100}^{\infty}x\dfrac{20000}{x^3}dx=200$

그러므로, 이 기계 부품의 수명은 평균적으로 200시간이라고 할 수 있다.

X가 확률분포 $f(x)$를 가지는 확률변수라고 하면 확률변수 $g(x)$의 평균 혹은 기대값은 X가 이산형인 경우에는

$$\mu_{g(X)}=E[g(X)]=\sum_x g(x)f(x)$$

가 되고, X가 연속형인 경우에는

$$\mu_{g(X)}=E[g(X)]=\int_{-\infty}^{\infty}g(x)f(x)dx$$

가 된다.

예제 4.16 월요일 오후 3시에서 4시 사이에 세차장에서 서비스를 받는 차의 수를 X라고 할 때 X의 확률분포가 다음과 같다고 하자.

x	3	4	5	6	7	8
$P(X=x)$	1/12	1/12	1/4	1/4	1/6	1/6

$g(X)=3X-2$을 종업원이 받는 수당(단위 : 달러)이라고 할 때, 이 시간대의 종업원의 기대수익을 구하라.

풀이 종업원의 기대수익은 다음과 같이 표시된다.

$$E[g(X)]=E(3X-2)=\sum_{x=3}^{8}(3x-2)f(x)=\frac{31}{2}$$

예제 4.17 확률변수 X의 확률밀도함수가

$$f(x)=\begin{cases}\frac{x^2}{3}, & -1<x<2\\ 0, & \text{기타}\end{cases}$$

일 때 $g(X)=5X+4$의 기대값을 구하라.

풀이 $E(5X+4)=\int_{-1}^{2}\frac{(5x+4)x^2}{3}dx=\frac{1}{3}\int_{-1}^{2}(5x^3+4x^2)dx=\frac{123}{12}$

이제 수학적 기대값의 개념을 결합확률분포 $f(x,y)$를 가지는 두 확률변수 X와 Y의 경우로 확장하여보자.

X와 Y를 결합확률분포 $f(x,y)$를 가지는 확률변수라고 하자. 확률변수 $g(x,y)$의 평균 혹은 기댓값은 X와 Y가 이산형인 경우에는

$$\mu_{g(X,Y)}=E[g(X,Y)]=\sum_x\sum_y g(x,y)f(x,y)$$

가 되고, X와 Y가 연속형인 경우에는

$$\mu_{g(X,Y)}=E[g(X,Y)]=\int_{-\infty}^{\infty}\int_{-\infty}^{\infty}g(x,y)f(x,y)\,dx\,dy$$ 가 된다.

예제 4.18 X와 Y를 ⟨표 4.1⟩과 같은 결합확률분포를 가지는 확률변수라 할 때, $f(X,\ Y) = 3XY$의 기대값을 구하라.

풀이

$$E(3XY) = \sum_{x=0}^{2}\sum_{y=0}^{2} 3xy f(x,\ y)$$

$$= 3(0)(0)f(0,\ 0) + 3(0)(1)f(0,\ 1) + 3(0)(2)f(0,\ 2) + 3(1)(0)f(1,\ 0)$$

$$+ 3(1)(1)f(1,\ 1) + 3(1)(2)f(1,\ 2)$$

$$+ 3(2)(0)f(2,0) + 3(2)(1)f(2,1) + 3(2)(2)f(2,2) = 3f(1,1) = \frac{9}{14}$$

예제 4.19 다음과 같은 결합밀도함수에 대하여 $E\left(\dfrac{Y}{X}\right)$를 구하라.

$$f(x,y) = \begin{cases} \dfrac{x(1+3y^2)}{4}, & 0 < x < 2, 0 < y < 1 \\ 0, & \text{기타} \end{cases}$$

풀이

$$E(\frac{Y}{X}) = \int_0^1 \int_0^2 \frac{y(1+3y^2)}{4} dx\, dy = \frac{5}{8}$$

4.5 분산과 공분산

확률변수 X의 평균 혹은 기댓값은 확률분포의 중심위치를 설명해 주는 값으로 통계학에서 매우 중요하다. 그러나 평균값만으로 분포의 형태를 설명할 수는 없다. 즉, 확률분포의 퍼진 정도를 나타내는 수치로는 표준편차를 고려해야 할 필요가 있다.

X를 확률분포 $f(x)$와 평균 μ를 가지는 확률변수라고 할 때 X의 분산은 X가 이산형일 때에는

$$\sigma^2 = E[(X-\mu)^2] = \sum_x (x-\mu)^2 f(x)$$

가 되고, X가 연속형일 때는

$$\sigma^2 = E[(X-\mu)^2] = \int_{-\infty}^{\infty} (x-\mu)^2 f(x)\,dx$$

가 된다. 분산의 양의 제곱근 σ를 X의 표준편차(standard deviation)라고 한다.

예제 4.20 A, B 두 트랙터 회사에서 어느 날 농사목적으로 사용된 트랙터의 수를 확률변수 X라고 하자. A회사에 대한 확률분포([그림 4.1(a)])와 B회사에 대한 확률분포([그림 4.1(b)])가 각각 다음과 같다.

x	1	2	3
$f(x)$	0.3	0.4	0.3

(a) A회사 확률분포

x	0	1	2	3	4
$f(x)$	0.2	0.1	0.3	0.3	0.1

(b) B회사 확률분포

[그림 4.1]

B회사의 분산과 A회사의 분산을 구하고 비교하여라.

풀이 A회사에 대하여는

$$\mu_A = E(X) = 1(0.3) + 2(0.4) + 3(0.3) = 2.0$$

$$\sigma_A^2 = \sum_{x=1}^{3}(x-2)^2 = 0.6$$

B회사에 대하여는

$$\mu_B = E(X) = 0(0.2) + 1(0.1) + 2(0.3) + 3(0.3) + 4(0.1) = 2.0$$

$$\sigma_B^2 = \sum_{x=0}^{4}(x-2)^2 = 1.6$$

따라서, 농사목적으로 사용하는 트랙터 수의 분산은 B회사의 경우가 A회사의 경우보다 더 크다.

확률변수 X의 분산은 다음과 같이 표현할 수 있다.

$$\sigma^2 = E(X^2) - \mu^2$$

왜냐하면

$$\begin{aligned}\sigma^2 &= \sum_x (x-\mu)^2 f(x) = \sum_x (x^2 - 2\mu x + \mu^2) f(x) = \sum_x x^2 f(x) - 2\mu \sum_x x f(x) + \mu^2 \sum_x f(x) \\ &= \sum_x x^2 f(x) - 2\mu \cdot \mu - \mu^2 = \sum_x x^2 f(x) - \mu^2\end{aligned}$$

이 된다.

예제 4.21 3개의 볼트를 생산라인으로부터 추출하여 검사하였을 때 결함이 있는 부품의 수를 확률변수 X라고 하자. X의 확률분포가 다음과 같을 때, σ^2을 계산하라.

x	0	1	2	3
$f(x)$	0.51	0.38	0.10	0.01

풀이 $E(X) = 0(0.51) + 1(0.38) + 2(0.1) + 3(0.01) = 0.61$

그리고

$E(X^2) = 0(0.51) + 1(0.38) + 2^2(0.1) + 3^2(0.01) = 0.87$ 이다.

따라서, $\sigma^2 = 0.87 - (0.61)^2 = 0.4979$

예제 4.22 어느 편의점의 주당 콜라의 수요(단위 : 1000리터)가 다음과 같은 확률분포를 가지는 확률변수 X라고 할 때, X의 평균과 분산을 구하라.

$$f(x) = \begin{cases} \frac{1}{2}(x-1), & 1 < x < 3 \\ 0, & \text{기타} \end{cases}$$

풀이 $\mu = E(X) = \frac{1}{2}\int_1^3 x(x-1)dx = \frac{7}{3}$ 이고,

$E(X^2) = \frac{1}{2}\int_1^3 x^2(x-1)dx = \frac{17}{3}$ 이다.

따라서, $\sigma^2 = \frac{17}{3} - \frac{49}{9} = \frac{2}{9}$

분산 혹은 표준편차는 측정단위가 같은 두 개 또는 그 이상의 분포를 비교할 때에만 그 의미를 가지게 된다. 따라서, 어느 두 회사로부터 생산되는 병에 담긴 오렌지쥬스량(단위 : 리터)의 분포의 분산을 비교할 때 분산이 더 크다는 것은 그 회사에서 생산된 각 병마다의 쥬스량이 더 변동적이라는 사실을 나타낸다.

예제 4.23 확률변수 X의 확률분포가 다음과 같이 주어졌을 때 $g(X) = 2X+3$의 분산을 계산하라.

x	0	1	2	3
$f(x)$	$\frac{1}{8}$	$\frac{3}{8}$	$\frac{3}{8}$	$\frac{1}{8}$

풀이 확률변수 $2X+3$의 평균을 구하면

$$\mu_{2X+3} = E(2X+3) = \sum_{x=0}^{3}(2x+3)f(x) = 6$$

다음 결과를 얻게 된다.

$$\sigma^2_{2X+3} = E[(2X+3) - \mu_{2X+3}]^2 = 3$$

예제 4.24 확률밀도함수 X가 $f(x) = \begin{cases} \frac{x^2}{3}, & -1 < x < 2 \\ 0, & \text{기타} \end{cases}$를 가지는 확률변수라고 할 때, 확률변수 $g(X) = 4X+5$의 분산을 구하라.

풀이 $\mu_{4X+5} = 10$이고,

$$\sigma^2_{4X+5} = E[(4X+5) - 10]^2 = E[(4X-5)^2] = \int_{-1}^{2}(4x-5)^2\frac{x^2}{3}dx = \frac{51}{5}$$

공분산은 두 개의 확률변수 X, Y가 상호 어떤 관계를 가지며 변화하는가를 나타내는 척도로서, $(X-\mu_X)(Y-\mu_Y)$의 기댓값으로 정의된다.

X와 Y를 결합확률분포 $f(x, y)$를 가지는 확률변수라고 할 때, X와 Y의 공분산은 X와 Y가 이산형인 경우에는

$$\sigma_{XY} = \sum_x\sum_y(x-\mu_X)(y-\mu_Y)f(x,y)$$

이고, X와 Y가 연속형인 경우에는

$$\sigma_{XY} = \int_{-\infty}^{\infty}\int_{-\infty}^{\infty}(x-\mu_X)(y-\mu_Y)f(x,y)\,dx\,dy$$

공분산은 두 확률변수 간의 관련성의 척도이다.

μ_X와 μ_Y를 평균으로 하는 두 확률변수 X와 Y의 공분산은 다음과 같다.

$$\sigma_{XY} = E(XY) - \mu_X\mu_Y$$

예제 4.25 어떤 상자에서 임의로 2개의 공을 꺼낼 때, 흰 공의 수 X와 검정 공의 수 Y의 결합확률분포가 다음과 같다. X와 Y의 공분산을 구하라.

$f(x,\ y)$		y			행의 합
		0	1	2	
x	0	3/28	6/28	1/28	10/28
	1	9/28	6/28	0	15/28
	2	3/28	0	0	3/28
열의 합		15/28	12/28	1/28	1

풀이

$$E(XY) = \sum_{x=0}^{2}\sum_{y=0}^{2} xyf(x,y)$$

$$= (0)(0)f(0,0)+(0)(1)f(0,1)+(1)(0)f(1,0)$$

$$+(1)(1)f(1,1)+(2)(0)f(2,0)$$

$$= f(1,1) = 3/14$$

또한 $\mu_X = \sum_{x=0}^{2} xf_X(x) = 0(\frac{5}{14})+1(\frac{15}{28})+2(\frac{3}{28}) = \frac{3}{4}$ 이고

$\mu_y = \sum_{y=0}^{2} yf_Y(y) = 0(\frac{15}{28})+1(\frac{3}{7})+2(\frac{1}{28}) = \frac{1}{2}$ 이다.

따라서, $\sigma_{XY} = E(XY) - \mu_X\mu_Y = \frac{3}{14} - (\frac{3}{4})(\frac{1}{2}) =- \frac{9}{56}$

예제 4.26 전자회사의 남자의 비율 X와 여자의 비율 Y의 결합확률분포가 다음과 같다. X와 Y의 공분산을 구하라.

$$f(x, y) = \begin{cases} 8xy, & 0 \leq y \leq x \leq 1 \\ 0, & \text{기타} \end{cases}$$

풀이 먼저 주변확률밀도함수를 구하면 다음과 같다.

$$f_X(x) = \begin{cases} 4x^3, 0 \leq x \leq 1 \\ 0, \quad \text{기타} \end{cases}$$

앞에서 주어진 주변확률밀도함수로부터

$$f_Y(y) = \begin{cases} 4y(1-y^2), 0 \leq y \leq 1 \\ 0, \quad \text{기타} \end{cases}$$

을 구할 수 있고, 또한 결합밀도함수로부터 $\mu_X = \int_0^1 4x^4 dx = \frac{4}{5}$

$\mu_Y = \int_0^1 4y^2(1-y^2)dy = \frac{8}{15}$ 이 되므로

$E(XY) = \int_0^1 \int_y^1 8x^2y^2\,dx\,dy = \frac{4}{9}$ 가 된다.

따라서, $\sigma_{XY} = E(XY) - \mu_X\mu_Y = \frac{4}{225}$

공분산이 두 확률변수 사이의 관련성을 나타내기는 하지만, σ_{XY}값은 X와 Y의 측정 단위에 따라 달라지므로 이 값이 관련성의 강도를 나타내는 것은 아니다. 상관계수(correlation coefficient)는 측정단위와 무관하게 공분산과 같은 역할을 하는 측도로서 통계학에서 널리 사용된다.

확률변수 X와 Y의 공분산이 σ_{XY}이고, 표준편차가 각각 σ_X, σ_Y라고 하자. X와 Y의 상관계수는 다음과 같이 정의된다.

$$\rho_{XY} = \frac{\sigma_{XY}}{\sigma_X \sigma_Y}$$

위의 수식에서 ρ_{XY}는 X와 Y의 단위에 무관한 것을 쉽게 알 수 있다. 상관계수 값의 범위는 항상 -1과 1사이의 값을 갖는다. X와 Y의 상관계수는 각 확률변수에 영향을 받지 않으며 상수가 곱해지는 경우에는 그 부호에만 영향을 받는다. 또 ρ_{XY}는 단위에 무관한 것을 쉽게 알 수 있다. 상관계수는 뒤에서 다루게 될 회귀분석에서 좀 더 자세히 다루게 될 것이다.

예제 4.27 X와 Y의 결합확률분포가

x \ y		y: −1	y: 0	y: 1	행의 합
x	−1	$\frac{1}{8}$	$\frac{1}{8}$	$\frac{1}{8}$	$\frac{3}{8}$
	0	$\frac{1}{8}$	0	$\frac{1}{8}$	$\frac{2}{8}$
	1	$\frac{1}{8}$	$\frac{1}{8}$	$\frac{1}{8}$	$\frac{3}{8}$
열의 합		$\frac{3}{8}$	$\frac{2}{8}$	$\frac{3}{8}$	1

일 때, 상관계수 ρ_{XY}을 구하고 X와 Y가 독립인가를 보여라.

풀이 $E[X]=E[Y]=0$이고, $E[XY]=0$이 된다. 따라서

$\sigma_{XY}=E[XY]-\mu_X \cdot \mu_Y=0$

이고, $\rho_{XY}=0$이다. 그러나

$$P(X=-1,\ Y=-1)=\frac{1}{8}\neq P(X=-1)\cdot P(Y=-1)=\frac{3}{8}\cdot\frac{3}{8}$$

이므로, X와 Y는 독립이 아니다.

예제 4.28 컴퓨터를 판매하는 어느 회사는 고객이 인터넷으로 구매 상담을 한 이후에 판매가 이루어진다고 한다. X를 어느 날 인터넷 상담의 수라하고 Y를 판매 건수라 할 때 X와 Y의 결합확률은

x \ y		y = 0	1	2	행의 합
x	0	0.04	0	0	0.04
	1	0.16	0.10	0	0.26
	2	0.20	0.30	0.20	0.70
열의 합		0.4	0.4	0.2	1

이라 하면 X와 Y의 상관계수를 구하여라.

풀이 먼저 $E[XY]$를 구하면

$$E[XY]=\sum\sum xy\,f(x,y)$$

$$\begin{aligned}&=(0\times0)f(0,0)+(0\times1)f(0,1)+(0\times2)f(0,2)+(1\times0)f(1,0)\\&\quad+(1\times1)f(1,1)+(1\times2)f(1,2)+(2\times0)f(2,0)+(2\times1)f(2,1)\\&\quad+(2\times2)f(2,2)\\&=1.50\end{aligned}$$

이다. 또, X와 Y의 주변분포는 다음과 같다.

x	0	1	2	합
$f(x)$	0.04	0.26	0.70	1

y	0	1	2	합
$f(y)$	0.40	0.40	0.20	1

그러므로 $\mu_X=1.66$이고, $\mu_Y=0.80$이다. 따라서

$$\sigma_{XY}=E[XY]-\mu_X\cdot\mu_Y=1.50-1.66\times0.80$$
$$=0.172$$

이다. X와 Y의 주변분포로부터 X와 Y의 분산은

$$\sigma_X^2=E(X^2)-\mu_X^2=3.06-(1.66)^2=0.30$$

이고, 같은 방법으로 $\sigma_Y^2=0.56$이 된다. 따라서

$$\rho_{XY} = \frac{\sigma_{XY}}{\sqrt{V(X) \cdot V(Y)}} = \frac{0.172}{\sqrt{(0.30)(0.56)}} = 0.43$$

즉, 인터넷 상담의 수 건수와 판매건수 사이에는 완만한 양의 상관이 존재한다.

예제 4.29 두 확률변수 X와 Y의 결합확률밀도함수가 다음과 같을 때,

$$f(x, y) = \begin{cases} x+y, & 0<x<1, \quad 0<y<1 \\ 0, & \text{기타} \end{cases}$$

(1) X와 Y의 공분산을 구하여라.

(2) X와 Y의 상관계수 ρ_{XY}를 구하고, 설명하여라.

풀이 X와 Y의 주변확률밀도함수 $f_X(x)$와 $f_Y(y)$를 먼저 구한다.

$f_X(x) = \int_0^1 (x+y)dy = x + \frac{1}{2}$, $0<x<1$; $f_Y(y) = \int_0^1 (x+y)dx = y + \frac{1}{2}$, $0<y<1$

(1) X와 Y의 기댓값과 XY의 기댓값은

$$E(XY) = \int_0^1 \int_0^1 xy(x+y)dx\,dy = \frac{1}{3},$$

$$E(X) = \int_0^1 x(x+\frac{1}{2})dx = \frac{7}{12}, \quad E(Y) = \int_0^1 y(y+\frac{1}{2})dy = \frac{7}{12}$$

이므로 공분산은 $\rho_{XY} = E(XY) - E(X)E(Y) = -\frac{1}{144}$ 이다.

(2) X와 Y의 분산은

$$E(X^2) = \int_0^1 x^2\left(x+\frac{1}{2}\right)dx = \frac{5}{12} \quad E(Y^2) = \int_0^1 y^2\left(y+\frac{1}{2}\right)dy = \frac{5}{12}$$ 이므로

$$\sigma_X^2 = E(X^2) - E(X)^2 = \frac{5}{12} - \frac{49}{144} = \frac{11}{144},$$

$$\sigma_Y^2 = E(Y^2) - E(Y)^2 = \frac{5}{12} - \frac{49}{144} = \frac{11}{144}$$

이다.

즉 $\sigma_X = \sigma_Y = \sqrt{11}/12$이고,

상관계수는 $\rho_{XY} = \frac{\sigma_{XY}}{\sigma_X \sigma_Y} = \frac{-1/144}{(\sqrt{11}/12) \cdot (\sqrt{11}/12)} = -\frac{1}{11}$ 이다.

음의 상관관계를 갖는다.

연 · 습 · 문 · 제

01. 다음 함수들이 이산형 확률변수 X의 확률분포가 될 수 있도록 c를 구하라.

(1) $f(x) = c(x^2+4),\ x=0, 1, 2, 3$

(2) $f(x) = c\binom{2}{x}\binom{3}{3-x},\ x=0, 1, 2$

02. 어떤 통신판매를 이용하는 고객의 비율은 다음과 같은 밀도함수를 가지는 연속형 확률변수라고 한다.

$$f(x) = \begin{cases} \dfrac{2(x+2)}{5}, & 0 < x < 1 \\ 0, & \text{기타} \end{cases}$$

(1) $P(0 < x < 1) = 1$이 됨을 보여라.

(2) 고객들 중 1/4 이상에서 1/2 이하가 이 통신판매를 이용할 확률을 구하라.

03. 하나의 주사위를 한 번 던졌을 때 발생하는 결과를 나타내는 확률변수 X의 확률분포의 식을 구하라.

04. 선정되는 7대의 TV중 2대가 결함이 있다고 한다. 한 호텔에서 이들 중 3대를 임의로 구입하기로 했다. 만약 X를 호텔에서 구입한 결함이 있는 TV의 수라 했을 때 확률변수 X의 확률분포를 구하라. 또 그 결과를 확률 히스토그램으로 나타내어라.

05. 연습문제 4에서 결함의 수를 나타내는 확률변수 X의 누적분포를 구하라. 또 $F(x)$를 이용하여 다음을 구하라.

(1) $P(X=1)$

(2) $P(0 < X \leq 2)$

06. $x=1$에서 $x=3$사이의 값을 가지게 되는 연속형 확률변수 X의 확률밀도함수는 $f(x)=\frac{1}{2}$라고 한다. 다음을 구하라.

(1) 곡선 아래의 면적이 1이 됨을 보여라.

(2) $P(2 < X < 2.5)$

(3) $P(X \leq 1.6)$

07. $x=2$에서 $x=5$ 사이의 값을 가지게 되는 연속형 확률변수 X의 확률밀도 함수가 $f(x)=2(1+x)/27$이라 할 때 다음을 구하라.

(1) $P(X < 4)$

(2) $P(3 \leq X < 4)$

08. 연습문제 6에서 $F(x)$를 구하고, 이를 이용하여 $P(2 < X < 2.5)$를 계산하라.

09. 연습문제 7에서 $F(x)$를 구하고, 이를 이용하여 $P(3 \leq X < 4)$를 계산하라.

10. DVD 플레이어의 어느 중요한 부품의 수명은 다음의 밀도함수를 따른다고 한다.

$$f(x)=\begin{cases}\frac{1}{2000}exp(\frac{-x}{2000}), & x \geq 0 \\ 0, & x < 0\end{cases}$$

(1) $F(x)$를 구하라.

(2) 부품의 수명이 1000시간 이상일 확률을 구하라.

(3) 부품의 2000시간 이전에 고장 날 확률을 구하라.

11. 세탁기가 고장 날 때까지의 시간(단위 : 년) Y의 확률밀도함수가 다음과 같다고 한다.

$$f(y) = \begin{cases} \frac{1}{4}e^{-y/4}, & y \geq 0 \\ 0, & \text{기타} \end{cases}$$

(1) 세탁기가 6년 이내에 고장 나지 않을 확률을 구하라.

(2) 세탁기가 1년 이내에 고장 날 확률은 얼마인가?

12. 다음 함수가 두 확률변수 X와 Y의 결합확률분포가 되도록 c의 값을 구하라.

(1) $f(x,\ y) = cxy,\ x = 1, 2, 3,\ y = 1, 2, 3$

(2) $f(x,\ y) = c|x-y|,\ x = -2, 0, 2,\ y = -2, 3$

13. X를 어떤 자극제에 대한 반응시간(단위 : 초)이라 하고, Y를 반응이 시작된 온도라고 하자. 두 확률변수 X와 Y가 다음과 같은 결합확률밀도함수를 가질 때 각 항을 구하라.

$$f(x, y) = \begin{cases} 4xy, & 0 < x < 1, 0 < y < 1 \\ 0, & \text{기타} \end{cases}$$

(1) $P(0 \leq X \leq \frac{1}{2}, \frac{1}{4} \leq Y \leq \frac{1}{2})$

(2) $P(X < Y)$

14. 어느 수치제어기계가 잘못 작동되는 횟수 X는 하루 동안에 1, 2, 3의 값을 가진다고 한다. 또 Y는 기술자의 긴급호출횟수라고 한다. 다음의 결합확률분포함수를 이용하여 다음을 구하라.

$f(x,\ y)$		y		
		1	2	3
x	1	0.05	0.05	0
	2	0.05	0.1	0.2
	3	0.1	0.35	0.1

(1) X의 주변분포함수

(2) Y의 주변분포함수

(3) $P(Y=3|X=2)$

15. 결합밀도함수가 다음과 같을 때, $P(1<Y<3|X=1)$을 구하라.

$$f(x,y)=\begin{cases}\dfrac{6-x-y}{8}, & 0<x<2, 2<y<4\\ 0, & \text{기타}\end{cases}$$

16. X, Y, Z의 결합밀도 함수는 다음과 같다.

$$f(x,y,z)=\begin{cases}kxy^2z, & 0<x, y<1, 0<z<2\\ 0, & \text{기타}\end{cases}$$

(1) k를 구하라.

(2) $P(X<\frac{1}{4}, Y>\frac{1}{2}, 1<Z<2)$를 구하라.

17. X와 Y가 다음과 같은 결합확률함수를 가진다고 하자.

$f(x, y)$		y		
		1	2	3
x	2 4	0.10 0.15	0.20 0.30	0.10 0.15

(1) $g(X, Y)=XY^2$의 기댓값을 구하라.

(2) μ_X, μ_Y를 구하라.

18. 어떤 규격화된 관의 직경 X의 밀도함수가 다음과 같이 주어졌을 때 X의 기댓값을 구하라.

$$f(x)=\begin{cases}\dfrac{4}{\pi(1+x^2)}, & 0<x<1\\ 0, & \text{기타}\end{cases}$$

19. 어느 우편주문판매에 응하는 비율 X의 확률밀도함수가 다음과 같을 때 X의 기댓값을 구하라.

$$f(x) = \begin{cases} \dfrac{2(x+2)}{5}, & 0 < x < 1 \\ 0, & \text{기타} \end{cases}$$

20. 한 가정에서 연간 진공청소기를 사용하는 시간(단위 : 100시간) X는 다음과 같은 확률밀도함수를 가진다고 한다. 진공청소기의 연간 평균사용시간을 구하라.

$$f(x) = \begin{cases} x, & 0 < x < 1 \\ 2-x, & 1 \le x < 2 \\ 0, & \text{기타} \end{cases}$$

21. 어느 공항에서 비행기의 이륙대기시간 (단위 : 분) 은 확률변수 $Y = 3X - 2$이고, 여기에서 X의 밀도함수는 다음과 같다고 한다.

$$f(x) = \begin{cases} \dfrac{1}{4}e^{-x/4}, & x > 0 \\ 0, & \text{기타} \end{cases}$$

확률변수 Y의 평균과 분산을 구하라.

22. 확률변수 X의 분포가 다음과 같다고 하자.

x	−3	6	9
$f(x)$	1/6	1/2	1/3

$E(X)$와 $E(X^2)$을 구한 후, 이 값을 이용하여 $E[(2X+1)^2]$을 계산하라.

23. $E[(X-1)^2] = 10$, $E[(X-2)^2] = 6$일 때, 확률변수 X의 μ와 σ^2 을 구하라.

24. 확률변수 X와 Y의 결합분포가 다음과 같다.

$$f(x)=\begin{cases}\frac{3}{2}(x^2+y^2), 0 \le x, y \le 1 \\ 0, \qquad\qquad 기타\end{cases}$$

(1) X와 Y는 서로 독립인가?

(2) $E(X+Y)$와 $E(XY)$를 구하라.

(3) $V(X)$, $V(Y)$, $Cov(X, Y)$를 구하라.

(4) $V(X+Y)$를 구하라.

25. 최루가스에 대한 사람의 반응시간 (단위 : 분) Y의 밀도함수는 다음과 같다.

$$f(y)=\begin{cases}\frac{1}{4}e^{-y/4}, 0 \le y < \infty \\ 0, \qquad\qquad 기타\end{cases}$$

(1) 평균반응시간을 구하라.

(2) $E(Y^2)$과 $V(Y)$를 구하라.

26. 아래 2차원 분포표에서 $\mu_X, \mu_Y, \sigma_X^2, \sigma_Y^2$ 및 $Cov(X, Y)$, ρ_{XY}를 구하여라.

x \ y	0	1	2	$f_X(x)$
0	3/28	6/28	1/28	10/28
1	9/28	6/28	0	15/28
2	3/28	0	0	3/28
$f_Y(y)$	15/28	12/28	1/28	1

27. 확률변수 X의 확률밀도함수가 다음과 같을 때 $g(X)=2X+5$의 기댓값과 분산을 구하여라.

$$f(x, y)=\begin{cases}2x, & 0 < x < 1 \\ 0, & 기타\end{cases}$$

28. 두 확률변수 X, Y의 결합확률밀도함수가 다음과 같을 때,

$$f(x,y)=\begin{cases}8xy, 0<x<1, 0<y<1/\sqrt{2}\\0, \quad 기타\end{cases}$$

$f_X(x), f_Y(x), E(X), E(Y), V(X), V(Y)$ 및 $Cov(X, Y), \rho_{XY}$를 구하여라.

29. 한 기계가 생산해 내는 제품이 모두 양품일 확률, 하나가 불량품일 확률, 두 개가 불량품일 확률은 각각 0.2, 0.6, 0.2이다. 불량품의 개수 X의 기댓값과 분산을 구하여라.

30. 확률변수 X의 확률분포가 다음과 같다. $g(X)=3X+2$의 기댓값과 분산을 구하여라.

x	1	2	3	4	합계
$f(x)$	0.2	0.3	0.4	0.1	1.0

31. X와 Y의 결합확률밀도함수가 다음과 같이 주어져 있다.

$$f(x,y)=\frac{(x+y)}{30}, x=0,1,2,3; y=0,1,2$$

나음을 구하어라.

(1) $P(X\le 2, Y=1)$

(2) $P(X>2, Y\le 1)$

(3) $P(X>Y)$

(4) $P(X+Y=4)$

(5) X의 주변분포

(6) Y의 주변분포

32. 어떤 주류대리점에서는 고객들이 차를 탄 채로 이용할 수 있는 시설과 차에서 내려야만 이용할 수 있는 시설 모두를 운영하고 있다. 어느 날의 차를 탄 채로 이용할 수 있는 시설과 다른 시설의 이용시간의 비율을 각각 X, Y라 할 때, 확률변수의 결합확률밀도함수는 다음과 같이 주어진다.

$$f(x, y) = \begin{cases} \frac{2}{3}(x+2y), 0 < x \le 1, 0 \le y < 1 \\ 0, \qquad\qquad 기타 \end{cases}$$

(1) X의 주변확률밀도함수를 구하여라.

(2) Y의 주변확률밀도함수를 구하여라.

(3) 차를 탄 채로 이용할 수 있는 시설의 이용시간이 30분 미만일 확률을 구하여라.

33. 어느 수치 제어기계가 잘못 작동하는 횟수 X는 하루 동안에 1, 2, 3의 값을 가진다고 한다. 또, Y는 기술자의 긴급호출횟수라고 한다. 다음의 결합확률분포를 이용하여 각 항을 구하여라.

x \ y	1	2	3
1	0.05	0.05	0.1
2	0.05	0.1	0.35
3	0	0.2	0.1

(1) X의 주변확률밀도함수를 구하여라.

(2) Y의 주변확률밀도함수를 구하여라.

(3) $P(Y=3|X=2)$를 구하여라.

34. 확률변수 X의 확률이 $P(X=x) = (\frac{1}{2})^x$, $(x = 1, 2, 3, \ldots)$로 주어질 때 X의 기댓값 $E(X)$는 얼마인가?

35. 두 개의 주사위를 던지는 시행에서 X를 두 눈의 합을 나타내는 변수라 할 때 $E(X)$는?

36. 확률밀도함수가 $f(x)=\begin{cases}6x(1-x), & 0 \le x \le 1 \\ 0, & \text{기타}\end{cases}$ 일 때, 평균과 분산은?

37. 다음 확률 변수 X의 확률밀도함수가 $f(x)=\begin{cases}2e^{-2x}, & x \ge 0 \\ 0, & x < 0\end{cases}$ 일 때, $X>2$일 확률은?

38. 결합 확률 밀도 함수가 $f(x,y)=\begin{cases}\frac{1}{3}(x+y), & 0<x<2,\ 0<y<1 \\ 0, & \text{기타}\end{cases}$ 일 때

$A=\left\{(x,y)|0<x<1, 0<y<\frac{1}{2}\right\}$라 한다. $P[(X,Y)\in A]$를 구하면?

39. 통계학 시험 성적이 70점과 88점일 때 그 표준 단위가 각각 −0.6과 1.2라면 이 시험의 평균 점수와 표준 편차는 각각 몇 점인가?

Chapter 05

여러 가지 확률분포

통계적 실험 또는 조사의 결과는 양적일 수도 있고 질적일 수도 있다. 예를 들어 대학생의 체중이나 키를 측정할 때에는 그 결과가 양적이고, 혈액형을 조사할 때는 그 결과가 O, A, B, AB와 같이 질적이다. 실험의 결과가 양적이든 질적이든 통계분석 방법은 자료의 수리적인 측면에 초점을 맞춘다. 확률변수는 실험결과를 수리적 함수에 대응시켜 통계분석을 가능하게 하는 도구이다. 이산확률변수와 연속확률변수의 두 가지 다른 확률변수가 있다.

5.1 균등분포

5.1.1 이산형 균등분포

모든 이산형 확률분포 중에서 가장 간단한 것은 확률변수가 취할 수 있는 각 값들이 모두 같은 확률을 가지는 경우이다. 이러한 확률분포를 이산형 균등분포(discrete uniform distribution)이라 한다.

확률변수 X가 $x_1, \cdots x_n$의 각 값을 취할 확률이 동일하다면, 이산형 균등분포는

$$f(x) = \frac{1}{n},\ x = x_1, \cdots, x_n$$

로 주어진다.

예제 5.1 40와트, 60와트, 75와트, 100와트, 120와트의 전구가 들어 있는 상자에서 임의로 하나의 전구를 꺼낼 때, 표본공간 $S = \{40, 60, 75, 100, 120\}$의 각 원소는 1/5의 발생확률을 가진다. 따라서, X의 확률분포를 구하여라.

풀이 $f(x)=\frac{1}{5}, x=40, 60, 75, 100, 120$인 균등분포이다.

예제 5.2 하나의 주사위를 던지는 실험에서 표본공간 $S=\{1, 2, 3, 4, 5, 6\}$의 각원소의 발생확률은 1/6으로 같다. X의 확률분포를 구하여라.

풀이 $f(x)=\frac{1}{6}, x=\{1,2,3,4,5,6\}$ 인 균등분포이다.

히스토그램으로 균등분포를 나타내면 같은 높이를 가지는 직사각형들의 집합이 된다. 이산형 균등분포의 평균과 분산은

$$\mu=E(X)=\frac{1}{n}\sum_{x=1}^{n}x=\frac{1}{n}\frac{n(n+1)}{2}=\frac{n+1}{2}$$

$$E(X^2)=\frac{1}{n}\sum_{x=1}^{n}x^2=\frac{1}{n}\frac{n(n+1)(2n+1)}{6}=\frac{(n+1)(2n+1)}{6}$$

$$\sigma^2=V(X)=E(X^2)-(E(X))^2=\frac{(n+1)(2n+1)}{6}-\left(\frac{n+1}{2}\right)^2=\frac{n^2-1}{12}$$

이 된다.

예제 5.3 예제 5.2에서 X의 평균과 분산을 구하여라.

풀이 $\mu=\frac{1+2+3+4+5+6}{6}=3.5$ 이고 $\sigma^2=\frac{1}{6}[(1-3.5)^2+\cdots+(6-3.5)^2]=2.92$ 임을 알 수 있다.

5.1.2 연속형 균등분포

구간 $[a, b]$에서 정의되는 연속형 균등확률변수 X의 확률밀도함수는 다음과 같다.

$$f(x) = \begin{cases} \dfrac{1}{b-a}, & a \le x \le b \\ 0, & \text{기타} \end{cases}$$

확률밀도함수의 모습을 보면 밑변이 $b-a$이고, 높이는 $1/(b-a)$로 일정한 직사각형이다. 그래서 균등분포를 직사각형 분포(rectangular distribution)라고도 한다. [그림 5.1]은 구간 [2, 4]에서 정의되는 연속형 균등분포를 나타낸다.

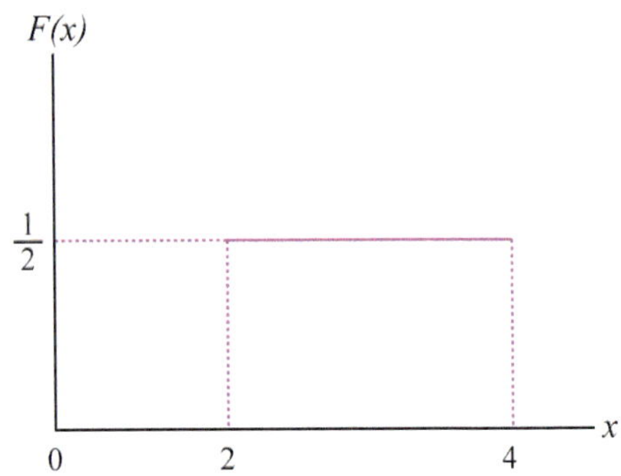

[그림 5.1] 구간 [2, 4]에서 정의되는 연속형 균등분포

예제 5.4 어느 회사의 대형회의실은 4시간을 초과하여 사용할 수 없다. 그런데 회의실에서는 긴 회의와 짧은 회의가 열리며, 회의시간 X는 구간 [0, 4]에서 정의되는 균등분포로 가정할 수 있다.

(1) 확률밀도함수를 구하여라.

(2) 어떤 회의가 최소한 3시간 이상 계속될 확률은 얼마인가?

풀이 (1) 확률밀도함수는 다음과 같이 주어진다.

$$f(x) = \begin{cases} \frac{1}{4}, 0 \le x \le 4 \\ 0, \text{ 기타} \end{cases}$$

(2) $P[X \ge 3] = \int_3^4 \frac{1}{4} dx = \frac{1}{4}$

균등분포의 평균과 분산은 다음과 같다.

$$\mu = E(X) = \int_a^b x f(x) dx = \int_a^b x \frac{1}{b-a} dx = \frac{1}{b-a} \left[\frac{x^2}{2} \right] \Big|_a^b$$

$$= \frac{a+b}{2}$$

$$E(X^2) = \int_a^b x^2 f(x) dx = \int_a^b \frac{x^2}{b-a} dx$$

$$= \frac{1}{b-a} \left[\frac{x^3}{3} \right] \Big|_a^b = \frac{a^2+ab+b^2}{3}$$

$$\sigma^2 = Var(X) = E(X^2) - (E(X))^2$$

$$= \frac{a^2+ab+b^2}{3} - \left(\frac{a+b}{2} \right)^2$$

$$= \frac{(b-a)^2}{12}$$

5.2 이항분포와 다항분포

5.2.1 이항분포

x번 성공과 n-x번의 실패가 일어난 어떤 특정한 배열의 발생확률에 대해서 생각해보자. 각 시행이 독립이므로 그 확률은 각 시행의 결과들의 확률의 곱으로 나타낼 수 있다. 각 시행에서 성공확률은 p이고 실패확률은 $q=1-p$이므로, 그 특정배열의 발생확률은 $p^x q^{n-x}$이 된다. 이제 이 실험에서 x번의 성공과 n-x번의 실패를 포함하고 있는 표본점의 총 수를 결정해야 한다. 이 수는 n개의 결과를 한 그룹에는 x개, 또 다른 한 그룹에는 n-x개로 분할하는 경우의 수와 같게 되므로 $\binom{n}{x}$가 된다. 이러한 분할은 서로 배반적이기 때문에 모든 분할들의 확률을 합하거나 혹은 간단히 $p^x q^{n-x}$에 $\binom{n}{x}$를 곱하여 일반적인 공식을 얻게 된다. 성공확률이 p, 실패확률이 $q=1-p$인 베르누이 시행의 n회 독립시행에서 성공의 횟수를 나타내는 이항확률변수 X의 확률분포는

$$f(X=x)=\binom{n}{x}p^x q^{n-x}, x=0,1,2,...,n$$

으로 주어진다.

예제 5.5 어떤 종류의 제품이 충격실험에서 충격을 견딜 확률이 3/4이다. 4개의 제품에 대해 실험했을 때 정확하게 3개가 충격을 견딜 확률은 구하여라.

풀이 $f(X=3)=\binom{4}{3}\left(\frac{3}{4}\right)^3\left(\frac{1}{4}\right)^1=\frac{27}{64}$

예제 5.6 어느 대형 백화점이 전자장비를 제조업자로부터 납품받으려고 한다. 제조업자는 이 장비의 불량률이 2%라고 밝히고 있다.

(1) 납품된 제품 중 20개를 임의로 선택했을 때, 이 20개 중 적어도 한 대의 불량품이 있을 확률은 얼마인가?

(2) 한 달에 10번의 납품을 받고, 납품시 마다 20개의 장비를 검사한다고 하자. 적어도 한 대의 불량품이 포함된 납품이 2번 있을 확률은 얼마인가?

풀이 (1) $P(X \geq 1) = 1 - P(X=0) = 1 - 0.02^0(1-0.02)^{20-0} = 0.3324$

(2) $P(X=2) = \binom{10}{2}(0.3324)^2(1-0.3324)^8 = 0.1963$

이항분포 $B(n, p)$의 평균과 분산은 다음과 같다. (증명 생략)

$$\mu = np, \sigma^2 = npq$$

예제 5.7 새 자동차를 사는 사람들의 70%가 자동 변속 장치를 선택한다. 새 자동차를 사는 열 명이 있는 그룹에서, 자동변속 장치를 선택하는 사람의 수의 평균값과 표준편차를 구하여라.

풀이 $\mu = np = 10(0.7) = 7$, $\sigma = \sqrt{np(1-p)} = \sqrt{10(0.7)(0.3)} \approx \sqrt{2.1}$

5.2.2 다항분포

각 실험의 실현치가 k개 범주 중의 하나이며, 각 범주가 나타날 확률이 $p_1, p_2, \cdots, p_k$인 확률실험에서 실험을 n번 반복했을 때 각 범주의 관측치를 확률변수 $X_1, X_2, \cdots, X_k$로 표현하며, $X_1 = x_1, X_2 = x_2, \cdots, X_k = x_k$가 관측될 확률을 측정하는 분포를 다항분포

라고하며 확률은

$$P(X_1 = x_1, X_2 = x_2, \cdots, X_k = x_k) = \frac{n!}{x_1!x_2! \cdots x_k!} \cdot p_1^{x_1} \cdot p_2^{x_2} \cdots \cdot p_k^{x_k}$$

이다. 여기에서 $n = \sum_{i=1}^{k} x_i$ 이며, $p_1 + p_2 + \cdots + p_k = 1$ 이다.

예제 5.8 한 실험의 결과는 1, 2, 3, 4,로 표현되는 4가지 속성 중 하나로 나타나며 각각의 속성이 나타날 확률이 순서대로 $\frac{1}{10}, \frac{2}{10}, \frac{3}{10}, \frac{4}{10}$ 이라고 한다. 이 실험에서 관측한 20개의 값에 있어서 각 속성의 관측치가 1, 4, 7, 8일 확률을 구하여라.

풀이 X_1, X_2, X_3, X_4를 각각의 속성이 관측된 수를 의미하는 확률변수라고 할 때, 각각의 속성이 나타날 확률이 $\frac{1}{10}, \frac{2}{10}, \frac{3}{10}, \frac{4}{10}$ 이므로,

$$P(X_1 = 1, X_2 = 4, X_3 = 7, X_4 = 8) = \frac{20!}{1!4!7!8!}\left(\frac{1}{10}\right)^1\left(\frac{2}{10}\right)^4\left(\frac{3}{10}\right)^7\left(\frac{4}{10}\right)^8$$

예제 5.9 어느 공항의 항공기 이착륙 상황에 대한 이상적인 조건을 알아보기 위해 컴퓨터 시뮬레이션이 수행되었다. 3개의 활주로가 있는 이 공항에서 각 활주로가 사용될 확률은 다음과 같이 알려져 있다.

활주로 1 ; p_1=2/9,　활주로 2 ; p_2=1/6,　활주로 3 ; p_3=11/18

임의로 도착하는 6대의 비행기가 다음과 같이 활주로에 도착할 확률은 얼마인가?

활주로 1 : 3대,　활주로 2 : 1대,　활주로 3 : 2대

풀이 $f(3,1,2) = \left(\frac{6!}{3!\,1!\,2!}\right)\left(\frac{2}{9}\right)^3\left(\frac{1}{6}\right)^1\left(\frac{11}{18}\right)^2 = 0.041$

5.3 초기하 분포

N개의 원 가운데 A에 속하는 것이 k개일 때 여기서 n개를 비복원 추출하여 A에 속하는 것이 x개 나올 확률은 다음과 같다.

$$P(X=x)=\frac{{}_kC_x \cdot {}_{N-k}C_{n-x}}{{}_NC_n}$$

예제 5.10 만약 세 명의 관리자와 여섯 명의 고용자들로 구성된 그룹에서 두 명의 위원회를 무작위로 뽑는다면, 그 위원회가 정확히 한 명의 관리자와 한 명의 고용자로 이루어질 확률은 얼마인가?

풀이 실제 확률은 $\dfrac{\binom{3}{1}\binom{6}{1}}{\binom{9}{2}}=\dfrac{18}{36}=.5$

예제 5.11 40개의 부품들로 구성된 한 로트에 불량품이 3개 들어있으며 그 로트에서 임의로 5개의 부품을 취할 때 정확히 1개의 불량품이 발견될 확률은 얼마인가?

풀이 $n=5,\ N=40,\ k=3$이고, $x=1$인 초기하 분포를 이용하면, 구하고자 하는 확률은 $f(X=1)=\dfrac{\binom{3}{1}\binom{37}{4}}{\binom{40}{5}}=0.3011$이다.

N개 가운데 A에 속하는 것이 k개 있을 때, 여기서 동시에 n개 추출할 경우 A에 속하는 것의 개수를 확률 변수 X로 나타내면 X의 평균 μ와 X의 분산 σ^2은 다음과 같다. (증명 생략)

$$\mu = \frac{nk}{N},\ \sigma^2 = \frac{N-n}{N-1} \cdot n \cdot \frac{k}{N}(1-\frac{k}{N})$$

예제 5.12 40개의 공 가운데 흰 공이 3개 들어 있다. 이 안에서 임의로 5개를 꺼낸다. 나온 흰 공의 수를 X라 할 때 X의 평균과 분산을 구하여라.

풀이

$$\mu = \frac{nR}{N} = \frac{(5)(3)}{40} = 0.375$$

$$\sigma^2 = \left(\frac{40-5}{39}\right)(5)\left(\frac{3}{40}\right)\left(1-\frac{3}{40}\right) = 0.3113$$

5.4 포아송 분포

확률 변수 X의 확률 분포가

$$P(X=x)=\frac{e^{-\lambda}\lambda^{x}}{x!},\ (x=0,1,2\cdots)$$

일 때 X는 포아송 분포를 한다고 한다. 단, λ은 평균이다.

포아송 분포는 이항 분포에서 p가 충분히 작은 경우 시행 회수 n을 한 없이 크게 할 때의 극한 분포로서 퍽 드물게 발생하는 사상이고 많은 조사 대상에서 몇 개가 발생할 확률을 구하는 경우에 이항 분포에 의한 계산이 복잡하므로 이런 경우에 포아송 분포를 적용시킨다.

예제 5.13 어떤 은행에서는 오전 11시부터 12시 사이에 평균 60명의 손님이 방문하고 있다. 따라서 1분간 평균 1명씩 도착한다고 볼 수 있다. 그러므로 $\lambda=1$이다.

(1) 오전 11시부터 12시 사이의 어느 1분 동안 두 손님이 도착할 확률은 얼마인가?

(2) 어느 1분 동안에 3명 이하의 손님이 도착할 확률을 계산하여라.

풀이 (1) $P(X=2)=\frac{e^{-1}(1)^2}{2!}=\frac{1}{2e}$

e는 약 2.7183이므로

$$P(X=2)=\frac{1}{2(2.7183)}=0.183$$

(2) $P(X\le 3)=P(X=0)+P(X=1)+P(X=2)+P(X=3)$

$$=\frac{e^{-1}(1)^0}{0!}+\frac{e^{-1}(1)^1}{1!}+\frac{e^{-1}(1)^2}{2!}+\frac{e^{-1}(1)^3}{3!}$$

$$=0.3679+0.3679+0.1829+0.0613$$

$= 0.98$

이 된다.

■ 포아송 분포

$$P(X=x) = \frac{e^{-\lambda}\lambda^{x}}{x!}$$

의 평균과 분산은 다음과 같다. 단, $\lambda = np$이다. (증명 생략)

$$E(X) = \lambda, \ V(X) = \lambda$$

예제 5.14 어느 회사에 오전 9시부터 11시 사이에 1분당 평균 0.4회의 전화가 걸려온다고 하며, 전화가 걸려오는 횟수가 포아송분포의 특성을 갖는다고 하면, 1분에 2회의 전화가 걸려올 확률은 얼마인가?

풀이

$$P(X=2) = \frac{e^{-0.4}(0.4)^{2}}{2!} = 0.0536$$

즉, 약 5%의 확률을 갖는다.

예제 5.15 새벽 1시와 3시 사이 서울 강남구에서 일어나는 범죄는 1시간당 평균0.2건이다. 범죄발생수의 분포가 포아송분포를 따른다면, 오늘 새벽 1시와 2시 사이에 범죄발생이 전혀 없을 확률은 얼마인가?

풀이

$$P(X=0) = \frac{e^{-0.2}(0.2)^{0}}{0!} = 0.8187$$

즉, 범죄가 없을 가능성은 0.8187이다.

예제 5.16 어느 건설현장에서는 사고가 종종 발생하는데, 어느 날 사고가 일어날 확률은 0.005이고, 사고들은 서로 독립적이라고 알려져 있다.

(1) 400일 동안 사고가 한 건 발생할 확률을 구하라.

(2) 사고일이 많아야 3일일 확률을 구하라.

풀이 X를 n=400이고 p=0.005인 이항확률변수라고 하자, 그러면 $np=2$이고, 포아송 근사를 이용하면

(1) $P(X=1)=e^{-2}2^{1}=0.271$

(2) $P(X\leq 3)=\sum_{x=0}^{3}e^{-2}2^{x}/x!=0.857$

5.5 음이항분포와 기하분포

5.5.1 음이항분포

독립적인 반복시행에서 성공확률이 p, 실패확률이 q라 하면, k번째 성공이 일어날 때까지의 시행횟수인 확률변수 X라 하면, 확률변수 X의 확률분포는

$$f(X=k)=\binom{x-1}{k-1}p^kq^{x-k}=\binom{x-1}{k-1}p^{k-1}q^{x-k}p,\ x=k, k+1, k+2\cdots$$

이다.

예제 5.17 NBA 결승전은 7선4선승제로 벌어진다. 결승전에서 만난 두 팀 A와 B의 한 경기에서 A팀이 B팀을 이길 확률이 0.55라고 하자.

(1) A팀이 6게임 째에서 우승할 확률은 얼마인가?

(2) A팀이 우승할 확률은 얼마인가?

(3) 이 두 팀이 5전3선승제인 플레이오프에서 만났다면 A팀이 플레이오프에서 우승할 확률은 얼마인가?

풀이 (1) $f(X=4)=\binom{5}{3}(0.55)^3(1-0.55)^{5-3}\cdot 0.55=\binom{5}{3}(0.55)^4(1-0.55)^2=0.1853$

(2) $P(A$팀이 NBA 우승$)$

$=f(X=4)+f(X=5)+f(X=6)+f(X=7)$

$={}_4C_4 0.55^4+{}_4C_3 0.55^3 0.45^1\cdot 0.55+{}_5C_3 0.55^3 0.45^2\cdot 0.55$

$+{}_6C_3 0.55^3 0.45^3\cdot 0.55$

$=0.0915+0.1647+0.1853+0.1668=0.6083$

(3) $P(A$팀이 플레이오프로 우승$)$

$=f(X=3)+f(X=4)+f(X=5)$

$$= {}_3C_3(0.55)^3 + {}_3C_2(0.55)^2(0.45)^1 0.55 + {}_4C_2(0.55)^2(0.45)^2 0.55$$
$$= 0.1664 + 0.2246 + 0.2021 = 0.5931$$

예제 5.18 어떤 사람이 동전 3개를 던지는데 5번째에 두 번째로 모두 앞면이거나 뒷면이 나올 확률을 구하여라.

풀이 음이항분포를 이용하면 $x=5, k=2$ 그리고 $p=1/4$이다. 따라서

$$f(X=2)=\binom{4}{1}\left(\frac{1}{4}\right)^1\left(\frac{3}{4}\right)^3\left(\frac{1}{4}\right)=\binom{4}{1}\left(\frac{1}{4}\right)^2\left(\frac{3}{4}\right)^3=\frac{4!}{1!3!}\frac{3^3}{4^5}=\frac{27}{256}$$ 이다.

5.5.2 기하분포

독립적인 반복시행에서 성공확률이 p, 실패확률이 $q=1-p$라 할 때, 첫 번째 성공이 일어날 때까지의 시행횟수인 확률변수 X의 확률분포는

$$f(X=x)=pq^{x-1},\ x=1,2,3\cdots$$

으로 주어진다.

예제 5.19 어떤 제조공정에서 100개의 제품마다 평균적으로 한 개의 불량품이 들어 있다고 알려져 있다. 제품을 하나씩 검사할 때 첫 번째 불량품이 일곱 번째 검사에서 발견될 확률은?

풀이 $f(X=7)=(0.01)(0.99)^6=0.0093$

예제 5.20 전화통화가 폭주하는 시간대에 한 번의 시도로 상대방과 통화할 수 있는 가능성은 p=0.05라고 할 때, 네 번째 시도에서 상대방과 통화할 수 있는 확률을 구하라.

풀이 $f(X=4)=(0.05)(0.95)^3=0.0429$

기하분포의 활용 시 중요한 의미를 가지는 기하분포의 평균과 분산을 증명 없이 결과만을 보기로 한다.

기하분포를 따르는 확률변수의 평균과 분산은 각각 다음과 같다. (증명 생략)

$$\mu=\frac{1}{p},\quad \sigma^2=\frac{1-p}{p^2}$$

5.6 정규분포

5.6.1 정규분포

정규분포(normal distribution)는 통계 응용에서 가장 많이 이용되는 확률분포이다. 측정오차, 또는 제품의 무게, 다양한 척도와 경제지표 그리고 다양한 연구분야에서 얻어지는 자료들의 확률분포가 정규분포를 한다고 알려진 것이 매우 많다. 정규분포를 하지 않는 확률변수들도 변수들의 변환에 의하여 적절한 조건 아래서 근사적인 정규분포를 하기 때문에 정규분포는 특히 통계적 추론의 중추적 역할을 하고 있다. 정규분포의 확률밀도함수는 다음과 같으며 그 그래프는 종모양의 곡선으로 되며 이를 정규곡선(normal curve)이라고 한다.

확률변수 X의 확률밀도함수는

$$f(x) = \frac{1}{\sqrt{2\pi}\,\sigma} e^{-\frac{(x-\mu)^2}{2\sigma^2}}, \quad -\infty < x < \infty$$

로 주어질 때, X는 정규분포에 따른다고 하며, $X \sim N(\mu, \sigma^2)$으로 나타내기도 한다.

정규곡선은 다음 그림과 같으며, 이 곡선의 특징은 $x = \mu$에 대하여 대칭이고 표준편차 σ는 평균 μ에서 곡선의 변곡점까지의 거리가 된다.

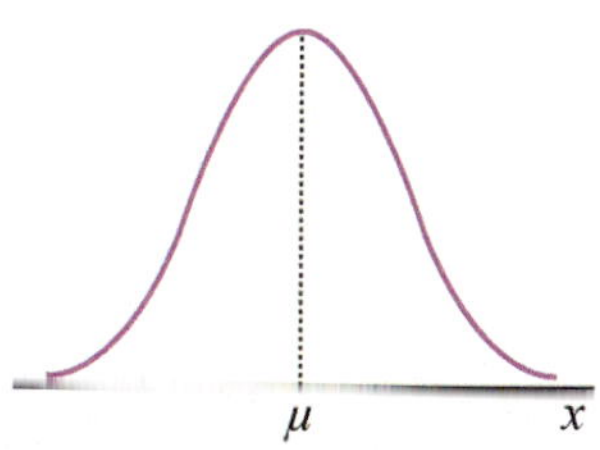

[그림 5.2] 정규분포 확률밀도 함수

정규분포는 평균 μ, 분산 σ^2만 주어지면 결정되며 σ^2에 의하여 곡선의 모양이 결정되고, μ에 의하여 곡선의 중심의 위치가 결정된다. 다음 그림은 같은 표준편차를 갖고, 평균이 다른 두 곡선을 그린 결과이다.

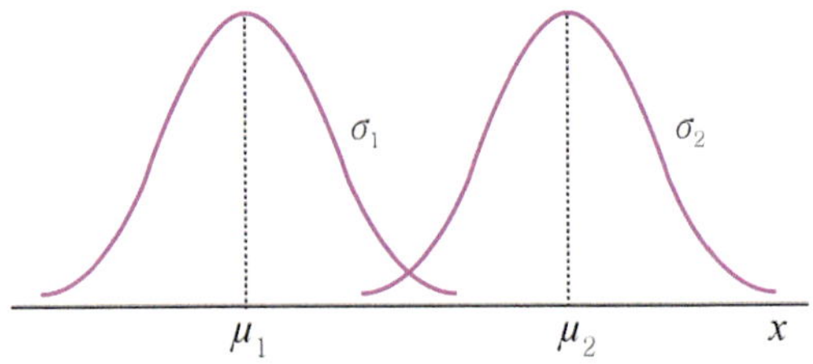

[그림 5.3] 분산은 같고 평균이 다른 정규분포의 확률밀도함수비교

다음 그림은 평균은 같으나 표준편차가 다른 두 개의 정규곡선을 그린 결과이다. 두 곡선의 중심의 위치는 동일점이고, 표준편차가 크면 낮고 넓게 퍼져 있으며 표준편차가 작으면 높고 좁게 퍼져 있다. 두 곡선의 넓이는 1이다.

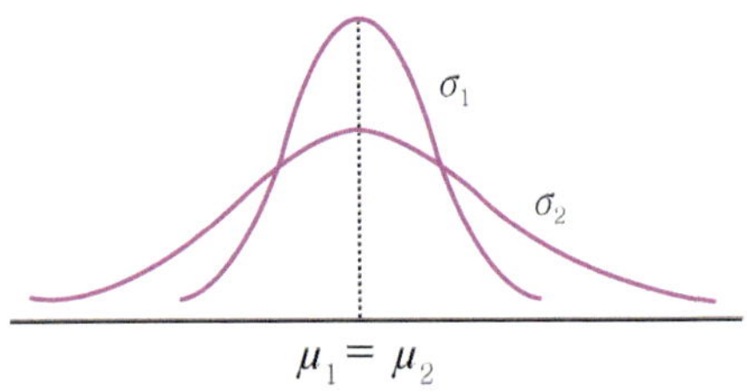

[그림 5.4] 평균은 같고 분산이 다른 정규분포의 확률밀도 함수 비교

다음 그림은 서로 다른 평균과 표준편차를 갖는 두 정규곡선을 그린 결과이다. 곡선은 평균이 크면 중심의 위치가 오른쪽으로, 분산이 크면 폭이 넓지만, 넓이는 항상 1이다.

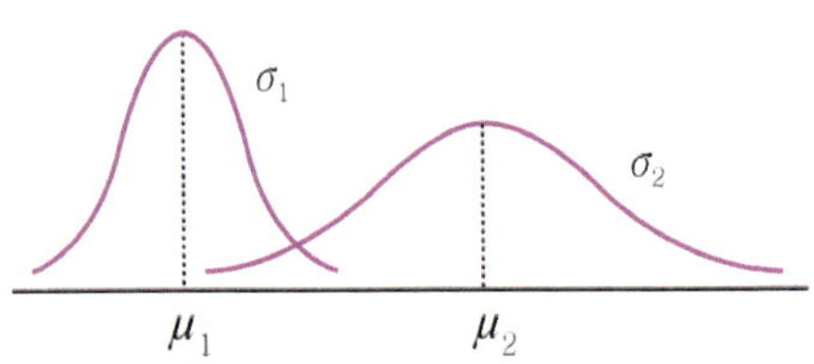

[그림 5.5] 평균도 다르고 분산도 다른 정규분포의 확률밀도 함수 비교

이제 정규분포에서 확률을 구하는 문제를 생각하자. 예로서, 어떤 기계에서 생산된 제품의 평균 무게는 60kg, 분산이 9kg인 정규분포를 한다고 하자. 여기에서 제품의 무게가 54kg부터 64.5kg 사이에 속할 확률을 구하려면 μ=60, σ^2=9인 정규분포 확률밀도함수는 다음과 같다.

$$f(x) = \frac{1}{\sqrt{2\pi}\,3} e^{-\frac{(x-60)^2}{2(9)}}, \; -\infty < x < \infty$$

를 이용해서

$$P(54 < X < 64.5) = \int_{54}^{64.5} \frac{1}{\sqrt{2\pi}\,3} e^{-\frac{(x-60)^2}{2(9)}} dx$$

를 계산해야 하는데 이 계산은 보통 번거로운 일이 아니다. 그러므로 정규분포에서의 확률계산을 편리하게 하기 위해서 평균이 0이고, 분산이 1인 표준정규분포를 유도한다.

$$X \sim N(\mu, \sigma^2) \text{에서 } Z = \frac{X-\mu}{\sigma}$$

라 하면

$$E(Z) = E\left[\frac{X-\mu}{\sigma}\right] = \frac{1}{\sigma}(0) = 0, \quad V(Z) = V\left[\frac{X-\mu}{\sigma}\right] = \frac{1}{\sigma^2}(\sigma^2) = 1$$

이므로, $Z = \dfrac{X-\mu}{\sigma}$의 평균은 0이고 분산은 1이다.

5.6.2 표준정규분포

$X \sim N(\mu, \sigma^2)$일 때 $Z = \dfrac{X-\mu}{\sigma}$로 정의하면 $Z \sim N(0,1)$이다.

$$f_Z(z) = \frac{1}{\sqrt{2\pi}} e^{-\frac{z^2}{2}}, \; -\infty < z < \infty$$

이다. 확률변수 Z는 표준정규분포(standard normal distribution)를 한다고 하며 $Z \sim N(0,1)$

로 표시한다.

앞의 제품의 무게에 관한 예에서 확률 $P(54 < X < 64.5)$를 계산하는 것을 다시 논의하자.

$$Z = \frac{X-\mu}{\sigma} = \frac{X-60}{3}$$

이라하면

$$P(54 < X < 64.5) = P(\frac{54-60}{3} < \frac{X-60}{3} < \frac{64.5-60}{3}) = P(-2 < Z < 1.5)$$
$$= \int_{-2}^{1.5} \frac{1}{\sqrt{2\pi}} e^{-\frac{z^2}{2}} dz$$

와 같이 평균 μ와 분산 σ^2에 아무런 관련이 없는 식이 되어 다루기에 간편하게 되었다. 그러므로 위에서 $\int_{-2}^{1.5} \frac{1}{\sqrt{2\pi}} e^{-\frac{z^2}{2}} dz$을 일일이 계산하여야 하는 번거로움을 없애기 위해서 여러 가지 z값에 대한 $P(Z \le z) = \int_{-\infty}^{z} \frac{1}{\sqrt{2\pi}} e^{-\frac{z^2}{2}} dz$를 계산한 표준정규분포표가 있다.

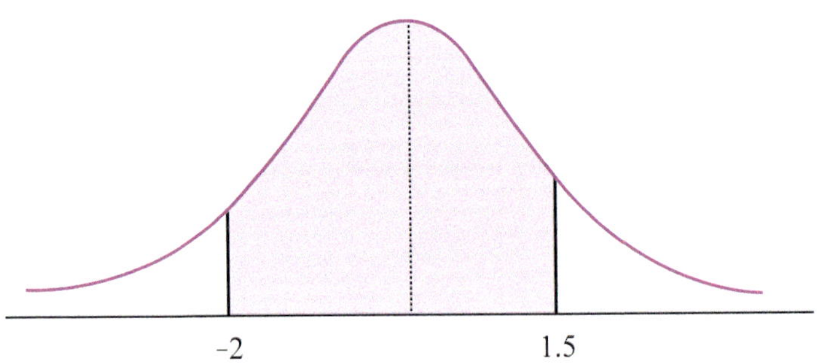

[그림 5.6] $P(-2 \le Z \le 1.5)$의 계산

$$P(-2 < Z < 1.5) = P(Z \le 1.5) - P(Z \le -2) = 0.9332 - 0.0228 = 0.9104$$

예제 5.21 $X \sim N(50, 10^2)$ 인 정규분포에서 $P(60 < X < 65)$을 구하여라.

풀이

$$P(60 < X < 65) = P(\frac{60-50}{10} < \frac{X-50}{10} < \frac{65-50}{10})$$
$$= P(1 < Z < 1.5) = 0.0919$$

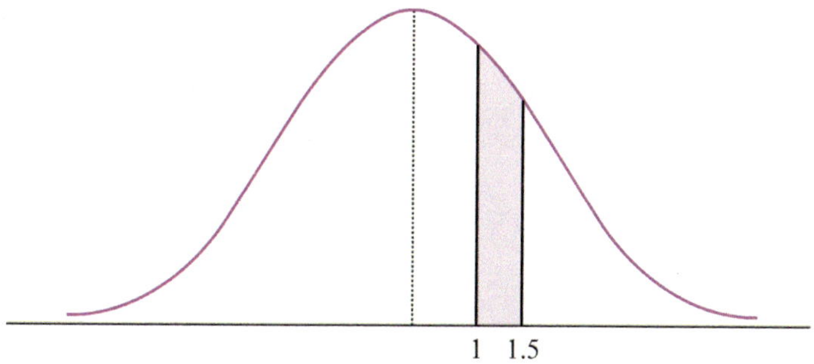

[그림 5.7] $P(1 \le Z \le 1.5)$의 계산

예제 5.22 $X \sim N(300, 50^2)$인 정규분포에서 $P(X \ge 370)$를 구하여라.

풀이 $Z = \frac{X-300}{50} \sim N(0,1)$ 이므로

$$P(X \ge 370) = P(\frac{X-300}{50} \ge \frac{370-300}{50}) = P(Z \ge 1.4) = 1 - P(Z \le 1.4)$$
$$= 0.0808$$

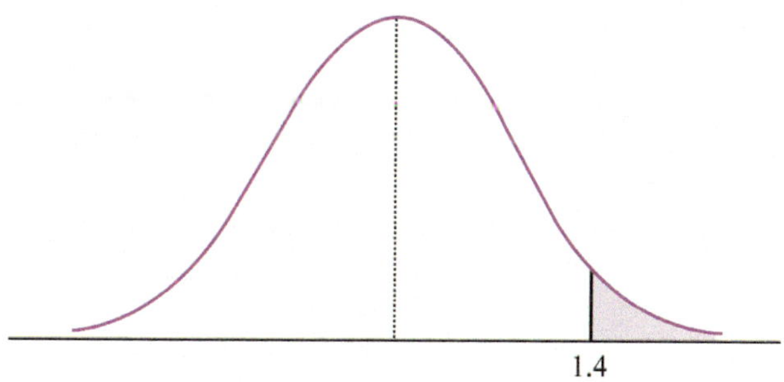

[그림 5.8] $P(Z \ge 1.4)$의 계산

예제 5.23 특정한 브랜드의 백열전구의 수명이 1500시간의 평균값과 75시간의 표준편차로 정규적으로 분포되어있다.

(1) 백열전구가 1410시간보다 덜 오래 갈 확률은 얼마인가?

(2) 백열전구가 1563과 1648시간 사이의 오래 갈 확률은 얼마인가?

풀이 (1) $Z = \dfrac{X-1500}{75} \sim N(0, 1)$ 이므로

$$P(X \le 1410) = P\left(Z \le \frac{1410-1500}{75}\right) = P(Z \le -1.2) = 0.1151$$

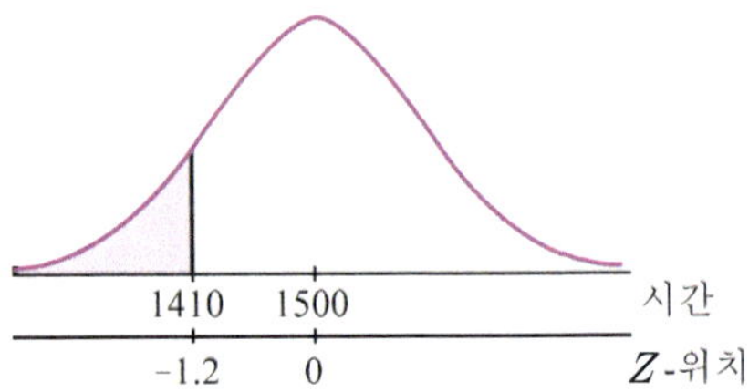

[그림 5.9] $P(Z \le -1.2)$의 계산

(2) $P(1563 \le X \le 1648) = P\left(\dfrac{1563-1500}{75} \le Z \le \dfrac{1648-1500}{75}\right)$

$$= P(.84 \le Z \le 1.97)$$

$$= P(Z \le 1.97) - P(Z \le .84) = .9756 - .7995 = .1761$$

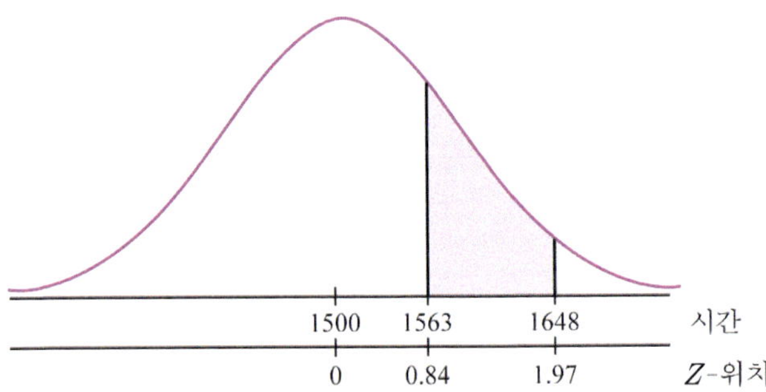

[그림 5.10] $P(0.84 \le Z \le 1.7)$의 계산

예제 5.24 포장 기계는 판지 상자를 평균 16.1온스의 시리얼로 채우기 위해 설치되었다. 상자 당 양들이 0.04온스와 같은 표준 편차의 정규 분포를 이룬다고 가정해보자.

(1) 상자의 10%는 몇 온스 이하가 들어있을까?

(2) 몇 온스 이상이 80% 일까?

(3) 상자들의 중간 90%는 온스 얼마 사이에 있을까?

풀이 (1) $P(X<x_0)=0.1$이므로 $P\left(Z<\frac{x_0-16.1}{0.04}\right)=0.1$ 표준정규분포표에서 $\frac{x_0-16.1}{0.04}=-1.28$이므로 $x_0=16.1-1.28\times0.04=16.049$

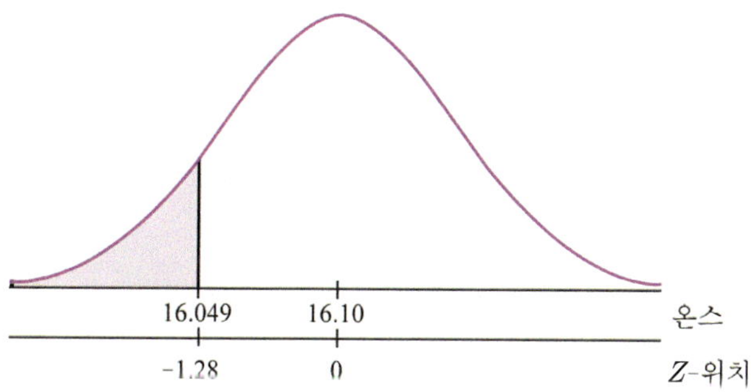

[그림 5.11] $P(Z\leq-1.28)$의 계산

(2) $P(X>x_0)=0.8$을 의미하므로 $P\left(Z>\frac{x_0-16.1}{0.04}\right)=0.8$ 표준정규분포표에 의하여 $\frac{x_0-16.1}{0.04}=-0.84$. 따라서 $x_0=16.1-0.84\times0.04=16.066$이다.

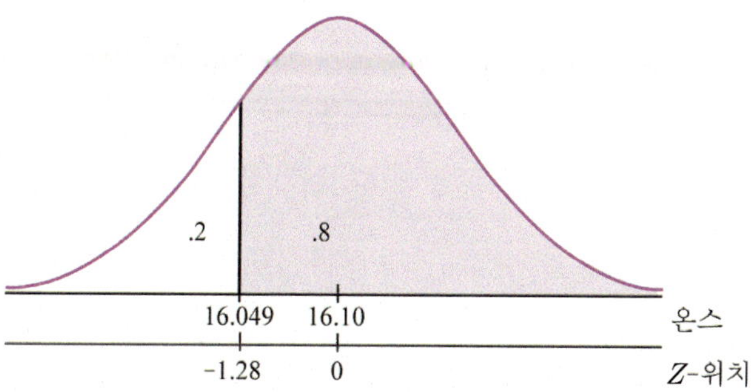

[그림 5.12] $P(Z\geq-0.84)$의 계산

(3) 표준정규분포표에 의하면 $P(-1.65 \le Z \le 1.65) = 0.9$이므로

$P\left(-1.65 \le \frac{X-16.1}{0.04} \le 1.65\right) = 0.9$이다.

따라서 $16.1 - 1.65 \times 0.04 \le X \le 16.1 + 1.65 \times 0.04$

즉, $16.034 \le X \le 16.166$이다.

5.6.3 이항 분포의 정규 근사화

이항 분포 $P(X=x) = {}_nC_x p^x q^{n-x}$에서 p, q의 값이 0.5에 가까운 값이면 충분히 크지 않은 n에 대하여도 이항 분포는 정규 분포에 잘 적합되며 p, q가 약간 작거나 큰 경우에도 n이 충분히 크면 이항 분포는 정규 근사가 가능하다. 그러므로 X가 $B(n, p)$ 분포로서 평균이 np, 분산이 npq일 때 정규 분포 $N(np, npq)$에 근사한다.

$$Z = \frac{X - np}{\sqrt{npq}}$$

의 근사 분포는 $N(0,1)$분포에 따른다.

예제 5.25 제조 공장에서 나오는 차 중 0.15가 결점이 있다고 가정하자. 차 40대를 배달할 때 정확히 5대가 결점이 있을 확률은 얼마인가?

풀이 실제 답은 $\left(\frac{40!}{5!35!}\right)(.15)^5(.85)^{35}$이다. 정규를 이용해 답의 근사치를 구하려면, 먼저 평균값 μ과 표준편차 σ를 다음과 같이 계산해야 한다 :

$$\mu = np = 40(.15) = 6$$

$$\sigma = \sqrt{np(1-p)} = \sqrt{40(.15)(.85)} = 2.258$$

$$P(4.5 \le X \le 5.5) = P\left(\frac{4.5-6}{2\ 258} \le Z \le \frac{5.5-6}{2\ 258}\right)$$

$$= P(-0.66 \le Z \le -0.22) = .1583$$

이다.

예제 5.26 동전을 200회 아무 생각 없이 던져서 표면이 나오는 회수가 100과의 편차가 5 이하일 확률 $P(|X-100| \le 5)$를 구하라.

풀이 X의 분포는 이항분포 $P(X=x) = {}_nC_x p^x q^{n-x} \left(n=200, p=q=\frac{1}{2}\right)$이고, $np = 200 \times \frac{1}{2} = 100$이며, 표준 편차는 $\sqrt{npq} = \sqrt{200 \times \frac{1}{2} \times \frac{1}{2}} = \sqrt{50} \fallingdotseq 7.07$ 이다.

$P(|X-100| \le 5) = P(100-5 \le X \le 100+5)$

이 확률을 구하기 위하여 표준화한 변수 $Z = \dfrac{X-100}{7.07}$ 이므로

$$P(100-5 \le X \le 100+5) = P(-0.707 \le Z \le 0.707)$$
$$= 2P(0 \le Z \le 0.707) = 0.5222$$

이다.

예제 5.27 인구의 60%가 정부의 대규모 예산삭감을 지지한다면, 설문조사 된 250명 중 155명 이하가 예산삭감을 지지할 확률은 얼마인가?

풀이 실제 답은 이항식 156개를 더한 답이다 :

$$(.4)^{250} + \cdots + \frac{250!}{155!95!}(.6)^{155}(.4)^{95}$$

근사치는 정규를 이용하여 쉽게 얻어질 수 있다. μ와 σ를 계산한다 :

$\mu = np = 250(.6) = 150$

$\sigma = \sqrt{np(1-p)} = \sqrt{250(.6)(.4)} = 7.746$

$$P(X \le 155.5) = P\left(Z \le \frac{155.5-150}{7.746}\right) = P(Z \le 0.71) = 0.7611$$

이다.

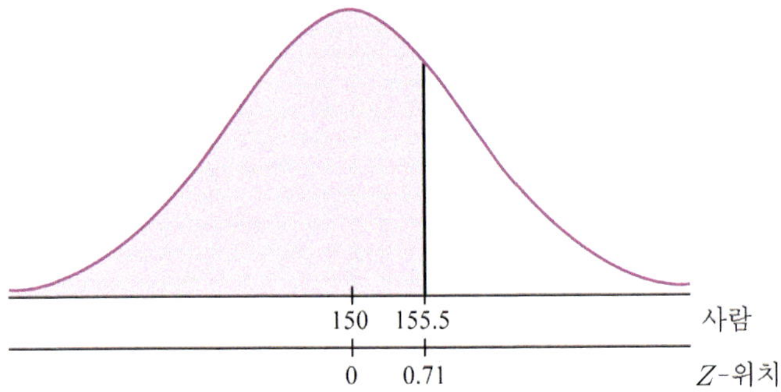

[그림 5.13] $P(Z \leq 0.71)$의 계산

5.7 지수분포

공학과 과학분야에서 매우 폭넓게 사용되는 연속분포인 지수분포에 대하여 살펴본다.

확률변수 X의 확률밀도함수 $f(x)$가

$$f(x)=\begin{cases}\frac{1}{\theta}e^{-x/\theta}, & x>0\\ 0, & x<0\end{cases}$$

로 주어질 때, X는 지수분포(exponential distribution)를 한다고 한다.

지수분포는 감마분포의 확률밀도함수에서 $\alpha=1$이고 $\beta=\theta$인 특수한 경우의 분포이다. 따라서 지수분포의 확률밀도함수를 $\frac{1}{\beta}e^{-\frac{x}{\beta}}$로 나타내기도 한다.

확률변수 X가 모수 θ를 갖는 지수분포를 따를 때, 평균과 분산은 다음과 같다.
(증명 생략)

$$\mu=E(X)=\theta,\ \sigma^2=Var(X)=\theta^2$$

위의 정리에서 지수분포의 평균과 표준편차는 θ로 같다는 것을 알 수 있으며, [그림 5.14]에서 상수 θ가 변함에 따라 지수분포의 확률밀도함수의 그래프가 나타나 있다.

확률변수 X가 모수 θ를 갖는 지수분포를 따를 때, X의 누적도수분포함수(cdf)는 다음과 같다.

$$F(x)=\begin{cases}0, & x<0\\ 1-e^{-x/\theta}, & x\geq 0\end{cases}$$

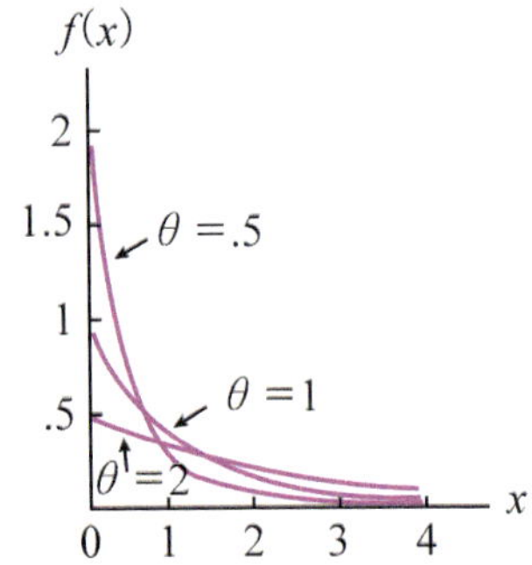

[그림 5.14] 지수분포의 그래프

예제 5.28 어느 가정에서 구입한 A 회사의 냉장고는 평균 10년 동안 고장이 없다고 한다. 이 냉장고가 고장날 확률이 지수분포를 따를 때, 이 냉장고가 20년 이상 고장이 없을 확률을 구하여라. 또 3년 이내에 고장날 확률을 구하여라.

풀이

$$P(X \geq 20) = \int_{20}^{\infty} \frac{1}{10} e^{-\frac{1}{10}x} dx = e^{-2}$$

$$P(X \leq 3) = \int_{0}^{3} \frac{1}{10} e^{-\frac{1}{10}x} dx = 1 - e^{-0.3}$$

예제 5.29 확률변수 X를 인터넷에 연결된 컴퓨터 단말기의 반응시간이라 하면 X는 평균반응시간이 3초인 지수분포를 한다고 한다. 반응시간이 9초보다 작을 확률을 구하여라. 또 반응시간이 6초와 9초 사이일 확률을 구하여라.

풀이

$$P(X \leq 9) = 1 - e^{-\frac{1}{3} \cdot 9} = 1 - e^{-3}$$

$$P(6 \leq X \leq 9) = P(X \leq 9) - P(X \leq 6) = e^{-2} - e^{-3}$$

연 · 습 · 문 · 제

01. 버스정류장에 10분 간격으로 버스가 도착한다. 승객이 버스를 기다리는 시간은 연속형 균등분포를 따른다고 한다.

(1) 승객이 7분 이상 기다릴 확률은 얼마인가?

(2) 승객의 대기시간이 2분에서 7분 사이일 확률은 얼마인가?

02. 화학공학학술지에 의하면 화학공장에서 발생하는 파이프 작업사고의 30%가 작업자 실수로 일어난다고 한다.

(1) 추후 발생하는 20번의 파이프 작업사고 중 최소한 10번이 작업자 실수에 의해 발생할 확률은 얼마인가?

(2) 20번의 사고 중 4번 이하가 작업자 실수에 의해 발생할 확률은 얼마인가?

(3) 어떤 공장의 경우 20번의 사고 중 5번만이 작업자 실수로 발생할 확률은?

03. 어느 칩의 불량률은 0.1이다. 이항분포를 가정할 때, 무작위로 추출될 20개의 칩 중 많아야 3개가 불량일 확률을 구하여라.

04. 10건의 교통사고 중 6건이 속도위반에 의해 일어난다고 한다. 8건의 교통사고 중에서 6건이 속도위반일 확률을

(1) 이항분포의 공식을 이용하여 구하라.

(2) 이항분포표를 이용하여 구하라.

05. 이항 분포 $B(n, p)$에서 평균값과 표준 편차가 모두 0.95일 때 n 및 p의 값은 얼마인가?

06. 4명의 의사와 2명의 간호사 중에서 랜덤하게 3명을 뽑아 위원회를 구성하였다. 위원들 중에서 의사의 수를 나타내는 확률변수 X의 확률분포를 구하라.

$P(2 \le X \le 3)$을 계산하라.

07. 생물학 연구에서는 가끔 동물에게 꼬리표를 붙여서 방생하는 경우가 있다. 멸종위기에 처한 어떤 동물 10마리를 잡아 꼬리표를 붙인 후 방생하고, 시간이 흐른 후 이 동물 15마리를 생포하였다. 이 지역에 이 종류의 동물이 25마리 서식하고 있다면, 생포된 동물 중 5마리에 꼬리표가 있을 확률은 얼마인가?

08. 어느 기업에서 컴프레서를 구입할 때 15개의 제품 중 5개를 임의로 골라 검사하는 방법을 사용하고 있다. 15개 제품 중 2개가 불량이라고 한다.

(1) 표본에 1개의 불량품이 들어있을 확률은?

(2) 표본에 2개의 불량품이 모두 들어 있을 확률은 얼마인가?

09. 정부에서는 어떤 기업들이 공해관리규정을 위반하고 있는 것으로 의심하고 있다. 20개의 기업이 의심대상에 올라 있으나 모두 조사할 수는 없다고 한다. 의심대상기업 중 실제로 3개의 기업이 규정을 위반하고 있다고 가정하자.

(1) 5개 기업을 조사했을 때 모두 규정위반기업이 아닐 확률을 구하라.

(2) 5개 기업을 조사했을 때 2개의 위반기업이 포함될 확률을 구하라.

10. 어떤 비서가 페이지 당 평균 2회의 오타를 칠 때, 다음 페이지에서 그 비서가 다음과 같은 실수를 범할 확률은?

(1) 4회 이상 범할 확률

(2) 실수를 범하지 않을 확률

11. 자동차 제조사에서 어느 모델의 브레이크 결함에 대해 조사하고 있다. 연간 이 결함을 나타내는 자동차의 수는 $\lambda=5$인 포아송 분포를 따른다고 한다.

(1) 연간 결함있는 차가 기껏해야 3대일 확률을 구하라.

(2) 결함을 나타내는 차가 연간 1대를 초과할 확률을 구하라.

12. 어느 자동차 정비소에 1시간 동안 들어오는 고객의 수는 평균이 7인 포아송 분포를 따른다고 알려져 있다.

(1) 2시간 동안 10명을 초과하는 고객이 들어올 확률을 구하라.

(2) 2시간 동안 들어오는 고객 수의 평균을 구하라.

13. 어떤 교차로에서는 매들 평균 3건의 교통사고가 일어난다. 이 교차로에서 한 달 동안 일어난 교통사고에 대해서 다음 확률을 구하여라.

(1) 정확히 5건이 일어날 확률

(2) 3건 미만이 일어날 확률

14. 조종사 후보생이 면허시험에 통과할 확률이 0.7이라고 할 때, 다음과 같은 경우의 확률을 계산하라.

(1) 세 번째 시도에서 시험에 통과할 확률

(2) 네 번 미만의 시도에서 시험에 통과할 확률

15. 표준정규분포에서 다음의 확률을 구하라.

(1) $Z=1.43$의 왼쪽 면적

(2) $Z=-0.89$의 오른쪽 면적

(3) $Z=-2.16$과 $Z=-0.65$사이의 면적

(4) $Z=-1.39$의 왼쪽 면적

(5) $Z=1.96$의 오른쪽 면적

(6) $Z=-0.48$과 $Z=1.74$ 사이의 면적

16. 표준정규분포에서 다음과 같을 때 k값을 구하라.

(1) $P(Z < k) = 0.0427$

(2) $P(Z > k) = 0.2946$

(3) $P(-0.93 < Z < k) = 0.7235$

17. 어느 전기회사에서는 평균수명이 800시간이고 표준편차가 40시간인 정규분포의 수명분포를 가지는 전구를 생산하고 있다. 임의로 선정된 전구의 수명이 778시간과 834시간 사이에 있을 확률을 구하라.

18. 어떤 모터의 수명은 평균 10년이고 표준편차가 2년이다. 생산자는 보증기간 안에 고장이 날 경우 무상으로 교환을 해 준다고 한다. 생산자가 고장으로 모터의 3% 정도만 교환해 주길 원한다면 얼만의 기간 동안 보증을 해 주어야 하는가? 모터의 수명은 정규분포를 따른다고 한다.

19. $\mu = 100, \sigma = 15$인 확률 변수 X의 정규 분포에서 $P(100 \le X < k) = 0.4772$를 만족시키는 k의 값을 구하면?

20. 300명의 평균 성적이 70점, 표준 편차가 10인 정규 분포에서 60등 이내에 들려면 몇 점정도 이상 얻어야 되겠는가? 근사값으로 계산한다.

21. 어느 회사에서 생산하여 엔진에 사용되는 어떤 부품의 불량률이 5%라고 한다. 이 부품이 100개씩 묶음으로 선적된다고 할 때,

(1) 이 로트에 포함되는 불량 부품이 2개를 초과할 확률은 얼마인가?

(2) 이 로트에 포함되는 불량 부품이 10개를 초과할 확률은 얼마인가?

22. 주사위를 720번 던져 1의 눈이 나온 회수를 X라 할 때 $P(115 \le X \le 135)$의 값은 얼마인가?

23. 어떤 컴퓨터 시스템의 반응시간(단위 : 초)은 평균이 3인 지수분포를 따른다.

(1) 반응시간이 5초를 초과할 확률은?

(2) 반응시간이 10초를 초과할 확률은?

24. 어떤 라디오의 수명(단위 : 년)은 모수가 $\theta = 8$인 지수분포를 따른다. 어떤 사람이 중고 라디오를 구입했다면, 앞으로 8년 이상 더 사용할 확률은 얼마인가?

25. 어떤 기계를 수리하는데 걸리는 시간은 모수가 $\theta = 2$인 지수분포를 따른다.

(1) 수리시간이 2시간을 초과할 확률은 얼마인가?

(2) 수리시간이 9시간을 초과했다고 했을 때, 수리시간이 적어도 10시간 소요될 조건부 확률을 구하여라.

Chapter **06**

표본 분포

모집단은 관심 있는 자료의 전체의 집합이다. 표본은 모집단을 대표하는 모집단의 일부이다. 표본 평균값 $\overline{X}$와 표본 표준편차 S는 통계량이다. 통계는 모집단 모수를 추정하기 위해 사용된다. 모집단 모수는 고정값이지만 통계량은 개개의 표본에 따라 변한다. 통계가 어떻게 변하는지 보여주는 확률 분포를 표본 분포라고 한다. 표본 분포는 통계량의 평균값과 모집단 모수와 같다면 불편추정량이라고 한다.

모집단의 중요한 사실들을 알고 싶다. 하지만 실제적으로는 이 사실은 알 수 없다. 성인의 몸무게 평균을 얼마나 될까? 높은 콜레스테롤 수치가 있는 사람들의 비율은 얼마나 될까? 할 수 있는 일은 가능한 한 사람들을 대표할 수 있는 집단에게서 자료를 많이 모으는 것이며 이 정보를 가지고 모집단 모수의 값을 추정해보는 것이다. 사실에 얼마나 가까이 있을까? 다른 표본들은 다른 추정치를 제시한다는 것, 즉 표본 오차는 피할 수 없다.

6.1 표본비율분포

6.1.1 표본비율의 표본분포

평균값은 근본적으로 양적인 수치 이지만, 비율은 본질적으로 질적인 접근법이다. "네"란 답의 수를 세고 비율을 형성한다. 예를 들어서, 안전벨트를 매는 운전기사의 비율은 얼마인가요? 새로운 스마트 폰의 결함이 있을 비율은 무엇인가요?

이 모집단을 "있다" "없다"로 나눈 것은 이전 이항 분포 때 했던 방식을 사용할 수 있다. n이 충분히 크면, 이항식은 정규분포에 의해 근사치를 구할 수 있다는 것을 명심해둬야 한다.

이항실험에서 n회의 시행 중 성공횟수를 X라고 하면 모비율 p의 점추량은 통계량 $\hat{P}= X/n$으로 주어진다. 따라서, 표본비율 $\hat{p}= x/n$이 모비율의 점추정값으로 이용된다.

미지의 모비율 p가 0과 1에 너무 가깝지 않다면 p의 신뢰구간은 $\hat{P}$의 표본분포를 이용하여 수립될 수 있다. 이항실험에서 실패를 0, 성공을 1로 나타내면 성공횟수 x는 단지 0과 1로만 구성되는 n개 값의 합으로 해석될 수 있으며, 이때 $\hat{P}$은 n개 값의 표본평균과 꼭 같다. n이 충분히 크면 중심극한정리에 의해서 $\hat{P}$은 평균이

$$\mu_{\hat{p}} = E(\hat{P}) = E\left(\frac{X}{n}\right) = \frac{np}{n} = p$$

이고, 분산이

$$\sigma_{\hat{p}}^2 = \sigma_{X/n}^2 = \frac{\sigma_X^2}{n^2} = \frac{npq}{n^2} = \frac{pq}{n}$$

인 정규분포를 근사적으로 따른다. 그리고

$$Z = \frac{\hat{P} - p}{\sqrt{pq/n}}$$

는 근사적으로 표준정규분포를 따른다.

예제 6.1 모든 투석 환자들의 70%가 적어도 5년은 산다고 가정해보자. 100명의 새로운 투석 환자들의 간단한 무작위 표본(SRS)에서 적어도 5년을 사는 비율이 80% 넘어갈 확률은 얼마인가?

풀이 $\mu_{\hat{P}} = 70$과 $\sigma_{\hat{P}} = \sqrt{\frac{(.7)(.3)}{100}} = .0458$이므로

$$P(\hat{P} > 0.8) = P\left(Z > \frac{.80 - .70}{.0458}\right) = P(Z > 2.18) = 1 - P(Z \leq 2.18) = 1 - .9854$$

$= 0.0146$이다.

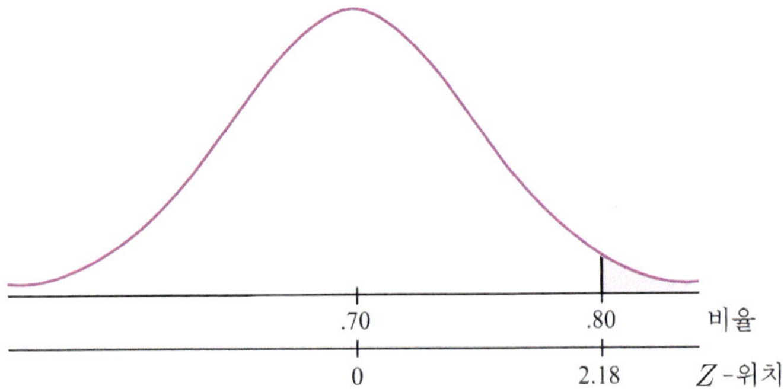

[그림 6.1] $P[Z \geq 2.18]$ 의 계산

예제 6.2 모든 운전자들의 48%가 안전벨트를 한다고 견적되었다. 경찰관이 차 400대가 한 시간에 지나가는 것을 본 다면, 운전자가 안전벨트를 하고 있을 비율이 45% 에서 55%일 확률은 얼마인가?

풀이 $\mu_{\hat{P}} = 48$과 $\sigma_{\hat{P}} = \sqrt{\dfrac{(.48)(.52)}{400}} = 0.0250$이므로

$$P(0.45 \leq \hat{P} \leq 0.55) = P\left(\frac{.45-.48}{.0250} \leq Z \leq \frac{.55-.48}{.0250}\right) = P(-1.2 \leq Z \leq 2.8)$$

$$= P(Z \leq 2.8) - P(Z \leq -1.2) = 0.9974 - 0.1151 = 0.8823$$

이다.

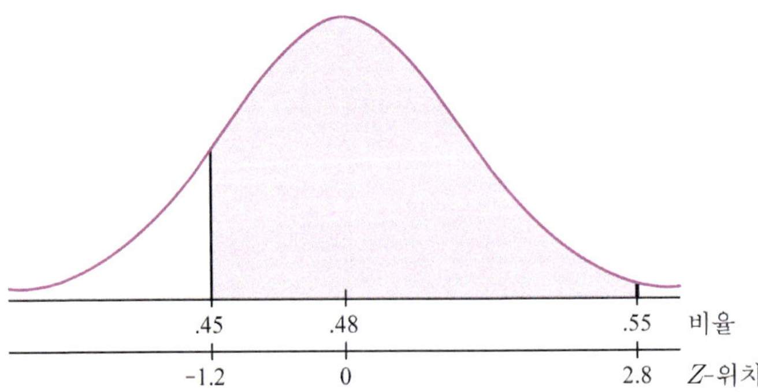

[그림 6.2] $P[-1.2 \leq Z \leq 2.8]$의 계산

6.1.2 두 독립된 표본 비율들 차이의 표본 분포

이제부터 두 이항모수 p_1과 p_2의 차이를 추정하는 문제를 생각해 보기로 하자. 예를 들어, 관심 있는 두 모집단의 흡연자의 비율을 각각 p_1, p_2라고 하자. 여기서 두 모비율의 차이를 추정하려고 한다. 우선 각각 평균이 n_1p_1과 n_2p_2인 두 이항모집단으로부터 크기 n_1과 n_2인 확률표본을 독립적으로 추출하여 흡연자의 수를 x_1과 x_2로 놓으면, 표본비율은 $\widehat{p_1}= x_1/n_1$과 $\widehat{p_2}= x_2/n_2$가 된다. 두 모비율의 차이 $p_1 - p_2$의 점추정량은 통계량 $\widehat{P_1}- \widehat{P_2}$로 주어진다.

앞 절에서 $\widehat{P_1}$과 $\widehat{P_2}$는 각각 평균이 p_1과 p_2, 분산이 p_1q_1/n_1과 p_2q_2/n_2인 정규분포를 근사적으로 따른다는 것을 알았다. 두 모집단으로부터 독립적으로 표본이 추출되기 때문에 확률변수 $\widehat{P_1}$과 $\widehat{P_2}$는 서로 독립이며, $\widehat{P_1}- \widehat{P_2}$는 평균이

$$\mu_{\widehat{P_1}-\widehat{P_2}} = p_1 - p_2$$

이고, 분산이

$$\sigma^2_{\widehat{P_1}-\widehat{P_2}} = \frac{p_1q_1}{n_1} + \frac{p_2q_2}{n_2}$$

인 정규분포를 근사적으로 따른다. 그러므로

$$Z = \frac{(\widehat{P_1} - \widehat{P_2}) - (p_1 - p_2)}{\sqrt{p_1q/n_1 + p_2q_2/n_2}}$$

는 근사적으로 표준정규분포를 따른다.

예제 6.3 프로모터는 남자의 23%가 권투 경기관람을 즐긴다는 걸 안다. 하지만, 여자의 12%만이 이 스포츠관람 좋아한다. 남자 100명 무작위 표본과 여자 125명의 독립적인 무작위 표본에서, 권투 경기관람을 즐기는 남자의 퍼센트와 여자의 퍼센트의 차이가 10%을 넘을 확률은 얼마인가?

풀이 $p_1 - p_2 = .23 - .12 = .11$ 이고 표준편차는

$$\sqrt{\frac{(.23)(.77)}{100} + \frac{(.12)(.88)}{125}} = .0511$$

이다.

$$P(\hat{P}_1 - \hat{P}_2 > 0.1) = P\left(Z > \frac{0.1 - 0.11}{0.0511}\right) = P(Z > -0.20)$$

$$= 1 - P(Z < -0.20) = 1 - 0.4207 = 0.5793 \text{ 이다.}$$

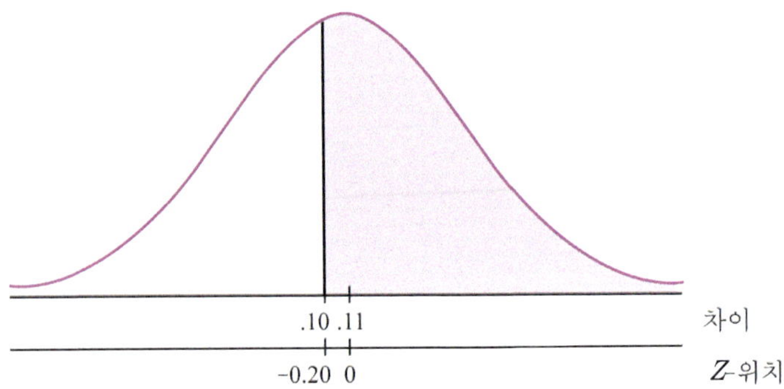

[그림 6.3] $P[Z \geq -0.20]$ 의 계산

예제 6.4 미국 도시에서는 혼인한 커플들 43%가 자신의 집을 소유하고 있는 반면 독신의 19%만이 자신의 집을 소유하고 있다. 200쌍의 커플들의 무작위 표본과 180명의 독신들의 독립적인 무작위 표본에서, 혼인 커플과 독신들의 퍼센트 차이가 무슨 퍼센트보다 클 확률이 0.90인가?

풀이 $p_1 - p_2 = .43 - .19 = .24$이고 표준편차는

$$\sqrt{\frac{(.43)(.57)}{200} + \frac{(.19)(.81)}{180}} = .0456$$

$P(\hat{P}_1 - \hat{P}_2 > p_0) = 0.90$이다.

$P\left(Z > \frac{p_0 - (0.49 - 0.19)}{0.0456}\right) = 0.9$ 이므로 $\frac{p_0 - 0.24}{0.0456} = -1.282$

$p_0 = 0.24 - 1.282(0.0456) = 0.182$이다. 이리하여 퍼센트 차이가 18.2%보다 클 확률은 .90이다.

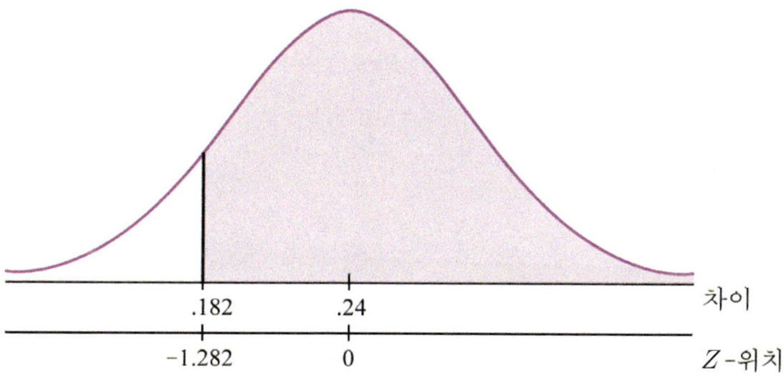

[그림 6.4] $P[Z \geq -1.282]$의 계산

6.2 표본평균분포

6.2.1 표본 평균의 분포

이 절에서는 모편균의 추론에 주로 사용되는 표본평균 $\overline{X}$의 표본분포의 기본적인 성질과, 정규분포가 많은 확률모형에 대한 근사모형으로 사용될 수 있는 근거를 주는 중심극한정리에 대하여 연구해 보자.

평균이 μ, 분산이 σ^2인 정규모집단으로부터 크기 n의 확률표본을 추출했다고 하자. 확률표본 X_i, $i=1,\ 2,\ \cdots,\ n$은 모두 모집단과 동일한 정규분포를 따르게 된다.

$$\overline{X}=\frac{1}{n}(X_1+X_2+\cdots+X_n)$$

의 분포는 평균과 분산이 각각

$$\mu_{\overline{X}}=\frac{1}{n}(\mu+\mu+\cdots+\mu)=\mu$$

$$\sigma_{\overline{X}}^2=\frac{1}{n^2}(\sigma^2+\sigma^2+\cdots+\sigma^2)=\frac{\sigma^2}{n}$$

인 정규분포를 따르게 된다.

또한, 모집단의 분포가 알려져 있지 않을 경우라도 중심극한정리(central limit theorern)에 의하면, 표본의 크기가 상당히 크면 표본평균의 분포는 근사적으로 평균이 μ, 분산이 $\dfrac{\sigma^2}{n}$인 정규분포를 따르게 됨을 알 수 있다.

중심극한정리 : 평균의 μ이고 분산이 σ^2인 모집단으로부터 크기 n인 확률표본을 추출했을 때 표본의 평균 $\overline{X}$에 대해서

$$Z = \frac{\overline{X} - \mu}{\sigma / \sqrt{n}}$$

는 n이 상당히 클 때 표준정규분포 $N(0,\ 1)$에 접근한다.

일반적으로 n이 30 이상이면 모집단의 분포에 관계 없이 $\overline{X}$에 대한 정규분포로의 근사는 매우 적합하지만, n이 30 미만일 경우에는 모집단의 분포가 정규분포에 유사할 때에만 정규분포로의 근사가 적합하게 된다.

표본의 크기 $n = 30$은 중심극한정리를 적용하는 기준이 된다. n이 커짐에 따라 $\overline{X}$는 더욱 정규분포에 근접하게 된다.

예제 6.5 토마토들이 표준편차가 3 온스이고 평균 무게가 10 온스가 나가고 가게가 각각 12개의 토마토가 들어있는 상자들을 판다고 가정해보자. 구매자들이 그들이 산 각 박스의 토마토들의 평균 무게를 잰다면, 이 평균들의 평균값과 표준편차는 얼마 일까?

풀이 크기가 12이고, 이 표본 평균값들의 평균값은 모집단의 평균값, 10 온스와 같다. 이 표본 평균값들의 표준편차는 $\frac{3}{\sqrt{12}} = 0.866$온스 이다.

예제 6.6 플로리다에서 학생들이 휴가를 보낼 때 쓰는 돈의 합계의 분포가 \$650의 평균값과 \$120 표준편차로 정규 분포 되어 있다고 가정해보자. 10명의 학생의 무작위 표본이 평균 \$600와 \$700 사이를 쓸 확률은 얼마인가?

풀이 $\mu_{\overline{X}} = 650,\ \ \sigma_{\overline{X}} = \frac{120}{\sqrt{10}} = 37.95$

$$P(600 \le \overline{X} \le 700) = P\left(\frac{600-650}{37.95} \le Z \le \frac{700-650}{37.95}\right) = P(-1.32 \le Z \le 1.32)$$
$$= P(Z \le 1.32) - P(Z \le -1.32) = 0.9066 - 0.0934 = 0.8132$$

이다.

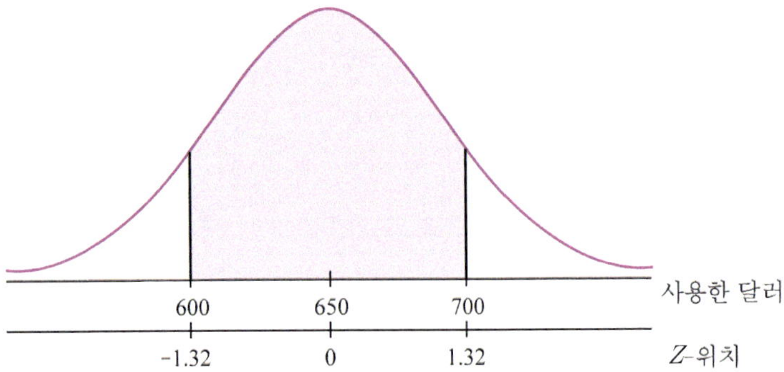

[그림 6.5] $P[-1.32 \le Z \le 1.32]$의 계산

예제 6.7 젊은 커플들의 평균 미결제 신용 카드 잔액이 $650이고 표준편차가 $420이라고 가정해보자. 100쌍의 커플들의 무작위 표본이 미결제 신용 카드 잔액 평균값이 $700을 넘을 확률은 얼마인가?

풀이 표본 크기는 30 이상이고, 중심 극한 정리에 의해 $\mu_{\overline{X}} = 650$, $\sigma_{\overline{X}} = \dfrac{420}{\sqrt{100}} = 42$인 정규분포이다. $P(\overline{X} > 700) = P\left(Z > \dfrac{700-650}{42}\right) = P(Z > 1.19) = 1 - .8830$ $= 1170$이다.

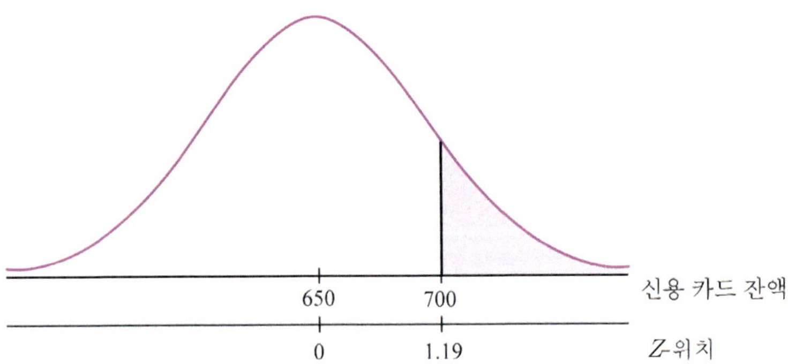

[그림 6.6] $P[Z \ge 1.19]$의 계산

6.2.2 두 독립된 표본 평균값들 차이의 표본 분포

다음으로는 두 모집단이 독립이고 각각의 평균이 μ_1, μ_2, 분산이 σ_1^2, σ_2^2인 각 모집단으로부터 각각 크기 n_1, n_2인 표본을 추출했을 때, 이들의 평균 $\overline{X_1}$와 $\overline{X_2}$의 차이는 어떤 분포를 따르는지 살펴보기로 하겠다. 먼저 중심극한정리에 의하면 $\overline{X_1}$와 $\overline{X_2}$는 근사적으로 각각 평균이 μ_1, μ_2, 분산이 σ_1^2/n_1, σ_2^2/n_2인 정규분포를 따르게 됨을 알 수 있다. 그리고 $\overline{X_1}$, $\overline{X_2}$는 서로 독립이므로 $\overline{X_1} - \overline{X_2}$ 분포는 근사적으로 평균이

$$\mu_{\overline{X_1}-\overline{X_2}} = \mu_{\overline{X_1}} - \mu_{\overline{X_2}} = \mu_1 - \mu_2$$

이고, 분산이

$$\sigma^2_{\overline{X_1}-\overline{X_2}} = \sigma^2_{\overline{X_1}} + \sigma^2_{\overline{X_2}} = \frac{\sigma_1^2}{n_1} + \frac{\sigma_2^2}{n_2}$$

인 정규분포를 따른다. 그리고

$$Z = \frac{(\overline{X_1} - \overline{X_2}) - (\mu_1 - \mu_2)}{\sqrt{(\sigma_1^2/n_1) + (\sigma_2^2/n_2)}}$$

는 근사적으로 표준정규분포를 따른다.

예제 6.8 비료 A가 사용되었을 때, 야채 수확이 0.7톤의 표준편차에 에이커당 4.5톤의 평균이었던 반면, 비료 B가 사용되었을 때 수확은 0.4톤의 표준편차에 에이커당 4.3톤의 평균이었다. 비료 A를 사용한 45개의 표본분포표와 비료 B를 사용한 50개의 표본 분포표에서, 평균 수확들의 차이가 마이너스일 확률이 얼마인가, 그것은, 비료 A를 사용한 분포표의 평균 수확이 비료 B를 사용한 분포표의 평균 수확보다 낮을 것이냐?

풀이 평균값들의 차이는 4.5 - 4.3 = 0.2 이며,

표준편차는 $\sqrt{\frac{(0.7)^2}{45}+\frac{(0.4)^2}{50}} = 0.119$이다.

$P(\overline{X_1}-\overline{X_2}<0)=P\left(Z<\frac{0-(4.5-4.3)}{0.119}\right)=P(Z<-1.68)=0.0465$이다. 그러므로 비료 A를 쓰는 분포표의 평균 수확이 비료 B를 쓰는 분포표의 평균 수확보다 작을 가능성은 4.65%다.

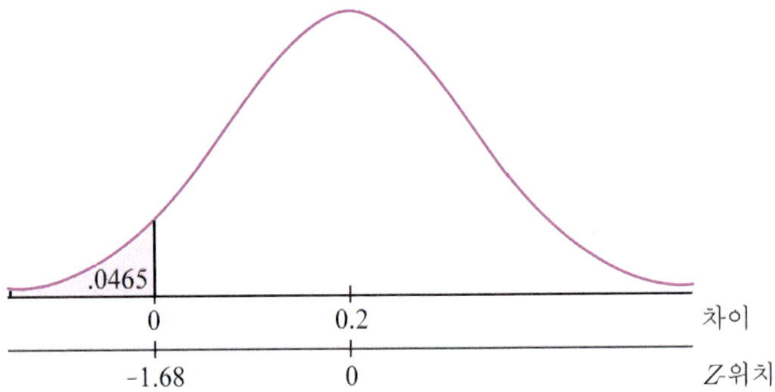

[그림 6.8] $P[Z\le -1.68]$의 계산

예제 6.9 주립 학교 학생들이 학교를 결석한 날짜의 평균 횟수가 표준편차가 4.1인 8.5인 반면, 사립 학교 학생들이 학교를 결석한 날 평균 수는 표준편차가 2.9인 5.3이다. 200명의 주립 학교 학생들의 SRS와 150명의 사립 학교 학생들의 무작위 표본에서, 확률이 .95일 때 결석한 날 평균수의 차이(주립 평균 빼기 사립 평균)는 무슨 수보다 클까?

풀이 평균값들의 차이는 8.5 - 5.3 = 3.2 이며,

표준편차는 $\sqrt{\frac{(4.1)^2}{200}+\frac{(2.9)^2}{150}} = 0.374$이다.

$P(\overline{X_1}-\overline{X_2}>x_0)=0.95,\ P\left(Z>\frac{x_0-(8.5-5.3)}{0.374}\right)=0.95.$

따라서 $\frac{x_0 - 3.2}{0.374} = -1.645$ $x_0 = 3.2 - 1.645 \cdot 0.374 = 2.6$이다. 이리하여 주립학교와 사립학교 표본들 사이의 날짜 햇수들의 차이가 2.6을 넘을 확률은 .95이다.

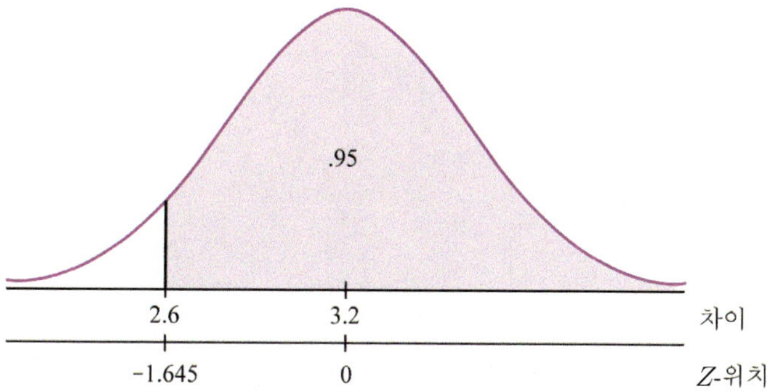

[그림 6.9] $P[Z \geq -1.645]$의 계산

6.3 t – 분포

모집단의 평균에 대한 추정 또는 검정을 할 때, 모분산 σ^2이 알려져 있지 않은 경우에는 $Z=\dfrac{\overline{X}-\mu}{\sigma/\sqrt{n}}$의 분포를 이용할 수 없다. 표본의 크기가 클 때에 σ^2대신 표본분산 S^2을 사용하여도 근사적으로

$$\frac{\overline{X}-\mu}{S/\sqrt{n}} \sim N(0,\ 1)$$

임이 알려져 있으나, 표본의 크기가 작은 경우네 σ를 S로 대체하면 표준화된 확률변수의 분포는 표준정규분포와는 달라지는데 이런 경우가 변환된 t분포이다.

$X_1, X_2, \cdots, X_n$이 정규분포 $N(\mu,\ \sigma^2)$에서 확률표본 일 때

$$T=\frac{\overline{X}-\mu}{S/\sqrt{n}}$$

은 자유도 $n-1$인 t-분포(t-distribution)를 따른다.

확률변수 X가 자유도 n인 t분포를 갖는다면, X의 확률밀도 함수는 다음과 같다.

$$f(x)=\frac{\Gamma\left(\frac{n+1}{2}\right)}{\Gamma\left(\frac{n}{2}\right)^{\sqrt{n\pi}}}\left(1+\frac{x^2}{n}\right)^{-\frac{n+1}{2}},\quad -\infty < x < \infty$$

t분포의 모양은 표준정규분포와 마찬가지로 0을 중심으로 좌우 대칭이다. 그러나 표준정규 분포보다는 두터운 꼬리를 갖고 있다. t분포의 곡선도 카이제곱 분포나 F분포와 마찬가지로 자유도 n에 따라 모양이 다르게 나타나며, [그림 6.10]은 자유도 n이 n=2, 4, 8 인 경우에 대하여 t분포의 곡선이 나타나 있으며, 또한 표준정규분포의 곡선이 동시에 비교되어 나타나 있다. 즉, t분포는 자유도 n이 증가함에 따라 표준정규분포에 접근하게 된다.

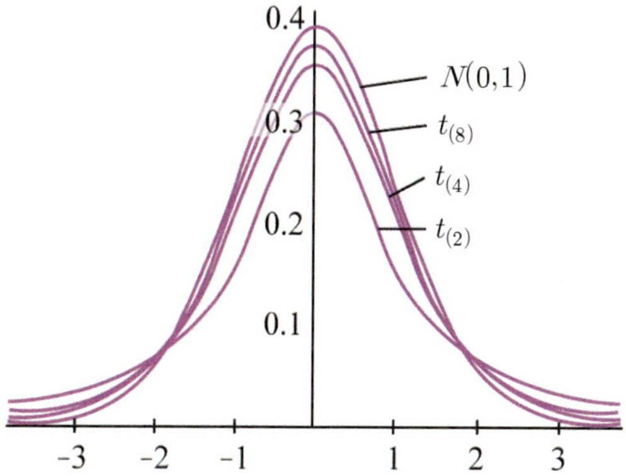

[그림 6.10] t분포와 정규분포 곡선

자유도가 n인 t분포를 $t_{(n)}$으로 나타내며, 자유도 n인 t분포에서

$$P[T > t_{\alpha}] = \alpha$$

인 $t_{0.05,\,(7)} = 1.895$값이 다음 그림에 나타나 있다.

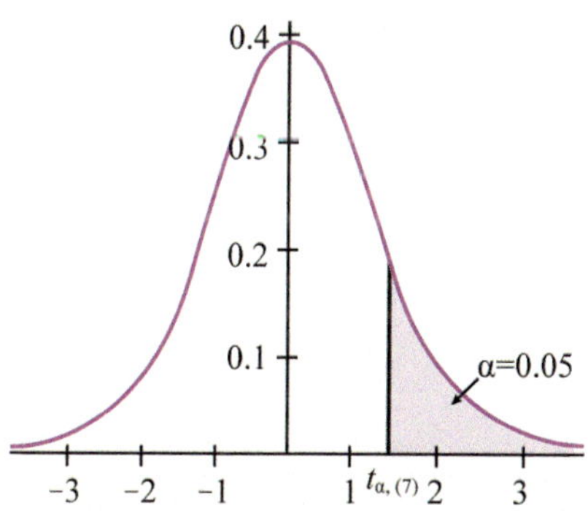

[그림 6.11] 자유도 $n = 7$, $a = 0.05$인 t분포

예제 6.10 다음을 구하여라.

(1) 자유도 10인 t분포를 가진다고 하자. $P(T \le 1.415) = 0.906$일 때, $P(T \le -1.415)$는?

(2) 자유도가 25이고 $\alpha = 0.05$일 때, $P(T \ge t_0) = 0.05$인 t를 구하여라.

풀이 (1) $P(T \le -1.415) = 1 - P(T \le 1.415) = 0.094$

(2) t의 자유도 $n = 25$, $\alpha = 0.05$이므로 부록표에서 $P(T \ge 1.708)$을 만족하므로 $t_0 = 1.708$이다.

예제 6.11 어떤 화공기사는 어느 배치공정의 수율이 원재료의 리터당 500g이라고 주장하고 있다. 그는 이를 입증하기 위해 매월 25개의 배치를 추출하여 시험을 하였다. 시험결과 계산된 t값이 $-t_{0.05}$와 $t_{0.05}$사이에 있으면 그의 주장이 타당성이 있다고 하기로 한다. 25개 배치의 시험결과 표본평균은 518g이고 표준편차는 40g이었다면 어떤 결론을 낼 수 있겠는가? 단, 모집단은 근사적으로 정규분포를 따른다고 가정하라.

풀이 시험결과를 가지고 t값을 계산하면

$$t = \frac{518 - 500}{40\sqrt{25}} = 2.25$$

이다. 또한 자유도가 24일 때 $t_{0.05} = 1.711$이다. 계산된 t값이 $t_{0.05}$보다 크므로 실제의 수율은 500g보다 크다고 할 수 있다.

예제 6.12 t는 자유도가 19인 t분포를 가진다고 하자. $P(T \le -1.415)$를 구하여라.

풀이 $P(T \le 1.415) = 0.913$이므로 $P(T \le -1.415) = 1 - P(T < 1.415) = 0.087$이다.

예제 6.13 자유도가 n=15, $\alpha=0.05$일 때, $P(T \geq t_0)=0.05$인 t_0를 구하여라.

풀이 t는 자유도 n=15, $\alpha=0.05$이므로 부록에서

$P(t > 1.753)=0.05$를 만족하므로 t_0=1.753이 된다.

6.4 카이제곱분포

정규모집단 $N(\mu, \sigma^2)$으로부터 크기 n인 표본 $(X_1, X_2, \cdots, X_n)$을 추출했을 때

$$\chi^2 = \frac{\sum_{i=1}^{n}(X_i - \overline{X})^2}{\sigma^2} = \frac{(n-1)S^2}{\sigma^2}$$

은 자유도(degree of freedom) $n-1$인 χ^2-분포를 한다.

확률변수 X가 자유도 n인 카이제곱분포를 하면 $X \sim \chi^2_{(n)}$으로 표시한다. χ^2-분포는 통계적 추론 분야에서 모집단의 분산에 대한 추정과 검정, 적합도 검정, 독립성의 검정을 하는데 이용된다.

확률변수 X가 자유도 n인 카이제곱분포 $\chi^2_{(n)}$를 따를 때 X의 확률밀도함수 $f(x)$는 다음과 같이 주어진다.

$$f(x) = \frac{1}{\Gamma(\frac{n}{2})2^{\frac{n}{2}}} x^{\frac{n}{2}-1} e^{-\frac{x}{2}}, \quad 0 \le x < \infty$$

[그림 6.12]는 자유도의 변화에 따른 카이제곱분포를 나타낸 것으로 자유도 n=1, 4, 6인 경우에 있어서 카이제곱분포의 곡선이 그려져 있으며, 자유도 n이 커짐에 따라 곡선이 대칭화 됨을 알 수 있다.

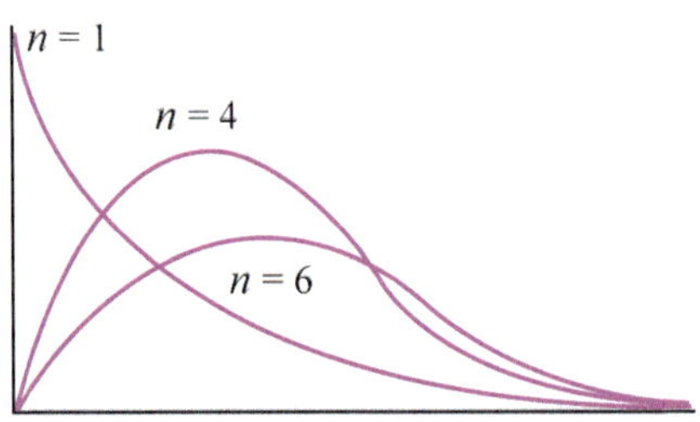

[그림 6.12] n= 1, 4, 6일 때의 카이제곱 확률밀도함수

다음과 같이 정의되는 χ^2 분포의 백분위수는 통계적 추론 분야에서 매우 유용하다. 즉, $\chi^2_{\alpha,(n)}$은

$$P[X \geq \chi^2_{\alpha,(n)}] = \alpha$$

를 만족하는 χ^2 분포의 제 100α백분위수이다.

예를 들어, 자유도가 5일 때 $\alpha = 0.1$은 $\chi^2_{0.1,(5)} = 9.236$이고 $\alpha = 0.9$는 역시 $\chi^2_{0.9,(5)} = 1.610$을 찾을 수 있다. 이러한 값들은 [그림 6.13]에서와 같이 나타내어진다.

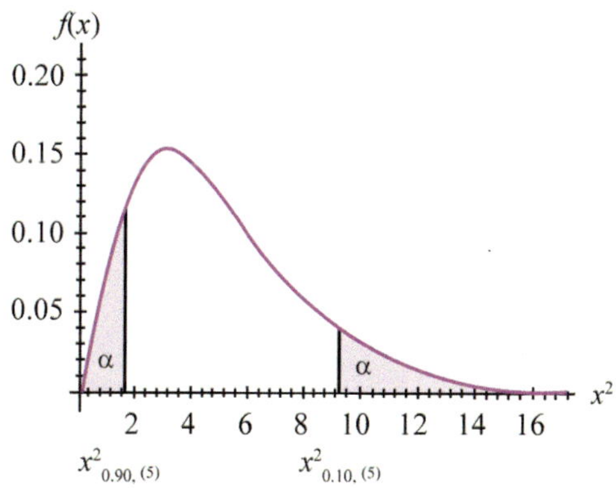

[그림 6.13] 자유도 n=5일 때 $\chi^2_{0.1,(5)}$, $\chi^2_{0.9,(5)}$ 계산

예제 6.14 어떤 자동차배터리 제조업자는 자기회사에서 제조한 배터리의 수명이 평균은 3년, 표준편차는 1년이라고 주장하고 있다. 이 회사에서 제조된 5개의 배터리를 임의로 추추하여 시험한 결과 그 수명이 각각 1.9년, 2.4년, 3.0년, 3.5년, 4.2년이었다. 이 결과를 가지고 관찰된 통계량 χ^2의 값 (χ^2_0)과 $P(\chi^2 > \chi^2_0)$를 구하여라.

풀이 먼저 5개의 배터리의 표본분산을 구해보면

$$s^2 = \frac{(5)(48.26) - (15)^2}{(5)(4)} = 0.815$$

따라서

$$\chi^2 = \frac{(4)(0.815)}{1} = 3.26$$

이 되고, 이는 자유도 4인 카이제곱분포를 따르는 값이 된다.

$$P(\chi^2 > 3.26) = 0.515$$

예제 6.15 확률변수 X가 자유도 9인 카이제곱 분포를 따를 때, $P[X \geq x] = 0.05$가 성립하는 x의 값을 구하여라.

풀이 부록에서 자유도 $n = 9$, $\alpha = 0.05$인 경우이므로 $P[X \geq 16.92] = 0.05$가 되고, 따라서 $x = 16.92$가 된다.

예제 6.16 분산 $\sigma^2 = 5.0$인 정규 모집단에서의 크기 5인 표본의 x의 값이 24.3, 18.9, 23.7, 23.0, 17.4 였다. 이 때 $\chi^2 = \frac{1}{\sigma^2}\sum_{i=1}^{5}(x_i - \bar{x})^2$이 그 실현값 χ_0^2보다 커질 확률을 구하라.

풀이 표본 크기 n이 5이다. 표본 평균 $\bar{x} = 21.46$이고, χ^2의 실현값은

$$\chi_0^2 = \frac{1}{5.0}(24.3 - 21.46)^2(18.9 - 21.46)^2 + (23.7 - 21.46)^2 + (23.0 - 21.46)^2$$

$$= \frac{38.5}{5.0} = 7.70$$

자유도 $v = 5 - 1 = 4$ 이므로 부록의 수표에서 $P[\chi^2 \geq \chi_0^2] \fallingdotseq 0.10$

6.5 $F-$분포

$X_1,\ X_2,\ \cdots,\ X_{n_1}$이 $N(\mu_1,\ \sigma_1^2)$에서 뽑은 확률표본이고, $Y_1,\ Y_2,\ \cdots,\ Y_{n_2}$이 $N(\mu_2,\ \sigma_2^2)$에서 뽑은 확률표본일 때, 표준화한 변수들의 제곱합의 비율의 분포는 다음과 같이 알려져 있다.

$$\frac{\dfrac{\sum_1^{n_1}(X_i-\mu_1)^2}{\sigma_1^2}\Big/n_1}{\dfrac{\sum_1^{n_2}(Y_i-\mu_2)^2}{\sigma_2^2}\Big/n_2}=\frac{\chi^2_{(n_1)}/n_1}{\chi^2_{(n_2)}/n_2}\ \sim\ F_{(n_1,n_2)}$$

이는 자유도 $n_1,\ n_2$를 갖는 $F-$분포를 따른다고 한다. 즉, 카이제곱분포를 따르는 확률변수를 각 자유도로 나누어 그 비율을 구한 것이 $F-$분포를 따르는 확률변수이다.

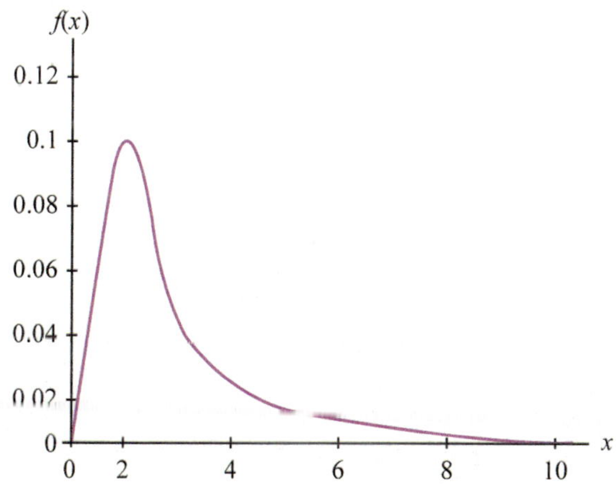

[그림 6.14] $F_{(2,4)}$ 분포

위 사실을 이용해 $\sigma_1^2,\ \sigma_2^2$ 의 추정값인 표본분산 $S_1^2,\ S_2^2$ 의 비의 분포를 다음과 같이 유도할 수 있다.

$$\frac{S_1^2/\sigma_1^2}{S_2^2/\sigma_2^2} = \frac{\sum_1^{n_1}(X_i-\mu_1)^2/\sigma_1^2(n_1-1)}{\sum_1^{n_2}(Y_j-\mu_2)^2/\sigma_2^2(n_2-1)}$$

$$= \frac{\chi^2{}_{(n_1-1)}/(n_1-1)}{\chi^2{}_{(n_2-1)}/(n_2-1)} \quad \sim \quad F_{(n_1-1,n_2-1)}$$

각 (표본분산/모분산)이 자유도 n_1-1, n_2-1인 $F-$분포의 형태이므로 이들의 비가 $F_{(n_1-1,n_2-1)}$ 분포를 따른다.

> ※ 참고: $F-$분포는 10, 11장의 회귀분석 분산분석 등에서 주로 사용되는 분포이다. 두 집단의 모분산이 같다고 가정하면($\sigma_1^2=\sigma_2^2$) 위 통계량이 두 표본분산의 비로 단순화되기 때문에 표본분산으로 분산의 크기를 비교 분석하는데 유용하게 사용된다.

다음과 같이 정의되는 $F-$ 분포의 백분위수는 다음과 같다. 즉,

$$F \sim F_{(n_1-1,n_2-1)} \text{ 일 때, } P\left(F \geq F_{\alpha,(n_1-1,n_2-1)}\right) = \alpha$$

$F_{\alpha,(n_1-1,n_2-1)}$는 $F-$ 분포의 상위 α 백분위수이다. 예를 들어 $F_{0.1,(10,10)}=2.323$이다.

예제 6.17 서로 독립인 정규분포 $N(\mu_1,\ \sigma_1^2)$, $N(\mu_2,\ \sigma_2^2)$ 에서 각 10개의 확률표본을 구했다. 자료는 다음의 엑셀 시트에 정리되어 있는데, 각 집단의 표본분산은 차이가 있어 두 표본분산비가 3.18으로 계산이 되었다. 두 집단의 분산이 같을 때, 이와 같이 두 집단의 표본분산비가 3.18 이상 나올 확률은 얼마인가?

풀이 구하고자 하는 확률은

$$\Pr\left(\frac{S_1^2}{S_2^2} \geq 3.18 \,|\sigma_1^2=\sigma_2^2\right) = \Pr\left(\frac{S_1^2/\sigma_1^2}{S_2^2/\sigma_2^2} \geq 3.18\frac{\sigma_2^2}{\sigma_1^2} \,\middle|\, \sigma_1^2=\sigma_2^2\right)$$

$$= \Pr(X \geq 3.18) \quad (\text{여기서, } X \sim F_{(9,9)})$$

$$= 0.05$$

예제 6.17 다음을 부록의 표에서 구하여라.

(1) $F_{0.05,(2,4)}$ (2) $F_{0.1,(2,4)}$

풀이 (1) 3.33 (2) 2.52

연 · 습 · 문 · 제

01. 지난 선거에서 A 후보자에 대한 지지도는 45.5%이었다. 이번에 보궐선거를 실시하게 되었으며, 유권자 200명을 임의로 선정하여 조사한 결과 적어도 110명이 A 후보자를 지지할 확률을 구하여라.

02. 문제 1에서 A 후보자에 대한 보궐 선거 지지율이 55%와 56% 사이일 확률을 구하여라.

03. 대한가족계획협회에서 2010년 7월 미혼인 남자 470명과 여자 619명을 대상으로 조사한 결과 남자 245명과 여자 223명이 성인전용 극장의 허용을 지지하는 것으로 조사되었다. 지지율의 차가 20% 이하로 줄어들 확률을 구하여라.

04. 트랜스미션에 대한 주요 결점은 외부에 의한 영향으로 발생하며, 과거의 경험에 의하면 모든 결점의 70%가 번개에 의한 것으로 알려졌다. 이를 확인하기 위하여 200개의 결함이 있는 트랜스미션을 조사한 결과 155개 이상이 번개에 의한 원인일 확률을 구하여라.

05. 많은 소비자들은 주중의 월요일에 만들어진 자동차의 결함률이 8%이고, 다른 요일에 제조된 자동차의 결함률은 월요일보다 2% 작다고 생각한다. 이러한 생각을 알아보기 위하여 월요일에 만들어진 자동차 100대를 선정하고 다른 요일에 만들어진 자동차 200대를 선정하여 조사한 결과, 월요일에 만들어진 자동차가 다른 요일에 만들어진 자동차보다 결함이 있는 비율이 3% 더 많을 확률을 구하여라.

06. 경영 이사들 중 35%가 돈을 더 많이 주는 회사로 가고 싶어 한다고 가정하자. 만약 100명을 무작위로 스카우트 할 때 40%이상 회사로 가고 싶어 할 확률을 구하여라.

07. 금을 사고파는 중개인들 중 58%는 내년에 남아공에 투기할 것이 좋을 것이라고 믿는다. 무작위로 150 중개인들을 뽑았을 때, 남아공에 투기할 것이 좋을 것이라고 믿는 사람이 55%~60% 사이일 확률을 구하여라.

08. 전체 학생 중 83%가 1st 과정을 이수하고 74%가 2nd 과정을 이수했다. 1st 과정 수료한 학생들 중 무작위로 60명을 뽑고, 2nd 과정 수료한 학생들 중 무작위로 50명을 뽑았을 때, 두 과정의 차이가 15%이상일 확률은?

09. X를 기댓값 $E(X)=\mu$와 분산 $V(X)=\sigma^2$을 가지는 확률 변수라 하고, $\overline{X}$를 크기 n의 확률 분포의 표본 평균이라 할 때 $E(\overline{X})$및 $V(\overline{X})$를 구하여라.

10. 모집단 분포

x	1	2	3	4
$f(x)$	0.25	0.25	0.25	0.25

로부터 크기 10인 표본을 임의 추출하였을 때,

(1) $\overline{x}$의 평균과 분산을 구하여라.

(2) $\overline{x}$가 2.75이상 3.5이하일 근사확률을 구하여라.

11. $\overline{X}$를 $N(75,\ 100)$으로부터 추출된 크기 25인 표본의 평균이라 할 때, $P(75<\overline{X}<79)$를 구하여라.

12. 어떤 공장에서 생산되는 전구들의 수명시간의 분포는 $\mu = 800$(시간)이고 표준편차는 $\sigma = 40$(시간)인 정규분포를 따른다고 알려져 있다. 이 모집단으로부터 정의되는 크기가 $n = 64$(개)인 확률표본의 표본평균수명시간 $\overline{X}$가 810시간 이상이 될 확률, 즉 $P(\overline{X} \geq 810)$의 값을 결정하라.

13. 평균 저항이 40옴이고 표준편차가 2옴을 가지는 전기저항기를 만드는 기계가 있다. 36개를 임의추출하였을 때, 저항의 합이 1,458옴 이상이 될 확률은?

14. 원통형의 자동차 부품을 생산하는 제조공정에서 부품의 직경이 5mm이다. 모표준편차는 0.1이라고 알려져 있다고 한다. 이제 임의로 추출된 부품 100개의 평균직경이 5.027mm였다.
$P(|\overline{X} - 5| \geq 0.027)$은 얼마인가?

15. 체납된 금액의 평균은 187.5달러이고 표준편차는 54.5달러이다. 체납자의 계좌 중 50개를 뽑았을 때, 체납된 평균 금액이 200달러 이상일 확률은?

16. 응급실의 하루 평균 입원환자는 85명이고 표준 편차는 37명이다. 무작위로 30일을 뽑았을 때, 응급실 평균 입원환자수가 75명에서 95명 사이일 확률은?

17. 두 정규모집단 $N(50, 9)$, $N(40, 4)$으로부터 각각 표본의 크기 $n_1 = 5,\ n_2 = 4$인 표본을 임의 추출하였을 때 표본평균의 차 $\overline{X} - \overline{Y}$가 8.2보다 작을 확률 $P(\overline{X} - \overline{Y} < 8.2)$를 구하여라.

18. 모평균 $\mu_1 = 550,\ \mu_2 = 500$이고 모 표준편차 $\sigma_1 = 9,\ \sigma_2 = 16$인 두 정규모집단에서 각각 크기 50과 40인 표본을 임의로 추출하였을 때, 두 표본평균의 차가 48과 52사이일 확률을 구하여라.

19. 두 종류의 페인트를 비교하기 위하여 서로 독립된 두 가지 실험이 수행되었다. A, B 두 종류의 페인트를 사용하여 각각 18개의 시편에 페인트칠을 한 후에 각각의 건조시간을 측정하였다. 두 모집단의 표준편차는 똑같이 1.0인 것으로 알려졌다. 두 종류의 페인트의 평균건조시간이 같다고 가정했을 때, $P(\overline{X}-\overline{Y}>0.5)$의 값을 구하라. 단, $n_1=n_2=18$이고, $\overline{X}$와 $\overline{Y}$는 각 표본의 평균건조시간을 의미한다.

20. A, B 두 회사에서 텔레비전 브라운관을 생산하고 있다. A 회사에서 생산되는 브라운관의 수명은 평균이 12.5년, 표준편차가 2년, B 회사에서 생산되는 브라운관의 수명은 평균 12년, 표준편차가 1.8년이라고 알려져 있다. A 회사에서는 36개의 확률표본을 추출하고, B 회사에서는 49개의 확률표본을 추출했을 때, A 회사 제품의 표본평균이 B 회사 제품의 표본평균보다 적어도 1년 이상 길 확률을 구하라.

21. 후추 화분은 한 달 평균 27cm 자라고 표준 편차는 8.3이고, 물을 일주에 한번씩 줬을 때 화분은 평균 29cm 자라고 표준 편차는 7.9이다. 무작위로 60개의 화분을 뽑아서 반은 물을 일주에 한 번씩 주고 반은 안 줬을 때 차이가 −3과 3사이일 확률은?

22. t−분포표를 이용하여 각 경우의 확률을 구하라.

(1) 자유도가 17일 때, $P(T<-1.740)$의 값을 구하여라.

(2) 자유도가 6일 때, $P(|T|<3.143)$의 값을 구하여라.

(3) 자유도가 18일 때, $P(-1.330<T<1.330)$의 값을 구하여라.

(4) 자유도가 17일 때, $P(T>-2.567)$의 값을 구하여라.

23. 다음의 각 조건을 만족시키는 k를 찾아라.

(1) 자유도가 6일 때, $P(T<k)=0.95$

(2) 자유도가 15일 때, $P(-k<T<k)=0.95$

(3) 자유도가 8일 때, $P(T>k)=0.01$

(4) 자유도가 11일 때, $P(T>k)=0.99$

24. 다음을 구하여라.

(1) 자유도가 20일 때 $P(-t_{0.005} < T < t_{0.01})$의 값을 구하라.

(2) 자유도가 20일 때 $P(T > -t_{0.025})$의 값을 구하라.

25. χ^2분포표를 이용하여 다음 각 경우의 값을 찾아라.

(1) 자유도가 8일 때 $\chi^2_{0.05}$

(2) 자유도가 17일 때 $\chi^2_{0.01}$

(3) 자유도가 11일 때 $\chi^2_{0.025}$

(4) 자유도가 23일 때 $\chi^2_{0.95}$

26. 다음 각 경우에 해당하는 확률 값을 찾아라.

(1) 자유도가 19일 때, $P(\chi^2 > 30.14)$

(2) 자유도가 5일 때, $P(\chi^2 > 5)$

(3) 자유도가 10일 때, $P(3.24 < \chi^2 < 15.99)$

(4) 자유도가 18일 때, $P(3.49 < \chi^2 < 17.53)$

27. 카이제곱분포에서 다음과 같을 때 χ^2_α를 구하라.

(1) 자유도가 4일 때 $P(\chi^2 > \chi^2_\alpha) = 0.99$

(2) 자유도가 19일 때 $P(\chi^2 > \chi^2_\alpha) = 0.025$

(3) 자유도가 25일 때 $P(37.652 < \chi^2 < \chi^2_\alpha) = 0.045$

28. 정규모집단 $N(\mu,\ 25)$에서 크기 5인 확률표본[104, 110, 100, 98, 106]을 얻었다. 이때

(1) 카이제곱분포의 자유도를 구하고, 관찰된 통계량 χ_0^2의 값을 구하여라.

(2) $P(\chi^2 > \chi_0^2)$을 구하여라.

29. 분산 $\sigma^2 = 5$인 정규 분포를 따른 확률표본 $X_1,\ X_2,\ \ldots, X_n$을 고려해보자. $n = 31$이라고 할 때

(1) $P(S^2 \le c) = 0.90$을 만족시키는 c의 값을 구하라.

(2) $P(S^2 \ge c) = 0.95$을 만족시키는 c의 값을 구하라.

30. 평균 μ인 정규 분포를 따르는 확률표본 $X_1,\ X_2,\ \cdots,\ X_n$을 고려해보자. n=16이라고 할 때

(1) $P(|4(\overline{X}-\mu)/S| \le c) = 0.95$를 만족하는 c의 값을 구하라.

(2) $P(|4(\overline{X}-\mu)/S| \le c) = 0.90$를 만족하는 c의 값을 구하라.

31. $\sigma^2 = 6$인 정규분포를 따르는 모집단으로부터 크기 25인 확률표본의 분산 S^2이 아래와 같을 확률을 구하라. 단, 표본분산은 계량값이다.

(1) 9.1보다 클 확률

(3) 3.462와 10.745 사이에 있을 확률

32. 다음을 부록의 표에서 구하여라.

(1) $F_{0.25,(3,5)}$

(2) $F_{0.975,(3,5)}$

(2) $F_{0.05,(3,5)}$

(4) $F_{0.95,(3,5)}$

33. F가 자유도(8,6)인 $F-$분포일때 $P(a \le F \le b) = 0.90$인 a,b을 구하여라.

34. 모분산이 같은 정규분포에서 표본의 크기가 (8,12)인 독립인 표본을 추출하였다. 이와 같이 두 집단의 표본분산비가 4.5 이상 나올 확률은 얼마인가?

35. $F \sim F_{(7,8)}$일때 $P(F \ge a) = 0.05$, $P(F \le b) = 0.90$인 a,b을 구하여라.

Chapter 07

통계적 추정

미지의 모수를 한 값으로 추정하는 점추정량의 경우 한 표본에서 구한 추정치가 모수와 일치한다고 기대하기는 힘들다. 점추정의 정확성을 보완하는 방법이 구간추정(interval estimation)인데, 구간추정이란 확률로 표현된 믿음의 정도 하에서 모수가 특정한 구간에 있을 것이라고 하는 것으로 추정량의 분포를 알아야하고, 구하여진 구간 안에 모수가 있을 확률의 크기가 주어져야 한다. 즉 특정구간 안에 모수가 있을 확률의 크기는 구간의 크기에 비례하는데, 구간이 클수록 그 구간 안에 모수가 있을 확률이 큰 것은 당연하다. 이 확률의 크기를 신뢰수준(confidence level)이라고 하는데, 일반적으로 신뢰수준은 90%, 95%, 또는 99%의 확률을 이용하는 경우가 많으며, 각각의 신뢰수준 하에서 구한 구간을 신뢰구간(confidence interval)이라고 한다.

7.1 모비율 신뢰구간

7.1.1 모집단이 하나일 때 모비율 신뢰구간

p를 모집단에서의 어떤 속성에 대한 비율이라고 하면, 표본비율 X/n이 p의 불편 추정량이고, 모비율이 0 혹은 1에 너무 가까운 값이 아니라고 가정하고, 표본의 크기도 크다고 하자(적어도30), 이 가정하에서 X/n의 표본분포가 근사적으로 평균이 p이고 표준편차가 $\sqrt{p(1-p)/n}$ 인 정규분포라는 것을 우리는 배웠다.

p의 신뢰구간을 구하기 위해 μ의 신뢰구간을 구하는 방법을 따르면

$$P\left(\frac{X}{n}-z_{\alpha/2}\sqrt{\frac{p(1-p)}{n}}<p<\frac{X}{n}+z_{\alpha/2}\sqrt{\frac{p(1-p)}{n}}\right)=1-\alpha$$

가 된다. 그래서, $(1-\alpha)100\%$ 신뢰구간은

$$\frac{x}{n}-z_{\alpha/2}\sqrt{\frac{p(1-p)}{n}}<p<\frac{x}{n}+z_{\alpha/2}\sqrt{\frac{p(1-p)}{n}}$$

가 된다. p의 신뢰구간을 구하는데, 이 모르는 모수 p가 구간의 양 끝점을 계산하는데 사용되고 있다. $\sqrt{p(1-p)/n}$ 에서 p대신 $\hat{p} = x/n$을 사용할 수 있다. 표본의 크기가 크면 차이는 없을 것이다. 따라서 다음의 결과를 얻는다.

모비율 p의 $(1-\alpha)100\%$ 근사적인 신뢰구간은 표본 크기가 클 때 (보통 $n>30$) 다음과 같이 계산된다.

$$\frac{x}{n}-z_{\alpha/2}\sqrt{\frac{\frac{x}{n}(1-\frac{x}{n})}{n}}<p<\frac{x}{n}+z_{\alpha/2}\sqrt{\frac{\frac{x}{n}(1-\frac{x}{n})}{n}}$$

또는

$$\hat{p}-z_{\alpha/2}\sqrt{\frac{\hat{p}(1-\hat{p})}{n}}<p<\hat{p}+z_{\alpha/2}\sqrt{\frac{\hat{p}(1-\hat{p})}{n}}$$

예제 7.1 550명의 쇼핑몰을 떠나는 사람들의 무작위 표본의 64%는 \$25 이상을 썼다. 쇼핑몰 소비자들 중에 \$25 이상을 쓴 비율의 99% 신뢰구간 추정을 구하라.

풀이 $\hat{p}=0.64,\ n=550,\ \alpha=0.01,\ z_{\alpha/2}=z_{0.005}=2.58$이다.

표준오차 $SE(\hat{p})=\sqrt{\frac{(0.64)(0.36)}{550}}=0.0205$

가 된다. p의 99% 신뢰구간은

$0.64-2.58(0.0205)<p<0.64+2.58(0.0205)$

가 되고 이를 계산하면

$0.587<p<0.693$

이다.

예제 7.2 기계부품들의 간단한 무작위 표본에서, 225개 중 18개 수송 중에 손상이 간 것으로 보여진다. 수송 중 손상된 기계 부품들의 비율의 95% 신뢰구간 추정을 수립하라.

풀이 $x=18$, $n=225$, $\alpha=0.05$, $z_{0.025}=1.96$이다. $x/n=0.08$이므로

$$SE(\hat{P})=\sqrt{\frac{\frac{x}{n}\left(1-\frac{x}{n}\right)}{n}}=\sqrt{\frac{(0.08)(0.92)}{225}}=0.0181$$ 가 된다.

p의 95% 신뢰구간은

$$0.08-1.96(0.0181)<p<0.08+1.96(0.0181)$$

로 되고, 이를 계산하면

$$0.045<p<0.115$$

이 된다.

■ 표본크기결정

설문조사를 하기 위해 한 가지 중요한 고려할 사항은 표본 크기의 선택이다. 더 작고 정밀한 모집단 비율의 구간 추정을 구하기 위해, 신뢰도를 낮추거나 표본 크기를 늘려야 한다. 신뢰도를 올리고 싶다면, 구간추정치를 더 넓게 하거나 표본 크기를 늘려야 한다. 보다 큰 표본 크기를 선택하는 게 바람직할 수도 있는 반면, 실제적으로 이 결정은 시간과 비용이 든다.

비율의 신뢰구간을 구하기 위한 설문 조사를 준비 할 때 $\sigma_{\hat{P}}$으로 무엇을 사용해야 할까?

$$\sqrt{p(1-p)}=\sqrt{p-p^2}=\sqrt{-\left(p-\frac{1}{2}\right)^2+\frac{1}{4}}\le\frac{1}{2}$$ 이므로

$$\sqrt{\frac{p(1-p)}{n}}\le\frac{0.5}{\sqrt{n}}$$ 이다.

오차의 한계를 d로 정하면

$$d=z_{\alpha/2}\frac{0.5}{\sqrt{n}}$$

이다. 이를 정리하면

$$n = \left(\frac{z_{\alpha/2}}{2d}\right)^2$$

이므로 표본의 크기가 결정된다.

추정치 x/n와 모비율 P의 오차가 d보다 작은 것을 $(1-\alpha)100\%$ 정도 신뢰도로 추정할 때 표본 크기는 다음과 같다.

$$n = \left(\frac{z_{\alpha/2}}{2d}\right)^2$$

예제 7.3 불쾌한 공장의 하류 부분의 화학적인 오염 때문에 환경 보호국 연구자는 먹을 수 없는 생선의 비율을 알고 싶어 한다. 답이 96% 신뢰 수준하에 오차 ± 0.03 안에 있어야 한다면, 실험 되야 할 표본의 생선을 몇 마리나 되나요?

풀이 $2.05\sigma_{\hat{P}} \le .03$ $\sigma_{\hat{P}}$는 커 봐야 $\frac{.5}{\sqrt{n}}$이고 $2.05(\frac{.5}{\sqrt{n}}) \le .03$, $\sqrt{n} \ge \frac{2.05(.5)}{.03}$ $= 34.17$, $n \ge 1167.4$이다. 즉 1168 마리이다.

예제 7.4 개개인의 성과에 따라 노동자의 급여가 좌우 되어야 한다고 믿는 산업계 경영진들의 비율을 찾기 위해 조사가 착수되었다. 추정이 99% 신뢰 수준에서 $\pm .06$, $\pm .03$, $\pm .02$ 이길 바란다면 경영진들 몇 명이나 인터뷰를 해야 할까요?

풀이 $2.576(\frac{.5}{\sqrt{n}}) \le .06$는 $\sqrt{n} \ge \frac{2.576(.5)}{.06} = 21.5$, $n \ge 462.25$이다.

$2.576(\frac{.5}{\sqrt{n}}) \le .03$는 $\sqrt{n} \ge \frac{2.576(.5)}{.03} = 42.9$, $n \ge 1840.4$이다.

$2.576(\frac{.5}{\sqrt{n}}) \le .02$는 $\sqrt{n} \ge \frac{2.576(.5)}{.02} = 64.4$, $n \ge 4147.4$이다.

따라서 463, 1841, 또는 4148명의 경영진들이 인터뷰 되어야 한다.

7.1.2 두 모비율 차 신뢰구간

p_1과 p_2는 알려져 있지 않고, 두 모비율의 차 $p_1 - p_2$의 신뢰구간을 구하는 것이다.

첫 단계는 각 모집단에서 서로 독립인 두 개의 표본을 꺼내는 것이다. $p_1 - p_2$의 불편 추정량으로 $\frac{X_1}{n_1} - \frac{X_2}{n_2}$를 사용하는 것은 자연스럽다.

그 다음 $p_1 - p_2$의 신뢰구간을 만들기로 하자. 먼저 $p_1 - p_2$의 추정량인 $\frac{X_1}{n_1} - \frac{X_2}{n_2}$의 표본 분포를 알아야 한다.

그러면 $\frac{X_1}{n_1} - \frac{X_2}{n_2}$의 분포는 근사적으로 평균이 $p_1 - p_2$이고, 표준편차가 $\sqrt{\frac{p_1(1-p_1)}{n_1} + \frac{p_2(1-p_2)}{n_2}}$인 정규 분포를 따른다는 것이 알려져 있다. 모집단이 하나인 경우 모비율 p의 신뢰구간을 구하는 방법을 적용하면 $p_1 - p_2$의 $(1-\alpha)100\%$ 신뢰구간은 다음과 같다.

$$\left(\frac{x_1}{n_1} - \frac{x_2}{n_2}\right) - z_{\alpha/2}\sqrt{\frac{p_1(1-p_1)}{n_1} + \frac{p_2(1-p_2)}{n_2}} < p_1 - p_2$$
$$< \left(\frac{x_1}{n_1} - \frac{x_2}{n_2}\right) + z_{\alpha/2}\sqrt{\frac{p_1(1-p_1)}{n_1} + \frac{p_2(1-p_2)}{n_2}}$$

위 신뢰구간의 상·하한 모두가 p_1과 p_2를 포함한다. 이 p_1, p_2를 모르므로 이를 추정하여야 한다. 추정치로 $\widehat{p_1} = \frac{x_1}{n_1}$와 $\widehat{p_2} = \frac{x_2}{n_2}$를 사용할 수 있다. 그래서, 다음 결과를 얻는다.

$p_1 - p_2$의 $(1-\alpha)100\%$ 신뢰구간은 근사적으로 다음과 같다.

$$\left(\frac{x_1}{n_1} - \frac{x_2}{n_2}\right) - z_{\alpha/2}\sqrt{\frac{\frac{x_1}{n_1}(1-\frac{x_1}{n_1})}{n_1} + \frac{\frac{x_2}{n_2}(1-\frac{x_2}{n_2})}{n_2}} < p_1 - p_2$$

$$< \left(\frac{x_1}{n_1} - \frac{x_2}{n_2}\right) + z_{\alpha/2}\sqrt{\frac{\frac{x_1}{n_1}(1-\frac{x_1}{n_1})}{n_1} + \frac{\frac{x_2}{n_2}(1-\frac{x_2}{n_2})}{n_2}}$$

$$(\hat{p_1} - \hat{p_2}) - z_{\alpha/2}\sqrt{\frac{\hat{p_1}(1-\hat{p_1})}{n_1} + \frac{\hat{p_2}(1-\hat{p_2})}{n_2}} < p_1 - p_2$$

$$< (\hat{p_1} - \hat{p_2}) + z_{\alpha/2}\sqrt{\frac{\hat{p_1}(1-\hat{p_1})}{n_1} + \frac{\hat{p_2}(1-\hat{p_2})}{n_2}}$$

예제 7.5 도시 병원들에서 오전 7시부터 오후 3시까지 일하는 125명의 교대조 간호사들의 84%가 일에 대해 호의적인 만족을 표현하는 반면, 오후 11시부터 오전 7시까지 일하는 150 교대조 간호사들의 72%만이 같은 만족을 표현한다고 가정해보자. 차이의 90% 신뢰구간을 추정하라.

풀이 $n_1 = 125,\ n_2 = 150$

$\hat{p_1} = .84,\ \hat{p_2} = .72$

$$SE(\hat{p_1} - \hat{p_2}) = \sqrt{\frac{(.84)(.16)}{125} + \frac{(.72)(.28)}{150}} = .0492$$

$\hat{p_1} - \hat{p_2} = .84 - 0.72 = .12$이다. $z_{0.05} = +1.645$이다. 신뢰구간 추정은 $.12 \pm 1.645(.0492) = .12 \pm .081$이다.

예제 7.6 식품점의 매니저는 계산대를 지나가는 85명의 사람들의 무작위 표본에서 10명만 수표로 계산하는 빠른 계산대를 지나고, 92명의 소비자들의 37명이 정규계산대에서 수표로 계산하는걸 알고 있다. 다른 두 계산대를 지나가며 수표를 사용하는 소비자들의 비율의 차이의 95% 신뢰구간 추정을 찾아라.

풀이 $n_1 = 85,\ n_2 = 92$

$$\hat{p}_1 = \frac{10}{85} = .118,\ \hat{p}_2 = \frac{37}{92} = .402$$

$$SE(\hat{p}_1 - \hat{p}_2) = \sqrt{\frac{(.118)(.882)}{85} + \frac{(.402)(.598)}{92}} = .0619$$

$\hat{p}_1 - \hat{p}_2 = .118 - .402 = -.284$이다. 그리고 $z_{0.025} = +1.96$이다. 신뢰구간 추정은 $-.284 \pm 1.96(.0619) = -.284 \pm .121$이다. 매니저는 급행 계산대를 지나며 수표를 사용하는 소비자들의 비율이 정규 계산대를 지나며 수표를 사용하는 소비자의 비율보다 0.163과 0.405 만큼 낮은 것을 95% 확신한다.

7.2 모평균 신뢰구간

7.2.1 모집단이 하나일때의 모평균 신뢰구간

■ 모분산을 알 때 모평균의 신뢰구간

이제 모분산 σ^2을 알 때 μ의 신뢰구간(confidence interval)을 구하는 방법을 주어진 신뢰도$(1-\alpha)100\%$를 가진 신뢰구간부터 유도하자.

μ의 신뢰구간을 얻기 위해 우리는 모집단이 정규분포라는 가정을 하자. 그러면 6장에서 배웠듯이 $\overline{X}$의 분포는 평균이 μ이고, 분산이 σ^2/n인 정규 분포이다. 그래서 $Z=(\overline{X}-\mu)/(\sigma/\sqrt{n})$가 표준 정규 분포를 따르게 된다.

따라서

$$P(-z_{\alpha/2} < (\overline{X}-\mu)/(\sigma/\sqrt{n}) < z_{\alpha/2}) = 1-\alpha$$

가 된다. 다음을 얻는다.

$$P\left(\overline{X} - z_{\alpha/2}\frac{\sigma}{\sqrt{n}} < \mu < \overline{X} + z_{\alpha/2}\frac{\sigma}{\sqrt{n}}\right) = 1-\alpha$$

이제까지 설명한 것은 요약하면 다음과 같다.

> 모집단이 정규분포이고 표준편차 σ가 알려져 있으면 μ의 $(1-\alpha)100\%$ 신뢰구간은 다음과 같다.
>
> $$\bar{x} - z_{\alpha/2}\frac{\sigma}{\sqrt{n}} < \mu < \bar{x} + z_{\alpha/2}\frac{\sigma}{\sqrt{n}}$$

모집단이 정규 분포라는 가정하에서 μ의 신뢰구간을 만들었다. 이 가정이 있어야만 $\overline{X}$가 정규분포를 하므로 정규분포 가정은 필요하다. n이 크면 보통($n \geq 30$) 정규분포의 가정은 중요하지 않게 된다. 왜냐하면 중심극한정리에 의해 $Z=(\overline{X}-\mu)/(\sigma/\sqrt{n})$이 근사적으로 정규분포를 하기 때문이다. 이 때도 똑같은 신뢰구간을 얻는데 이것은 근사적 신뢰구간이다.

예제 7.7 분 당 2.49박동수의 표준편차로 정규분포를 따르는 양에 따라 심장 박동수를 내리는 새로운 약이 있다. 50명의 무작위 표본 평균 분 당 5.32박동수가 떨어진다면, 모든 환자들의 심장 박동수의 평균값의 95% 신뢰구간 추정을 찾아라.

풀이 $\bar{x}=5.32$, $\sigma=2.49$, $n=50$, $z_{0.025}=1.96$이다.

그래서, 신뢰구간은

$$5.32-1.96\left(\frac{2.49}{\sqrt{50}}\right)<\mu<5.32+1.96\left(\frac{2.49}{\sqrt{50}}\right)$$

이다. 이를 계산하면

$4.63<\mu<6.01$

이 된다.

예제 7.8 병입 기계는 0.12온스의 표준편차로 작동한다. 36병들의 무작위 표본에서, 기계가 병 안에 평균 16.1온스를 넣는다고 가정해보자. 이 기계가 모든 병들 안에 넣는 온스의 평균값을 추정하자. 평균값이 있다고 95% 신뢰구간을 찾아라.

풀이 표본 크기가 36이고, 표본 평균값 16.1, 표준편차 $\frac{\sigma}{\sqrt{n}}=\frac{0.12}{\sqrt{36}}=0.02$ 인 정규분포이다.$(n>30)$ $16.1\pm1.96(0.02)=16.1\pm0.0392$ 병들 안에 들어가는 온스 평균값이 16.0608과 16.1392사이이다.

예제 7.9 특정한 공장에서, 5.76개월 제곱의 평방편차의 수명을 가진 건전지들이 생산 되고 있다. 64개의 평균 수명 평균값이 12.35개월이라고 가정해보자. 이 공장에서 생산되는 모든 건전지의 수명의 90% 신뢰구간 추정을 찾아라.

풀이 모집단의 표준편차는 $\sigma = \sqrt{5.76} = 2.4$, 표본 평균값의 표준편차는 $\frac{\sigma}{\sqrt{n}} = \frac{2.4}{\sqrt{64}} = 0.3$이다. 모집단 평균값의 90% 신뢰구간은 $12.35 \pm 1.645(0.3) = 12.35 \pm 0.4935$이다. 건전지의 수명 평균값이 11.8565와 12.8435개월 사이이다.

■ 표본의 크기 결정

다음에는 추정량 $\overline{X}$로 모평균 μ를 추정할 때 생기는 오차에 대하여 생각하여 보자. 신뢰도 $100(1-\alpha)\%$인 μ의 신뢰구간은

$$\overline{X} - z_{\frac{\alpha}{2}} \frac{\sigma}{\sqrt{n}} < \mu < \overline{X} + z_{\frac{\alpha}{2}} \frac{\sigma}{\sqrt{n}}$$

이므로 $|\overline{X} - \mu| < z_{\alpha/2} \frac{\sigma}{\sqrt{n}}$이며, $z_{\alpha/2} \frac{\sigma}{\sqrt{n}}$는 오차한계가 된다. 오차의 한계를 d(일정)로 정하면

$$d - z_{\frac{\alpha}{2}} \frac{\sigma}{\sqrt{n}}$$

이다. 이를 정리하면

$$n = \left(\frac{z_{\alpha/2}\sigma}{d} \right)^2$$

이므로 표본의 크기 n이 결정된다.

> 오차의 한계 d가 일정한 값으로 주어지고 신뢰도 $100(1-\alpha)100\%$이로 μ를 추정할 때 표본의 크기 n은 다음과 같다.
>
> $$n = \left(\frac{z_{\alpha/2}\sigma}{d} \right)^2$$

예제 7.10 볼 베어링들이 0.025인치의 지름의 표준편차의 과정에 의해 제조되었다. 지름이 ± 0.01 인치 이내에 있는지 99% 확신하고 싶다면 어떤 표본 크기가 선택되어야 할까?

풀이 $\dfrac{\sigma}{\sqrt{n}} = \dfrac{0.025}{\sqrt{n}}$ 와 $z_{0.005} = 2.576$ 이므로

$$2.576\left(\frac{0.025}{\sqrt{n}}\right) \le 0.01$$

$$\sqrt{n} \ge \frac{2.576(0.025)}{0.01} = 6.44$$

를 찾는다.

그러므로 $n \ge 41.5$ 이다. 42를 표본 크기로 선택한다.

■ 모분산을 모를 때 모평균의 신뢰구간

보통 σ^2은 알려져 있지 않으므로 σ^2을 모를 경우가 더 실제적이다. 먼저 모집단이 정규분포라는 가정부터 하겠다. σ^2을 알 때 μ의 신뢰구간 찾을 때를 되살려 보면 $\overline{X}$의 분포는 평균 μ, 분산 σ^2/n인 정규분포라는 것에서 출발하여 표준화하면 $\dfrac{\overline{X}-\mu}{\sigma/\sqrt{n}}$ 은 표준정규분포를 따른다.

여기서는 σ^2을 모르므로 σ대신 이의 점 추정치 S를 쓰는 것이, 통계량

$$T = \frac{\overline{X}-\mu}{S/\sqrt{n}}$$

를 쓰는 것이 좋다.

6장에서 설명한 바와 같이 T는 정규 분포가 아닌 자유도가 $(n-1)$인 Student t분포를 따른다. 따라서

$$P\left(-t_{\alpha/2,(n-1)} < \frac{X-\mu}{S/\sqrt{n}} < t_{\alpha/2,(n-1)}\right) = 1-\alpha$$

가 된다.

σ를 알 때 μ의 신뢰구간을 구하는 단계를 그대로 따르면 다음을 얻는다.

$$P\left(\overline{X} - t_{\alpha/2,(n-1)}\frac{S}{\sqrt{n}} < \mu < \overline{X} + t_{\alpha/2,(n-1)}\frac{S}{\sqrt{n}}\right) = 1-\alpha$$

그래서 다음의 결과를 얻는다.

> 모집단이 정규 분포이고 σ를 모를 때 μ의 $(1-\alpha)100\%$ 신뢰구간은
>
> $$\overline{x} - t_{\alpha/2,(n-1)}\frac{s}{\sqrt{n}} < \mu < \overline{x} + t_{\alpha/2,(n-1)}\frac{s}{\sqrt{n}}$$

$t_{\alpha/2,\,(n-1)}$는 n이 30보다 크면 $z_{\alpha/2}$에 가까워지므로 이 때 μ의 신뢰구간은 근사적으로

$$\overline{x} - z_{\alpha/2,(n-1)}\frac{s}{\sqrt{n}} < \mu < \overline{x} + z_{\alpha/2,(n-1)}\frac{s}{\sqrt{n}}$$

됨을 유의하자.

예제 7.11 새로운 모델의 차 10대가 마일당 연비 검정을 받았을 때 갤런 당 1.8마일의 표준편차로 갤런 당 27.2 마일의 평균이란 결과를 나타냈다. 이 모델로 인해 얻은 연비의 95% 신뢰구간 추정은 무엇인가?

풀이 $n=10$, $\overline{x}=27.2$, $s=1.8$ 그리고 $\alpha=5\%$, $t_{0.025,(9)}=2.262$이다.

95% 신뢰구간은

$$27.2 - 2.262\left(\frac{1.8}{\sqrt{10}}\right) < \mu < 27.2 + 2.262\left(\frac{1.8}{\sqrt{10}}\right)$$

이 되고, 이를 계산하면

$$25.9 < \mu < 28.5$$

가 된다.

예제 7.12 인조 보석들을 만드는 새로운 과정은 첫 번째 시도에 각각 0.43, 0.52, 0.46, 0.49, 0.60, 그리고 0.56 캐럿이 나가는 여섯 개의 보석을 산출했다. 이 과정에서 캐럿 무게 평균값의 90% 신뢰구간 추정을 찾아라.

풀이 $\bar{x} = \dfrac{\sum x}{n} = \dfrac{0.43+0.52+0.46+0.49+0.60+0.56}{6} = \dfrac{3.06}{6} = 0.51$

$$s = \sqrt{\frac{\sum(x-\bar{x})^2}{n-1}} = \sqrt{\frac{(0.08)^2+(0.01)^2+(0.05)^2+(0.02)^2+(0.09)^2+(0.05)^2}{5}}$$

$= 0.0632$

$t_{0.05,(5)} = 2.015$ 이다. 그래서, 90% 신뢰구간은

$$0.51 - 2.015\left(\frac{0.0632}{\sqrt{6}}\right) < \mu < 0.51 + 2.015\left(\frac{0.0632}{\sqrt{6}}\right)$$

이고, 이를 계산하면

$$0.458 < \mu < 0.562$$

이다.

7.2.2 두 평균값 차 신뢰구간

■ 두 모분산을 알 때 두 평균의 차에 대한 신뢰구간

두 모분산 σ_1^2, σ_2^2이 알려져 있는 경우, 독립인 표본이 두 정규모집단에서 추출되었다면, $\mu_1 - \mu_2$에 대한 신뢰구간은 $\overline{X_1} - \overline{X_2}$에 의하여 추정하게 된다. 즉, 두 정규모집단 $N(\mu_1, \sigma_1^2)$, $N(\mu_2, \sigma_2^2)$이므로 임의 추출한 크기 n_1, n_2인 표본 $X_{11}, X_{12}, \ldots, X_{1n_1}$과 $X_{21}, X_{22}, \ldots, X_{2n_2}$의 표본평균을 각각 $\overline{X_1}, \overline{X_2}$라 하면 6장에 의하여

$$\overline{X_1} - \overline{X_2} \sim N\left(\mu_1 - \mu_2, \frac{\sigma_1^2}{n_1} + \frac{\sigma_2^2}{n_2}\right)$$

이고 $\overline{X_1} - \overline{X_2}$를 표준화시킨 Z통계량은

$$Z=\frac{(\overline{X_1}-\overline{X_2})-(\mu_1-\mu_2)}{\sqrt{\sigma_1^2/n_1+\sigma_2^2/n_2}} \sim N(0,1)$$

이므로 $\mu_1-\mu_2$의 신뢰구간은

$$P\left(-z_{\frac{\alpha}{2}}<\frac{(\overline{X_1}-\overline{X_2})-(\mu_1-\mu_2)}{\sqrt{\sigma_1^2/n_1+\sigma_2^2/n_2}}<z_{\frac{\alpha}{2}}\right)=1-\alpha$$

이다.

그래서, 다음의 결과를 얻는다.

> σ_1^2과 σ_2^2이 알려진 두 정규모집단들에서 각각 크기가 n_1과 n_2인 독립인 두 확률분포들의 표본평균은 $\overline{X_1}$와 $\overline{X_2}$라고 하면, 두 모평균의 차 $\mu_1-\mu_2$에 대한 $100(1-\alpha)\%$ 신뢰구간은
>
> $$(\overline{x_1}-\overline{x_2})-z_{\frac{\alpha}{2}}\sqrt{\frac{\sigma_1^2}{n_1}+\frac{\sigma_2^2}{n_2}}<\mu_1-\mu_2<(\overline{x_1}-\overline{x_2})+z_{\frac{\alpha}{2}}\sqrt{\frac{\sigma_1^2}{n_1}+\frac{\sigma_2^2}{n_2}}$$
>
> 이다.

예제 7.13 옛날 기계로 만든 전구에서 크기 15의 확률 표본을 뽑았더니 평균 수명이 40시간이다. 또 새로운 기계로 만든 전구에서 뽑은 크기 10인 확률 표본의 평균 수명은 45시간이다. 각 기계에서 만든 전구의 수명은 각각 정규 분포를 이루고, 옛날 기계로 만든 전구 수명의 분산은 $\sigma_1^2=25$이고, 새 기계로 만든 전구 수명의 분산은 $\sigma_2^2=30$이라 한다. μ_1, μ_2를 각각 옛날 기계와 새 기계로 만든 전구 수명의 모평균이라 할 때 $\mu_1-\mu_2$의 80% 신뢰구간을 구하여라.

풀이 $\overline{x_1}=40,\ \sigma_1^2=25,\ n_1=15,\ \overline{x_2}=45,\ \sigma_2^2=30,\ n_2=10$, 그리고 $\alpha=0.2$로 주어졌다. 그래서, $z_{\alpha/2}=z_{0.1}=1.28$이다. 결과적으로 $\mu_1-\mu_2$의 80% 신뢰구간은

$(40-45)\pm 1.28\sqrt{\frac{25}{15}+\frac{30}{10}}$ 으로 되고 이를 계산하면

$-7.765<\mu_1-\mu_2<2.235$

가 된다.

두 모집단이 각각 정규분포라는 가정을 하였다. 표본의 크기가 크면 이 가정이 필요한 것은 아니다.(보통 n_1과 n_2이 각각 30보다 크면 된다.) 중심극한정리에 의하면 $\overline{X_1} - \overline{X_2}$의 분포가 근사적으로 정규 분포를 이루기 때문이다. 실제로 이 경우는 모분산들이 알려질 필요는 없다.

모분산 σ_1^2과 σ_2^2의 추정치로서 이 경우 각 표본 분산 s_1^2과 s_2^2을 쓸 수 있다. 그래서, 다음 결과를 얻는다.

> n_1과 n_2의 모두 크고 s_1^2, s_2^2이 σ_1^2, σ_2^2의 추정치라 하면 $\mu_1 - \mu_2$의 $(1-\alpha)100\%$ 신뢰구간은 다음과 같다.
>
> $$\overline{x_1} - \overline{x_2} - z_{\frac{\alpha}{2}}\sqrt{\frac{s_1^2}{n_1} + \frac{s_2^2}{n_2}} < \mu_1 - \mu_2 < \overline{x_1} - \overline{x_2} + z_{\frac{\alpha}{2}}\sqrt{\frac{s_1^2}{n_1} + \frac{s_2^2}{n_2}}$$

예제 7.14 조립 공장의 두 과들의 개월마다 생기는 사고의 수 차이를 30개월 연구가 수행되었다. 첫 번째 과가 3.5번의 표준편차로 개월당 평균 12.3번의 사고가 난 반면, 두 번째 과는 3.4번의 표준편차로 개월당 평균 7.6사고가 났다. 개월당 사고가 난 수의 차이의 95% 신뢰구간 추정을 구하라. (두 모집단들이 독립적이고 대략 정상적으로 분포되어있다고 가정하자.)

풀이 표본의 크기가 크므로 s_1^2과 s_2^2을 σ_1^2과 σ_2^2의 추정치로 쓸 수 있다.

$\alpha = 0.05$이므로 $z_{0.025} = 1.96$이다. 신뢰구간은 다음과 같다.

$$(12.3 - 7.6) - 1.96\sqrt{\frac{(3.5)^2}{30} + \frac{(3.4)^2}{30}} < \mu_1 - \mu_2 < (12.3 - 7.6) + 1.96\sqrt{\frac{(3.5)^2}{30} + \frac{(3.4)^2}{30}}$$

이를 계산하면 $2.96 < \mu_1 - \mu_2 < 6.48$이 된다.

▪ 모분산을 모를 때 평균의 차에 대한 신뢰구간

두 모집단은 각각 정규 분포를 이루는 것으로 가정한다.

다른 하나의 가정은 두 모집단의 분산 σ_1^2과 σ_2^2 이 σ^2으로 똑같다는 것이다. s_1^2을 구하려면 $\sum(x_{1i}-\overline{x_1})^2$을 n_1-1로 나누고, s_2^2을 구하려면 $\sum(x_{2i}-\overline{x_2})^2$을 n_2-1로 나눈다. 두 모분산이 같다는 가정을 하였기 때문에 σ^2을 추정할 때는 두 표본을 합해서 합이 타당할 것이다. 이 합동 추정치(pooled estimate)는 $\sum(x_{1i}-\overline{x_1})^2+\sum(x_{2i}-\overline{x_2})^2$을 $(n_1-1)+(n_2-1)=n_1+n_2-2$로 나누어서 얻을 수 있다.

이 합동 추정치를 s_p^2로 표시하면

$$s_p^2=\frac{\sum(x_{1i}-\overline{x_1})^2+\sum(x_{2i}-\overline{x_2})^2}{n_1+n_2-2}$$

가 된다.

s_p^2은 다음과 같이 쓸 수 있다.

$$s_p^2=\frac{(n_1-1)s_1^2+(n_2-1)s_2^2}{n_1+n_2-2}$$

만약, $\sigma_1^2=\sigma_2^2$이 면 $\mu_1-\mu_2$의 신뢰구간은 다음과 같았던 것을 상기하자.

$$(\overline{x_1}-\overline{x_2})-z_{\frac{\alpha}{2}}\sigma\sqrt{\frac{1}{n_1}+\frac{1}{n_2}}<\mu_1-\mu_2<(\overline{x_1}-\overline{x_2})+z_{\frac{\alpha}{2}}\sigma\sqrt{\frac{1}{n_1}+\frac{1}{n_2}}$$

지금 경우는 σ가 합동된 추정치 s_p로 대치되어야 한다. 그러나, 위에서처럼 표준 정규 분포에서 찾은 z값을 쓸 수 없다. 대신에 자유도 n_1+n_2-2의 t분포표에서 값을 찾아야 한다. 자유도가 n_1+n_2-2가 되는 이유는 s_p^2을 얻을 때 n_1+n_2-2로 나누었기 때문이라고 생각하면 된다. 결론적으로 다음 결과를 얻는다.

두 모집단이 각각 정규분포이고 미지의 등분산을 가질 때 $\mu_1-\mu_2$의 $(1-\alpha)100\%$ 신뢰구간은 다음과 같다.

$$(\overline{x_1}-\overline{x_2})-t_{\alpha/2,(n_1+n_2-2)}s_p\sqrt{\frac{1}{n_1}+\frac{1}{n_2}}<\mu_1-\mu_2<(\overline{x_1}-\overline{x_2})+t_{\alpha/2,(n_1+n_2-2)}s_p\sqrt{\frac{1}{n_1}+\frac{1}{n_2}}$$

예제 7.15 임의로 뽑은 강아지의 두 집단에 음식물 X_1와 X_2을 먹이기로 한다. 음식물 X_1를 10마리의 강아지에게 먹였더니 평균 체중은 $\overline{x}_1=50$파운드이고, 표본 표준 편차 $s_1=6$파운드였다. 음식물 X_2를 14마리의 강아지에게 먹였더니 평균 체중은 $\overline{x_2}=56$파운드이고, 표본 표준 편차는 $s_2=8$파운드였다. 진짜 평균 체중의 차지에 대한 90% 신뢰구간을 구하라. 단, 각 음식물을 먹인 강아지의 체중은 각각 정규 분포이고 분산은 같다고 가정한다.

풀이 $s_1=6,\ s_2=8,\ n_1=10,\ n_2=14$이므로

$$s_p^2=\frac{(n_1-1)s_1^2+(n_2-1)s_2^2}{n_1+n_2-2}=\frac{9(6)^2+13(8)^2}{10+14-2}=\frac{1156}{22}=52.55$$

그래서, $s_p=7.249$이다. 또, 자유도는 n_1+n_2-2=22이다.

$\alpha=0.1$이므로 $t_{0.05,(22)}$=1.717이다. 그래서, 90% 신뢰구간은 다음과 같다.

$$(\overline{x_1}-\overline{x_2})-1.717s_p\sqrt{\frac{1}{n_1}+\frac{1}{n_2}}<\mu_1-\mu_2<(\overline{x_1}-\overline{x_2})+1.717s_p\sqrt{\frac{1}{n_1}+\frac{1}{n_2}}$$

여기서 $\overline{x_1}=50$이고, $\overline{x_2}=56$이므로 우리는 다음을 얻는다.

$$(50-56)-1.717(7.249)\sqrt{\frac{1}{10}+\frac{1}{14}}<\mu_1-\mu_2$$
$$<(50-56)+1.717(7.249)\sqrt{\frac{1}{10}+\frac{1}{14}}$$

이를 간단히 하면

$$-11.153<\mu_1-\mu_2<-0.8466$$

이 된다.

예제 7.16 인산 비료를 5개의 구획에 주고, 질소 비료를 6개의 구획에 주었을 때, 각 구획에서의 밀의 생산량이 아래의 표에 나타나 있다. $\mu_1 - \mu_2$의 98% 신뢰구간을 구하여라. 단, μ_1은 모든 가능한 구획에 인산 비료를 주었을 때의 평균이고, μ_2는 질소 비료를 주었을 때의 평균이다.

〈표 7.1〉 각 비료에 따른 밀의 생산량

인산 비료	질소 비료
40	50
49	41
38	53
48	39
40	40
	47

풀이 $\overline{x_1} = 43$, $\overline{x_2} = 45$, $s_1^2 = \dfrac{104}{4}$, $s_2^2 = \dfrac{170}{5}$, $n_1 = 5$, $n_2 = 6$ 이므로 σ^2의 합동된 추정치

$$s_p^2 = \frac{104+170}{5+6-2} = \frac{274}{9} = 30.44$$

그래서, $s_p = 5.517$이 된다. 그리고, $\alpha = 0.02$이므로

$$t_{0.01,(9)} = 2.821$$

이다. 그래서, 98% 신뢰구간은 다음과 같이 주어진다.

$$(43-45) - 2.821(5.517)\sqrt{\frac{1}{5}+\frac{1}{6}} < \mu_1 - \mu_2$$

$$< (43-45) + 2.821(5.517)\sqrt{\frac{1}{5}+\frac{1}{6}}$$

이를 간단히 하면 $-11.424 < \mu_1 - \mu_2 < 7.424$가 된다.

7.2.3 쌍체비교 신뢰구간

이 부분에서 토론된 분석과 절차는 비교되는 두 표본들이 서로에게 독립적이라는 것이 필요하다. 하지만, 수많은 실험과 시험들이 자료들이 자연히 쌍으로 생기는 두 모집단을 비교하는 것을 포함한다. 이 같은 쌍체비교의 경우엔, 타당한 절차는 쌍 자료에서 얻은 차이들로 이루어진 하나의 변수의 하나-표본 분석을 하는 것이다.

쌍체표본은 서로 독립인 n개의 실험개체에서 쌍으로 얻어진 자료 $(X_1,\ Y_1)$, $(X_2,\ Y_2), \cdots, (X_n,\ Y_n)$로 구성된다. 각 쌍에서의 차이 D_i를 다음과 같이 정의한다.

$$D_i = X_i - Y_i, \qquad i = 1, 2, \cdots, n$$

또한 $D_1,\ D_2,\ \cdots,\ D_n$은 모평균 μ_D이고, 모분산 σ_D^2인 하나의 모집단으로부터 얻어진 추출된 확률표본으로 간주한다.

두 모집단으로부터 뽑은 표본이 대응을 이루고 있을 때 각 쌍에서의 차이 $D_1,\ D_2,\ \cdots,$ D_n은 평균이 μ_D이고 분산이 σ_D^2인 정규모집단에서 추출된 표본이라고 생각하고 μ_D와 σ_D^2 대신 표본평균 $\bar{d} = \frac{1}{n}\sum d_i$, 표본분산 $s_d^2 = \frac{1}{n-1}\sum\left(d_i - \bar{d}\right)^2$을 사용한다.

> μ_d의 $100(1-\alpha)\%$ 신뢰구간은 다음과 같다.
>
> $$\bar{d} - t_{\alpha/2,(n-1)}\frac{s_d}{\sqrt{n}} \le \mu_D \le \bar{d} + t_{\alpha/2,(n-1)}\frac{s_d}{\sqrt{n}}$$

예제 7.17 신경증 환자를 치료하는 새로운 정신안정제의 효과를 알아보기 위하여, 환자마다 일주일은 그 약을, 다른 일주일 동안은 가짜약(placebo)을 투여하는데 그 순서는 랜덤하게 정하였다. 주말마다 환자에게 질문표를 배부하여 그 응답을 토대로 안정점수(0~30점)를 매겼다. 점수가 높을수록 불안감이 심한 경우이다. 안정정수의 차의 95% 신뢰구간을 구하여라.

〈표 7.2〉 안정점수

환자	1	2	3	4	5	6	7	8	9	10
안정제(x)	19	11	14	17	23	11	15	19	11	8
가짜약(y)	22	18	17	19	22	12	14	11	19	7
차 ($d=x-y$)	−3	−7	−3	−2	1	−1	1	8	−8	1

풀이 d_i가 정규분포를 따른다고 가정하면 모평균의 차 μ_d의 95% 신뢰구간은

$$\bar{d}\pm t_{0.025,(n-1)}\frac{s_d}{\sqrt{n}}$$

이다. 이 때

$$n=10,\ \bar{d}=\frac{1}{10}\{(-3)+(-7)+\cdots+1\}=-1.30$$

$$s_d^2=\frac{1}{9}\{[(-3)^2+(-7)^2+\cdots+1^2]-10(-1.30)^2\}=20.68$$

그리고 $\alpha=5\%$, $t_{0.025,(9)}=2.262$이다.

95% 신뢰구간은

$$-1.30-2.262\left(\frac{4.55}{\sqrt{10}}\right)<\mu_D<-1.30+2.262\left(\frac{4.55}{\sqrt{10}}\right)$$

이 되고, 이를 계산하면

$-4.55<\mu_D<1.95$가 된다.

예제 7.18 특정한 약은 반응 속도를 늦추는가? 만약 그렇다면, 정부는 이 약을 복용하는 차이를 고려하여 검정하려 한다. 30명의 무작위 표본이 약 복용 전과 후에 검사되었다, 그리고 그들의 반응 시간 (초당)이다. 다음 자료들은 5% 유의수준에서 그의 주장을 입증할 증거가 되는가?

〈표 7.2〉 약 복용전과후의 반응속도

사람	전	후	사람	전	후
1	1.42	1.48	16	1.83	1.75
2	1.87	1.75	17	1.40	1.51
3	1.34	1.31	18	1.75	1.67
4	0.98	1.22	19	1.56	1.72
5	1.51	1.58	20	1.56	1.63
6	1.43	1.57	21	2.03	1.81
7	1.52	1.48	22	1.38	1.48
8	1.61	1.55	23	1.42	1.35
9	1.37	1.54	24	1.69	1.75
10	1.49	1.37	25	1.50	1.39
11	0.95	1.07	26	1.12	1.24
12	1.32	1.35	27	1.38	1.40
13	1.68	1.77	28	1.71	1.65
14	1.44	1.44	29	0.91	1.11
15	1.17	1.27	30	1.59	1.85

풀이 관심이 있는 자료는 반응속도의 증가량이다. 30명에 대한 반응속도 증가량은 {-0.06, 0.12, 0.03, -0.24, ... -0.26}이다.

$\bar{d} = -0.038,\ s_d = 0.118$

그리고 $\alpha = 5\%$, $t_{0.025,(29)} = 2.045$이다.

95% 신뢰구간은

$$-0.038 - 2.045\left(\frac{0.118}{\sqrt{30}}\right) < \mu_D < -0.038 + 2.045\left(\frac{0.118}{\sqrt{30}}\right)$$

이 되고, 이를 계산하면

$$-0.082 < \mu_D < -0.0061$$

이 된다.

7.3 모분산 신뢰구간

모분산 σ^2이 알려지지 않은 정규모집단 $N(\mu, \sigma^2)$으로부터 크기 n인 확률표본 $X_1, X_2, \cdots, X_n$을 추출하였을 때 표본분산

$$S^2 = \frac{1}{n-1}\sum_{i=1}^{n}(X_i - \overline{X})^2$$

은 모분산 σ^2의 불편추정량이고

$$\chi^2 = \frac{(n-1)S^2}{\sigma^2}$$

은 자유도 $n-1$인 χ^2분포를 한다. 그래서

$$P\left(\chi^2_{1-\frac{\alpha}{2}} < \frac{(n-1)S^2}{\sigma^2} < \chi^2_{\frac{\alpha}{2}}\right) = 1-\alpha$$

가 된다. 따라서 다음을 얻는다.

$$P\left(\frac{(n-1)S^2}{\chi^2_{\frac{\alpha}{2}}} < \sigma^2 < \frac{(n-1)S^2}{\chi^2_{1-\frac{\alpha}{2}}}\right) = 1-\alpha$$

이제까지 설명한 것을 요약하면 다음과 같다.

모집단의 분산 σ^2의 $100(1-\alpha)\%$ 신뢰구간은 다음과 같다.

$$\frac{(n-1)s^2}{\chi^2_{\frac{\alpha}{2}}} < \sigma^2 < \frac{(n-1)s^2}{\chi^2_{1-\frac{\alpha}{2}}}$$

예제 7.19 어떤 참치 통조림의 무게에 대한 분산을 추정하기 위하여 임의로 10개를 추출하여 측정한 무게이다.

46.4, 46.1, 45.8, 47.0, 46.1, 45.9, 45.8, 46.9, 45.2, 46.0

참치 통조림의 무게가 정규분포를 따른다고 할 때, 모분산 σ^2에 대한 95% 신뢰구간을 구하여라.

풀이 표본분산 s^2을 계산하면 $s^2=0.286$, 자유도는 $10-1=9$이므로, 부록 표3에서 $\chi^2_{0.025,(9)}=19.023$과 $\chi^2_{0.975,(9)}=2.700$을 찾는다. 따라서 σ^2에 대한 95% 신뢰구간은 다음과 같다.

$$\frac{(9)(0.286)}{19.023}<\sigma^2<\frac{(9)(0.286)}{2.700}$$

$$0.135<\sigma^2<0.953$$

예제 7.20 정확한 전자시계를 만들고자 하는 한 전자시계제조업자가 마지막 품질검사에 합격한 시계 중에서 10개의 시계를 추출하여 품질이 얼마나 균일하게 유지되는지를 검사하려고 한다. 이를 위하여 표준시계와 10 개의 시계를 맞춘 후 한달 후에 표준시계와의 시간차니(제조시계의 시간-표준시계의 시간)를 기록하였더니 평균과 표준편차가 다음과 같았다.

$$\bar{x}=0.5\text{초},\qquad s=0.4\text{초}$$

모집단의 시간차이가 정규분포라는 가정 하에 σ의 90% 신뢰구간을 구하라.

풀이 표본의 크기가 $n=10$이고, $\alpha/2=0.05$이므로, χ^2분포표로부터 $\chi^2_{0.05,(9)}=16.92$와 $\chi^2_{0.95,(9)}=3.33$을 얻을 수 있다. 앞에서 구한 신뢰구간의 식에 의해서 σ^2의 90% 신뢰구간은

$$\left(\frac{9\times(0.4)^2}{16.92},\ \frac{9\times(0.4)^2}{3.33}\right)=(0.085,\ 0.432)$$

이고, 따라서 σ의 90% 신뢰구간은 $(\sqrt{0.085},\ \sqrt{0.432})=(0.29,\ 0.66)$이다.

연·습·문·제

01. 모집단 분포의 수량적 특성값을 무엇이라 하는가?

02. 어느 선거구에서 1000명의 유권자를 대상으로 한 여론 조사 결과 A 후보 지지율이 43% 이었다. 모비율 p의 95% 신뢰 한계는?

03. 단거리용 소형로켓에 적용될 새로운 발사시스템을 개발하고 있다. 현 발사시스템의 성공확률은 0.8이다. 새로운 시스템으로 발사실험을 40회 한 결과, 34회가 성공적이었다. 성공률 p의 95% 신뢰구간을 구하라.

04. A 후보의 지지율을 조사하기 위하여 1,000명을 임의로 조사한 결과 590명의 지지를 받았다. 이 후보의 지지율에 대하여 다음을 구하여라.

(1) 진체 유권지의 지지율을 추정하여라.

(2) 표본비율 $\hat{p}$의 표준오차를 구하여라.

(3) $|\hat{p}-p|$에 대한 95% 오차한계를 구하여라.

(4) 전체 유권자의 지지율에 대한 95% 신뢰구간을 구하여라.

05. 어떤 도시에서 수돗물에 불소를 넣어 공급하는 것에 대한 찬성률을 추정하기 위한 조사가 수행되었다. 표본에 의한 찬성률과 도시 전체의 실제 찬성률과의 차이가 1% 이내로 됨을 적어도 95%로 확신하기 위해서는 몇 명이 조사되어야 하는가?

06. 어떤 공장의 제품의 불량품을 95% 신뢰 계수로 오차 ± 0.005이내로 조사하고자 한다. 종래 경험으로 불량률이 4% 정도라고 할 때 표본 수는 얼마인가?

07. 다음은 A, B 품목의 합격, 불합격 비율표이다. 신뢰 95%로 불합격 비율차를 구간 추정할 때 신뢰 상한과 하한은 얼마인가?

	합격	불합격	계
A	928	72	1,000
B	772	28	800
계	1,700	100	1,800

08. 어느 공장에서 부품조립순서에 따른 불량률을 현재의 방법과 새로운 방법에 대하여 비교하여 그 결과에 따라 조립순서를 변경하려고 한다. 현재의 방법으로 조립된 1,500개의 부품을 조사하였더니 불량품이 75개, 새로운 방법에 의해 조립된 2,000개의 부품 중에서는 불량품이 80개로 나타났다. 현 방법과 새 방법의 불량률 차이에 대한 90% 신뢰구간을 구하라.

09. 일정한 두께의 철판을 만드는 공장에서 생산되는 철판의 두께는 정규분포를 하며, 과거의 경험에서 그 표준 편차는 $\sigma = 0.021$[mm] 로 알려지고 있다. 이 공장에서 만든 철판 중에서 임의로 100장을 뽑아 그 두께를 재었더니 그 평균은 1.022[mm]였다. 이 공장 철판의 평균 두께의 95% 신뢰구간은 얼마인가?

10. 어느 공장 제품 100개를 임의로 추출하여 제품 무게에 대한 평균 $\overline{X}= 323.4$g, 표준편차 $s = 6.5$g을 얻었다. 신뢰도 95%로 그 공장 제품의 무게의 평균(모평균) μ를 구하면 얼마인가?

11. 정규 모집단에서 추출한 표본 크기 20의 표본 평균 $\overline{X}= 173.2$이고, $s = 8.42$일 때, 모평균 μ의 95% 신뢰 한계는? 단 $t_{\alpha,(n)}$는 자유도 n, 유의 수준 α의 t-값이다.

12. 어느 컴퓨터 제조회사에서 생산되는 컴퓨터의 내구연한이 정규분포를 이룬다고 한다. 10명의 소비자를 대상으로 설문 조사 한 결과 다음의 자료를 얻었다. 신뢰수준 90%에 대한 모평균μ의 신뢰구간을 구하여라.(단위 : 년)

4.6	3.6	4.0	6.1	8.8	5.3	1.2	5.6	3.3	1.6

13. 다음 자료는 TV 광고시간을 측정한 자료이다. 이 자료를 이용하여 TV 평균 광거시간에 대한 99% 근사신뢰구간을 구하여라. 일반적으로 TV 광고시간은 정규분포에 따른다고 알려져 있다.(단위 : 분)

1.5	2.9	2.8	1.6	2.2	2.5	1.9	2.0	3.1	2.7	1.3	1.9	2.6	1.9	2.7
1.8	1.7	2.2	2.3	2.3	3.5	1.8	1.5	2.1	2.0	1.5	2.0	2.4	1.9	2.3

14. 원통형 금속봉을 생산하고 있는 기계가 있다. 금속봉 9개를 표본추출하여 그 지름을 측정하였더니 다음과 같았다(단위 : cm).

1.01	0.97	1.03	1.04	0.99	0.98	1.01	1.03

금속봉의 지름이 정규분포를 근사적으로 따른다고 할 때 지금의 모평균에 대한 99% 신뢰구간을 구하라.

15. 우리나라 18살인 남자의 체중의 표준 편차가 4.8kg 이라 하자. 95% 신뢰도로서 오차가 0.5kg 이하가 되게 체중의 평균을 계산하려 할 때 필요한 표본의 수는 얼마인가?

16. 강판에 세 개의 구멍을 뚫는 데 소요되는 작업시간을 정하려고 한다. 실험을 통해서 이 작업시간의 σ는 40초라고 결론이 얻어졌다면, 표본평균이 모평균으로부터 15초 이내에 있다는 것을 95%로 확신할 수 있으려면 표본의 크기는 얼마로 정해야 되는가?

17. 다음은 A, B 두 담배의 연소 시간을 측정한 자료이다. 신뢰도 95%로 평균의 차의 신뢰구간을 구하면 얼마인가?

	A	B
n	100	144
$\bar{x}$	9.361	9.0
s	0.83	1.2

18. 다음은 남자와 여자의 생존 연령을 조사한 자료이다.

남자	52	60	55	46	33	75	58
	45	57	88				
여자	62	58	65	56	53	45	56
	65	77	47				

(1) 두 그룹의 모분산이 동일하다는 조건 아래서 합동표준편차를 구하여라.

(2) (1)를 이용하여, 남자와 여자의 평균생존연령의 차이에 대한 90% 신뢰구간을 구하여라.

19. 두 종류의 페인트의 건조시간을 15번씩 측정한 결과가 다음과 같다.

페인트 A	페인트 B
3.5 2.7 3.9 4.2 3.6 2.7 3.3 5.2 4.2 2.9 4.4 5.2 4.0 4.1 3.4	4.7 3.9 4.5 5.5 4.0 5.3 4.3 6.0 5.2 3.7 5.5 6.2 5.1 5.4 4.8

건조시간은 정규분포를 따르며 두 페인트 건조시간의 모분산은 같다고 가정하여, 평균건조시간의 차이 $\mu_B - \mu_A$에 대한 95% 신뢰구간을 구하라.

20. 두 회사 타이어를 8대 택시의 뒷바퀴에 한 개씩 무작위로 장착하여 같은 실험을 한 결과, 아래와 같이 주행거리가 측정되었다고 한다. μ_D의 99% 신뢰구간을 구하라. 단, 주행거리의 차이는 정규분포를 근사적으로 따른다고 가정한다.(단위 : km)

택시	A 회사 타이어	B 회사 타이어
1	34,400	36,700
2	45,500	46,800
3	36,700	37,700
4	32,000	31,100
5	48,400	47,800
6	32,800	36,400
7	38,100	38,900
8	30,100	31,500

21. 정부에서 두 종류의 신품종 밀에 대한 수확량을 비교하기 위하여 9개 대학의 농학과에 실험을 의뢰하였다. 두 신품종 밀은 각 대학 농업시험장의 동일한 구역에서 각각 시험 재배 되었으며, 다음과 같이 수확량이 얻어졌다.

품종	대학								
	1	2	3	4	5	6	7	8	9
1	38	23	35	41	44	29	37	31	38
2	45	25	31	38	50	33	36	40	43

두 신품종 밀의 수확량의 차이에 대한 95% 신뢰구간을 구하라. 단, 수확량의 차이는 정규분포를 근사적으로 따른다고 가정한다.

22. 어떤 알약의 부작용으로 혈압강하의 효과가 있는지 알아보기 위해서 15명의 환자를 대상으로 알약의 복용 전후의 혈압을 재었더니 그 결과가 다음과 같았다.

환자	1	2	3	4	5	6	7	8	9	10	11	12	13	14	15
전(x)	70	80	72	76	76	76	72	78	82	64	74	92	74	68	84
후(y)	68	72	62	70	58	66	68	52	64	72	74	60	74	72	74
$d=(x-y)$	2	8	10	6	18	10	4	26	18	−8	0	32	0	−4	10

(1) 평균 혈압강하량에 대한 95% 신뢰구간을 구하라.

(2) 이 자료로부터 알약이 혈압을 내린다는 주장을 할 수 있겠는가? 유의수준 1%로 검정하라.

23. 통조림 공장에서 통조림을 제조하기 전에 많은 양의 끓는 물로 야채를 세척하고 있다. 그런데 새로 개발된 방법인 증기를 이용한 세척방법(SBP)을 사용하면 야채에 들어있는 비타민과 미네랄이 기존의 방법보다 적게 손실된다고 한다. 10곳의 농장에서 얻은 10다발의 콩을 가지고 SBP 방법과 기존의 방법을 비교하고자 한다. 각 다발의 콩 중에서 반은 기존의 방법으로 나머지 반은 SBP 방법으로 처리한 후 통조림 된 콩에서 450g 당 비타민의 양을 측정하였다.

	농장									
	1	2	3	4	5	6	7	8	9	10
SBP	35	48	65	33	61	54	49	37	58	65
기존의 방법	33	40	55	41	62	54	40	35	59	56

두 가지 방법을 사용하였을 때 450g 당 비타민 양의 평균차이에 대한 98% 신뢰구간을 구하라.

24. 다음 표는 두 가지 수면제 A, B를 10명의 환자에게 복용시켰을 때의 연장된 수면시간을 조사한 표이다. A, B 두 수면제의 연장된 수명시간의 차이에 관한 95% 신뢰구간을 구하여라.

환자	1	2	3	4	5	6	7	8	9	10
$A(x)$	1.9	0.8	1.1	0.1	−0.1	4.4	5.5	1.6	4.6	3.4
$B(y)$	0.7	−1.6	−0.2	1.2	−0.1	3.4	3.7	0.8	0.0	2.0

25. 자동차 배터리 제조업자는 그들이 제조한 배터리의 수명이 평균 3년이라고 한다. 이들 배터리를 임의로 5개를 추출한 표본의 수명은 다음과 같다.(단위 : 년)

1.9, 2.4, 3.0, 3.5, 4.2

σ^2에 대한 95% 신뢰구간을 구하여라.

26. 다음 표본을 이용하여 모분산에 대한 95% 신뢰구간을 구하여라.

3.4 3.6 4.0 0.4 2.0 3.0 3.1 4.1 1.4 2.5 1.4 2.0 3.1 1.8 1.6 3.5 2.5
1.7 5.1 0.7

27. 다음은 어떤 제조회사에서 생산되는 음료수를 분석한 당분함량의 자료이다. 이 자료로부터 이 회사에서 생산되는 음료수의 당분함량에 대한 분산과 표준편차에 대한 95% 신뢰구간을 구하여라.

15.1 13.4 16.5 14.6 14.4 14.0 15.4 13.8 14.6 14.3

28. 다음은 어떤 회사에서 판매하는 잔디씨 10봉지의 무게를 측정한 값이다. (단위 : g)

46.4 46.1 45.8 47.0 46.1 45.9 45.8 46.9 45.2 46.0

이 회사에서 판매하는 모든 잔디씨 봉지의 무게의 분산에 대한 95% 신뢰구간을 구하라. 단, 잔디씨 봉지의 무게는 정규분포를 따른다고 한다.

Chapter 08

검정

가설검정이란 모집단에 대한 어떤 가설을 설정한 뒤에 표본을 통하여 그 가설의 채택 여부를 결정하는 분석방법이다. 예를 들면, 건설 업체의 주요한 주주가 성공적인 계획 입찰의 비율의 구간 추정을 확인 할 수도 있고, 성공적인 입찰의 비율에 대한 주장을 검정할 수도 있다. 소비자 보호국은 특정한 담배 브랜드의 평균 니코틴 함유량의 신뢰구간을 구할 수도 있으며, 제조업체의 그들의 담배의 평균 니코틴 함유량에 대한 주장을 검정할 수도 있다. 농업 연구원은 특정한 비료에 의한 평균 생산력 증가의 신뢰구간을 찾을 수 있거나, 회사가 주장한 평균 생산력 증가를 검정할 수 있다. 따라서 가설검정은 모집단의 특성에 대한 어떤 가설을 설정한 뒤에 표본 관찰을 통하여 그 가설에 대한 채택여부를 결정하는 통계적 분석방법으로 실제 자료분석에서 가장 중요한 통계이론이다.

8.1 유의성 검정

일반적 검정 절차는 귀무가설이라 불리는 검정이 되어야 할 특정한 가설을 선택하는 것이다. 무작위 표본을 뽑고, 그리고 귀무가설의 가능성을 확인하기 위해 표본으로부터의 통계치를 얻는다. 표본 통계치가 주장된 모집단 모수로부터 충분히 멀리 떨어져있으면 귀무가설을 기각할 충분한 증거가 있다고 말한다.

모비율의 검정에 대해 설명하고자 한다. 귀무가설 H_0은 비율에 대한 대등 주장의 형식으로 표명 된다 (예를 들어, $H_0 : p = .37$). 그리고 부등식의 형식으로 표명되는 대립가설이 있다. (예를 들어, $H_a : p < .37$ 또는 $H_a : p > .37$ 또는 $H_a : p \neq .37$). 검정통계량의 관측값에 대하여 귀무가설 H_0을 기각시킬 수 있는 최소의 유의수준을 P-값이라 한다. P-값이 작으면 작을수록 귀무가설과 표본 결과 사이의 차이가 더 유의하다.

가설검정에는 두 가지 오류가 있다. 즉 귀무가설 H_0가 참일 때 대립가설 H_a을 채택하는 과오를 제 1종의 과오(type I error)라고 하며, 대립가설 H_a이 참일 때 귀무가설 H_0를 채택하는 과오를 제 2종의 과오(type II error)라고 한다. 따라서 유의수준은 제 1종의 과오를 범할 확률이 된다. 가설검정에서 제 1종의 과오는 유의수준 α에 의해서 관리된다. 그러나 H_a이 참일 때 H_0를 채택할 확률 β가 있다. 이 제 2종 과오는 유의수준이 주어진 경우에 표본크기에 의해서만 관리되는 특징이 있다. 흔히 사용되는 유의수준은 1%(0.01), 5%(0.05), 10%(0.10)이며 특히 5%가 많이 사용된다. $1-\beta$를 검정력(power)라고 불린다. 가설검정의 검정력은 2종 과오가 저질러 지지 않을 확률이다. 검정력은 대립가설 H_a에 속하는 특정 θ에 대한H_0을 기각시킬 확률이다. 표본 크기를 늘리거나 유의 수준을 올리는 것이 둘 다 검정력(power)을 늘리는 방법이다.

8.2 모비율 검정

8.2.1 모비율 가설검정

p를 모비율이라 하면 표본 비율 X/n는 평균이 p이고, 표준편차가 $\sqrt{p(1-p)/n}$이다. 표본이 크면 X/n의 분포 형태는 근사적으로 정규 분포이다.

귀무가설이 참일 때, 즉 모비율 p가 p_0일 때 X/n의 분포는 n이 클 경우 평균이 p_0이고, 표준편차 $\sqrt{p_0(1-p_0)/n}$인 근사적 정규분포가 된다.

〈표 8.1〉에는 대립 가설의 특성에 기초를 둔 3가지 경우의 검정 기준이 있다. 검정절차는 중심극한정리를 적용하는 것에 기초를 두고 있다는 것을 명심하여야 한다.

유의수준은 근사적으로 $100\alpha\%$이다.

〈표 8.1〉 표본 크기가 클 때 $H_0 : p = p_0$의 검정

대립가설	H_0를 기각하게 되는 범위
1. $p > p_0$	$z > z_\alpha$
2. $p < p_0$	$z < -z_\alpha$
3. $p \neq p_0$	$z < -z_{\alpha/2}$ 또는 $z > z_{\alpha/2}$

$$z = \frac{(x/n) - p_0}{\sqrt{p_0(1-p_0)/n}} \quad : \text{검정통계량 } Z\text{의 계산된 값}$$

예제 8.1 연합 대변인은 연합 일원들 75%가 그들의 근본적인 요구 사항이 이뤄지지 않았을 때 쟁의를 지지할 거라고 주장한다. 125 연합 일원들 중 87가 쟁의를 하겠다고 하면 가설검정을 10%의 유의 수준에서 하라.

풀이

1. $H_0 : p = 0.75$
2. $H_a : p < 0.75$
3. $p_0 = 0.75$ 이므로 검정통계량은 $\dfrac{(X/n) - 0.75}{\sqrt{(0.75)(0.25)/n}}$ 이다.
4. $\alpha = 0.1$ 이므로 $z_{\alpha/2} = 1.28$이다.
   검정통계량의 계산된 값이 $-z_{0.1} = -1.28$ 보다 작으면 H_0을 기각한다.
5. $x = 87$, $n = 125$이므로, 검정통계량의 계산된 값은
   $\dfrac{(x/n) - 0.75}{\sqrt{(0.75)(0.25)/n}} = \dfrac{87/125 - 0.75}{\sqrt{(0.75)(0.25)/125}} = -1.39$이다.
6. 계산된 값이 -1.28 보다 작으므로 H_0를 기각한다.

※ 결론 : 10% 유의수준에서 볼 때 지지율이 낮다고 이야기할 강한 증거를 자료는 보여주고 있다.

예제 8.2 암 연구그룹은 이 연령 집단 여성의 28%이 정기적인 유방 X선 검사를 갖는다고 한다. 가설을 검정하기 위해 40세 이상의 여성 500명을 설문 조사 한다. 여성 중 151명이 긍정적인 답을 했다면 5% 유의 수준에서 가설검정 하여라.

풀이

1. $H_0 : p = 0.28$
2. $H_a : p \neq 0.28$
3. $p_0 = 0.28$ 이므로 검정통계량은 $\dfrac{(X/n) - 0.28}{\sqrt{(0.28)(0.72)/n}}$ 이다.
4. $\alpha = 0.05$ 이므로 $z_{\alpha/2} = 1.96$이다.
   검정통계량의 계산된 값이 구간 $[-1.96, 1.96]$ 밖에 있으면 H_0을 기각한다.

5. $x=151$, $n=500$ 이므로, 검정통계량의 계산된 값은 $\dfrac{151/500-0.28}{\sqrt{(0.28)(0.72)/500}}=1.09$이다.

6. 계산된 값이 -1.96과 1.96사이에 있으므로 H_0를 기각하지 않는다.

※결론 : 나온 자료로 판단해 볼 때 암 연구그룹의 주장이 맞다.

8.2.2 두 비율 차 가설검정

두 표본비율의 차이가 표본추출오차에 의한 것인지, 아니면 정말 다른 모집단이기 때문에 차가 나는 것인지를 결정할 필요가 있다. 간단히 말해서 p_1 과 p_2를 두 모집단에서의 비율이라 할 때 귀무가설 $H_0 : p_1 = p_2$, 즉 $p_1 - p_2 = 0$을 우리는 검정하고 싶은 것이다. 귀무가설이 참이면, 즉 $p_1 = p_2$이면 이 같은 값은 p라고 표시하자. p의 합동된 추정량

$$p = \frac{X_1 + X_2}{n_1 + n_2}$$

를 사용해서 얻을 수 있다. 이 추정치를 $\bar{p} = \dfrac{x_1 + x_2}{n_1 + n_2}$ 라 하자.

위 귀무가설을 검정하는데 사용하는 검정통계량은 다음과 같음을 보일 수 있다.

$$Z = \frac{\dfrac{X_1}{n_1} - \dfrac{X_2}{n_2}}{\sqrt{\bar{p}\,(1-\bar{p})\left(\dfrac{1}{n_1} + \dfrac{1}{n_2}\right)}}$$

m과 n이 클 때(모두 30보다 클 때)의 검정 절차가 〈표 8.2〉에 있다. 이 표에 있는 검정은 중심 극한 정리의 이용에 기초를 두었으므로 유의 수준은 근사적으로 $100\alpha\%$ 임을 뜻한다.

〈표 8.2〉 표본 크기가 클 때 $H_0: p_1 = p_2$의 검정 기준

대립가설	H_0를 기각하게 되는 범위
1. $p_1 > p_2$	$z > z_\alpha$
2. $p_1 < p_2$	$z < -z_\alpha$
3. $p_1 \neq p_2$	$z > z_{\alpha/2}$ 또는 $z < -z_{\alpha/2}$

$$z = \frac{\frac{x_1}{n_1} - \frac{x_2}{n_2}}{\sqrt{\bar{p}\,(1-\bar{p})(\frac{1}{n_1}+\frac{1}{n_2})}}$$: 검정 통계량 Z의 계산된 값

예제 8.3 투표 캠페인 일찍이 800명의 등록된 투표자들의 전화 투표소는 460명이 특정한 후보자를 편애한다고 나타낸다. 투표 날짜 바로 전에, 두 번째 투표소는 1000명의 등록된 투표자들의 520명만이 똑같은 선호를 표현했다. 10% 유의 수준에 후보자의 유명세가 떨어진다는 충분한 증거가 있을까?

풀이

1. $H_0: p_1 = p_2$, 즉 $p_1 - p_2 = 0$
2. $H_a: p_1 - p_2 > 0$
3. 검정통계량은 $\dfrac{\frac{X_1}{n_1} - \frac{X_2}{n_2}}{\sqrt{p(1-p)(\frac{1}{n_1}+\frac{1}{n_2})}}$ 이다.
4. $\alpha = 0.1$ 이므로 $z_\alpha = z_{0.1} = 1.28$ 이다.
   검정통계량의 계산 된 값이 1.28보다 크면 H_0을 기각한다.
5. $x_1 = 460,\ n_1 = 800,\ x_2 = 500,\ n_2 = 1000$ 이므로

$$\bar{p} = \frac{460+520}{800+1000} = 0.544$$

$$z = \frac{\frac{460}{800} - \frac{520}{1000}}{\sqrt{(0.544)(0.456)\left(\frac{1}{800}+\frac{1}{1000}\right)}} = \frac{0.575-0.520}{0.0236} = 2.33$$

6. 계산된 값이 1.28보다 크므로 H_0을 기각한다.

※ 결론 : 후보자의 유명세가 떨어졌다고 할 충분한 근거가 있다.

예제 8.4 자동차 제조업체가 두 별개의 조립 절차들을 시도한다. 첫 번째 절차를 통해 나오는 350대의 차들의 표본에서 28대가 큰 결점이 있었던 반면, 두 번째 절차의 500대의 차들의 표본에선 32대의 차들이 결점이 있었다. 이 차이는 10% 유의 수준에서 차이가 있는가?

풀이
1. $H_0 : p_1 - p_2 = 0$
2. $H_a : p_1 - p_2 \neq 0$
3. 검정통계량은 $\dfrac{\dfrac{X_1}{n_1} - \dfrac{X_2}{n_2}}{\sqrt{p(1-p)\left(\dfrac{1}{n_1} + \dfrac{1}{n_2}\right)}}$ 이다.
4. $\alpha = 0.1$ 이므로 $z_{\alpha/2} = z_{0.05} = 1.645$ 이다.
   검정통계량의 계산된 값이 구간 $[-1.645, 1.645]$ 밖에 있으면 보다 크면 H_0을 기각한다.
5. $x_1 = 28,\ n_1 = 350,\ x_2 = 32,\ n_2 = 500$ 이므로
   $$\bar{p} = \frac{28+32}{350+500} = 0.0706$$
   $$z = \frac{\dfrac{28}{350} - \dfrac{32}{500}}{\sqrt{(0.0706)(0.9294)\left(\dfrac{1}{350} + \dfrac{1}{500}\right)}} = \frac{0.080 - 0.064}{0.0179} = 0.89$$
6. 계산된 값이 -1.645과 1.645 사이에 있으므로 H_0을 기각하지 않는다.

※ 결론 : 결점들의 차이가 없다고 할 수 있다.

8.3 모평균 검정

8.3.1 모집단이 하나인 경우의 모평균 가설검정

■ 모분산을 알 때 모평균에 대한 가설검정

모분산을 알 때 모평균에 대한 가설검정을 다루겠다. 모집단에 대한 기본 가정은 모집단이 정규분포를 한다는 것이다. 정규분포의 가정이 없으면 표본의 크기가 커야 한다. $(n > 30)$. 이 경우에 적절한 검정 통계량은

$$\frac{\overline{X} - \mu_0}{\sigma/\sqrt{n}}$$

이다.

앞절에서 기술한 3가지 대립가설에 대한 $H_0 : \mu = \mu_0$의 검정에 대한 검정 기준이 〈표 8.3〉에 요약되어 있다.

〈표 8.3〉 σ^2을 알 때 $H_0 : \mu = \mu_0$의 검정

내립가설	H_0를 기각하게 되는 범위
1. $\mu > \mu_0$	$z > z_\alpha$
2. $\mu < \mu_0$	$z < -z_\alpha$
3. $\mu \neq \mu_0$	$z > z_{\alpha/2}$ 또는 $z < -z_{\alpha/2}$

$$z = \frac{\overline{x} - \mu_0}{\sigma/\sqrt{n}} : Z\text{를 계산한 값}$$

예제 8.5 어떤 지능 검사에서 만 15세의 아동의 모집단 평균 지능이 100, 모표준편차는 12라 한다. 지금 만 14세의 아동 36명을 임의로 추출하여 지능 검사를 한 결과 평균이 95였다 한다. 이 사실로써 만 14세의 평균 지능이 15세의 평균 지능보다 낮다고 볼 수 잇느냐? 유의 수준 0.01로 검정하라. 단, 모집단은 정규 분포를 이룬다.

풀이 1. $H_0 : \mu = 100$

2. $H_a : \mu < 100$

3. 검정통계량은 $\dfrac{\overline{X}-100}{\sigma/\sqrt{n}}$ 이다.

4. $\alpha = 0.01$ 이므로 $-z_{0.01} = -2.33$이다.
"계산된 검정 통계량의 값이 -2.33 보다 작으면 H_0을 기각한다."

5. $\overline{x} = 95$, $\sigma = \sqrt{144} = 12$, $n = 36$이므로 검정 통계량의 계산된 값은
$\dfrac{\overline{x}-100}{\sigma/\sqrt{n}} = \dfrac{95-100}{12/\sqrt{36}} = -2.5$

6. 계산된 값이 -2.33 보다 작으므로 H_0을 기각한다.

※ 결론 : 평균 IQ가 100보다 작은 것으로 나타났다.

예제 8.6 어느 판매원이 보충 교육 후에 그의 판매고가 임의로 선택한 9일에 1,280, 1,250, 990, 1,100, 880, 1,300, 1,100, 950, 그리고 1,050(단위 : 달러)가 됨을 알았다. 그의 평균 판매고가 1,000달러를 초과하면 보충 교육이 효과가 있는 것으로 간주할 때 보충 교육은 효과가 있었는가? $\sigma = 100$으로 가정하고, $\alpha = 0.01$로 하며, 판매고는 정규 분포라고 가정한다.

풀이 1. $H_0 : \mu = 1{,}000$

2. $H_a : \mu > 1{,}000$

3. $\mu = 1{,}000$ 이므로 적절한 검정통계량은 $\dfrac{\overline{X}-1{,}000}{\sigma/\sqrt{n}}$ 이다.

4. 대립가설은 단측이다. 또 $\alpha = 0.01$ 이므로 $z_\alpha = z_{0.01} = 2.33$이다.
"검정 통계량의 계산된 값이 2.33보다 크면 H_0를 기각한다."

5. $\sigma = 100$, $n = 9$, $\overline{x} = 1{,}100$ 이므로 검정 통계량의 계산된 값은
$\dfrac{\overline{x}-1{,}000}{\sigma/\sqrt{n}} = \dfrac{1{,}100-1{,}000}{100/\sqrt{9}} = 3$이다.

6. 계산된 값이 2.33보다 크므로 H_0를 기각한다.

※ 결론 : 1% 유의 수준에서 판매원에 대한 보충 교육이 효과가 있었다는 것으로 판명되었다.

■ 모분산을 모르고 표본이 작을 때 모평균에 대한 가설검정

모평균에 대한 가설검정에 있어서 보다 실제적인 경우는 모분산을 모르는 경우이다. 다음의 귀무가설을 검정하려 한다.

$$H_0 : \mu = \mu_0$$

σ를 알 때는 $\frac{\overline{X} - \mu_0}{\sigma/\sqrt{n}}$의 검정 통계량을 사용했다. σ를 모르므로 그의 추정량 S를 사용하기로 한다. 적합한 검정 통계량은 다음과 같다.

$$T = \frac{\overline{X} - \mu_0}{S/\sqrt{n}}$$

이 시점에서 모집단이 정규 분포를 한다는 가정을 n이 작을 때 특히 첨가할 필요가 있다. 이 가정 하에서는 통계량 T가 자유도가 $n-1$인 student의 t – 분포를 따르므로 〈표 8.4〉에 있는 검정기준을 얻는다.

〈표 8.4〉 σ^2을 모를 때 $H_0 : \mu = \mu_0$의 검정

대립가설	H_0를 기각하게 되는 범위
1. $\mu > \mu_0$	$t > t_{\alpha,(n-1)}$
2. $\mu < \mu_0$	$t < -t_{\alpha,(n-1)}$
3. $\mu \neq \mu_0$	$t < -t_{\frac{\alpha}{2},(n-1)}$ 또는 $t > t_{\frac{\alpha}{2},(n-1)}$

$$t = \frac{\overline{X} - \mu_0}{s/\sqrt{n}} \ : T\text{를 계산한 값}$$

예제 8.7 제조업자는 에어컨의 새 브랜드가 전기를 하루에 6.5킬로와트 밖에 쓰지 않는다고 주장한다. 소비자국은 실제 계산은 더 높다고 믿고 15의 표본 크기로 검정을 해본다. 표본 평균값이 1.4의 표준 편차로 7.0 킬로와트라면, 제조업자의 주장은 5%의 유의 수준에서 기각해야 할까?

풀이
1. $H_0 : \mu = 6.5$
2. $H_a : \mu > 6.5$
3. 모분산이 미지 이므로 검정통계량은 $\dfrac{\overline{X} - 6.5}{S/\sqrt{n}}$ 이다.
4. $\alpha = 0.05$ 이므로 자유도는 $n = 15$ 이므로 $15 - 1 = 14$ 이다. 그래서, student의 $t-$분포표에서 $t_{0.05,(14)} = +1.76$을 얻는다. 검정통계량의 계산된 값이 1.76보다 크면 H_0를 기각한다.
5. 주어진 자료로부터 다음을 얻는다.
   $\overline{x} = 7,\ s = 1.4,\ z = \dfrac{\overline{x} - 6.5}{s/\sqrt{n}} = \dfrac{7 - 6.5}{1.4/\sqrt{15}} = 1.38$
6. 1.38은 1.76보다 작으므로 H_0을 기각하지 않는다.

※ 결론 : 제조업자의 주장을 5% 유의수준에서 볼 때 전기사용량이 높다고 할 충분한 근거가 없다.

예제 8.8 지역 상공 회의소는 도시 집들의 평균 세일 가격이 $90,000라고 주장한다. 부동산 대변인은 $75,000, $102,000, $82,000, $87,000, $77,000, $93,000, $98,000, 그리고 $68,000 상공 회의소의 주장을 유의수준 5%에서 단측 가설 검정하라.

풀이
1. $H_0 : \mu = 90{,}000$
2. $H_a : \mu < 90{,}000$
3. 모분산이 미지이므로 검정통계량은 $\dfrac{\overline{X} - 90{,}000}{S/\sqrt{n}}$ 이다.

4. $\alpha = 0.05$ 이고 자유도는 $n = 8$ 이므로 $8 - 1 = 7$ 이고 $-t_{0.05,(7)} = -1.89$ 이다. 검정통계량의 계산된 값이 -1.89 보다 작으면 H_0을 기각한다.

5. $\bar{x} = 85{,}250$, $s = 11{,}877$, $z = \dfrac{\bar{x} - 90{,}000}{s/\sqrt{n}} = \dfrac{85{,}250 - 90{,}000}{11{,}877/\sqrt{8}} = -1.13$

6. -1.13은 -1.89 보다 크므로 H_0을 기각하지 않는다.

※ 결론 : 상공회의소의 주장을 기각할만한 충분한 증거가 없다고 결론을 짓는다.

8.3.2 모평균차 가설검정

이 절에서 두 모집단에서 모평균의 차와 어떤 속성의 비율의 차에 관한 가설검정을 하겠다. 여기서 다루는 모집단과 표본, 기호들은 앞장 6 · 4절에서의 모집단, 표본 및 기호들과 같은 것으로 보면 된다.

■ 모분산을 알 때 모평균의 차에 대한 가설검정

검정하려는 귀무가설은 다음과 같다.

$$H_0 : \mu_1 = \mu_2, \quad \text{즉 } \mu_1 - \mu_2 = 0$$

그리고 귀무가설하에서 검정통계량은 다음과 같다.

$$Z = \frac{\overline{X_1} - \overline{X_2}}{\sqrt{\dfrac{\sigma_1^2}{n_1} + \dfrac{\sigma_2^2}{n_2}}}$$

여러 가지 형태의 대립가설에 대한 위의 귀무가설을 검정하는 검정 기준은 표 8.5에 있다.

〈표 8.5〉 모분산을 알 때 $H_0 : \mu_1 = \mu_2$를 검정하는 절차

대립가설	H_0를 기각하게 되는 범위
1. $\mu_1 > \mu_2$	$z > z_\alpha$
2. $\mu_1 < \mu_2$	$z < -z_\alpha$
3. $\mu_1 \neq \mu_2$	$z > z_{\alpha/2}$ 또는 $z < -z_{\alpha/2}$

$$z = \frac{\overline{x_1} - \overline{x_2}}{\sqrt{\dfrac{\sigma_1^2}{n_1} + \dfrac{\sigma_2^2}{n_2}}}$$: 검정통계량 Z의 계산된 값

예제 8.9 유럽에서 15명의 성인을 임의로 뽑아 몸무게를 잰 결과 평균이 $\overline{x_1} = 154$파운드였고, 미국에서 임의로 뽑은 18명의 성인의 평균 몸무게는 $\overline{x_2} = 162$파운드였다 과거 조사에 의하면 유럽인 성인의 몸무게의 분산은 $\sigma_1^2 = 100$이고, 미국인 성인은 $\sigma_2^2 = 169$이다. 이 두 곳의 성인의 평균 몸무게는 차이가 있다고 할 수 있는가? $\alpha = 0.05$로 하고, 몸무게들은 각각 정규 분포를 이룬다고 가정한다.

풀이

1. $H_0 : \mu_1 = \mu_2$, 즉 $\mu_1 - \mu_2 = 0$

2. $H_a : \mu_1 \leq \mu_2$

3. 검정통계량은 $\dfrac{\overline{X_1} - \overline{X_2}}{\sqrt{\dfrac{\sigma_1^2}{n_1} + \dfrac{\sigma_2^2}{n_2}}}$ 이다.

4. $\alpha = 0.05$ 이므로 $z_{\alpha/2} = 1.96$이다.
   "만일, 검정 통계량을 계산한 값이 -1.65보다 작으면 H_0를 기각한다."

5. $\overline{x_1} = 154$, $\overline{x_2} = 162$, $\sigma_1^2 = 100$, $\sigma_2^2 = 169$, $n_1 = 15$, $n_2 = 18$ 이므로, 검정 통계량의 계산된 값은

$$\frac{\overline{x_1} - \overline{x_2}}{\sqrt{\dfrac{\sigma_1^2}{n_1} + \dfrac{\sigma_2^2}{n_2}}} = \frac{154 - 162}{\sqrt{\dfrac{100}{15} + \dfrac{169}{18}}} = \frac{-8}{\sqrt{16.056}} = -2$$

6. 계산된 값이 -1.65보다 작으므로 H_0를 기각한다.

※ 결론 : 이 두 곳의 성인의 평균 몸무게는 확실히 차이가 있다. 그 자료는 미국인이 유럽인보다 몸무게가 무겁다는 것을 말해 준다.

예제 8.10 두 품질의 담배 A와 B의 니코틴 함량을 비교하기 위해 담배 A에서 크기 60인 표본을, 담배 B에서 크기 40인 표본을 검사하였더니 그 결과가 다음과 같았다.

〈표 8.6〉 담배 A와 B의 니코틴 함량

담배 A	$\overline{x_1} = 15.4$	$s_1^2 = 3$
담배 B	$\overline{x_2} = 16.8$	$s_2^2 = 4$

5% 유의 수준에서 볼 때 두 담배의 니코틴 함량은 차이가 있다고 할 수 있는가?

풀이 두 표본이 모두 크므로 σ_1^2, σ_2^2 대신 s_1^2, s_2^2 를 각각 쓸 수 있다. μ_1, μ_2 를 각각 담배 A와 담배 B의 니코틴 함량의 진짜 평균이라고 하자.

1. $H_0 : \mu_1 = \mu_2$

2. $H_a : \mu_1 \neq \mu_2$

3. 검정 통계량은 $\dfrac{\overline{X_1} - \overline{X_2}}{\sqrt{\dfrac{S_1^2}{n_1} + \dfrac{S_2^2}{n_2}}}$ 이다.

4. $\alpha = 0.05$이므로 $z_{\alpha/2}$=1.96이다.
   "검정 통계량의 계산된 값이 -1.96보다 작거나 혹은 1.96 보다 크면 H_0를 기각한다."

5. 검정 통계량의 계산된 값은 다음과 같다.

$$\frac{\overline{x_1} - \overline{x_2}}{\sqrt{\dfrac{s_1^2}{n_1} + \dfrac{s_2^2}{n_2}}} = \frac{15.4 - 16.8}{\sqrt{\dfrac{3}{60} + \dfrac{4}{40}}} = \frac{-1.4}{\sqrt{\dfrac{3}{20}}} = -3.62$$

6. 계산된 값이 -1.96보다 작으므로 H_0를 기각한다.

※ 결론 : 두 담배의 니코틴 함량이 차이가 있다고 할만한 충분한 이유가 있다.

■ 모분산이 미지일 때 모평균의 차에 대한 가설검정

다음의 검정 절차는 같은 분산을 가진 두 정규모집단에서 작은 크기의 확률표본을 뽑았을 때 특별히 알맞다. 다음의 귀무가설을 검정하려 한다.

$$H_0 : \mu_1 = \mu_2, \quad 즉\ \mu_1 - \mu_2 = 0$$

분산이 알려져 있으면 다음의 검정통계량을 사용한다.

$$\frac{\overline{X} - \overline{Y}}{\sqrt{\dfrac{\sigma_1^2}{n_1} + \dfrac{\sigma_2^2}{n_2}}}$$

그러나, 분산이 같다고 가정하면, 즉 $\sigma_1^2 = \sigma_2^2 = \sigma^2$이라 하면 위의 검정 통계량은 다음과 같이 된다.

$$\frac{\overline{X} - \overline{Y}}{\sigma\sqrt{\dfrac{1}{n_1} + \dfrac{1}{n_2}}}$$

σ가 알려져 있지 않으므로 그것의 합동된 추정치(pooled estimate)인

$$s_p^2 = \frac{(n_1 - 1)s_1^2 + (n_2 - 1)s_2^2}{n_1 + n_2 - 2}$$

을 사용한다. 그래서, H_0를 검정하는 적절한 검정 통계량은 다음과 같이 된다.

$$\frac{\overline{X} - \overline{Y}}{S_p\sqrt{\dfrac{1}{n_1} + \dfrac{1}{n_2}}}$$

여러 가지 경우의 대립가설에 대한 H_0의 검정기준이 다음의 〈표 8.7〉에 있다.

〈표 8.7〉 $\sigma_1^2 = \sigma_2^2 = \sigma^2$이고 σ^2을 모를 때 $H_0 : \mu_1 = \mu_2$의 검정

대립가설	H_0를 기각하게 되는 범위
1. $\mu_1 > \mu_2$	$t > t_{\alpha,(n_1+n_2-2)}$
2. $\mu_1 < \mu_2$	$t < -t_{\alpha,(n_1+n_2-2)}$
3. $\mu_1 \neq \mu_2$	$t < -t_{\frac{\alpha}{2},(n_1+n_2-2)}$ 또는 $t > t_{\frac{\alpha}{2},(n_1+n_2-2)}$

$$t = \frac{\overline{x_1} - \overline{x_2}}{s_p\sqrt{\frac{1}{n_1} + \frac{1}{n_2}}}$$: 검정 통계량 T의 계산된 값

예제 8.11 대표는 그의 기업의 컴퓨터가 다른 경쟁자가 판 비슷한 컴퓨터보다 주 당 평균 고장 시간이 같다 믿는다. 이 문제를 확인하기 위해 자료를 모으고 가설검정을 하고자한다. 그의 기업의 제품을 사용하는 회사에서 20-주 간단한 무작위 표본에서 평균 고장시간은 125분의 표준 편차로 37분이라고 구한다. 그러나 경쟁자의 컴퓨터를 포함하는 15주는 평균고장시간이 115분의 표준 편차로 43분밖에 안되었다. 10% 유의 수준을 가정한다면 대표는 어떤 결론을 내려야 하나?

풀이

1. $H_0 : \mu_1 = \mu_2$
2. $H_a : \mu_1 \neq \mu_2$
3. 검정통계량은 $\dfrac{\overline{X_1} - \overline{X_2}}{S_p\sqrt{\frac{1}{n_1} + \frac{1}{n_2}}}$ 이다.
4. $n_1 = 20, n_2 = 15$ 이므로 자유도는 $n_1 + n_2 - 2 = 33$이고 $\alpha = 0.1$ 이므로 $t_{0.05,(33)} = 1.69$이다.

   검정통계량의 계산된 값이 구간 $[-1.69, 1.69]$ 밖에 있으면 H_0를 기각한다.

5. $\overline{x_1}=125,\ \overline{x_2}=115,\ s_1=37,\ s_2=43$이므로

$$s_p^2=\frac{(n_1-1)s_1^2+(n_2-1)s_2^2}{n_1+n_2-2}$$
$$=\frac{(20-1)37^2+(15-1)43^2}{20+15-2}=1572.64$$

$s_p=\sqrt{1572.64}=39.66$이다.

$$z=\frac{\overline{x_1}-\overline{x_2}}{s_p\sqrt{\frac{1}{n_1}+\frac{1}{n_2}}}=\frac{125-115}{39.66\sqrt{\frac{1}{20}+\frac{1}{15}}}=\frac{10}{13.55}=0.74\text{이다.}$$

6. 계산된 값이 -1.69와 1.69 사이에 있으므로 H_0를 기각하지 못한다.

※ 결론 : 이 자료는 두 고장시간의 차이가 있다는 것을 입증해 주지 못한다.

예제 8.12 시의회 의원은 남성과 여성 공무원들은 경찰서에서 승진을 위해 똑 같은 시간을 기다린다고 주장한다. 여성 대변인은 그러나 여자가 남자들보다 더 오래 기다려야 한다고 믿는다. 만약 5명의 남자가 승진을 위해 각각 8, 7, 10, 5, 그리고 7년을 기다리는 동안 4명의 여자가 각각 9, 5, 12, 그리고 8 년을 기다렸다. 어떤 결론을 지어야 하나?

풀이

1. $H_0:\mu_1=\mu_2$

2. $H_a:\mu_1-\mu_2<0$

3. 검정통계량은 $\dfrac{\overline{X_1}-\overline{X_2}}{S_p\sqrt{\frac{1}{n_1}+\frac{1}{n_2}}}$ 이다.

4. $n_1=5,\ n_2=4$ 이므로 자유도는 $5+4-2=7$이고 $\alpha=0.05$ 이므로 $-t_{0.05,(7)}=-1.89$이다.
"검정통계량의 계산된 값이 -1.89보다 작으면 기각된다."

5. $\overline{x_1}=7.4,\ s_1=1.82,\ \overline{x_2}=8.5,\ s_2=2.89$ 이므로

$$s_p=\sqrt{\frac{(n_1-1)s_1^2+(n_2-1)s_2^2}{n_1+n_2-2}}$$

$$= \sqrt{\frac{(5-1)(1.82)^2+(4-1)(2.89)^2}{5+4-2}} = \sqrt{5.47} = 2.34 \text{이다.}$$

$$z = \frac{\overline{x_1} - \overline{x_2}}{s_p \sqrt{\frac{1}{n_1} + \frac{1}{n_2}}}$$

$$= \frac{7.44 - 8.5}{2.34\sqrt{\frac{1}{5}+\frac{1}{4}}}$$

$$= -0.70 \text{이다.}$$

6. 계산된 값이 -1.89 보다 크므로 H_0을 기각하지 못한다.

※ 결론 : 의회 의원의 주장을 반대할 증거가 없다고 결론짓는다.

8.3.3 쌍체 비교 가설검정

위에 설명된 분석과 절차는 비교가 되는 두 표본들이 서로에게 독립적이란 것을 필요로 한다. 그러나, 수많은 실험들과 검정들은 자료가 자연적으로 쌍으로 생기는 두 모집단들을 비교하는 것을 피한다. 이 경우에는, 알맞은 절차는 짝지어진 자료들의 치이들로 구성된 하나의 변수에 단일표본 검정을 하는 것이다. 여러 가지 경우의 대립가설에 대한 H_0의 검정기준은 다음의 〈표 8.8〉에 있다.

〈표 8.8〉 $H_0 : \mu_d = 0$의 검정

대립가설	H_0를 기각하게 되는 범위
1. $H_a : \mu_d > 0$	$t \geq t_{\alpha,(n-1)}$
2. $H_a : \mu_d < 0$	$t \leq -t_{\alpha,(n-1)}$
3. $H_a : \mu_d \neq 0$	$t \leq -t_{\alpha/2,(n-1)}$ 또는 $t \geq t_{\alpha/2,(n-1)}$

$$t = \frac{\overline{d}}{s_d / \sqrt{n}} \text{ : 검정 통계량 } T \text{의 계산된 값}$$

예제 8.13 특정한 약은 반응 속도를 늦추는가? 만약 그렇다면, 정부는 이 약을 복용하는 차이를 고려하여 검정하려 한다. 30명의 무작위 표본이 약 복용 전과 후에 검사되었다, 그리고 그들의 반응 시간 (초 당)이다. 다음 자료들은 5% 유의수준에서 그의 주장을 입증할 증거가 되는가?

〈표 8.9〉 약 복용 전과 후의 반응속도

사람	전	후	사람	전	후
1	1.42	1.48	16	1.83	1.75
2	1.87	1.75	17	1.40	1.51
3	1.34	1.31	18	1.75	1.67
4	0.98	1.22	19	1.56	1.72
5	1.51	1.58	20	1.56	1.63
6	1.43	1.57	21	2.03	1.81
7	1.52	1.48	22	1.38	1.48
8	1.61	1.55	23	1.42	1.35
9	1.37	1.54	24	1.69	1.75
10	1.49	1.37	25	1.50	1.39
11	0.95	1.07	26	1.12	1.24
12	1.32	1.35	27	1.38	1.40
13	1.68	1.77	28	1.71	1.65
14	1.44	1.44	29	0.91	1.11
15	1.17	1.27	30	1.59	1.85

풀이 우리가 관심이 있는 자료는 반응속도의 증가량이다. 30명에 대한 반응속도 증가량은 {-0.06, 0.12, 0.03, -0.24, …, -0.26}이다. 약을 복용한 모든 사람들의 반응 증가량의 평균을 μ_d라 하면

1. $H_0 : \mu_d = 0$

2. $H_a : \mu_d < 0$

3. 검정통계량은 $\dfrac{\overline{D}-0}{S_d/\sqrt{n}}$이다.

4. $\alpha = 0.05$이고 $n = 30$ 이므로 자유도는 29이다.
   $-t_{0.05,\,(29)} = -1.70$이다.
   "검정통계량의 계산된 값이 -1.70 보다 작으면 H_0을 기각한다."

5. $\overline{d} = -0.038$, $s_d = 0.118$

   $$t = \frac{\overline{d}-0}{s_d/\sqrt{n}} = \frac{-0.038}{0.118/\sqrt{30}} = -1.76$$

6. 계산된 값이 -1.70보다 작으므로 H_0을 기각한다.

결론 : 약 복용전보다 약 복용 후의 반응속도가 크다고 할만한 근거가 있다.

예제 8.14 신경증 환자를 치료하는 새로운 정신안정제의 효과를 알아보기 위하여, 환자마다 일주일은 그 약을, 다른 일주일 동안은 가짜약(placebo)을 투여하는데 그 순서는 랜덤하게 정하였다. 주말마다 환자에게 질문표를 배부하여 그 응답을 토대로 안정점수(0~30점)를 매겼다. 점수가 높을수록 불안감이 심한 경우이다.

〈표 8.10〉 안정점수

환자	1	2	3	4	5	6	7	8	9	10
안정제(x)	19	11	14	17	23	11	15	19	11	8
가짜약(y)	22	18	17	19	22	12	14	11	19	7
차($d=x-y$)	−3	−7	−3	−2	1	−1	1	8	−8	1

또한 안정제의 효과가 가짜약에 의한 효과보다 좋다는 검정을 하라.

풀이

1. $H_0 : \mu_d = 0$

2. $H_a : \mu_d < 0$

3. 검정통계량은 $\dfrac{\overline{D}-0}{S_D/\sqrt{n}}$ 이다.

4. $\alpha = 0.5$이고, $n=10$이므로 자유도는 9이고, $-t_{0.05,\,(9)} = -1.833$이다.
검정통계량의 값이 -1.833보다 작으면 H_0을 기각한다.

5. $\overline{d} = -1.3,\quad s_d = 4.55$

$$t = \frac{\overline{d}-0}{s_d/\sqrt{n}} = \frac{-1.3-0}{4.55/\sqrt{10}} = -0.904$$

6. 계산된 값이 -1.833보다 크므로 H_0를 기각할 수 없다.

결론 : 위의 실험 자료로서는 안정제의 효과가 있다고 주장할 수 없다.

8.4 모분산 가설검정

모집단의 산포도를 나타내는 모표준편차 σ에 대한 가설검정을 예를 들어 설명해 보자. 어느 시계공장에서 생산되는 시간의 표준편차는 $\sigma = 0.4$초라고 알려져 있다. 시계의 성능을 향상시키기 위하여 새 기술을 도입하여 제조된 시계 20개를 임의추출하고 표준편차를 구하니 0.3초였다. 새로 도입한 기술에 의하여 생산된 시계의 성능이 과거 기존의 성능보다 향상되었는가? 이를 검정하려면 H_0 : $\sigma = 0.4$, H_a : $\sigma < 0.4$와 같은 가설을 세워야 할 것이다.

여러 가지의 대립가설에 대한 귀무가설 $H_0 : \sigma^2 = \sigma_0^2$을 검정하려한다. 모분산 σ^2에 관한 가설검정시에는 이의 추정치인

$$s^2 = \frac{1}{n-1}\sum_{i=1}^{n}(x_i - \overline{x})^2$$

을 사용한다.

모집단이 분산 σ^2인 정규분포라 하면 $\dfrac{(n-1)S^2}{\sigma_0^2}$의 분포는 자유도가 $(n-1)$인 χ^2-분포이다.

〈표 8.11〉에는 양측 및 단측 대립가설에 대한 귀무가설 $H_0 : \sigma^2 = \sigma_0^2$을 검정하는 검정기준이 주어져 있다.

〈표 8.11〉 $H_0 : \sigma^2 = \sigma_0^2$을 검정하는 검정 기준

대립가설	H_0를 기각하게 되는 범위
1. $\sigma^2 > \sigma_0^2$	$\chi^2 \geq \chi^2_{\alpha,(n-1)}$
2. $\sigma^2 < \sigma_0^2$	$\chi^2 \leq \chi^2_{1-\alpha,(n-1)}$
3. $\sigma^2 \neq \sigma_0^2$	$\chi^2 \leq \chi^2_{1-\alpha/2,(n-1)}$ 또는 $\chi^2 \leq \chi^2_{\alpha/2,(n-1)}$

$\chi^2 = (n-1)s^2/\sigma_0^2$: $(n-1)S^2/\sigma_0^2$ 의 계산된 값

예제 8.15 자동차 배터리 제조업자는 그들의 배터리의 수명은 분산 0.9년이라고 주장한다. 이들 배터리 10개의 확률표본은 1.2년의 분산을 갖는다고 한다면 $\sigma^2 \geq 0.9$라고 할 수 있는지 유의수준 0.05로 검정하여라.

풀이

1. $H_0 : \sigma^2 = 0.9$
2. $H_a : \sigma^2 > 0.9$
3. 검정통계량은 $\dfrac{(n-1)S^2}{0.9}$ 이다.
4. 대립가설은 우측검정이다. $n=10$이므로 χ^2-분포는 자유도가 $10-1=9$이다. 부록의 표에 의하면 $\chi^2_{0.05,(9)} = 16.919$이다. 따라서 검정통계량의 계산된 값이 16.919보다 크면 H_0를 기각한다.
5. $s^2 = 1.2,\ n = 10,\ \sigma_0^2 = 0.9$

   검정통계량의 계산된 값은 $\dfrac{(n-1)s^2}{0.9} = \dfrac{9 \times 1.2}{0.9} = 12$이 된다.
6. 계산된 값이 16.919보다 작으므로 H_0을 기각할 수 없다.

※ 결론 : 5% 유의수준에서 볼 때 모분산 0.9보다 크다고 할 만한 근거가 없다.

예제 8.16 다음 측정치들은 실험실에서 임의로 햄스터 6마리를 뽑아 몸무게를 잰 것이다.

12, 8, 7, 12, 14, 13

햄스터의 몸무게의 분산이 2.25보다 크다는 주장에 대해 당신은 어떤 결론을 내릴 것인가? 유의 수준은 5%로 하여라.

풀이

1. $H_0 : \sigma^2 = 2.25$
2. $H_a : \sigma^2 > 2.25$

3. 검정 통계량은 $\dfrac{(n-1)S^2}{2.25}$ 이다.

4. 대립가설은 오른편 단측이다. $n=6$이므로 χ^2-분포는 자유도가 $6-1=5$이다. 부록 표에 의하면 $\chi^2_{0.05,(5)}=11.07$이다.
   "검정 통계량의 계산된 값이 11.07보다 크면 H_0를 기각한다."

5. $\bar{x}=11,\ (n-1)s^2=\sum_{i=1}^{n}(x_i-\bar{x})^2=40$임은 쉽게 계산된다.

   그래서, 검정 통계량의 계산된 값은 $\dfrac{(n-1)s^2}{2.25}=\dfrac{40}{2.25}=17.8$이 된다.

6. 계산된 값이 11.07 보다 크므로 H_0를 기각한다.

※ 결론 : 유의 수준에서 볼 때 모분산이 2.25보다 크다고 할 만한 근거가 있다.

연 · 습 · 문 · 제

01. 어떤 식물의 종자는 30%가 싹이 튼다고 한다. 이 종자 200개 중 50개만 싹이 텄다고 할 때 여기에 특별한 이유가 있다고 생각되는가? 유의 수준 5%로 검정하여라.

02. 어느 통계학과의 여학생 비율은 정원 60명 중 특정연도에 28명이었다. 이 학과의 여학생 비율이 1/2인지 유의수준 0.05로 검정하여라.

03. 어느 도시의 시장은 4년 전 56%의 지지율로 당선이 되었다. 임기가 끝나는 즈음 다시 시장에 도전하려고 한다. 여론 조사를 하였다. 300명의 유권자를 단순임의추출하여 의견을 물으니 158명이 지지한다고 하였다.

(1) 재선의 가능성은 어느 정도인가?

(2) 4년 전에 비하여 지지율이 내려갔다고 할 수 있는가?

04. 보통 약국에서 제조되는 신경안정제의 효과는 60%라고 한다. 신경과민으로 고통받고 있는 성인 100명을 무작위로 추출하여 새로 개발된 약을 복용하게 한 결과 70명이 효과를 보았다고 한다. 새로운 약이 기존의 약보다 효과가 더 크다고 할 수 있는지를 유의수준 0.05로 검정하라.

05. 어느 파스타전문가의 주장에 의하면 파스타애호가의 40%가 라자냐를 선호한다고 한다. 이 주장을 검정하기 위하여 무작위로 20명의 파스타애호가를 선정하여 조사한 결과 9명이 라자냐를 선호한다고 응답하였다면 어떤 결론을 내릴 수 있겠는가? 단, 유의수준은 0.05로 하라.

06. 동전을 20회 던진 결과 앞면이 5회 나타났다. 앞면의 출현율이 50% 미만이라는 대립 가설에 대하여 동전은 공정하다는 가설을 기각하기에 충분하다고 할 수 있겠는가? P –값을 이용하여 검정하라.

07. 어느 정유회사의 주장에 따르면 어떤 도시의 가정 중 1/5가 기름난방을 한다고 한다. 무작위로 1,000가정을 추출하여 조사한 결과 136가정이 기름난방을 하고 있는 것으로 조사되었다. 이 결과로 정유 회사측의 주장이 타당하다고 할 수 있는지를 P–값을 이용하여 답하라.

08. 방어용 미사일 시스템인 신형 레이더장비의 격추모의실험을 300회 실시한 결과 250회 성공하였을 때, 신형 시스템의 격추확률은 0.8을 초과하지 않는다는 주장을 유의수준 0.05로 검정하라.

09. 원자력발전소의 건설에 대한 어떤 도시와 교외거주자의 지지율조사에서 임의로 추출된 도시거주자 100명 중에서는 63명이, 교외거주자 125명 중에서는 59명이 원자력 발전소의 건설을 지지하는 것으로 나타났다. 도시거주자와 교외거주자들 간의 지지율에는 유의한 차이가 있다고 할 수 있는지를 P–값을 이용하여 검정하라.

10. 도시지역의 성인여성 200명 중 20명이, 그리고 농촌지역의 성인여성 150명 중 10명이 유방암에 걸린 것으로 조사되었다면, 도시지역의 발병률이 더 높다고 할 수 있는지 유의수준 0.05로 답하라.

11. 민주당과 공화당은 자기 당의 대선 후보에 대한 지지율을 파악하기 위하여, 각각 독자적으로 전국에서 무작위로 추출한 1000명의 유권자를 대상으로 전화여론조사를 실시하였다. 여론조사결과 두 후보간의 지지율은 각각 47.5%, 46.7%로 나타났다. 이 결과를 토대로 두 당의 대선 후보의 지지율간에 차이가 있다고 볼 수 있는지 여부를 유의수준 5%에서 검정하여라.

12. 영국에서 발행되는 잡지에 실리는 상업광고 중 203개의 표본을 추출하여 조사한 결과 52개는 익살스러운 내용이었고 미국에서 발행되는 잡지 중 270개의 상업광고를 추출하여 조사한 결과 56개가 익살스러운 내용이었다. 두 나라 잡지의 광고 중 익살스러운 광고의 비율이 같은 지 유의수준 5%로 검정하여라.

13. 어떤 도시의 외곽지역에 건설예정인 화학공장건설안에 대하여 시와 인접지역주민들을 대상으로 찬반투표를 실시하여, 시와 인접지역주민들의 지지율 사이에 유의한 차이가 있는지를 알아보려고 한다. 만일 공장건설안에 찬성하는 유권자가 시에서는 200명 중 120명, 인접지역에서는 500명 중 240명으로 나타났다면, 시에서의 유권자의 지지율이 인접지역의 지지율보다 높다고 할 수 있겠는가? 단, 유의수준은 0.05로 하라.

14. 한국사람의 평균수명을 알아보기 위하여 사망자 100명을 표본으로 추출하여 조사하였더니 평균 71.8년으로 나타났다. 모표준편차를 8.9년으로 가정할 때, 현재의 평균수명은 70년보다 길다고 할 수 있는가를 유의수준 $\alpha = 0.05$로 검정하라.

15. 어느 벨트 생산 공장에서 생산된 제품은 평균 1,850시간을 사용할 수 있는데, 그 표준편차는 120시간 정도라고 한다. 새로운 기술 도입으로 생산된 신형 벨트 중에서 60개를 임의 표본 조사를 해본 결과 그 표본 평균 사용 시간이 1,900시간으로 계산되었다고 한다. 이 때 사용 시간을 늘리게 되었다고 광고하는 이 공장의 주장을 5% 유의 수준에서 검정하여 보아라.

16. 쥐를 보통 사료로 기르면 생후 3개월에 평균 65g 에 달한다고 한다. 12마리의 쥐를 어떤 사료로 길렀더니 생후 3개울의 평균 체중이 67.25g, 표준 편차 3.68g 이었다. 이 사료는 보통 사료와 같은가 다른가를 검정하라(유의 수준 5%).

17. 스포츠용구 제조업자가 인조낚싯줄을 개발하였다. 그리고 신제품의 평균인장강도와 표준편차는 각각 8kg과 0.5kg이라고 주장하고 있다. 이 주장을 확인하기 위하여 낚싯줄 50개를 표본으로 추출하여 강도시험을 한 결과 평균인장강도는 7.8kg으로 나타났다. 유의수준 $\alpha = 0.01$ 양측 검정하라.

18. 에디슨전기연구소에서 발표한 진공청소기 사용으로 인한 연평균전력사용량은 46kwh였다. 12가정을 표본추출하여 진공청소기의 연간전력사용량을 조사하였더니 평균이 42kwh, 표준편차가 11.9kwh로 나타났다. 유의수준 0.05로 진공청소기의 연평균전력사용량이 46kwh보다 적은지를 검정하라. 단, 전력사용량의 모집단은 정규모집단으로 가정한다.

19. 16개의 정규분포 표본에서 평균은 11, 표준편차는 3이고, 다음과 같은 가설이 설정되었다.

$$H_0 \ : \ \mu = 10$$
$$H_a \ : \ \mu > 10$$

(1) 유의수준 $\alpha = .02$ 하에서 기각역은 무엇인가?

(2) 검정통계량을 구하고 결론을 내려라.

20. 어느 지역 청소년이 평균 IQ가 110이라고 알려져 있다. 이 지역에서 약물 복용으로 체포된 청소년의 IQ가 평균 IQ보다 떨어지는지를 알아보기 위하여 15명의 약물 복용 청소년에 대한 IQ검사를 한 결과가 다음과 같다.

125 105 117 109 118 104 98 111 107 108 135 94 90 100 99

약물 복용자의 평균 IQ는 이 지역의 IQ보다 떨어지는지를 유의수준 $\alpha = 0.05$하에서 가설검정 하여라. 이 문제를 풀기 위하여 추가로 필요한 가정 사항이 무엇인지도 말하여라.

21. 평균수명 1000시간이라 선전하는 전구 20개의 수명을 직접 관찰하였다. 평균은 1216시간에 표준편차는 495시간이었다.

(1) 이 문제를 풀기 위해서 필요한 가정 사항들은 무엇인가?

(2) 수명 1000시간의 주장은 뒷받침되는가? 유의수준 5% 양측 검정하여라.

(3) p-값을 구하여라.

22. 두 정규분포로부터 독립적인 확률표본을 추출하여 다음과 같은 결과를 얻었다.

표본 1	표본 2
$n_1 = 12$	$n_2 = 16$
$\overline{x_1} = 35$	$\overline{x_2} = 43$
$s_1 = 4.2$	$s_2 = 3.7$

(1) σ^2의 통합분산을 계산하여라.

(2) 이 자료는 $\mu_1 \neq \mu_2$를 주장할 충분한 근거를 제공하는가? $\alpha = 0.05$로 검정하여라.

(3) 두 모평균의 차 $(\mu_1 - \mu_2)$에 대한 95% 신뢰구간을 구하여라.

23. 4년제 대학생이 2년제 대학생보다 더 열심히 공부한다고 보는가? 이러한 질문에 대한 대답을 얻기 위하여 4년제 대학생 47명과 2년제 대학생 36명에게 주당 과제물을 수행하는데 몇 시간을 투자하는지 물어보았다. 조사 그룹별 평균 및 표준편차는 아래와 같다. 이 자료를 근거로 4년제 대학생이 2년제 대학생보다 더 열심히 공부한다고 할 수 있는가? ($\alpha = 0.01$을 사용하여라) 또한 이 검정에서 P-값은 무엇인가?

4년제 대학생	2년제 대학생
$\overline{x_1} = 18.6$	$\overline{x_1} = 14.7$
$s_1^2 = 22.4$	$s_2^2 = 20.9$

24. 서울시에 거주하는 300세대와 경기도에 거주하는 200세대를 임의로 추출하여 12월 한달간의 물 소비량을 측정한 결과 서울시에 거주하는 세대의 평균 물 소비량은 7리터, 표준편차는 2리터인 반면, 경기도에 거주하는 세대의 평균 물 소비량은 5리터, 표준편차는 1.5리터로 조사되었다. 이를 근거로 서울시에 거주하는 세대와 경기도에 거주하는 세대간의 12월 한 달간의 물 소비량에 차이가 있다고 할 수 있는지를 유의수준 5%로 검정하여라.

25. 전구등을 제작하는 두 대의 기계가 있다. 어느 날 이들 기계에서 생산되는 각각 500개의 제품에서 불편 분산이 각각 0.005cm, 0.006cm 이고, 또 이날 생산된 제품으로부터 평균 반경은 1.503cm 와 1.476cm였다. 5% 유의 수준에서 유의적인 차이가 있다고 말할 수 있는가?

26. 두 가지 종류의 암기법이 서로 차이가 있는지를 알아보기 위하여, 두 집단의 어린 아이에게 각각의 방법으로 외국어 단어를 가르친 후, 암기하고 있는 단어가 몇 개인가를 알아보았더니 다음과 같았다.

암기법A	5 2 4 7 4 4 8 3 7 6	$n_1 = 10$
암기법B	6 5 4 9 4 6 8 5 6 7	$n_2 = 10$

위의 자료를 기초로 하여 두 암기법이 서로 차이가 잇는지를 유의수준 1%에서 검정하여라. 두 모집단의 분포는 정규분포이고, 두 모분산은 같다고 가정한다.

27. 두 강재의 마모량을 비교하기 위한 실험이 실시되었다. 강재 1과 강재 2에 대하여 각각 12회 및 10회씩 시험한 결과 강재 1의 마모량은 평균이 85, 표본표준편차가 4였고, 강재 2에서는 81과 5로 나타났다. 강재 1의 마모량이 강재 2의 그것보다 2이상 심한지를 유의수준 0.05로 검정하라. 단, 두 모집단은 분산이 같은 정규분포를 근사적으로 따른다고 한다.

28. 어느 회사에서 직업 훈련이 근로자의 능률 향상에 효과가 있는지를 알고 싶다고 하자. 이를 위해 16명의 근로자를 뽑아서 직업 훈련을 하기 전과 후의 작업능률 점수를 알아보았더니 다음과 같았다. 이 조사 결과로써 훈련 전과 후의 능률이 같다고 할 수 있는가? 유의수준 1%에서 검정하여라.

번호	1	2	3	4	5	6	7	8	9	10	11	12	13	14	15	16
후	80	90	92	75	86	90	81	70	89	88	82	79	91	90	78	89
전	75	83	96	77	81	90	82	67	94	85	78	82	96	80	87	81

29. 대학교 신입생을 대상으로 쌍을 이루는 두 사람은 IQ가 비슷하게 해서 10쌍을 골랐다. 각 쌍의 임의의 한 사람에게는 교수방법 A로, 다른 사람에게는 교수방법 B로 통계학을 가르친 후 시험을 본 결과가 아래와 같다. 두 교수방법의 점수 차이에 대한 진짜 평균의 95% 신뢰구간을 구하여라. 점수의 차에 대한 분포는 정규분포라고 가정한다.

쌍	1	2	3	4	5	6	7	8	9	10
A 방법	76	60	85	58	91	75	82	64	79	88
B 방법	81	52	87	70	86	77	90	63	58	83

30. 15명의 남자 대학생을 대상으로 피로하지 않은 상태와 피로한 상태에서 외부자극에 반응을 나타내기까지의 시간을 측정한 기록이 다음과 같았다고 한다.

피실험자	피로하지 않은 상태	피로한 상태
1	158	91
2	92	59
3	65	215
4	98	226
5	33	223
6	89	91
7	148	92
8	58	177
9	142	134
10	117	116
11	74	153
12	66	219
13	109	143
14	57	164
15	85	100

피로한 상태에서는 신체기능조절능력이 떨어진다고 할 수 있겠는가? 단, 모집단은 정규분포를 따른다고 가정하라.

31. 특별한 윤활유 용기들의 용량은 분산 0.03L의 분산을 가지고 정규분포를 따르는 것으로 알려져 있다. 모분산이 0.03인가를 검정하기 위하여 10개의 용기를 추출하여 다음 자료(단위 : 리터)를 얻었다. 유의수준 0.01로 검정하여라.

10.2	9.7	10.1	10.3	10.1	9.8	9.9	10.4	10.3	9.8

32. 기계에 의해 채워지는 음료수는 만일 함량의 분산이 1.15dl를 초과하면 관리하에 있지 않다고 한다. 이 기계로부터 25개의 음료수를 추출하여 함량을 조사해보니 표본분산이 2.03dl로 나타났다. 기계과 관리하에 있지 않다는 것을 유의수준 0.05로 검정하여라. 함량의 분포는 근사적으로 정규분포를 따른다고 가정한다.

33. 병에 자동으로 음료수를 채우는 시스템에서 채워지는 음료수 양의 분산이 1g 이하이어야만 시스템이 안정적이라고 할 수 있다. 품질관리 책임자가 음료수병 10개를 임의로 추출하여 음료수의 양을 측정한 결과 표본분산 $s^2 = 0.16$을 구하였다. 이 시스템의 분산이 1g 이하인가를 유의수준 5%하에서 검정하여라.

34. 유리병 뚜껑의 반지름은 표준편차가 0.6mm 이어야만 유리병에 맞는다. 15개의 뚜껑을 임의로 조사한 결과 표준편차가 0.65mm 이었다. 이 자료에 의할 때 병뚜껑의 반지름의 표준편차가 0.6 이상이라고 판단할 수 있는지 유의수준 1% 하에서 검정하여라.

Chapter 09

범주형 자료와 카이제곱검정

이 장에선 자료 분석하는 방법 즉, 자료가 어떤 속성에 따라 분류시켜 도수화한 자료를 이용한 통계적 추론방법인 카이제곱 검정을 공부하고자 한다. 카이제곱 모델들을 이용하여 분포의 추론에 대해 배운다. 이것은 "검정의 결과들이 멘델의 유전의 원리를 지지하는가?" (적합도 검정), "침몰하는 타이타닉에서 살아남는 것이 승객과 신분과는 관계가 없는가?" (독립성 검정), 그리고 "학생들, 선생들, 그리고 직원들은 운전하는 차 종류의 분포들을 똑같이 나타내는가?" (동질성 검정)와 같은 문제들을 이 단원에서 분석하고자 한다.

9.1 적합도 카이제곱 검정

종종 자료의 측정된 패턴이 주어진 분포와 맞는가 안 맞는가 라는 것이다. 꼭 맞는 적합을 기대할 수 없다면 불일치들을 보고 적합도에 대한 판단을 결정한다.

첫 접근법은 적합하다는 귀무가설에 있다. 주어진 이론상의 분포가 고려중인 상황에 일치한다는 가설이다. 측정된 자료는 전체 모집단에서 하나의 가능한 표본으로 구성되어 있다. 귀무가설이 사실일 때, 추정값과 기대치 차이가 클 가능성에 대해 알아본다. 그 가능성이 정말 크다면 귀무가설을 기각하고 적합하지 않다고 결론 내린다.

관측된 불일치점의 유의성에 대해 어떻게 결정하는가?

■ 적합도 검정 (표본크기가 큰 경우 : $\widehat{E_{ij}} \geq 5$)

상호배반 r개의 비교를 위한 가설

$H_0 : p_1 = p_{01},\ p_2 = p_{02},\ \cdots,\ p_r = p_{0r}$ $H_a : H_0$가 아니다.

의 검정 통계량은

$$\chi^2 = \sum_{i=1}^{r} \frac{(O_i - \widehat{E_i})^2}{\widehat{E_i}} \qquad (\widehat{E_i} = np_i)$$

이고 이의 관측값을 χ_0^2이라고 하면 다음이 성립한다.

$$\overset{\text{유의 확률}}{p = P(\chi^2 \geq \chi_0^2)},\ \chi^2 \sim \chi^2_{(r-1)} \quad \overset{\text{유의수준 }\alpha\text{의기각역}}{\chi_0^2 \geq \chi^2_{\alpha,(r-1)}}$$

계산된 χ^2값이 얼마나 커야 유의하는지를 알려면, 또 임계값을 선택하려면 χ^2값의 분포를 이해해야한다.(6.4장 참고) χ^2분포는 대칭적이지 않으며 오른쪽으로 뒤틀려 있다. 자유도 df값이 크면 클수록, χ^2분포가 정규분포에 더 가까워진다. 마지막으로 이미 알고 있는 모든 가설검정과 같이 표본은 주어진 모집단에서 무작위로 선택 되어야 한다.

예제 9.1 오후 6시간대에 텔레비전 채널 6, 7, 9와 11은 각각 30%, 25%, 20%와 25%로 전체 시청자들의 시청률이었다. 다음 시즌의 첫째 주에 500명의 시청자들이 조사되었다.

(1) 시청자들의 선택은 바뀌지 않았다면, 몇 명이나 각 채널을 보리라 예상하나요?

(2) 실제 측정된 숫자가 이와 같다고 가정해보자.

〈표 9.1〉 실제 시청자 수

채널

6	7	9	11
139	138	112	111

이 숫자들은 변화를 나타내는가? 차이들은 의미가 있는가?

풀이 (1) 각각 기대치는 다음과 같다.

.30(500)=150, .25(500)=125, .20(500)=100, 그리고 .25(500)=125

〈표 9.2〉 예상 시청자 수

채널

6	7	9	11
150	125	100	125

(2) H_0 : 텔레비전 시청자들은 각각 백분율 30%, 25%, 20%와 25%로 채널 2, 3, 4와 5로 분포되어 있다.

H_a : 시청자 분포는 각각 30%, 25%, 20%와 25%가 아니다.

$$\chi^2 = \sum \frac{(\text{측정값} - \text{예상값})^2}{\text{예상값}}$$

$$= \frac{(139-150)^2}{150} + \frac{(138-125)^2}{125} + \frac{(112-100)^2}{100} + \frac{(111-125)^2}{125}$$

$$= 5.167$$

$$p-\text{값} = P(\chi^2 > 5.167) = .1600$$

H_0를 기각할 충분한 증거가 없다. 즉, 시청자들의 선택이 바뀌었다는 충분한 증거가 없는 것이다.

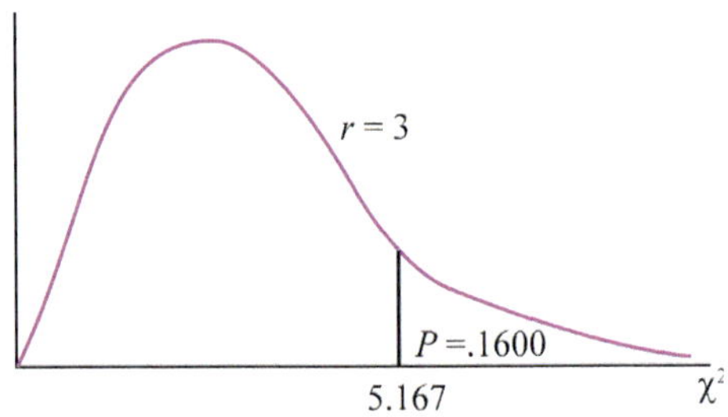

[그림 9.1] $P(\chi^2 > 5.167) = 0.16$

예제 9.2 $n = 46$ 중에서 고장이 난 기계들에 대해서, 전기적인 결함으로 인한 고장은 $x_1 = 9$, 기계적 결함으로 인한 고장은 $x_2 = 24$, 그리고 오작동으로 인한 고장은 $x_3 = 13$이다. 세 종류의 고장들에 대한 확률은 각각 20%, 50%, 30%라는 의견에 대해서 카이제곱 적합도 검정을 하여라. (유의수준 0.05로 검정)

풀이 H_0 : 세 종류의 고장률의 백분율은 20%, 50%, 30%이다.

H_a : 세 종류의 고장률의 백분율은 20%, 50%, 30%가 아니다.

〈표 9.3〉 관측도수와 기대도수

	전기적 결함	기계적 결함	오작동 결함	합계
관측 도수	9	24	13	46
기대 도수	$46 \times 0.2 = 9.2$	$46 \times 0.5 = 23.0$	$46 \times 0.3 = 13.8$	46

$$\chi^2 = \frac{(9.0-9.2)^2}{9.2} + \frac{(24.0-23.0)^2}{23.0} + \frac{(13.0-13.8)^2}{13.8} = 0.0942$$

그러므로 $\chi^2 < \chi^2_{0.05,(2)} = 5.99$ 이므로 H_0는 기각된다. 또는 p-값 $= P(\chi^2 \geq 0.094) = 0.95$이다. 이처럼 큰 P-값은 귀무가설을 기각할만한 충분한 증거가 없다. 즉, 세 종류의 고장률의 백분율이 20%, 50%, 30%이다.

예제 9.3 식품 가게 매니저는 특정한 생산품이 가게 5개위치 중 아무 위치에서나 똑같이 잘 팔릴지 알고 싶어 한다. 다섯 개의 전시대가 각 위치에 설치되었고 실제 판매수가 다음과 같다.

〈표 9.4〉 위치에 따른 실제 판매의 분류

위치				
1	2	3	4	5
43	29	52	34	48

위치들 간에 차이가 있다는 충분한 증거가 있는가? 5%와 10% 유의 수준에서 검정하라.

풀이 H_0 : 생산품의 판매는 다섯 위치에 균등하게 분포되어 있다.

H_a : 생산품의 판매는 다섯 위치에 균등하게 분포되어 있지 않다.

합계 $43+29+52+34+48=206$개가 팔렸다. 위치가 상관없다면, 우리는 각 위치 당 $\frac{206}{5} = 41.2$개의 판매수를 예상한다.

〈표 9.5〉 기대치계산

위치				
1	2	3	4	5
41.2	41.2	41.2	41.2	41.2

$$\chi^2 = \frac{(43-41.2)^2}{41.2} + \frac{(29-41.2)^2}{41.2} + \frac{(52-41.2)^2}{41.2} + \frac{(34-41.2)^2}{41.2} + \frac{(48-41.2)^2}{41.2}$$
$$= 8.903$$

자유도수는 범주의 수 빼기 1이다. $r = 5 - 1 = 4$이다.

p-값$= P(\chi^2 > 8.903) = .0636$.

p-값= .0636으로 H_0를 10% 수준에서 H_0을 기각할만한 충분한 증거가 있다. 즉, 위치가 상관있다고 주장할 충분한 증거가 있다.

예제 9.4 공장 작업장에서 발생하는 사고를 줄이기 위해 새로운 안전운동을 시도하고자 한다. 우선 공장 관리자는 그 주에 작업장에서 발생한 사고 기록을 훑어본 결과 〈표 9.6〉에 나타난 것처럼 일주일 동안 총 사고 횟수가 $n = 270$이라는 것을 알게 되었다. 이에 따르면 특히 월요일과 금요일에 사고가 더 많이 발생한 것으로 나타났다. 만일 이것이 사실이라면 월요일과 금요일에 특히 주의할 필요가 있으며, 그날 발생하는 사고를 줄이기 위해서 조치를 취해야만 할 것이다.

그렇다면 이 자료들은 월요일과 금요일에 사고 건수가 다른 요일보다 더 빈번하게 발생한다고 할 수 있는가?

〈표 9.6〉 공장 작업장 내 사고 요인

요일	월요일	화요일	수요일	목요일	금요일	
사고 횟수	65	43	48	41	73	$n = 270$

풀이 H_0 : 사고발생률이 모든 요일에 균등하게 분포되어 있다.

H_a : 사고발생률이 모든 요일에 균등하게 분포되어 있지 않다.

귀무가설 하에서 기대 셀 도수는 $270 \times \frac{1}{5} = 54$

풀이

〈표 9.7〉 예제 9.4의 기대치 계산

요일	월요일	화요일	수요일	목요일	금요일	합계
기대값	54	54	54	54	54	270

$$\chi^2 = \frac{(65-54)^2}{54} + \frac{(43-54)^2}{54} + \frac{(48-54)^2}{54} + \frac{(41-54)^2}{54} + \frac{(73-54^2)}{54} = 14.95$$

이 된다. 카이제곱 통계량은 각각 $\chi^2 = 14.95$로서 자유도 $r = 5-1 = 4$인 카이제곱 분포와 비교해보면 다음과 같은 P-값을 얻을 수 있다.

p-값$= P(\chi^2 \geq 14.95) = 0.0048$

p-값이 매우 작으므로 동질성에 대한 귀무가설은 신뢰할 만하지 못하다는 결론을 내릴 수 있다. 즉 공장 작업장에서 발생하는 사고들이 요일별로 동일하게 발생하지 않는다고 결론내릴 수 있다. 특히 월요일과 금요일에 사고 발생률이 높기 때문에 그 요일들에 특별한 주의가 요구된다.

9.2 독립성 카이-제곱 검정

적합도 검정에서는 각 개체에게서 한 가지 속성만을 관찰하였다. 한편, 각 개체에게서 두 가지 속성을 동시에 관찰할 경우 검정의 관심이 달라지게 된다. 이제, 어떤 모집단으로부터 n개의 표본개체를 임의 추출하여 각 개체에게서 두 가지 속성을 관찰한 경우, 두 속성 사이에 관련성 또는 독립성을 검정하고자 한다.

예를 들어, 비흡연자들, 흡연자, 그리고 골초는 다 결국에 암, 심장병, 폐암에 걸릴 가능성이 다 똑같은가? 병과 흡연과 관련성이 있는가?

■ 두 특성의 독립성 검정(표본크기가 큰 경우 : $\widehat{E}_{ij} \geq 5$)

각각 r개와 c개의 범주로 나누어진 두 특성 사이의 독립성에 대한 가설

$$H_0 : p_{ij} = p_{i\cdot} p_{\cdot j} (i = 1, \cdots, r, \quad j = 1, \cdots, c) \qquad H_a : H_0 \text{가 아니다.}$$

의 검정 통계량은

$$\chi^2 = \sum_{i=1}^{r} \sum_{j=1}^{c} \frac{(O_{ij} - \widehat{E}_{ij})^2}{\widehat{E}_{ij}} \quad (\widehat{E}_{ij} = O_{i\cdot} \cdot O_{\cdot j}/n)$$

이고, 이의 관측값을 χ_0^2이라고 하면 다음이 성립한다.

유의확률	유의수준 α의 기각역
$p = P(\chi^2 \geq \chi_0^2), \quad \chi^2 \sim \chi^2_{((r-1)(c-1))}$	$\chi_0^2 \geq \chi^2_{\alpha,((r-1)(c-1))}$

요점은 독립성의 귀무가설을 기각할 충분한 증거가 있다고 해도, 반드시 인과 관계를 주장할 수 없다. 바꿔 말하면 두 변수들의 관련이나 관계에 대해 주장을 할 수 있어도, 하나가 다른 하나를 초래했다는 주장에선 정당화 되지 않는다. 예를 들어, 봉급 수준과 직업 만족도의 관계를 증명할 수 있다. 하지만 높은 봉급이 높은 직업 만족도를 나타내지

않는다. 고용인의 높은 직업 만족도는 상관에게 감명을 주어 봉급을 올리게 하는 계기가 된다. 또는 봉급 수준과 직업 만족도의 직접 인과 관계를 가진 연습, 교육, 또는 성격과 같은 세 번째 변수가 있다.

예제 9.5 민주당 공화당 독립당을 대표하는 1000명의 성인들을 대상으로 한 전국적인 전화 투표에서 응답자에게 두 개의 질문이 던져졌다. 그들은 당과 저축과 대부 위기로 그들의 미국 은행 제도에 대한 각 당별로 교차-분류된 응답들이 다음 분할표에 주어졌다.

〈표 9.8〉 당별 교차 분류표

	만족도		
관찰된 반응	예	아니오	무반응
민주당	175	220	55
공화당	150	165	35
독립당	75	105	20

은행 제도의 흔들린 신뢰가 정당과 상관없다는 귀무가설을 검정하자. 10% 유의 수준을 써라.

풀이 H_0 : 정당과 은행 제도의 만족도는 독립적이다.

H_a : 정당과 은행 제도의 만족도는 독립적이지 않다.

H_0하에서 각 범주에 대한 기대도수를 구하면 다음과 같다.

$$\widehat{E_{11}}=\frac{450\times 400}{1000}=180,\ \widehat{E_{12}}=\frac{450\times 490}{1000}=220.5,\ \cdots\cdots,\ \widehat{E_{33}}=\frac{200\times 110}{1000}=22$$

다음으로 카이제곱의 값을 계산한다.

$$\chi^2=\frac{(175-180)^2}{180}+\frac{(220-220.5)^2}{220.5}+\frac{(55-49.5)^2}{49.5}+\frac{(150-140)^2}{140}+\frac{(165-171.5)^2}{171.5}+\frac{(35-38.5)^2}{38.5}+\frac{(75-80)^2}{80}+\frac{(105-98)^2}{98}+\frac{(20-22)^2}{22}=3.024$$

자유도$=(r-1)(c-1)=(3-1)(3-1)=4$

$\alpha=0.1$, 자유도$=4$에서 χ^2의 임계치는 7.78이다. 3.024〈7.78이므로 독립적이라는 귀무가설을 기각할만한 충분한 근거가 없다.

p-값$=P(\chi^2>3.024)=.5538$

큰 P-값으로는 정당과 은행 제도의 만족도 사이에 아무 관계가 없는 증거이다.

예제 9.6 어느 회사에서 학력과 회사에 대한 만족도 사이에 연관성이 있는지를 알아보기 위해 회사원 300명을 랜덤하게 뽑아 조사한 결과 다음의 자료를 얻었다. 두 변수에 연관성이 있다고 할 수 있겠는가?

〈표 9.9〉 학력과 회사에 대한 만족도 분할표

학력	만족	보통	불만
고졸 이하	40	32	10
대졸 이하	92	50	28
대학원 이상	16	20	12

풀이 귀무가설을 H_0 : 학력과 만족도는 서로 독립이다로 놓고, H_0하에서 각 범주에 대한 기대도수를 구하면 다음과 같다.

〈표 9.10〉 학력과 회사에 대한 기댓값 계산

	만족	보통	불만	계
고졸	40.45	27.88	13.67	82
대졸	83.87	57.80	28.33	170
대학원졸	23.68	16.32	8.00	48
계	148	102	50	300

$$\widehat{E_{11}}=\frac{148(82)}{300}=40.45,\quad \widehat{E_{12}}=\frac{102(82)}{300}=27.88,\ldots,\quad \widehat{E_{33}}=\frac{50(48)}{300}=8.00$$

검정통계량은 다음과 같다.

$$\chi^2=\frac{(40-40.45)^2}{40.45}+\frac{(32-27.88)^2}{27.88}+\cdots+\frac{(12-8)^2}{8}=8.764$$

$8.764<\chi^2_{0.05,(4)}=9.488$이므로 H_0을 채택한다.

유의수준 5%에서 학력과 만족도는 서로 독립이라고 판단한다.

예제 9.7 대도시의 근교에서 출퇴근하며 혼자서만 승용차를 이용하는 사람들 중에서 250명을 랜덤 추출하여 이들을 승용차의 크기와 통근 거리에 따라 분류한 결과 〈표 9.11〉의 자료를 얻었다. 이 자료에 의하면 승용차의 크기와 통근 거리 사이에 관계가 있다고 할 수 있는지를 유의수준 5%에서 검정하여라.

〈표 9.11〉 승용차의 크기와 통근거리

	15km 미만	15km 이상 30km 미만	30km 이상	합계
경승용차	6	27	19	52
소형승용차	8	36	17	61
중형승용차	21	45	33	99
대형승용차	14	18	6	38
합계	49	126	75	250

풀이 H_0 : 승용차의 크기와 통근 거리 사이가 독립이다.

H_a : 승용차의 크기와 통근 거리 사이에 관계가 있다.

귀무가설 H_0하에서의 각 칸의 추정 기대도수를 구하면

$$\widehat{E_{11}}=\frac{52\times 49}{250}=10.19,\ \widehat{E_{12}}=\frac{52\times 126}{250}=26.21,\ \widehat{E_{13}}=\frac{52\times 75}{250}=15.60$$

$$\widehat{E_{21}}=\frac{61\times 49}{250}=11.96,\ \widehat{E_{22}}=\frac{61\times 126}{250}=30.74,\ \widehat{E_{23}}=\frac{61\times 75}{250}=18.30$$

$$\widehat{E_{31}}=\frac{99\times 49}{250}=19.40,\ \widehat{E_{32}}=\frac{99\times 126}{250}=49.90,\ \widehat{E_{33}}=\frac{99\times 75}{250}=29.70$$

$$\widehat{E_{41}}=\frac{38\times 49}{250}=7.45,\ \widehat{E_{42}}=\frac{38\times 126}{250}=19.15,\ \widehat{E_{43}}=\frac{38\times 75}{250}=11.40$$

이들 추정 기대도수는 모두 5 이상임을 알 수 있고, 이들과 〈표 9.11〉의 관측 도수로부터 카이제곱통계량의 값을 구하면

$$\chi^2=\frac{(6-10.19)^2}{10.19}+\cdots+\frac{(6-11.40)^2}{11.40}=14.15$$

$$14.15\geq\chi^2_{0.05,\ ((4-1)(3-1))}=12.59$$

카이제곱통계량의 관측 값이 이 기각 역에 속하므로, 유의수준 5%에서 승용차의 크기와 통근 거리 사이에는 관계가 있다고 말할 수 있다.

9.3 동질성 카이-제곱 검정

카이-제곱 적합도 검정에서는 하나의 표본을 모집단 모델에 비교하는데 하나의 변수를 가지고 분석했다. 카이-제곱 독립성 검정에서는 두 변수로 분류된 하나의 표본을 가지고 이 특성간에 어떤 관련성이 있는가를 검정하는 방법이고, 동질성을 위한 카이-제곱 절차는 두 개 이상의 부모집단으로부터 표본을 추출하여 각 부모집단들의 범주 별 반응 비율이 같은가를 검정할 때 적용하는 방법이다.

■ 다항모집단의 동질성 검정(표본의 크기가 큰 경우 : $\widehat{E_{ij}} \geq 5$)

c개의 범주로 나누어지는 다항모집단 r개를 비교하기 위한 가설

$$H_0 : p_{1j} = p_{2j} = \cdots = p_{rj} (j = 1, 2, \cdots, c) \qquad H_a : H_0\text{가 아니다.}$$

의 검정 통계량은

$$\chi^2 = \sum_{i=1}^{r}\sum_{j=1}^{c} \frac{(O_{ij} - \widehat{E_{ij}})^2}{\widehat{E_{ij}}} \quad (\widehat{E_{ij}} = O_{i\cdot} \cdot O_{\cdot j}/n)$$

이고, 이의 관측값을 χ_0^2이라고 하면 다음이 성립한다.

유의확률	유의수준 α의 기각역
$p = P(\chi^2 \geq \chi_0^2), \quad \chi^2 \sim \chi^2_{((r-1)(c-1))}$	$\chi_0^2 \geq \chi^2_{\alpha,((r-1)(c-1))}$

예제 9.8 큰 도시에서, 학교 교직원들 중 어느 그룹이 그들의 직업에 만족하는 비율이 더 큰가 알아보는 프로젝트를 다 같이 작업한다. 선생님 100명, 행정관 60명, 관리인 45명, 그리고 비서관 55명의 독립적인 간단한 무작위 표본에서, 그들의 직업에 만족하는 사람 수는 각각 82, 38, 34, 그리고 36으로 밝혀졌다. 자신들의 일에 만족하는 고용인들의 비율이 학교 제도 직무에 따라 다르다는 증거가 있는가?

풀이 H_0 : 자신들의 일에 만족하는 고용인들의 비율이 모든 학교 제도 직무에서 똑같다.

H_a : 적어도 두 직무 카테고리는 자신들의 일에 만족하는 고용인들의 비율이 다르다.

관찰된 표는 다음과 같다.

〈표 9.12〉 직무 만족도에 대한 분할표

	만족	불만족
선생님	82	18
행정관	38	22
관리인	34	11
비서관	36	19

대응하는 행 합계를 적절한 열 합계로 곱한 것을 총 합계로 나눔으로써 아무 칸의 예상 값을 계산할 수 있다. 이 경우엔, 예상된 셈의 결과는 다음과 같다.

〈표 9.13〉 직무만족도에 대한 기대도수

	만족	불만족	
선생님	73.1	26.9	100
행정관	43.8	16.2	60
관리인	32.9	12.1	45
비서관	40.2	14.8	55
	190	70	260

모든 칸의 예상된 숫자들이 모두 5 이상인 것을 유의하며 카이-제곱을 계산한다.

$$\chi^2 = \frac{(\text{측정값} - \text{예상값})^2}{\text{예상값}} = \frac{(82-73.1)^2}{73.1} + \cdots + \frac{(19-14.8)^2}{14.8} = 8.640$$

$$p\text{-값} = P(\chi^2 > 8.640) = .0345$$

귀무가설을 기각할 만한 흡족한 증거가 있으며, 모든 학교 제도 직무 카테고리에서 자신들의 일에 만족하는 고용인들의 비율이 똑같지 않다는 증거가 있다고 결론지을 수 있다.

예제 9.9 어느 정당에서는 지역에 따라 A, B, C 세 후보에 대한 지지도가 다른지를 알아보기 위해 각 도시에서 200명씩 조사한 결과 다음의 자료를 얻었다. 지역에 따라 지지도가 다른지를 통계적으로 검정하여라.

〈표 9.14〉 지역과 후보간의 분할표

	A	B	C	계
서울	73	71	56	200
부산	102	55	43	200
대구	73	66	61	200
광주	62	98	40	200

풀이 H_0 : 지역에 따라 지지도의 비율이 같다.

H_a : 적어도 두 지역에 따라 지지도의 비율이 다르다.

〈표 9.15〉 지역과 후보 간의 기대치 계산

	A	B	C	계
서울	77.5	72.5	50	200
부산	77.5	72.5	50	200
대구	77.5	72.5	50	200
광주	77.5	72.5	50	200
계	310	290	200	800

검정통계량의 값은 다음과 같다.

$$\chi^2 = \frac{(73-77.5)^2}{77.5} + \frac{(71-72.5)^2}{72.5} + \cdots + \frac{(40-50)^2}{50} = 31.3$$

$31.3 > \chi^2_{0.01,(6)} = 16.81$ 이므로 H_0를 기각한다.

따라서 p-값은 1%보다 작으며, 지역에 따라 지지도가 다르다고 결론을 내린다.

예제 9.10 같은 종류의 볍씨를 온도와 습도에 따라 구분되는 4가지 저장 상태에 따라 1년간 보존하였다. 벼의 저장상태가 발아에 영향을 미치는지 알아보기 위하여 각 저장 상태로 보존한 볍씨 중에서 무작위로 각각 100, 150, 130, 120개를 추출하여 그 발아상태를 조사하였다. 각 저장 상태에 따라 발아율이 동일한지를 유의수준 $\alpha = 0.05$로 검정하여라.

〈표 9.16〉 씨앗의 온도에 따른 분할표

저장상태	발아한 벼	발아하지 않은 벼	합
A	73	27	100
B	105	45	150
C	90	40	130
D	78	42	120
합	346	154	500

풀이 H_0 : 각 저장상태에 따른 발아율은 같다.
H_a : 각 저장상태에 따른 발아율이 모두 같지는 않다.

$$\chi^2 = \frac{(73-100\times 346/500)^2}{100\times 346/500} + \cdots + \frac{(42-120\times 154/500)^2}{120\times 154/500} = 1.716$$

$1.716 < \chi^2_{0.05,\,(3)} = 7.815$이므로 H_0을 기각할 수 없으며 $P(\chi^2 > 1.716) = 0.6334 > 0.05$이다. 즉 저장상태가 발아여부에 영향을 미친다는 충분한 근거가 없다.

예제 9.11 공단에 인접한 세 지역에서 공해를 느끼는 정도가 지역에 따라 차이가 있는가를 알아보고자 하여, 세 지역에서 각각 97명, 95명, 99명을 랜덤 추출하여 산업공해로 인한 악취를 느끼는 횟수에 대하여 조사한 결과가 〈표 9.17〉와 같다. 〈표 9.17〉에서 범주 1은 매일, 범주2는 적어도 일주일에 한 번, 범주 3은 적어도 한 달에 한 번, 범주 4는 한 달에 한 번보다는 적게, 범주 5는 전혀 악취를 느끼지 않는 경우를 뜻한다. 이 자료로부터 지역에 따라 공해를 느끼는 정도가 다르다고 할 수 있는가를 유의수준 1%에서 검정하여라.

〈표 9.17〉 범주에 따른 분할표

	범주 1	범주 2	범주 3	범주 4	범주 5	표본크기
지역 1	20	28	23	14	12	97
지역 2	14	34	21	14	12	95
지역 3	4	12	10	20	53	99
합계	38	74	54	48	77	291

풀이 검정하고자 하는 가설은 다음과 같이 주어진다.

H_0 : 지역에 따라 각 범주에 대한 비율이 같다.

H_a : H_0가 아니다.

귀무가설 하에서 기대도수는 〈표 9.18〉에 주어져 있다.

〈표 9.18〉 〈표 9.17〉의 자료에 대한 추정 기대도수

	범주 1	범주 2	범주 3	범주 4	범주 5
지역 1	12.67	24.67	18.00	16.00	25.67
지역 2	12.41	24.16	17.63	15.67	25.14
지역 3	12.93	25.18	18.37	16.33	26.20

$$\chi^2 = \frac{(20-12.67)^2}{12.67} + \cdots + \frac{(53-26.20)^2}{26.20} = 71.36$$

$71.36 \geq \chi^2_{0.01,(8)} = 20.09$이므로 H_0를 기각한다.

관측값이 기각역에 속하므로, 지역에 따라 공해를 느끼는 정도에 차이가 있다고 결론을 내린다.

동질성 검정과 독립성 검정 사이의 차이는 헷갈릴 수도 있다. 이원분류표(Two-way)가 주어졌을 땐, 어느 검정이 쓰여지는 지 명백하지 않다. 결정적인 차이는 연구 기획에 있다. 각각의 모집단들 사이의 어떤 변수의 분포를 비교하기 위해 두 개 이상의 모집단에서 각각 표본들을 정했는가? 만약 그렇다면 동질성 검정을 하는 것이다. 하나의 모집단에서 하나의 표본을 정했으며 변수들 사이의 관계가 있는지 확인하기 위해 두 개의 변

수를 교차-분류를 하는가? 만약 그렇다면 독립성 검정을 하는 것이다.

예를 들어, 만약 줄기 세포 연구를 그들이 지지하는지, 반대하는지, 또는 무반응인지 알기 위해 민주당, 공화당, 그리고 독립당를 따로따로 표본추출을 한다면, 응답들의 분포가 민주당, 공화당, 그리고 독립당 다 똑같다는 귀무가설을 가지고 동질성 검사를 한다. 하지만, 만약 줄기 세포 연구에 대한 응답자들의 정치적 편애와 의견들을 유의하며, 보편적인 모집단을 표본으로 삼는다면, 정치적 편애가 줄기 세포 연구에 대한 의견과 상관없다는 귀무가설을 가지고 독립성 검정을 한다.

연 · 습 · 문 · 제

01. 양주농협이 50kg 쌀가마니 표본 225개를 다음과 같이 조사하였다.

무게	49.25 이하	49.25~49.75	49.75~50.25	50.25~50.75	50.75 이상
쌀가마니 개수	25	61	70	59	10

귀무가설은 $\mu = 50$, $\sigma = 0.5$을 주장한다. 2.5%, 유의수준으로 가정하자.

02. 땅콩, 개암나무열매, 캐슈열매 및 피칸열매를 5 : 2 : 2 : 1 비율로 혼합하는 기계가 있다 .혼합된 열매 500개가 담겨진 통조림 깡통을 정량분석 하였더니, 땅콩이 269 개암나무열매가 112, 캐슈열매가 74, 그리고 피칸열매가 45개씩 들어있었다. 이 기계는 각 열매를 5 : 2 : 2 : 1 의 비율로 혼합시키는가에 대하여 유의수준 0.05로 검정하라.

03. 어느 특정한 학기에 대한 통계학 강좌의 성적들이 다음과 같았다.

성적	A	B	C	D	F
학생 수	14	18	32	20	16

성적들의 분포가 균일하다는 가설을 유의수준 0.05에서 검정하라.

04. 유전학자들은 초파리의 비율이 1 : 3 : 3 : 9라고 주장한다. 4000마리의 초파리가 226, 764, 733, 2277의 종의 비율로 있다고 가정하자. 유전학자들의 주장이 인정되지 않는 충분한 증거가 있는가?

05.

시간	아침	점심	밤
사상자	1372	1578	1686

시간에 따른 사상자수가 다르다는 충분한 증거가 있는가? 0.05 유의수준으로 검정하여라.

06. 아침 혼잡한 시간에 도시 안에 있는 5개다리를 사용하는 비율이 2 : 3 : 3 : 4 : 6라고 감독자가 주장한다. 6000대의 차를 추출했더니 5개다리를 지나는 차의 대수가 720, 970, 1013, 1380, 1917이다. 감독자가 5%유의수준에서 감독자의 주장을 기각할 수 있는가?

07. 스포츠잡지를 발행하는 회사에서는 새로운 고객에게 3가지 경품-티셔츠, 커피잔, 귀걸이 중 하나를 선물하고 있다. 500명의 새로운 고객을 무작위로 추출하여 경품의 선호도에 대해서 조사한 결과는 다음의 표와 같다. 경품의 선호도에 차이가 있는지를 유의수준 5%에서 검정하여라.

경품	티셔츠	커피잔	귀걸이
빈도	183	175	142

08. 어떤 유형의 범죄발생건수가 대도시의 각 지역마다 다른지를 알아보기 위한 조사가 수행되었다. 특별히 조사대상으로 선정된 범죄는 강간, 강도, 철도 및 살인이었다. 다음 자료는 지난 1년 동안 대도시의 네 지역에서 발생한 범죄발생건수이다.

지역	강간	강도	철도	c살인
1	162	118	451	18
2	310	196	996	25
3	258	193	458	10
4	280	175	390	19

범죄발생건수가 대도시의 각 지역과는 무관한지를 유의수준 0.01로 검정하라.

09. 다음은 나이에 따라 자동차 A, B, C, D, E에 대한 선호도를 조사한 실험 결과이다. 나이와 선호하는 자동차의 종류는 무관한지 유의수준 5%에서 검정하여라.

나이/자동차	A	B	C	D	E
30세 미만	42	29	12	58	74
30~50세	59	34	43	19	68
50세 이상	67	42	81	7	82

10. 흡연 정도와 고혈압은 서로 독립적인 관계에 있는가를 알아보는 실험을 하였다. 180명을 조사한 결과 다음과 같이 나타났다.

	비흡연자	보통 흡연자	골초
고혈압	21	36	30
정상	48	26	19

"흡연 정도와 고혈압의 유무와는 독립이다"는 가설을 유의수준 0.05로 검정하라.

11. 심장마비환자 640명의 항체 검사 결과가 다음과 같다.

	심함	중간	가벼움
양성반응	85	125	150
음성반응	40	95	145

심장마비의 정도에 따른 항체검사결과에 뚜렷한 관계가 있는가? 5%의 유의수준으로 검정하여라.

12.

	적은 콜레스테롤	중간 콜레스테롤	높은 콜레스테롤
치명적	29	17	18
비치명적	19	20	9

뚜렷한 관계가 있는가? 콜레스테롤의 수치가 심장병을 예측하는가? 10% 유의수준으로 검정하여라.

13.

	운동 강도			
	낮음	중간	중간	높음
비흡연자	113	113	110	159
이전 흡연자	119	135	172	190
1–9개비 흡연자(매일)	77	91	86	65
10개비이상 흡연자(매일)	181	152	124	73

$\chi^2 = 87.6$ 이다. 운동 강도와 흡연습관에 상관관계가 있는가?

14. 다음은 어느 공정과정에서 3대의 기계로부터 얻어진 제품을 두 등급으로 분류한 분할표이다.

	기계1	기계2	기계3
1등급 2등급	78 22	65 8	68 30
계	100	73	98

위의 자료에서 등급과 기계의 종류를 유의수준 1%에서 독립인지를 검정하여라.

15.

		머리 잃는 성노		
		정상	앞	뒤
몸의 정도	〈25	137	22	40
	25–28	218	34	67
	〉28	153	30	68

$\chi^2 = 4.18$ 이다. 5% 유의수준에서 몸의 정도와 머리 잃는 정도에 관계가 있는가?

16. 어떤 회사에서 생산되는 제품의 불량품과 양품의 비율이 낮, 저녁, 그리고 밤에 따라 다른지를 결정하기 위해 아래와 같은 자료를 수집하였다. 낮, 저녁 그리고 밤에 만들어지는 제품의 불량률이 같은지를 유의수준 0.025에서 검정하여라.

	낮	저녁	밤	합계
불량품	80	70	80	230
양품	1120	930	720	2770
합계	1200	1000	800	3000

17. 다음 자료는 1000명의 주부를 대상으로 네 기간 동안 조사한 생활수준이다.

기간	생활수준			합계
	좋아짐	같다	나빠짐	
2010년 1월	72	144	84	300
5월	63	135	102	300
9월	47	100	53	200
2011년 1월	40	105	55	200

각 생활수준의 범주 내에서 주부의 비율이 각 기간마다 동일한지를 $P-$값을 이용하여 검정하라.

18. 다가오는 선거에서 두 명의 도지사후보에 대한 유권자들의 성향을 알아보기 위한 조사가 두 도시에서 실시되었다. 각 도시에서 500명의 유권자를 대상으로 조사한 결과는 다음과 같았다.

유권자의 성향	도시	
	성남	수원
후보A 지지	204	225
후보B 지지	211	198
미결정	85	77

유권자들의 후보A 지지율, 후보B의 지지율 및 미결정 비율은 각 도시마다 동일하다는 귀무가설을 유의수준 0.05로 검정하라.

19. 다음은 어떤 전기부품의 납땜 공정에서 작업자가 서서하는 공정과 앉아서 하는 공정에서 나온 제품을 양품과 불량품으로 분류한 분할표이다.

	양품	불량품	계
선 공정	651	49	700
앉은 공정	831	122	953
계	1482	171	1653

위의 자료에서 두 공정 간에는 차이가 없는 지를 검정하여라.

20. 액화천연가스(LNG)의 저장 기지의 후보지로 고려되고 있는 세 지역의 여론을 알아보기 위하여, 세 지역에서 각각 400명, 350명, 350명을 랜덤추출하여 기지의 건설에 대한 찬성여부를 물은 결과가 다음과 같다. 지역에 따라 찬성률에 차이가 있다고 할 수 있는가?

	찬성	반대	표본크기
지역 1	198	202	$n_1 = 400$
지역 2	140	210	$n_2 = 350$
지역 3	133	217	$n_3 = 350$
합 계	471	629	$n = 1100$

Chapter 10

두 개의 변수를 갖는 자료 탐구

지금까지 하나의 변수의 관측 값에 대해서 다루어 왔다. 통계학의 많은 중요한 응용들은 서로 관련 된 하나 또는 더 많은 변수들을 연구한다. 예를 들어, 임산부의 흡연 여부와 그들의 아이들의 몸무게와 관련이 있는가? 내신성적과 수능성적이 관련이 있는가? 사용한 비료의 양과 수확한 농작물의 양은 관련이 있는가?

여기서 두 가지 문제를 알고자 한다. 첫째, 눈에 보이는 강한 관계를 어떻게 측정할 것인가? 둘째, 이렇게 찾은 관련성을 어떤 함수의 항으로 나타낼 것인가? 예를 들어, 한 부동산 중개업자가 부동산 중개업자가 은행이율과 신규아파트 판매수 사이에 존재하는 관계뿐만 아니라 은행이율 주어졌을 때 팔린 아파트의 수를 예측할 수 있는 방법을 알고자 한다.

그래픽 표현에서 산점도는 두 변수들 사이의 있음직한 관계를 한눈에 알아볼 수 있게 해주고, 상관계수라 불리는 수치적인 측정은 선형의 관계 강도의 양적인 값으로 종종 쓰인다. 선형관계는 인과관계가 아니다.

10.1 산점도와 상관관계

두 양적 변수 x와 y 사이에서 어떤 관계가 발견되었다고 가정하고, (x, y) 쌍을 그래프로 그린다. 관계의 강도, 산점도, 그리고 그 관계의 기본 패턴에서부터의 어떤 편차를 주목한다. 이 단원에서는 관계가 직선으로 나타나는 1차 방정식의 항으로 나타낼 수 있는지에 대해 알아볼 것이다.

예를 들어, 다음과 같은 산점도를 보자.

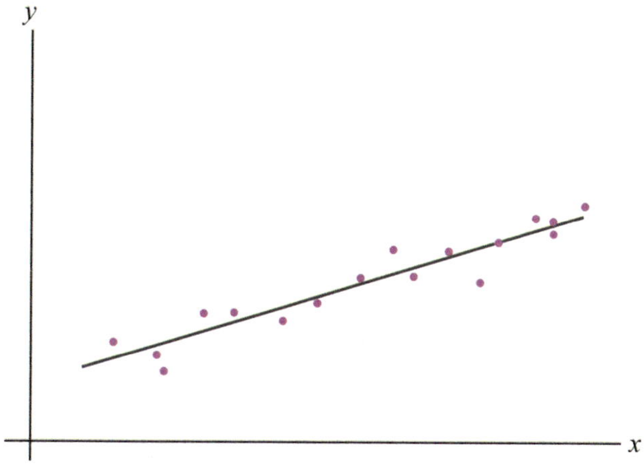

[그림 10.1] 산점도

가장 적합한 직선이라는 무엇을 의미하는지 그리고 어떻게 그 직선을 찾을 수 있는 지에 대해 알고자 한다. 변수들 사이의 관계가 강해서 이 직선을 찾아서 사용하는 것이 의미 있는지 알고자 한다.

■ 산점도의 형태와 상관계수

하나의 변수에서 더 큰 값들이 두 번째 변수에서의 더 큰 값들과 연관되어 있을 때, 그 변수들은 양의 상관관계라고 한다. 하나의 변수에서 더 큰 값들이 또 다른 변수의 더 작은 값들과 연관되어 있을 때, 그 변수들은 음의 상관관계라고 한다.

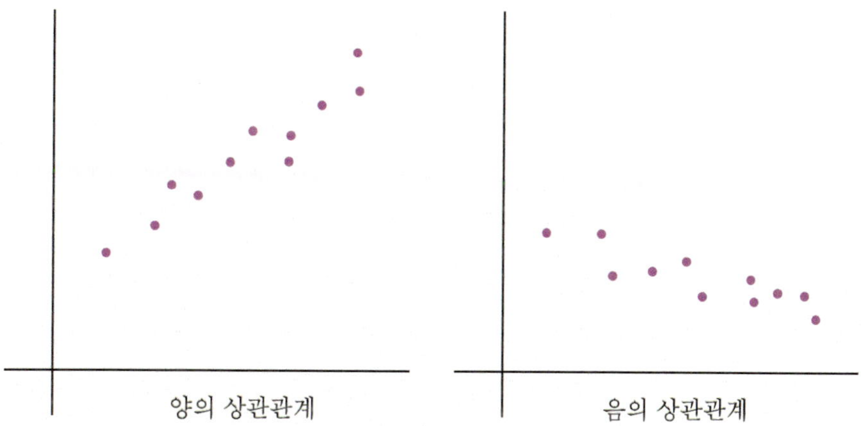

[그림 10.2] 음양의 상관관계

관계의 강도는 점들이 직선에 얼마나 가까이 분포되어 있냐에 따라 판단할 수 있다.

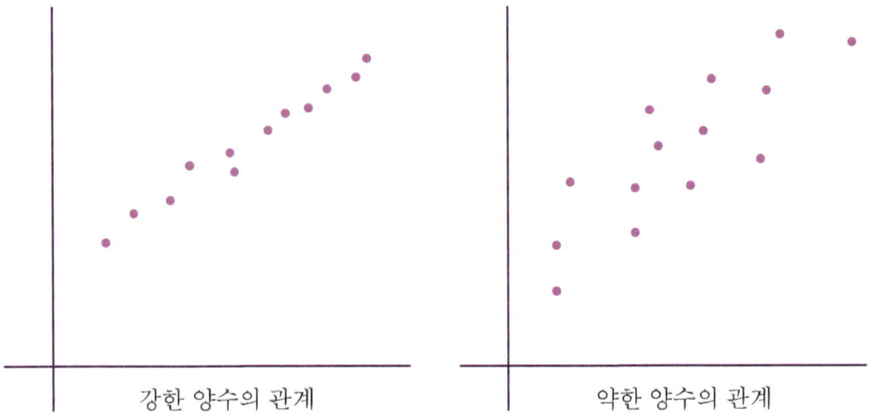

[그림 10.3] 상관관계의 강약

산점도가 1차 관계가 강하게 보일 때, 직관적으로 관계를 알 수 있지만, 대부분의 경우, 시각적으로 관계의 특정한 강도를 판단하기에는 어렵다. 이러한 이유 때문에, 상관계수라는 수학적인 계산을 한다. 상관 관계는 인과관계를 나타내지 않고 상관관계의 측정은 1차적 관계의 강도만 나타낸다는 점을 알아둬야 한다.

r로 표기된 상관계수는 두 집합의 평균과 표준 편차를 사용하는 공식이 있다.

$$r = \frac{1}{n-1}\sum\left(\frac{x_i-\overline{x}}{s_x}\right)\left(\frac{y_i-\overline{y}}{s_y}\right) = \frac{\sum(x_i-\overline{x})(y_i-\overline{y})}{\sqrt{\sum(x_i-\overline{x})^2}\sqrt{\sum(y_i-\overline{y})^2}} = \frac{s_{xy}}{\sqrt{s_{xx}}\sqrt{s_{yy}}}$$

$$s_{xy} = \sum x_i y_i - \frac{\sum x_i \sum y_i}{n},\quad s_{xx} = \sum x_i^2 - \frac{\left(\sum x_i\right)^2}{n},\quad s_{yy} = \sum y_i^2 - \frac{\left(\sum y_i\right)^2}{n}$$

공식에서 상관계수는 어떤 변수가 x이고 어떤 변수가 y인지 구별해 주지 않는 다는 점을 유의하자. 상관계수는 표준화 된 위치 (z-위치)을 바탕으로 하기 때문에 단위에 상관없다. 평균과 표준편차는 이상치에 크게 영향을 받을 수 있기 때문에, 상관계수는 이상치에 큰 영향을 받는다.

r의 값은 항상 -1과 +1 사이에 속하고, -1은 완벽한 음수의 상관계수를 말하고, +1은 완전한 양의 상관계수를 말한다. 상관계수가 0이라고 해서 변수들 간의 관계가 없다는 것이 아니라는 것을 주의해야 한다. 아마 1차적 관계가 아닌 강한 관계가 있을 것이다.

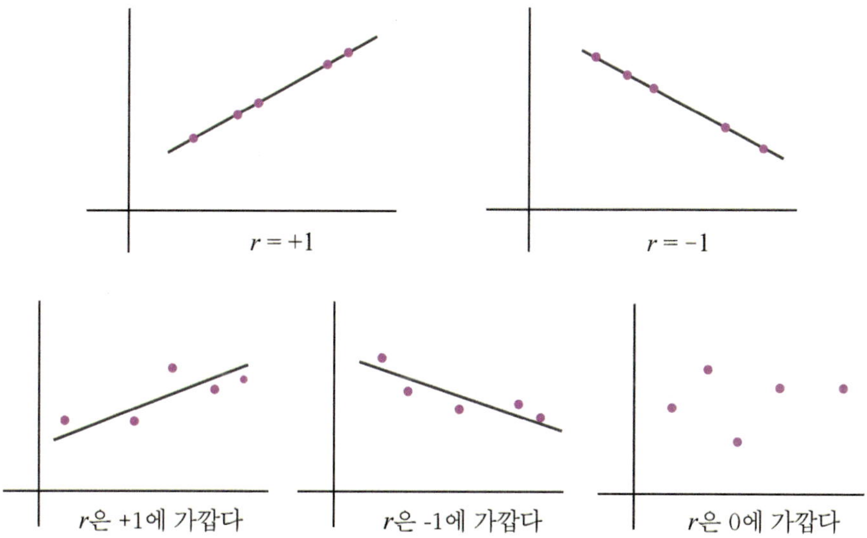

[그림 10.4] 상관관계의 강도

예제 10.1 어떤 지역에서 두 개의 오염물질의 농도 사이에 강한 상관관계가 있다고 알려져 있다고 하자. 즉, 오존의 농도 x(ppm)와 제 2탄소의 농도 $y(\mu g/m^2)$ 사이에 관계는 다음의 자료와 같다. 상관계수를 구하여라.

x	0.066	0.088	0.120	0.050	0.162	0.186	0.057	0.100
y	4.6	11.6	9.5	6.3	13.8	15.4	2.5	11.8
x	0.112	0.055	0.154	0.074	0.111	0.140	0.071	0.110
y	8.0	7.0	20.6	16.6	9.2	17.9	2.8	13.0

풀이 요약한 값들과 표본상관계수 r은 다음과 같다.

$n=16,\ \sum x_i = 1.656,\ \sum y_i = 170.6,\ \sum x_i^2 = 0.196912,$

$\sum x_i y_i = 20.0397,\ \sum y_i^2 = 2253.56$

$$r = \frac{20.0397 - (1.656)(170.6)/16}{\sqrt{0.196912 - (1.656)^2/16}\sqrt{2253.56 - (170.6)^2/16}}$$

$$= \frac{2.3826}{(0.1597)(20.8456)} = 0.716$$

따라서 오존농도와 제 2의 탄소 사이에 상관계수의 추정값은 $r = 0.716$이다.

예제 10.2 토양생산성의 정확한 평가는 토지사용계획에 비판적이다. 유감스럽게도 대개의 경우 만족스런 토양생산성 지수는 구하기 힘들다고 알려져 있다. 생산성 지표 중에 하나는 농작물을 심는 것에 의해 부분적으로 결정된다. 그리고 같은 토양에서 두 개의 다른 농작물을 심을 때의 상관관계는 매우 강하지 않을지도 모른다. 실례로 어느 한 연구결과에 의하면 다음과 같이 8개의 다른 종류의 토양에 대한 땅콩의 산출량 y와 옥수수의 산출량 x에 관한 자료를 제시하고 있다.

x	2.4	3.4	4.6	3.7	2.2	3.3	4.0	2.1
y	1.33	2.12	1.80	1.65	2.00	1.76	2.11	1.63

여기서 두 변수간 표본상관계수 r을 구하여라.

풀이 $\sum x_i = 25.7,\ \sum y_i = 14.40,\ \sum x_i^2 = 88.31,\ \sum x_i y_i = 46.856,\ \sum y_i^2 = 26.4324$

$$s_{xx} = 88.31 - \frac{(25.7)^2}{8} = 5.75$$

$$s_{yy} = 26.4324 - \frac{(14.40)^2}{8} = 0.5124$$

$$s_{xy} = 46.856 - \frac{(25.7)(14.40)}{8} = 0.5960$$ 으로부터 $$r = \frac{0.5960}{\sqrt{5.75}\sqrt{0.5124}} = 0.347$$

이다.

10.2 최소 제곱 회귀선

그려진 점들이 가장 잘 적합된 직선은 무엇인가?

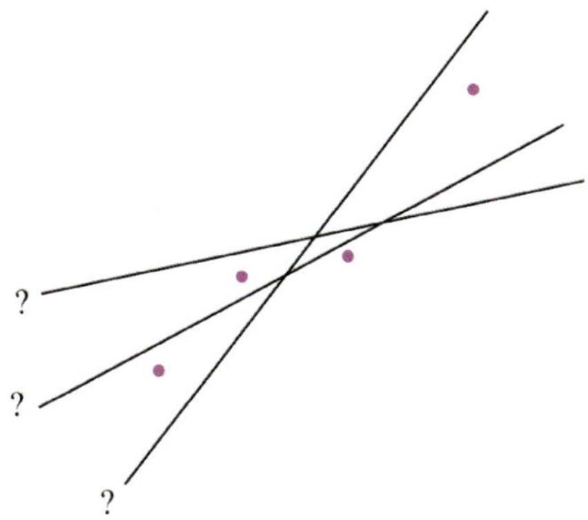

[그림 10.5] 회귀직선들

가장 적합된 직선은 관측된 값과 예측한 값들의 차이의 제곱수 합계를 최소화 하는 직선이다.

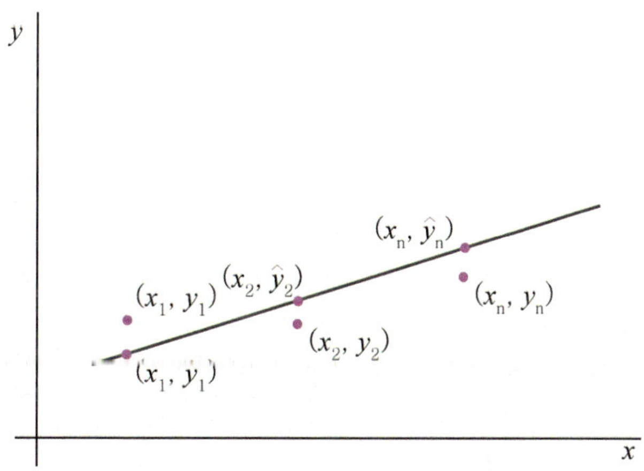

[그림 10.6] 실제값과 예측값의 표시

위의 도형에서, 다음을 최소화하길 원한다.

$$(y_1 - \widehat{y_1})^2 + (y_2 - \widehat{y_2})^2 + \cdots + (y_n - \widehat{y_n})^2$$

가장 잘 적합된 회귀선이 x와 y의 평균$(\bar{x}, \bar{y})$을 지난다. 주어진 점을 지나는 주어진 기울기를 가진 선의 기본적인 모형에서 다음과 같은 정보를 가진다.

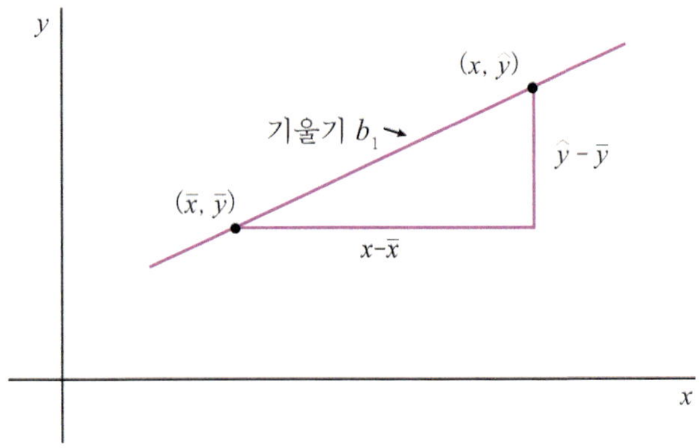

[그림 10.7] 적합된 회귀선

$$\hat{y} - \bar{y} = b_1(x - \bar{x})$$

$$\text{또는 } \hat{y} = \bar{y} + b_1(x - \bar{x})$$

b_1은 다음 공식을 통해서 구한다.

$$b_1 = r\frac{s_y}{s_x} = \frac{\sum(x_i - \bar{x})(y_i - \bar{y})}{\sum(x_i - \bar{x})^2} = \frac{s_{xy}}{s_{xx}}, \quad b_0 = \bar{y} - b_1\bar{x}$$

r이 상관계수이고, s_x와 s_y가 각각 x, y의 표준 편차이다.

가장 잘 맞는 이 선은 선을 통해 측정된 값과 예측된 값의 차이의 제곱의 합계를 최소화 하는 선이고 최소 제곱 회귀선 또는 간단하게 회귀선이라 불린다. 이는 계산기에서 두 집합의 자료를 입력하고 통계학 프로그램을 사용하여 바로 구할 수 있다.

예제 10.3 강우량의 정도에 따른 대기오염의 제거의 정도를 알아보기 위하여 다음과 같은 표를 얻었다. 다음 물음에 답하여라.

강우량(x)	4.3	4.5	5.9	5.6	6.1	5.2	3.8	2.1	7.5
대기오염 제거정도(y)	126	121	116	118	114	118	132	141	108

(1) 상관계수 r을 계산하여라.

(2) 강우량으로부터 대기오염의 제거정도를 예측하기 위한 회귀직선의 방정식을 구하여라.

(3) 강우량이 $x=5.8$일 때, 대기오염 제거정도를 추정하여라.

풀이 (1) $n=9,\ \sum x_i=45,\ \sum y_i=1094,\ \sum x_i y_i=5348.2,$

$\sum x_i^2=244.26,\ \sum y_i^2=133786,\ \bar{x}=5,\ \bar{y}=1094/9$

$$r=\frac{\frac{1}{n-1}\sum(x_i-\bar{x})(y_i-\bar{y})}{s_x s_y}=\frac{\sum x_i y_i-n\bar{x}\bar{y}}{\sqrt{\left(\sum x_i^2-n\bar{x}^2\right)\left(\sum y_i^2-n\bar{y}^2\right)}}\fallingdotseq -0.9787.$$

(2) $b_1=\dfrac{s_{xy}}{s_{xx}}=\dfrac{\sum x_i y_i-n\bar{x}\bar{y}}{\sum x_i^2-n\bar{x}^2}\fallingdotseq -6.3240,\quad b_0=\bar{y}-b_1\bar{x}\fallingdotseq 153.1755,$

$\hat{y}=153.1755-6.3240x$

(3) $x=5.8$일 때, $\hat{y}=153.1755-6.3240\bullet 5.8=116.496$

예제 10.4 다음은 여섯 개의 세정제 제품의 광고비와 전체 판매량을 나타낸 것이다.

광고비(x)	($ 1000)	2.3	5.7	4.8	7.3	5.9	6.2
전체 판매량(y)	($ 1000)	77	105	96	118	102	95

만약 $5000이 광고비로 쓰였을 때, 전체 판매량은 얼마인지 예상해보고, 회귀선의 기울기를 구하여라. 만약 $100,000이 광고비로 쓰였을 때는 얼마인가?

풀이 계산기를 사용하면, 회귀선의 방정식은

$$\hat{y} = 98.833 + 7.293(x - 5.367) = 59.691 + 7.293x$$

즉,

판매량 = 59.691 + 7.293 광고비

회귀선은 만약 $5000이 광고비로 쓰인다면, 그 결과인 전체 판매량은 7.293 (5) + 59.691 = 96.156천달러인 것을 예측한다.

회귀선의 기울기는 모든 추가적으로 광고비에 사용한 $1000는 판매량에 $7293이 증가한다는 것을 알 수 있다.

$100,000을 광고비로 쓰였다면 8.293(100)+59.691 =788.991천달러이다 (≈789,000).

예제 10.5 여름에 농장 30곳의 무작위 표본을 조사한 결과 다음과 같은 통계치가 나왔다.

자라는 기간의 평균 온도 (화씨) : $\bar{x} = 81,\ s_x = 3$

에이커 당 평균 농작물 수확량 (부쉘) : $\bar{y} = 131,\ s_y = 5$

상관계수 r = .32

이 연구를 바탕으로, 자라는 기간의 평균 온도가 화씨 76.5도인 지역의 예상 수확량의 평균은 얼마인가?

풀이 이 변수들과 관련된 선형의 회귀선을 찾을 수 있다.

기울기 = $r\dfrac{s_y}{s_x} = .32\left(\dfrac{5}{3}\right) \approx 0.533$이고, y-절편 $\approx 131 - 81(0.533) \approx 87.8$, 따라서 수확량 = 0.533(온도) + 87.8이다. 그러면 0.533(76.5) + 87.8 $\approx$ 128.6이다.

10.3 결정계수

단순회귀모형은 설명변수가 반응변수를 선형적으로 어떻게 설명할 수 있는가를 표현하는 모형이다. 관찰된 y_i는 다음과 같이 정리할 수 있다.

$$y_i - \bar{y} = y_i - \hat{y}_i + \hat{y}_i - \bar{y}$$

양변을 제곱하여 모든 관찰값에 대하여 더해주면 다음의 등식이 성립한다.

$$SST = \sum_{i=1}^{n}(\hat{y}_i - \bar{y})^2 + \sum_{i=1}^{n}(y_i - \hat{y}_i)^2 = SSR + SSE = \sum y_i^2 - \left(\sum y_i\right)^2/n$$

y의 총제곱합(SST : total sum of squares)은 회귀제곱합(SSR : regression sum of squares)과 오차제곱합(SSE : sum of squares due to error)으로 분할된다.

y의 총제곱합(SST) 중 추정된 회귀식이 설명하는 변동량(SSR)의 비중이 크면 클수록 회귀식이 원래의 자료를 잘 정리 요약하여 반영하고 있다고 할 수 있다.

y의 총제곱합(SST)에 대한 추정된 회귀식이 설명하는 변동량(SSR)의 비율을 결정계수(coefficient of determination)인 R^2로 표기한다. 이 값은 적합모형에 의해 설명된 변동의 비율에 대한 측도이다. R^2값이 1에 가까운 큰 값일수록 완벽한 회귀모형이다. R^2는 0과 1사이 값을 갖는 비율이지만 100을 곱하여 %단위로 쓰는 경우가 일반적이다. 그러면 결정계수의 무난한 값은 얼마인가? 이것은 대답하기 어렵다. 자연과학이나 공학 계열의 자료는 99%를 넘는 것들이 많으며 사회과학 연구에서는 R^2값이 70%만 넘어도 상당히 큰 값으로 생각될 것이다.

결정계수 R^2은 다음과 같다.

$$R^2 = \frac{SSR}{SST} = 1 - \frac{SSE}{SST} = \frac{\sum_{i=1}^{n}(\hat{y}_i - \bar{y})^2}{\sum_{i=1}^{n}(y_i - \bar{y})^2}$$

① $0 \leq R^2 \leq 1$

② R^2이 1에 가까울수록 추정된 회귀식이 총변동량의 많은 부분을 설명한다.

③ R^2이 0에 가까울수록 추정된 회귀식이 총변동량을 적절하게 설명하지 못한다.

결정계수 R^2이 회귀모형의 적절성을 나타내는 중요한 기준이나 유일한 절대 기준이 아닐 수 있다는 점을 명심해야 한다. 또 다른 회귀모형의 적절성에 대한 판단 기준을 다음절에서 논의할 것이다.

정의로부터 SSE의 계산은 많은 양의 계산을 해야 하므로 좀 더 단순한 공식을 생각해 보자.

$$\begin{aligned} SSE &= \sum(y_i - \hat{y_i})^2 = \sum(y_i - b_0 - b_1 x_i)^2 = \sum\left(y_i - b_0 - b_1\overline{x} - b_1(x_i - \overline{x})\right)^2 \\ &= \sum(y_i - \overline{y})^2 - b_1^2\sum(x_i - \overline{x})^2 = s_{yy} - b_1^2 s_{xx} = (n-1)(s_y^2 - b_1^2 s_x^2) \\ &= \sum y_i^2 - b_0\sum y_i - b_1\sum x_i y_i \end{aligned}$$

이 표현은 $\sum(y_i - \hat{y_i})^2$에서 대신하는 $\hat{y_i} = b_0 + b_1 x_i$로부터 얻는다.

예제 10.6 예제 10.3에서 강우량 자료의 결정계수 R^2값을 구하여라.

풀이

$b_0 = 153.1755$ $\quad$ $b_1 = -6.3240$

$\sum y_i = 1094$ $\quad$ $\sum x_i = 45$

$\sum x_i y_i = 5348.2$ $\quad$ $\sum y_i^2 = 133786$

$\sum x_i^2 = 244.26$

$$s_{yy} = \sum(y_i - \overline{y})^2 = \sum y_i^2 - n\overline{y}^2 = 133786 - (1904)^2/9 = 804.222$$
$$s_{xx} = \sum(x_i - \overline{x})^2 = \sum x_i^2 - n\overline{x}^2 = 244.26 - 452/9 = 19.26$$

에서 다음과 같이 SST와 SSE를 얻을 수 있다.

$$SST = \sum y_i^2 - \left(\sum y_i\right)^2 / n = 133786 - \frac{(1094)^2}{9} = 804.222$$

$$SSE = s_{yy} - b_1^2 s_{xx} = 804.222 = (-6.3240)^2(19.26) = 33.9573$$

따라서 결정계수는

$$R^2 = 1 - \frac{33.9573}{804.222} = 0.957776$$

이다.

즉, 대기오염제거정도의 관측된 변동 95.8%를 갖는 강우량과 대기오염 제거정도 사이의 점근적 선형관계에 기인한다고 볼 수 있다.

예제 10.7 예제 10.4에서 결정계수를 구하여라.

풀이 $\bar{y} = 98.83$, $\hat{y} = 59.68 + 7.30x$ 에서

$$\begin{aligned} SST &= (77-98.83)^2 + (105-98.83)^2 + (96-98.83)^2 \\ &\quad + (118-98.83)^2 + (102-09.83)^2 + (95-98.83)^2 \\ &= 914.833 \end{aligned}$$

$$\begin{aligned} SSE &= (77-76.47)^2 + (105-101.29)^2 + (96-94.72)^2 \\ &\quad + (118-112.97)^2 + (102-102.75)^2 + (95-104.94)^2 \\ &= 140.35 \end{aligned}$$

$$SSR = SST - SSE = 774.483$$

으로 계산되고, 결정계수는

$$R^2 = \frac{774.483}{914.833} = .847$$

이 된다.

즉 전체 변동의 85% 가량이 회귀직선에 의해 설명되므로 우리가 구한 회귀직선은 유용하다고 판단된다.

10.4 잔차플롯

측정된 값과 예측된 값 사이의 차이를 잔차라고 한다. 회귀선을 산점도에 그렸을 때, 점의 잔차는 회귀선으로부터 그 점까지의 세로 격차이다.

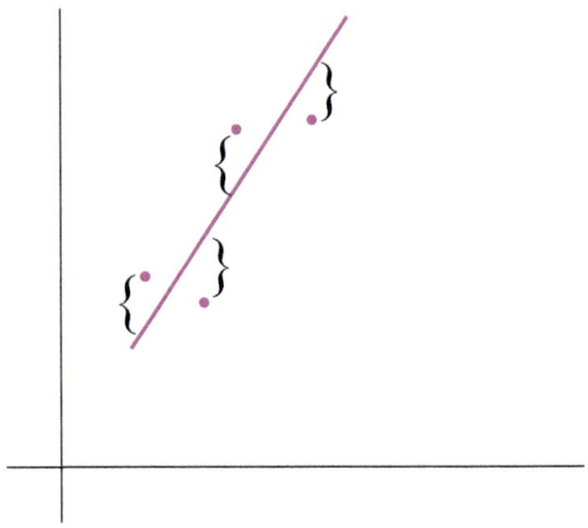

[그림 10.8] 잔차산점도

회귀선은 잔차의 제곱의 합계를 최소화 하는 선이다.

예제 10.8 우리는 예제 10.4에 있는 회귀선으로부터 예상 값을 계산하고 잔차를 구하여라.

풀이

x	2.3	5.7	4.8	7.3	5.9	6.2
y	77	105	96	118	102	95
$\hat{y}$	76.5	101.3	94.7	112.9	102.7	104.9
$y-\hat{y}$	0.5	3.7	1.3	5.1	−0.7	−9.9

잔차의 합계는 다음과 같다.

$0.5+3.7+1.3+5.1-0.7-9.9=0.0$

합계와 잔차들의 평균은 항상 0이다.

잔차의 표기로는 $\hat{e_i} = y_i - \hat{y_i}$ 따라서 $\sum_{i=1}^{n} \hat{e_i} = 0$이다. 잔차의 표준편차는 다음과 같이 계산된다.

$$s_e = \sqrt{\frac{\Sigma e_i^2}{n-2}} = \sqrt{\frac{\Sigma (y_i - \hat{y_i})^2}{n-2}} = \sqrt{\frac{s_{yy} - b_1^2 s_{xx}}{n-2}}$$

s_e는 점들이 회귀선 주위에 어떻게 분포되어있는지에 대한 척도를 나타낸다.

잔차플롯은 더 많은 정보를 제공한다. 잔차플롯은 직선인 회귀선 또는 비선형이 더 잘 맞는 다는 것을 암시해 준다. 그리고 잔차가 무작위로 분포되어있다면 잘 적합된다고 볼 수 있다.

1차 형태가 아마 적당하겠지만, 낮은 상관관계라 할지라도 선형 모형을 이해하는 것이 중요하다. 그리고, 1차적 모델이 가장 좋은 모델이 아닐 수 있다, 하지만 높은 r^2이 아주 좋은 모형일 것이다.

예제 10.9 한 페인트가 마르는 시간은 특정 성분을 포함하는 양에 따라 달라진다고 가정해보자.

성분(oz)(x)	1	2	3	4	5	6	7	8	9	10
마르는시간(hr)(y)	4	2.1	1.5	1	1.2	1.7	2.5	3.6	4.9	6.1

계산기를 사용하면, 회귀선 $y = 0.327x + 1.062$를 찾을 수 있고, 잔차 및 잔차플롯과 산점도를 그려라.

풀이

x	1	2	3	4	5	6	7	8	9	10
$y - \hat{y}$	2.61	0.38	−0.54	−1.37	−1.5	−1.32	−0.85	−0.08	0.89	1.77

결과로 나온 잔차플롯은 강한 모형을 나타낸다 :

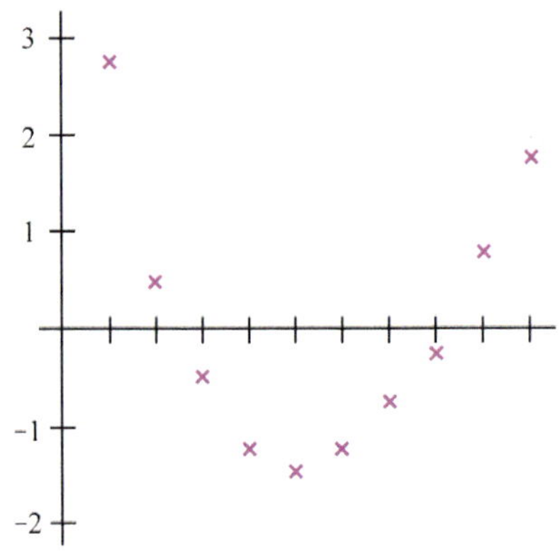

[그림 10.9] 잔차플롯

이 모형은 비선형 모형이 직선 모형보다 더 잘 맞을 것이라고 암시한다. 본래 자료의 산점도는 무엇이 일어나는지 명확하게 보여준다.

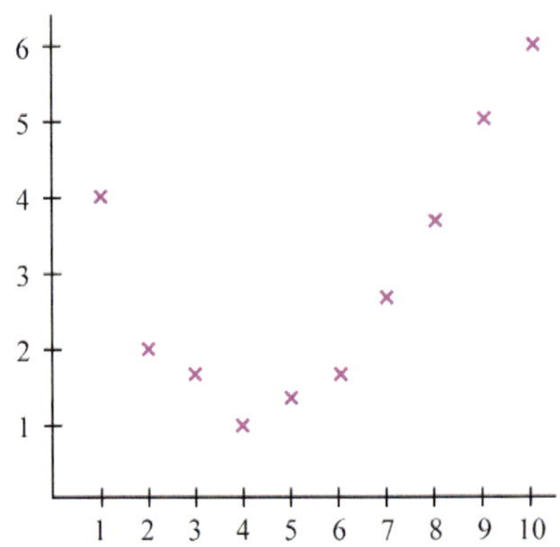

[그림 10.10] 산점도

예제 10.10 갈론 당 마일에 새로운 자동차 모델의 속도는 최소 제곱 회귀선에 맞아 떨어진다. 회귀선 잔차플롯과 컴퓨터의 출력결과는 다음과 같다.

회귀 분석 : MPG 대 속도

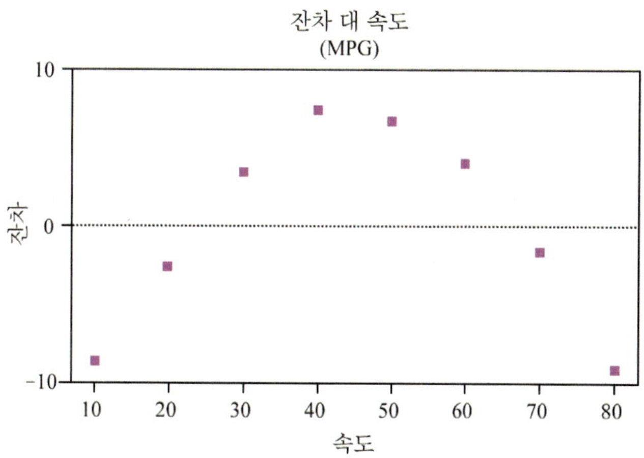

[그림 10.11] 잔차플롯

회귀선의 방정식은

MPG = 38.9 – 0.218 속도

predictor	Coef	SE Coef	T	P
변수	38.929	5.651	6.89	0.000
속도	–0.2179	0.1119	–1.95	0.099

S = 7.252 R-sq = 38.7% R-sq(adj) = 28.5%

분산분석

소스	DF	SS	MS	F	P
회귀선	1	199.34	199.34	3.79	0.099
잔차	6	315.54	52.59		
합계	7	514.88			

(1) 위 내용에 있는 회귀선의 기울기를 구하여라.

(2) 30 mph의 속도에서, 예상되는 MPG의 평균은 얼마인가?

(3) 30 mph의 속도에서, 실제 MPG는 얼마인가?

(4) 선이 가장 적절한 모델인가? 설명하라.

(5) "S = 7.252"는 무엇을 뜻하는가?

풀이 (1) 회귀선의 기울기는 -0.2179이다, 이는 평균적으로, 속도가 한 시간에 1 마일씩 증가할 때, MPG는 0.2179가 떨어진다는 것을 말한다.

(2) 30 mph의 속도에서, 예상 MPG 평균은 -0.2179(30) + 39.929, 또는 거의 32.4 MPG이다.

(3) 30 mph의 잔차는 거의 +3.5이고, 잔차 = 실제 값 – 예상 값이기 때문에, 우리는 실제 MPG를 32.4 + 3.5 또는 거의 36 MPG로 계산한다.

(4) 잔차가 강한 곡선의 패턴을 보이는 것은, 직선이 아닌 모델이 더 적당할 것을 암시한다.

(5) 잔차의 표준편차 는 잔차들의 "대표 값"이고 점들이 어떻게 회귀선 주위에 분포하는 지에 대한 척도를 나타낸다.

예제 10.11 작은 야구 리그에서 연도(햇수)와 경기하는 어린 선수들의 수는 최소 제곱 회귀선에 맞아 떨어진다. 그 회귀선의 잔차플롯과 컴퓨터 출력결과는 다음과 같다. (1995년도 기준으로 하였다.)

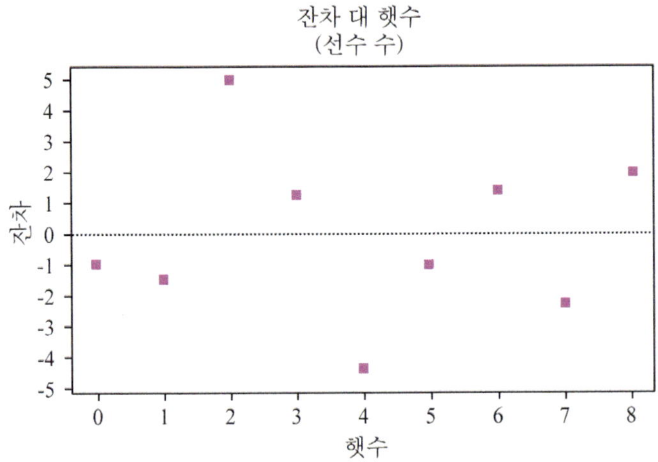

[그림 10.12] 잔차플롯

predictor	Coef	SE Coef	T	P
상수	123.800	1.798	68.84	0.000
년도	12.6333	0.3778	33.44	0.000

S = 2.926 R-Sq = 99.4% R-Sq(adj) = 99.3%

분산분석

소스	DF	SS	MS	F	P
회귀선	1	9576.1	9576.1	1118.45	0.000
잔차	7	59.9	8.6		
합계	8	9636.0			

(1) 이 자료에 일차식이 적합한 모델인가? 설명하라.

(2) 회귀선의 방정식은 무엇인가?

(3) 이 문제의 내용에서 회귀선의 기울기를 구하여라.

(4) 문제의 내용에 해당하는 회귀선의 y-절편을 구하여라

(5) 1997년에 예측된 선수들의 수는 얼마인가?

(6) 1997년에 실제 선수들의 수는 얼마였는가?

풀이 (1) 결정계수 = 99.4%는 크다, 그리고 잔차플롯은 특징이 없다. 따라서 일차식이 적합하다.

(2) 선수들의 수 = 123.8 + 12.6 (년도)

(3) 회귀선의 기울기는 12.6이다, 이는 1995-2003년 동안 한 해에 작은 야구 리그에서 경기한 어린이들의 수는 12 또는 13명씩 증가한다는 것을 암시한다.

(4) y-교차점 123.8은 1995년을 의미한다. 따라서 작은 리그의 선수들의 수는 124 정도로 예상된다.

(5) 1997년에는, $x = 2$이고, 따라서 예상되는 선수들의 수는 12.6(2) + 123.8 = 149이다.

(6) 잔차플롯에서의 1997년도($x = 2$)의 잔차는 +5이다, 따라서 실제 값 – 예상 값 = 5이고, 따라서 1997년도 실제 선수들의 수는 5 + 149 = 154가 되어야 한다.

10.5 비선형 회귀모형

종종 두 변수들 사이의 관계를 설명하기 위해서는 직선이 가장 좋은 모형이 아닐 수도 있다. 이 문제의 명확한 표시는 산점도가 눈에 보이는 곡선을 가지고 있을 때이다. 잔차들이 무작위의 분포가 아닌 명확한 모형을 가지고 있을 때이다. 이러한 경우, 하나 또는 두 개의 변수들을 변형 시킨 후 선형의 관계를 확인함으로써 종종 선이 아닌 모형이 나타날 수 있다. 유용한 변형은 종종 새로운 변수들을 만드는 계산기의 log 또는 ln을 통해 나타난다.

예제 10.12 다음 년 수와 그에 해당하는 인구수를 보자.

년(x)	1950	1960	1970	1980	1990
인구(단위 : 1000)(y)	50	67	91	122	165

산점도와 잔차플롯은 비선형관계가 더욱 강한 모형인지 확인하여라.

풀이

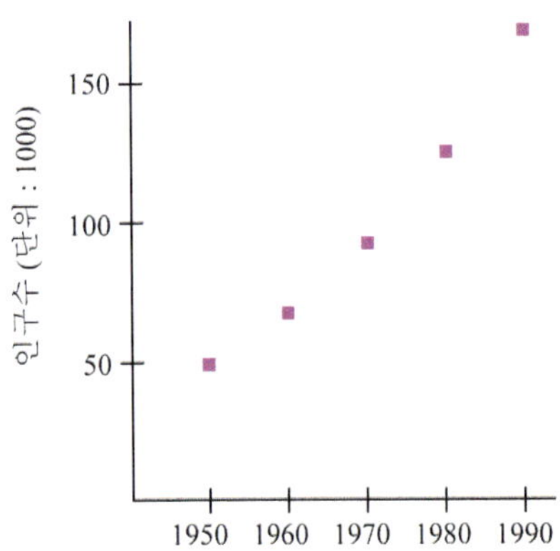

[그림 10.13] 산점도

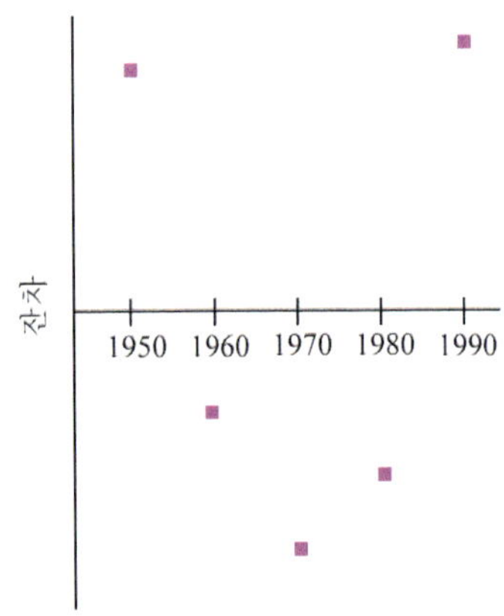

[그림 10.14] 잔차플롯

log y를 새로운 변수라고 하면, 다음을 얻는다.

x	1950	1960	1970	1980	1990
log y	1.70	1.83	1.96	2.09	2.22

산포도와 잔차플롯은 이제 더 강한 선의 관계를 암시한다.

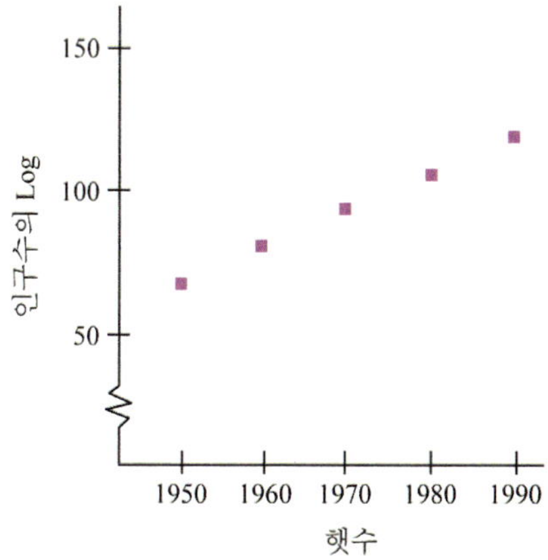

[그림 10.15] 산점도

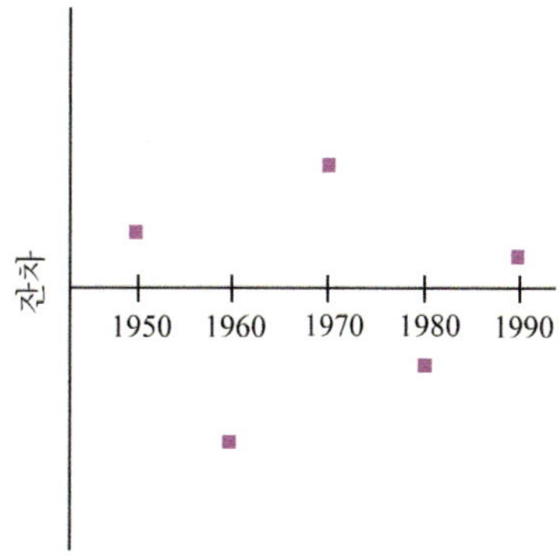

[그림 10.16] 잔차플롯

회귀선 분석은 $\log y = 0.013x - 23.65$를 나타낸다. $\log(Pop) = -23.65 + 0.013(Year)$을 가진다. 예를 들어, 2000년도에 예상되는 인구수는 $\log(Pop) = 0.013(2000) - 23.65 = 2.35$ 일 것이고 따라서 $Pop = 10^{2.35} \approx 224$ 천 또는 224,000일 것이다. "1차" 방정식은 $\log y = 0.013x - 23.65$는 $y = 10^{0.013x - 23.65}\ [= 10^{-23.65} \times (10^{0.013})^x = (2.2387E - 24) \times 1.0304^x]$로 다시 표현될 수 있다.

많은 유용한 변형이 있다. 예를 들면,

x의 1차 함수를 $\log y$라 하면, $\log y = ax + b$, 지수로 다시 표현하면

$$y = 10^{ax+b} \text{ 또는 } b_1 = 10^b \text{ 일 때, } \quad y = b_1 10^{ax}$$

$\log x$의 1차 함수를 $\log y$라 하면, $\log y = a \log x + b$, 제곱으로 다시 표현하면

$$y = 10^{a\log x + b} \text{ 또는 } b_1 = 10^b \text{ 일 때, } \quad y = b_1 x^a$$

x의 1차 함수를 $\sqrt{y}$ 라 하면, $\sqrt{y} = ax + b$ 2차로 다시 표현하면

$$y = (ax+b)^2$$

x의 1차 함수를 $\frac{1}{y}$라 하면, $\frac{1}{y} = ax + b$, 역수로 다시 표현하면

$$y = \frac{1}{ax+b}$$

log x의 1차 함수를 y라 하면, $y = a \log x + b$는 로그 함수이다.

예제 10.13 다음 자료에 가능한 모델은 무엇이 있는가?

x	1	2	3	4	5
y	20	60	120	190	280

풀이 x와 y에 맞는 선은 r=0.99에 $\hat{y} = 65x - 61$을 나타낸다.

x와 log y 에 맞는 선은 r = .98에 $\log y = 0.279x + 1.139$을 나타낸다. 지수의 관계에서 다음과 같다.

$\hat{y} = 10^{0.279x+1.139} = 13.77(10^{0.279x}) = 13.77(1.901^{x})$

log x 와 log y 에 맞는 선은 r = .99에 $\log y = 1.639 \log x + 1.295$를 나타낸다. 멱 관계에서 결과가 나타난다.

$\hat{y} = 10^{1.639 \log x + 1.295} = 19.72(x^{1.639})$

세 모델 모두 높은 상관관계를 나타내고 적합한 형태이다. 잔차플롯 검토를 통해 더 자세한 분석을 할 수 있다.

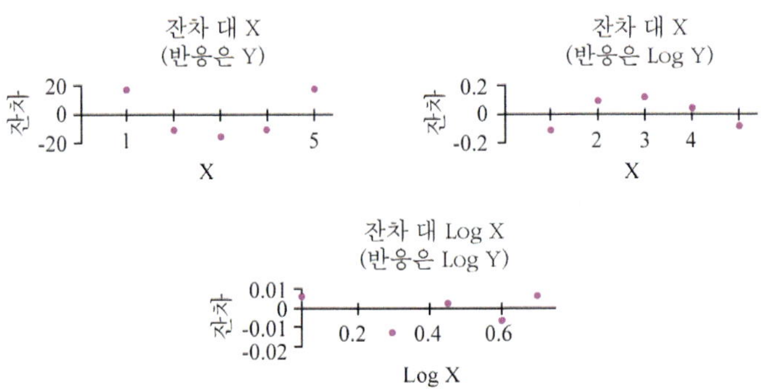

처음 두 잔차플롯은 명확한 곡선 패턴이 있다. 세 번째 잔차플롯은 더 무작위 패턴과 작은 잔차를 나타낸다. 위의 세 모델 중, 멱 모형(power model)인 $\hat{y} = 19.72(x^{1.639})$이 가장 좋게 나타낸다.

10.6 최소 제곱법 회귀선의 기울기 신뢰구간

10.2절에서 최소 제곱회귀선을 토론했다.

$$\hat{y} = \bar{y} + b_1(x - \bar{x})$$

b_1이 선의 기울기이다. 이 기울기는 계산기의 통계 소프트웨어를 이용하여 쉽게 찾을 수 있다. 회귀선의 기울기 β_1의 추정치이다. β_1의 신뢰구간 추정치는 df = n-2인 t-값들을 이용해 찾을 수 있고, b_1의 표준편차는

$$s_{b_1} = \frac{\sqrt{\dfrac{\sum(y_i - \hat{y_i})^2}{n-2}}}{\sqrt{\sum(x_i - \bar{x})^2}}$$

s_{b_1}의 값은 계산기의 통계 소프트웨어가 b_1의 값을 찾는 동시에 같이 찾아진다. 또 분자 $s = \sqrt{\dfrac{\sum(y_i - \hat{y_i})^2}{n-2}}$ 이고 분모는 $\sqrt{\sum(x_i - \bar{x})^2} = s_x\sqrt{n-1}$로 계산될 수 있다.

여기 가정은 다음과 같다.

① 표본은 무작위로 뽑혀야 한다.
② 산점도는 대략 일직선 이어야 한다.
③ 잔차플롯의 분명한 패턴이 있어선 안 된다.
④ 잔차들의 분포는 대략 정규분포이어야 한다.

신뢰구간의 유도된 공식에 따르면 다음과 같이 확률계산을 할 수 있다.

$$P\left(-t_{\alpha/2,\ (n-2)} < \frac{b_1-\beta_1}{s_{b_1}} < t_{\alpha/2,\ (n-2)}\right) = 1-\alpha$$

β_1의 괄호 안에 부등식과 추정량들의 자리에 추정한 값을 대체하여 신뢰구간 공식을 유도할 수 있다. 회귀직선 기울기 β_1에 대한 $100(1-\alpha)\%$ 신뢰구간은 다음과 같다.

$$b_1 \pm t_{\alpha/2,(n-2)} \cdot s_{b_1}$$

이 구간은 이전의 많은 신뢰구간들의 형태와 비슷하다. 모수를 추정한 값이 중심이 되고 원하는 신뢰한계(임계값 t를 통해)와 추정량 b_1의 변동의 양에 따라 구간의 폭이 변한다.

예제 10.14 점토 벽돌을 이용한 건축의 변화는 구조적, 음향적 디자인뿐만 아니라 보온과 통풍 그리고 에어콘 시스템의 디자인에 중요한 역할을 한다. 다음 표는 y =모르타르의 마른 밀도와 x =모르타르 공기 성분의 자료이다. b_1의 신뢰구간을 구하여라.

x	5.7	6.8	9.6	10.0	10.7	12.6	14.4	15.0
y	119.0	121.3	118.2	124.0	112.3	114.1	112.2	115.1

x	15.3	16.2	17.8	18.7	19.7	20.6	25.0	
y	111.3	107.2	108.9	107.8	111.0	106.2	105.0	

풀이 산점도는 확실하게 단순선형회귀모형의 적당한 예를 제시한다. 즉, 공기성분이 증가함에 따라 밀도가 감소하는 경향의 것으로, 공기의 성분과 밀도 사이의 음의 관계를 보여준다.

요약 통계량은 다음과 같다.

$\sum x_i = 218.1,\ \sum y_i = 1693.6,\ \sum x_i^2 = 3577.01,\ \sum x_i y_i = 24{,}252.54,$

$\sum y_i^2 = 191{,}672.90,\ \sum y_i^2 = 191.673$

따라서,

$s_{xy} =-372.404,\ s_{xx} = 405.836,\ s_{yy} = 454.169,$

$b_1 =-0.917622,\ b_0 = 126.248889$

$SST = 454.1693,\ SSE = 112.4432$

이고 결정계수는

$r^2 = 1 - 112.4432/454.1693 = 0.752$

이다.

따라서 밀도에서 관측된 변동의 75%는 밀도와 공기성분 사이에 단순선형회귀모형의 적합한 관계에 있다고 할 수 있다.

$s_e^2 = 112.4432/13 = 8.6495$

그리고 $s_e = 2.941$로부터 잔차의 자유도는 15-2=13이다.

추성된 b_1의 표준 편차는

$$s_{b_1} = \frac{s_e}{\sqrt{s_{xx}}} = \frac{2.941}{\sqrt{405.836}} = 0.1460$$

이고, 95%의 신뢰수준의 임계값 t는 $t_{0.025,\ (13)} = 2.160$이므로 신뢰구간은 다음과 같이 구할 수 있다.

$-0.918 \pm (2.160)(0.1460) =-0.918 \pm 0.315 = (-1.223,\ -0.603)$

높은 신뢰도를 가지고 우리는 0.603과 1.223 사이와 밀도 감소의 평균은 공기성분의 1% 증가와 관련된 것을 추정할 수 있다. 따라서 공기성분이 증가함으로써 밀도는 감소한다는 경향을 신뢰할 수 있다.

예제 10.15 10명의 고등학생들의 무작위 표본은 주 당 텔레비전 보는 시간과 성적으로 써 이와 같은 결과를 나타냈다.

TV 시간	12	21	8	20	16	16	24	0	11	18
성적	3.1	2.3	3.5	2.5	3.0	2.6	2.1	3.8	2.9	2.6

최소 제곱법 선을 구하고 실제 기울기의 95% 신뢰구간을 구하여라.

풀이 통계 소프트웨어를 이용하면

$\hat{y} = 3.892 - 0.07202x$을 준다.

$s_e = 0.1531$ 와 $s_x = 7.074$을 얻는다.

그러므로

$$s_{b_1} = \frac{0.1531}{7.074\sqrt{10-1}} = 0.0072$$

자유도는 df = 10 - 2 = 8이고, 임계치 t-값들은 ± 2.306이다. 실제 기울기의 95% 신뢰구간 추정은

$$b_1 \pm ts_{b_1} = -0.07202 \pm 2.306(0.0072) = -0.07202 \pm 0.0166$$

이다.

주 당 텔레비전 보는 추가 시간마다 0.055와 0.089사이의 성적 하락과 관련되어있다고 95% 확신한다.

예제 10.16 SAT 구두 점수들과 SAT 수학 점수에 관한 정보는 15개의 무작위로 뽑힌 과목들에게서 수집됐다. 자료에 1차 회귀는 통계 소프트웨어 패키지를 이용하여 이행된 것은 이와 같은 출력정보를 결과를 맺었다 :

종속 변수 : Math

변수	Coef	SE Coef	T	Probability
불변수	92.5724	31.75	2.92	0.012
구두	0.763604	0.05597	13.6	0.000
S = 16.69	R-Sq = 93.58	R-Sq(adj) = 93.0%		

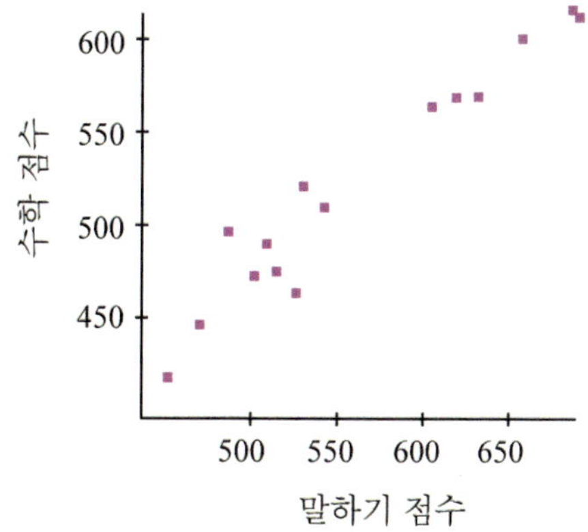

[그림 10.17] 산점도

(1) 회귀 식을 구하여라.

(2) 회귀 선의 기울기의 95% 신뢰구간 추정을 구하여라.

풀이 (1) 회귀의 모든 가정들이 맞다고 가정한다면, 식의 y-절편과 기울기는 위 출력의 Coef 열에서 찾을 수 있다.

$$Math = 92.57 + 0.764\ Verbal$$

(2) 잔차들의 표준편차는 S=16.69이며 기울기의 표준오차는 $s_{b_1} = 0.05597$. 자료의 개수가 15이므로 df = 15 − 2 = 13이고, 임계치 t-값들은 ±2.160이다. 실제 기울기의 95% 신뢰구간은

$$b_1 \pm t s_{b_1} = 0.764 \pm 2.160(0.05597) = 0.764 \pm 0.121$$

구두 점수가 1점 올라갈 때마다, SAT 수학 점수의 평균의 증가는 .64와 .89사이 이라고 95% 확신한다.

10.7 최소 제곱법 회귀선의 기울기 가설검정

실제 기울기의 신뢰구간을 찾는 것에 더하여, 기울기의 값을 위한 가설검정을 할 수도 있다. 귀무가설 $H_0 : \beta_1 = 0$ 을 사용한다. 두 변수들 사이에 일직선 관계가 없다는 것이다. 최소 제곱법 선의 기울기의 추론에 대한 가정은 다음을 포함한다. (1) 표본은 무작위로 선택되어야 한다. (2) 산점도는 대략 일직선 이어야 한다. (3) 잔차플롯의 분명한 모형이 있어선 안 된다. 그리고 (4) 잔차들의 분포는 대략 정규분포이어야 한다.

회귀직선에 대한 가설검정 절차는 다음과 같다

귀무가설 : $H_0 \ : \ \beta_1 = 0$

검정통계량 값 : $t = \dfrac{b_1 - 0}{s_{b_1}}$

대립가설	유의수준 α검정에 대한 기각역
① $H_a \ : \ \beta_1 > 0$	$t \geq t_{\alpha,(n-2)}$
② $H_a \ : \ \beta_1 < 0$	$t \leq -t_{\alpha,(n-2)}$
③ $H_a \ : \ \beta_1 \neq 0$	$\lvert t \rvert \geq t_{\frac{\alpha}{2},(n-2)}$

H_0가 참일 때 통계적 검정통계량은 자유도 $n-2$인 t분포를 따른다.

예제 10.17 알루미늄 금속 또는 주조된 합금의 순도는 수소와 용해물의 내용에 의해 결정된다. 다음은 다양한 인장력이 x=산화물/혼합물의 비율(%)과 관련이 있다는 것을 나타내는 자료이다. 여기서 y =시험막대의 인장력을 나타낸다. 우리는 두 변수간 산점도가 선형관계임을 보여주고, 따라서 최고제곱법으로 추정식을 얻을 수 있다고 하자. b_1 유의수준 $\alpha = 0.01$에서 검정을 하여라.

x	0.10	0.16	0.31	0.37	0.37	0.46	0.50	0.50	0.60	0.70
y	0.96	1.10	0.80	0.84	0.77	0.87	0.60	0.87	0.60	0.61

x	0.75	0.80	0.90	1.00	1.07	1.08	1.11	1.30	1.37	1.54
y	0.70	0.41	0.40	0.41	0.45	0.59	0.25	0.25	0.08	0.10

풀이 기울기 $H_0 : \beta_1 = 0$은 $H_a : \beta_1 \neq 0$. 기각역은 $t \geq t_{\alpha/2,\,(n-2)} = t_{0.005,\,(18)} = 2.878$이거나 $t \leq -2.878$이다. 따라서 $b_1 = -0.64884$, $s_{b_1} = 0.05840$이고,

$$t = \frac{-0.64884}{0.05840} = -11.11$$

이다. $-11.11 \leq -2.878$ 이므로, H_0은 명확하게 기각된다. P-값$= P(T \leq -11.11) \times 2 = 0$이므로 따라서 H_0는 $\alpha = 0.01$에서 기각된다.

예제 10.18 다음 테이블은 무작위로 뽑힌 프로 테니스 선수의 새로 개발된 테니스 라켓을 쓰는 전과 후의 서브 속도를 mph로 나타낸다.

오래된 라켓	125	133	108	128	115	135	125	117	130	121
새로운 라켓	133	134	112	139	123	142	140	129	139	126

프로들이 그들의 오래된 라켓과 새로운 라켓을 사용해 시브한 속도 시이의 플러스의 기울기를 가진 일직선 관계가 있다는 증거가 있는가?

풀이 회귀선의 기울기를 위한 가설검정

$H_0 : \beta_1 = 0 \qquad H_a : \beta_1 > 0$

계산기의 통계 프로그램을 이용하면 다음과 같다.

새로운 라켓의 속도=8.76+0.99(오래된 라켓의 속도)

$t = 5.853$ 그리고 $p = .00019$

이 같은 작은 p-값$= 0.0019 < 0.01$이므로 H_0를 기각한다. 즉, 프로들이 그들의 오래된 라켓과 새로운 라켓을 사용해 서브한 속도 사이의 양의 기울기를 가진 일직선 관계가 있다는 매우 강한 증거가 있다.

예제 10.19 업체가 학생들의 GRE 점수를 향상시키기 위해 10개의 레슨 연구 프로그램을 제공한다. 학생 25명의 무작위 표본 추출들로 설문조사가 이뤄졌다. GRE 점수(수학+언어시험)의 향상 대 레슨 개수의 산점도는 이와 같다.

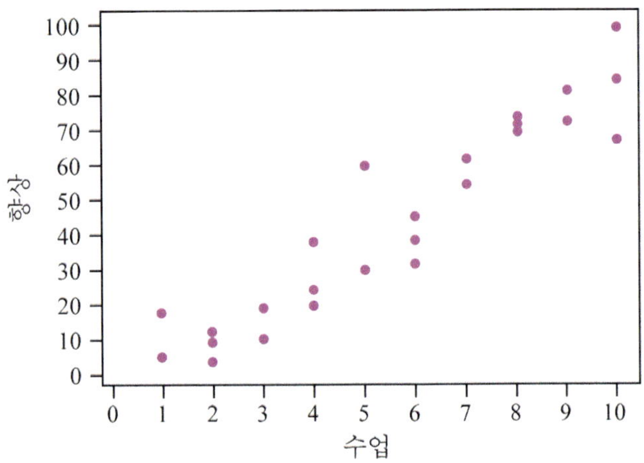

회귀 분석의 어떤 컴퓨터 출력은 따른다, 잔차들의 도표와 막대그래프는 다음과 같다.

회귀 분석 : 향상 대 수업

종속 변수 : 향상

Predictor	Coef	SE Coef	T	P
상수	−7.718	4.272	−1.81	0.084
수업	9.2854	0.6789	13.68	0.000

S = 9.744 R-Sq = 89.1%

분산분석

Source	DF	SS	MS	F	P
회귀	1	17761	17761	187.06	0.000
잔차	23	2184	95		
합계	24	19945			

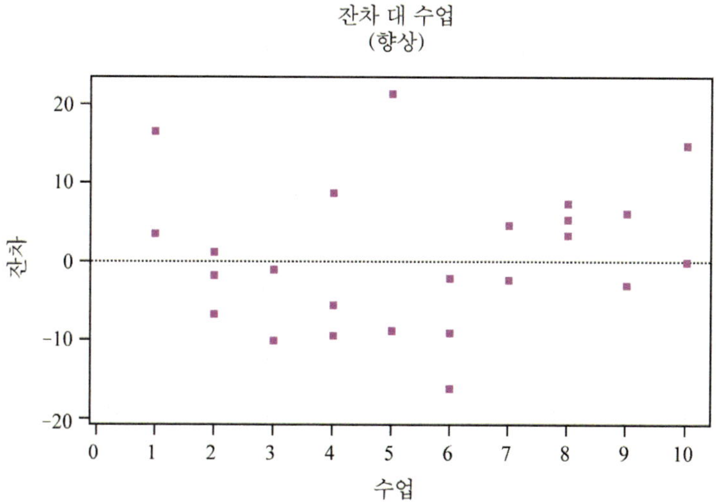

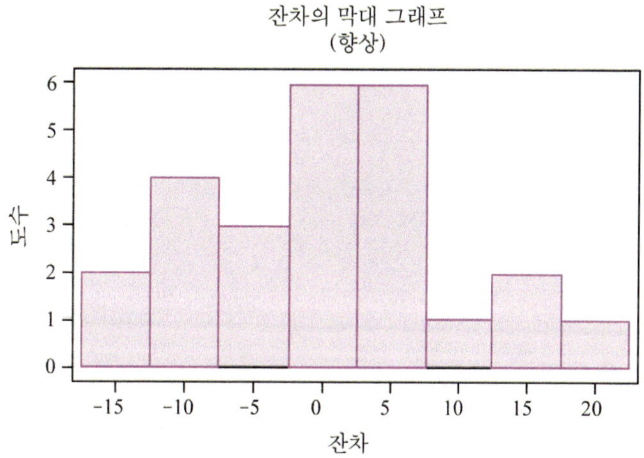

(1) 수업 개수의 함수로 점수 향상을 예측하는 회귀 선의 식은 무엇인가?

(2) 회귀 선의 기울기를 해석하여라.

(3) 이 결정계수의 뜻은 무엇인가?

(4) 상관계수의 값을 구하여라.

(5) 회귀 선의 기울기를 위한 유의성 검정을 하여라.

풀이 (1) 향상 = -7.718 + 9.2854(수업)

(2) 회귀선의 기울기는 9.2854이며, 각 추가의 레슨은 한 명의 GRE 점수를 9.2854를 향상시킨다는 뜻이다.

(3) 결정계수 = 89.1%은 GRE 점수 향상 합계의 변동의 89.1%는 레슨 개수의 변동으로 설명될 수 있다.

(4) $r = +\sqrt{.891} = .949$, 기울기는 양수이므로 부호도 양수이다.

(5) $H_0 : \beta_1 = 0, H_a : \beta_1 \neq 0$ 회귀선의 기울기의 유의성을 검정은 다음과 같다. 산점도는 대략 일직선으로 보이고, 잔차플롯의 분명한 패턴이 없으며, 잔차들의 분포는 대략 정규분포로 나타난다.

$$t = \frac{9.2854 - 0}{0.6789} = 13.68, \text{그리고 } df = 25 - 2 = 23, p = .000$$

이 작은 p-값이므로, H_0을 기각할 매우 강한 증거가 있으며 GRE 합계 점수 향상과 레슨 개수 사이의 관계가 의미 있다고 결론짓는다.

연 · 습 · 문 · 제

01. 임의로 추출한 컴퓨터 공학과 학생 6명의 통계학과 프로그램언어 점수이다. 상관계수를 구하여라.

통계학점수	70	92	80	74	65	83
프로그램언어	74	84	63	87	78	90

02. 다음 자료를 이용하여 상관계수를 구하고 그 의미를 설명하여라.

x	4	5	9	14	18	22	24
y	46	22	11	16	7	3	17

03. 다음 데이터는 어떤 공정에서 여러수준의 온도의 변화에 따라 당분으로 변환된 양을 측정한 결과이다.

x	y
1.0	8.1
1.1	7
1.2	8.5
1.3	9.8
1.4	9.5
1.5	8.9
1.6	8.6
1.7	10.2
1.8	9.3
1.9	9.2
2.0	10.5

(1) 회귀직선을 추정하여라.

(2) 온도가 1.75일 때 당분으로 변환된 양을 추정하여라.

04. 대학교 1학년들의 그들이 고등학교 3학년일 때 수학성적과 대학교 첫 1년간 통계학 성적을 수집했더니 결과가 다음 같은 상관 등식이 있다.

통계학성적=1.35+0.00161(수학성적)이고 $r=0.632$

수학점수를 볼 때, 몇 %의 변화가 수학성적을 설명할 수 있나?

05. 다음과 같은 자료를 이용하여 물음에 답하여라.

x	1	2	3	4	5
y	3	3	2	6	5

(1) 선형회귀모형을 구하여라.

(2) s_e^2을 구하여라.

(3) $H_0:\beta_1=0$, $H_a:\beta_1\neq 0$을 $\alpha=0.05$로 검정하여라.

(4) 유의수준 5%인 β_1의 신뢰구간을 구하여라.

06. 자료가 다음과 같이 주어졌다.

x	0.5	1.5	3.2	4.2	5.1	6.5
y	1.3	3.4	6.7	8.0	10.0	13.2

(1) 회귀직선을 구하여라.

(2) s_x^2, s_y^2, s_e^2을 구하여라.

(3) β_1의 99% 신뢰구간을 구하여라.

07. 다음은 어떤 공정에서 여러 수준의 온도에 따라 당분으로 변화된 양을 측정한 결과이다.

x	1.0	1.1	1.2	1.3	1.4	1.5	1.6	1.7	1.8	1.9	2.0
y	8.1	7.8	8.5	9.8	9.5	8.9	8.6	10.2	9.3	9.2	10.5

(1) 회귀직선을 추정하라.

(2) 온도가 1.75일 때 당분으로 변화된 양을 추정하라.

(3) s_e^2을 구하라.

(4) β_1의 95% 신뢰구간을 구하라.

08. 다음은 여러 수준의 온도에 따라 물 100g속에 융해된 혼합물의 양을 측정한 자료이다.

온도 x	혼합물의 양 y	온도	y
0	8	6	8
15	12	10	14
30	25	21	24
45	31	33	28
60	44	39	42
75	48	51	44

(1) 회귀직선을 구하라.

(2) 온도가 $50^{\circ}c$일 때 100g 속에 융해된 혼합물의 양을 추정하라.

(4) s_e^2을 구하라.

(4) β_1의 99% 신뢰구간을 구하라.

09. 다음 자료는 1972~92년 동안의 국제 멀리 뛰기 대회 기록의 경향을 보여준다. 이 자료는 1900년부터 최소제곱근 회귀직선을 따른다.

R squared = 92.1%

Variable	coefficient	SE of Coeff	t-ratio	Prob
Constant	256.576	11.59	22.1	0.0001
Year	0.95893	0.141	6.81	0.0024

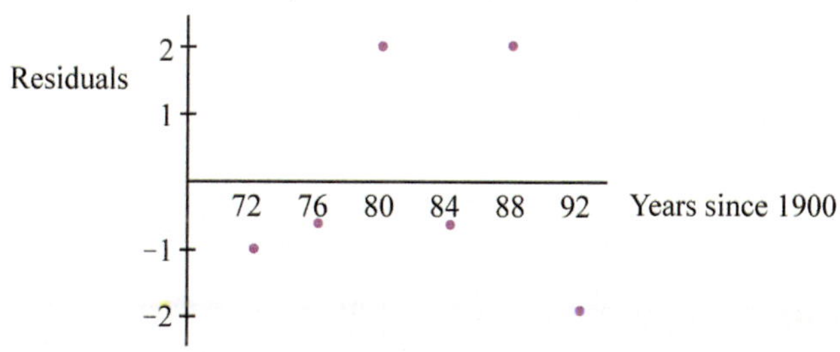

(1) 선이 적합한 모형으로 나타나는가? 설명하여라.

(2) 최소제곱근 직선의 기울기는 얼마인가?

(3) 상관계수는?

(4) 1980년의 예상 우승한 거리는 얼마인가?

(5) 1980년의 정확한 우승한 거리는 얼마인가?

10. 랜덤으로 추출한 35명의 세계 체스 선수의 통계는 다음과 같다.

$$\bar{x} = 6.2,\ s_x = 1.3$$
$$\bar{y} = \$208{,}000,\ s_y = \$42{,}000$$
$$r = 0.15$$

회귀직선의 식을 구하여라.

11. 12명의 환자에게 신약의 알레르기 징후를 실험했다.

약(mg)	2	3	4	4	5	6	6	7	8	8	9	10
시간	3	7	6	8	10	8	13	16	15	21	23	24

(1) 최소제곱 회귀직선 식을 구하여라.

(2) 90% 구간추정치를 구하라.

12. 다음 자료를 보고 물음에 답하여라. 반응 변수는 가격(price)이다.

Dependent variablbe is Price
R squared = 89.8% R squared (adjusted) = 89.2%
s = 9.508 with 20 - 2 = 18 degrees of freedom

Source	**SS**	**df**	**MS**	**F-ratio**
Regression	14271.2	1	14271.2	158
Residual	1627.31	18	90.4063	

Variable	**Coeff**	**s.e. of coeff**	**c-ratio**	**probb**
Constant	0.890087	16.16	0.055	0.956
Assessed	1.0292	0.08192	12.6	0.000

(1) 최소제곱근 회귀직선의 식을 구하여라.

(2) 99%의 β_1 구간추정치를 구하여라.

(3) 회귀직선의 기울기에 대한 유의성 검정을 하여라.

13. 다음 자료를 보고 물음에 답하여라.

잠(시간)	4	2	9	8	14	2	11	14	7	4	1	9	9	10	5
수학 점수	423	520	550	309	690	401	470	582	284	440	452	568	339	355	472

(1) 회귀직선의 식을 구하여라.

(2) 95%의 β_1의 구간추정치를 구하여라.

(3) 회귀직선의 기울기에 대한 유의성 검정을 하여라.

14. 예술가 J.K.의 25년 동안의 작품 수가 다음 산점도에 나타나있다.

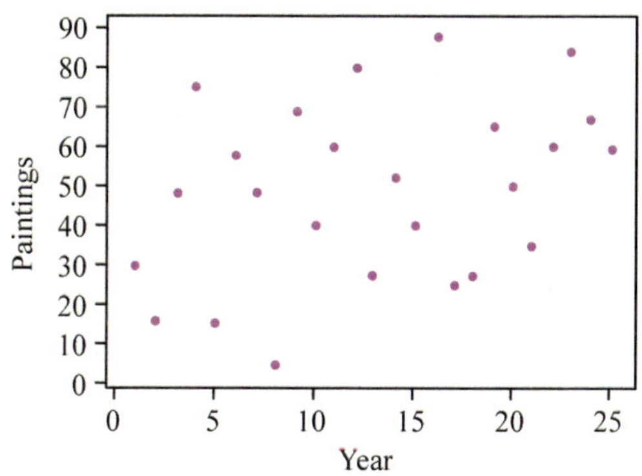

다음은 작품수의 회귀 분석과 잔차의 히스토그램이다.

Regression Analysis: Paintings Versus Year

Response varibale: Paintings

Predictor	Coef	SE Coef	T	P
Constant	35.420	8.951	3.96	0.001
Year	1.0385	0.6021	1.72	0.098

Analysis of Variance

Source	DF	SS	NS	F	P
Regression	1	1401.9	14019	2.97	0.098
Residual Error	23	10839.9	471.3		
Total	24	12241.8			

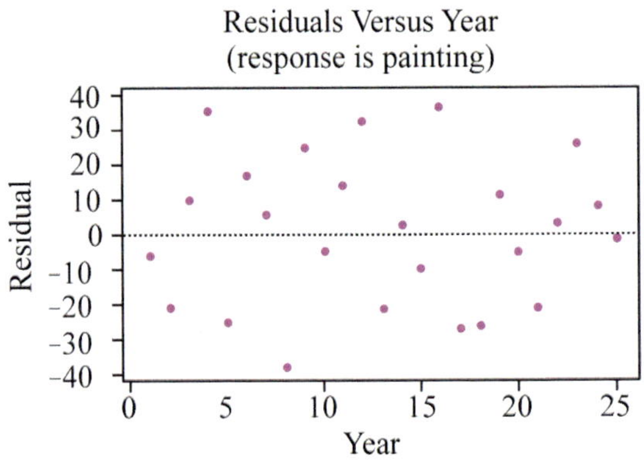

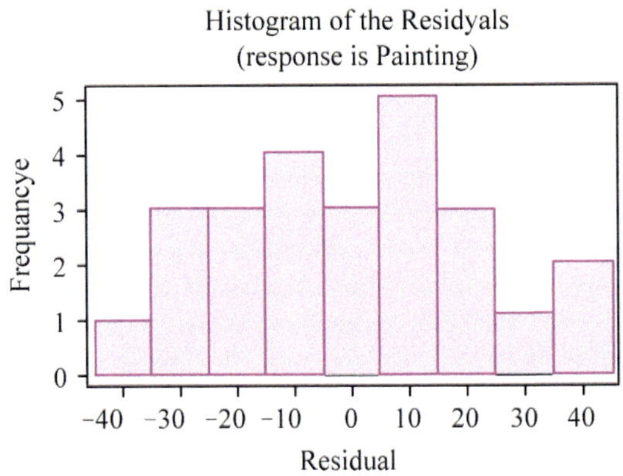

(1) 회귀직선 식을 구하여라.

(2) 회귀직선의 기울기를 구하여라.

(3) 결정계수를 해석하라.

(4) 상관계수를 구하여라.

(5) 회귀직선의 기울기에 대한 유의성 검정을 하라.

15. 다음은 미국의 연도별 인구수(millions)이다.

연도	인구수	연도	인구수
1900	76.1	1950	151.9
1905	83.8	1955	165.1
1910	92.4	1960	180.0
1915	100.5	1965	193.5
1920	106.5	1970	204.0
1925	115.8	1975	215.5
1930	123.1	1980	227.2
1935	127.3	1985	237.9
1940	132.5	1990	249.4
1945	133.4		

(1) 회귀직선식과 상관계수를 구하여라.

(2) 비선형 모델을 찾기 위해 log (인구수) 대 년도(1900년부터)를 그려라. 회귀직선 과 상관계수를 구하여라.

(3) 각각의 모델을 이용해 2100년의 인구수를 예측하고, 인구수가 300(millions)에 이르는 시기를 예측하라.

(4) (3)에서 너의 답에 대한 정확성을 논평하라.

16. 다음은 태양으로 부터의 평균거리(millions mile)와 공전의 시간(일)이다.

행성	평균거리	공전시간(일)
수성	36	88
금성	67	275
지구	93	365
화성	141	687
목성	484	4332
토성	888	10826
천왕성	1764	30676
해왕성	2790	59911
명왕성	3654	90824

(1) x를 평균거리, y를 공전시간으로 놓고 $\log x$대 $\log y$의 회귀직선과 상관계수를 구하여라.

(2) 평균거리가 5000(million mile)인 새로운 행성이 발견됐다고 가정하자. 회귀직선을 이용해 공전시간을 추정하라.

(3) 공전시간이 45,000일인 새로운 행성이 발견됐다고 가정하자. 회귀직선을 이용해 평균거리를 예측하라.

Chapter 11

분산 분석

지금까지는 두 모평균을 비교하는 문제를 다루었으며 이와 같은 문제의 자료는 한 군의 표본으로부터 구해진 쌍체자료(paired data)였거나 두 군의 독립된 표본으로부터 구해진 자료(unpaired data)였었다. 이를 확장하여 이 장에서는 3개 이상의 모평균을 비교하는 문제를 생각하며, 분석의 대상은 한 군의 표본에서 여러 번 측정된 자료이거나 또는 독립된 여러 표본으로부터의 자료이다.

예컨대, 여러 종류의 비료, 또는 제조 과정, 교육 방법, 광고 기법들을 비교하고자 할 것이다. 통상적으로 모집단에서 표본을 취한다. 표본에서 구한 표본평균들은 차이를 보이게 된다. 여기에서 연구 목적은 관찰된 표본 평균의 차이가 우연한 것에 기인하는 것인지를 알아내는 것이다. 또는 이러한 차이가 너무 커서, 우연한 것으로 돌릴 수가 없고 표본이 동일하지 않은 모집단에서 추출되어졌음에 기인하는가 하는 것이다.

두 개 이상의 모평균에 관한 가설검정에 있어서, 한 번에 2개씩 t검정법을 사용하여 비교할 수도 있다. 그러나, 적당한 수의 모집단들을 비교하는 경우에는, 첫째 t검정의 수가 너무 많아지게 된다. 예컨대, 8개의 모집단들을 서로 비교하려면 $\binom{8}{2}=28$번의 t검정을 해야만 된다. 적어도 두 평균을 검정하는데 사용되는 t검정법이 확장된 그러한 검정 기법이 필요하다.

분산분석(analysis of variance : ANOVA)은 요컨대 여러 개의 평균들을 비교하기 위한 검정 방법이다. 즉 평균들의 균등성에 관한 검정 절차에서 단지 분산을 분석하는 것이다. 분산분석법은 Ronald A. Fisher(1890~1962)가 처음으로 발표하였으며, 농업에 관한 연구에 많이 적용 되었다. 분산 분석법은 이와 같은 강력한 통계적 도구로서 발표된 이래 경제학, 심리학, 시장 조사, 산업 공학 등을 포함하는 각 학문적 연구 분야에 적용되어 왔음은 잘 알려진 사실이다. 본장에서는 가장 간단한 분산분석 모형인 일원배치법(one-way ANOVA)과 이원배치법(two-way ANOVA)을 다룬다. 일원배치법에서는 각 처리에서의 반복수가 같은 경우와 다른 경우로 나누어 생각하고, 이원배치법에서는 각 처리에서 반복이 없는 경우와 있는 경우로 나누어 생각하기로 한다.

11.1 일원 배치법

일원배치 분산분석법(one-way ANOVA)이란 실험결과에 영향을 미치는 인자가 1개이고 1개의 인자를 k개의 수준으로 분류하며 각 수준에서 $n_1, n_2, \ldots, n_k$개의 관측값을 얻어 〈표 11.1〉과 같은 일원 배치법(one-way classification)의 구조를 얻는다. 즉, 〈표 11.1〉은 k개의 모집단에서 각각 $n_1, n_2, \ldots, n_k$개의 표본을 추출하여 얻은 표이며 표본의 총합은 $n = \sum n_i$이다.

k개의 모집단 또는 k개의 수준을 처리(treatment)라고도 하며 표 〈11.1〉과 같이 분류한다. k개의 모집단의 평균이 $\mu_1, \mu_2, \ldots, \mu_k$이고 분산이 모두 σ^2인 정규분포를 한다고 가정한다.

〈표11.1〉 일원배치법의 자료구조(반복수가 다른 경우)

	처리1	처리2	$\cdots$	처리k	
	y_{11}	y_{21}	$\cdots$	y_{k1}	
	y_{12}	y_{22}	$\cdots$	y_{k2}	
	$\vdots$	$\vdots$	$\vdots$	$\vdots$	
	y_{1n_1}	y_{2n_2}	$\cdots$	y_{kn_k}	
평균	$\overline{y}_{1.}$	$\overline{y}_{2.}$	$\cdots$	$\overline{y}_{k.}$	총평균$\overline{y}_{..}$

위의 표에서 각 처리마다 관측되는 자료의 개수가 다름에 유의해야 한다. 각 처리에 해당하는 관측치의 개수를 n_i라고 하면, 전체 관측값의 개수는 $N = \sum_{i=1}^{k} n_i$이 되고, 평균의 기호는 다음과 같이 정의된다.

$$\overline{y}_{i.} = \frac{1}{n_i} \sum_{j=1}^{n_i} y_{ij}, \quad i = 1, 2, \cdots, k$$

$$\overline{y}_{..} = \frac{1}{N} \sum_{i=1}^{k} \sum_{j=1}^{n_i} y_{ij}$$

i번째 수준에서 j번째 관측값 y_{ij}를 나타내는 확률변수를 Y_{ij}라고 하면, Y_{ij}는 다음과 같은 모형(model)으로 표시할 수 있다.

$$Y_{ij} = \mu + \alpha_i + \epsilon_{ij} \; (i = 1, 2, \cdots, k, \; j = 1, 2, \cdots, n_i)$$

여기서 μ는 전체의 모평균, α_i는 수준 A_i의 주효과를 나타내고, ϵ_{ij}는 i번째 수준 j번째 관측값의 우연오차의 부분인 오차항으로서 $\epsilon_{ij} \sim N(0, \sigma^2)$인 분포를 한다. i번째 수준은 i번째 모집단과 같은 뜻이다. 수준 i의 모평균을 μ_i라고 하면

$$\mu_i = \mu + \alpha_i$$
$$\sum_{i=1}^{k} \alpha_i = \sum_{i=1}^{k} (\mu_i - \mu) = 0$$

i번째의 모집단에서 j번째 관찰차 y_{ij}의 오차항 ϵ_{ij} 의 분포는 $\epsilon_{ij} \sim N(0, \sigma^2)$이므로 k개의 각 수준(각 모집단)의 분산은 σ^2으로 모두 같다. 위의 내용을 요약하면 다음과 같다.

일원배치법의 모형(반복수가 다른 경우)

$Y_{ij} = \mu + \alpha_i + \epsilon_{ij} \; (i = 1, 2, \cdots, k, \; j = 1, 2, \cdots, n_i)$
다만, α_i는 처리효과로서 $\sum \alpha_i = 0$이며,
ϵ_{ij}는 서로 독립인 오차항으로서 $N(0, \sigma^2)$을 따른다.

k개의 모집단의 평균이 모두 동일한가? 또는 차이가 있는가를 가설을 세워 검정의 절차를 생각하여 보자. 즉 k개의 각 수준의 주효과 사이에 차이가 없다는 가설은

$$H_0 : \alpha_1 = \alpha_2 = \cdots = \alpha_k = 0$$

이다. $\alpha_i = 0$은 i번째 수준의 주효과는 없다를 뜻하며 이는 각 수준의 평균은 $\mu + \alpha_i = \mu_i$가 되어 서로 같다는 것이다. 따라서 가설 H_0가 채택되면 각 수준의 효과는 차가 없다. 즉 k개의 평균은 차가 없다를 뜻한다. 이제 귀무가설과 대립가설을 다음과 같이 표시하자.

$$H_0 : \alpha_i = 0,\ H_a : \alpha_i \neq 0\ \ (i = 1, 2,\ \cdots, k)$$

$\alpha_i \neq 0$는 $\alpha_i(\alpha_1, \alpha_2,\ \cdots, \alpha_k)$ 중 적어도 하나는 0이 아니다의 듯이다.

가설을 검정하기 위하여 몇 가지 변동(variation)사이의 관계를 알아보자. 기호는 표 11.1의 일원배치표에 표시한 바와 같다. 자료전체의 변동을 총변동(total variation) 또는 총제곱합(total sum of squares)이라고 하며, 이것은 각 관찰치와 관찰치 전체의 평균과의 차의 제곱합 즉 편차의 제곱합을 말하며 SS_T로 표시한다.

$$SS_T = \sum_{i=1}^{k}\sum_{j=1}^{n_i}(y_{ij} - \overline{y}\,..)^2$$

k개의 각 수준(각 모집단) 내의 변동의 합을 급내변동(variation within class) 또는 잔차변동(residual variation)이라 부르며, 이것은 관찰치 y_{ij}와 각 수준 A_i내의 평균 $\overline{y}_{i\,.}$의 차의 제곱합들을 합한 것이며 SSE로 표시한다.

$$SSE = \sum_{i=1}^{k}\sum_{j=1}^{n_i}(y_{ij} - \overline{y}_{i\,.})^2$$

각 수준(각 모집단)의 평균 $\overline{Y_i}$와 전체평균 $\overline{Y}\,..$의 차의 제곱합 즉, 수준과 수준사이의 변동을 급간변동(variation between treatments)이라 하며 SS_{tr}로 표시한다.

$$SS_{tr} = \sum_{i=1}^{k} n_i(\overline{y}_{i\,.} - \overline{y}\,..)^2$$

앞에서 변동은 평방합이나 제곱합으로 나타내기도 한다. 그러므로 전변동, 급내변동, 오차변동, 처리간 변동등은 총 제곱합, 처리제곱합, 잔차제곱합 등으로 표시하기도 한다.

처리효과의 유의성을 검증하는 귀무가설과 대립가설은 각각 다음과 같다.

$$H_0 : \alpha_1 = \alpha_2 = \cdots = \alpha_k = 0,\ H_a : \alpha_i\text{들이 모두 0은 아니다.}$$

반복수가 다른 경우에 총제곱합의 분해는 다음과 같다.

$$\sum_{i=1}^{k}\sum_{j=1}^{n_i}(y_{ij}-\overline{y}\,..)^2=\sum_{i=1}^{k}n_i(\overline{y}_i.-\overline{y}\,..)^2+\sum_{i=1}^{k}\sum_{j=1}^{n_i}(y_{ij}-\overline{y}_i.)^2$$

$$SS_T \quad = \quad SS_{tr} \quad + \quad SSE$$

윗식에서 반복수가 같은 경우와 다른 것은 n_i가 처리마다 다르므로 $\sum$ 기호 밖으로 나올 수 없는 것이다.

$N=\sum_{i=1}^{k}n_i$를 사용하면 각 제곱합의 자유도와 검정의 기각역도 같은 형식으로 나타낼 수 있으며, 분산분석표는 〈표 11.2〉와 같다.

〈표 11.2〉 일원배치법의 분산분석표(반복수가 다른 경우)

요인	제곱합	자유도	평균제곱	F값	유의확률
처리	$SS_{tr}=\sum_{i=1}^{k}n_i(\overline{y}_i.-\overline{y}\,..)^2$	$k-1$	$MS_{tr}=\dfrac{SS_{tr}}{(k-1)}$	$f=\dfrac{MS_{tr}}{MSE}$	$P(F\geq f)$
잔차	$SSE=\sum_{i=1}^{k}\sum_{j=1}^{n_i}(y_{ij}-\overline{y}_i.)^2$	$N-k$	$MSE=\dfrac{SSE}{(N-k)}$		
계	$SS_T=\sum_{i=1}^{k}\sum_{j=1}^{n_i}(y_{ij}-\overline{y}\,..)^2$	$N-1$		(다만, $N=\sum_{i=1}^{k}n_i$)	

분산분석표를 이용하여 유의수준 α에서 검정할 때 기각역은 다음과 같이 나타낼 수 있다.

$$f \geq F_{\alpha,\,(k-1,\,N-k)}$$

다만, SPSS 등의 소프트웨어를 사용하여 유의확률이 출력되면, 유의확률이 α보다 작을 때 귀무가설을 기각하고, 처리효과에 유의한 차이가 있다고 결론을 내리면 된다.

예제 11.1 토양의 박테리아 분량을 측정하기 위하여 대상 지역을 4개 구로 나누고, 각 지역에서 15개소의 토양을 채취하여 수분을 가하여 묽게한 다음 용기에 이식하고 균의 군집을 세어 본 결과 아래 표를 얻었다. 각 지역에 있어서 균(박테리아)의 군집수에는 유의적인 차이가 있는가?

〈표 11.3〉 지역별 균의 군집수분류표

지역별	I	II	III	IV	
균의 군집수	72 69 63 53 51	47 52 45 30	56 58 56	69 67 62	합계
소계	308	174	170	198	850
자료수	5	4	3	3	15
평균	308/5	174/4	170/3	198/3	850/15

풀이 전변동 SS_T를 구하면

$$SS_T = 72^2+69^2+63^2+53^2+51^2+47^2+52^2+45^2+30^2+56^2+58^2 +56^2+69^2+67^2+62^2-\frac{850^2}{15} = 49{,}892-48{,}166.6 \fallingdotseq 1{,}725$$

처리제곱합 SS_{tr}를 구하면

$$SS_{tr} = \frac{308^2}{5}+\frac{174^2}{4}+\frac{170^2}{3}+\frac{198^2}{3}-\frac{850^2}{15} \fallingdotseq 49{,}243-48{,}167=1{,}076$$

따라서 급내 변동 SSE는 $SSE=1{,}725-1{,}076=649$

분산 분석표는 다음과 같다.

〈표 11.4〉 분산분석표

요인	평방합	자유도	불편 분산	분산비	5% 또는 1% 점
처리	1,076	3	358.3	6.073	$F_{0.05,(3,11)}=3.59$
잔차	649	11	59.0		$F_{0.01,(3,11)}=6.22$
전체	1,725	14			

$6.073 > F_{0.05,(3,11)}$이므로 각 지역에 있어서의 균의 군집수가 동일하다는 가설 $H_0 : \mu_1=\mu_2=\mu_3=\mu_4$는 매우 유의적이다 (유의수준 5%)

예제 11.2 3종류의 온도계(A_1, A_2, A_3)로 어느 날의 온도를 4회 측정한 결과 아래의 표와 같았다. 각 온도계에 의한 온도에 차이가 있는가를 검정하여라. 단, 표의 수치는 각 측정값에서 67.0을 뺀 것이다.

〈표 11.6〉 온도계에따른 4회측정표

회 \ 수준	A_1	A_2	A_3
1	18	24	5
2	−18	20	−24
3	−4	1	−8
4	8	10	−17
계	4	55	−44

풀이 전변동을 계산하기 위하여 y_{ij}^2의 표를 만든다.

〈표 11.6〉 y_{ij}^2의 표

회 \ 수준	A_1	A_2	A_3	계
1	324	576	25	
2	324	400	576	
3	16	1	64	
4	64	100	289	
계	728	1,077	954	2,759

앞 절의 방법으로 필요한 통계량의 값을 계산하면

$$SS_T = 2{,}759 - \frac{15^2}{12} = 2{,}740(df = 11)$$

$$SS_{tr} = \frac{4{,}977}{4} - \frac{15^2}{12} \fallingdotseq 1{,}225 \ (df = 2)$$

$$SSE = SS_T - SS_{tr} = 2{,}740 - 1{,}225 = 1{,}515 \ (df = 9)$$

가 된다. 이상으로 분산 분석표를 만들면 다음과 같다.

〈표 11.7〉 분산분석표

요인	변동	자유도	불편 분산	분산비	5% 점
처리	1,225	2	613	3.65	4.26
잔차	1,515	9	168		
전체	2,740	11			

$3.65 < 4.26 = F_{0.05,(2,9)}$ 이므로 따라서 유의 수준 5%로서 수준 A_1, A_2, A_3의 온도계에 차가 있다고 할 수 없다.

11.2 이원 배치법

11.2.1 이원 배치표

관측값을 두 가지 관점에서 급(행)과 군(열)으로 이중 분류하고 i급 j군의 관측값 y_{ij}를 정리하여 급 상호간 또는 군 상호간의 관측값의 차이의 유의성을 검정하는 것을 이원 배치법이라 한다.

예를 들면 토마토를 재배하는데 토마토의 종류가 A_1, A_2, A_3의 3종류이고, 이 세 종류의 각각에 4종류의 비료 B_1, B_2, B_3, B_4를 살포하였을 때에 토마토의 생산량을 관찰하는 문제는 이원배치인 것이다.

일반화하면, 인자 A의 수준이 $A_1, A_2, \cdots, A_k$의 인자 B의 수준이 $B_1, B_2, \cdots, B_l$이 있다고 하자. 그리고 인자 A의 수준 A_i와 인자 B의 수준 B_j에서 관측값을 y_{ij}라고 표시하고 이를 표로 만들면 다음 〈표 11.8〉인 이원배치표가 된다.

〈표 11.8〉 이원 배치법의 자료구조

급(행) \ 군(열)	1	2	$\cdots$	j	$\cdots$	l	계	평균
1	y_{11}	y_{12}	$\cdots$	y_{1j}	$\cdots$	y_{1l}	$T_{1\cdot}$	$\bar{y}_{1\cdot}$
2	y_{12}	y_{22}	$\cdots$	y_{2j}	$\cdots$	y_{2l}	$T_{2\cdot}$	$\bar{y}_{2\cdot}$
$\vdots$	$\cdots$	$\cdots$	$\cdots$	$\cdots$	$\cdots$	$\cdots$	$\cdots$	$\cdots$
i	y_{i1}	y_{i2}	$\cdots$	y_{ij}	$\cdots$	y_{il}	$T_{i\cdot}$	$\bar{y}_{i\cdot}$
$\vdots$	$\cdots$	$\cdots$	$\cdots$	$\cdots$	$\cdots$	$\cdots$	$\cdots$	$\cdots$
k	y_{k1}	y_{k2}	$\cdots$	y_{kj}	$\cdots$	y_{kl}	$T_{k\cdot}$	$\bar{y}_{k\cdot}$
계	$T_{\cdot 1}$	$T_{\cdot 2}$	$\cdots$	$T_{\cdot j}$	$\cdots$	$T_{\cdot l}$	$T_{..} = \sum T_{i\cdot} = \sum T_{\cdot j}$	
평균	$\bar{y}_{\cdot 1}$	$\bar{y}_{\cdot 2}$	$\cdots$	$\bar{y}_{\cdot j}$	$\cdots$	$\bar{y}_{\cdot l}$	$\bar{y}_{..} - \dfrac{T_{..}}{kl}$	

위의 표에서 $n = kl,\ \bar{y}_{ij} = \dfrac{T_{i\cdot}}{l},\ \bar{y}_{\cdot j} = \dfrac{T_{\cdot j}}{k},\ T_{..} = \sum_i \sum_j y_{ij},\ \bar{y}_{..} = \dfrac{T_{..}}{n}$

이다.

〈표 11.8〉에서 A인자를 행인자라고 하고, B인자를 열인자라고 한다. 관측값 y_{ij}에 대응되는 확률변수를 Y_{ij}라고 하면, Y_{ij}는 다음과 같은 모형으로 표시된다.

$$Y_{ij} = \mu + \alpha_i + \beta_j + \epsilon_{ij}, \quad i = 1, \cdots, k, \quad j = 1, \cdots, l$$

여기서 μ는 자료전체의 모평균이고 α_i는 수준 A_i의 주효과, β_j는 수준 B_j의 주효과이며, ϵ_{ij}는 실험의 우연오차인 오차항이며 $\epsilon_{ij} \sim N(0, \sigma^2)$이다. σ^2은 전체의 모분산이기도 하다. 인자별 각 수준의 주 효과의 합은 항상 0이다.

$$\sum^{k} \alpha_i = 0 \, , \ \sum^{l} \beta_j = 0$$

일원배치의 분산분석에서는 인자가 A 한 개이지만 이원배치의 분산분석에서는 인자가 A, B 두 개이므로 2개의 가설을 세워야 한다. 인자 A에 대한 가설 $H_{0\alpha}$, B에 대한 가설은 $H_{0\beta}$라고 한다.

$$H_{0\alpha} : \alpha_1 = \alpha_2 = \cdots = \alpha_k = 0,$$

$H_{a\alpha} : \alpha_i \neq 0$인 i가 적어도 하나 존재한다.

$$H_{0\beta} : \beta_1 = \beta_2 = \cdots = \beta_l = 0,$$

$H_{a\beta} : \beta_j \neq$ 인 j가 적어도 하나 존재한다.

위 가설을 검정하기 위하여 변동(제곱합)들 사이의 관계를 알아야 한다. 이원배치표에서 다음 몇 가지 변동(제곱합)을 정의한다.

- 총변동(총 제곱합) : $SS_T = \sum_{i=1}^{k} \sum_{j=1}^{n_i} (y_{ij} - \overline{y}\,..)^2$
- 자유도 : $\nu_T = n - 1 = kl - 1$
- A간 변동(행처리 제곱합) : $SS_A = l \sum_{i}^{k} (\overline{y}_{i}. - \overline{y}\,..)^2$
- 자유도 : $\nu_A = k - 1$

- B간 변동(열처리 제곱합) : $SS_B = k\sum_{j}^{l}(\bar{y}_{\cdot j} - \bar{y}_{\cdot\cdot})^2$
- 자유도 : $\nu_B = l-1$
- 오차변동(오차 제곱합) : $SSE = \sum_{i}^{k}\sum_{j}^{l}(y_{ij} - \bar{y}_{i\cdot} - \bar{y}_{\cdot j} + \bar{y}_{\cdot\cdot})^2$
- 자유도 : $\nu_E = \nu_T - \nu_A - \nu_B = (k-1)(l-1)$

위 네 가지 변동사이의 관계식이 다음과 같다.

전변동은 다음과 같이 분해할 수 있다.

$$SS_T = \sum_{i=1}^{k}\sum_{j=1}^{l}(y_{ij} - \bar{y}_{\cdot\cdot})^2 = k\sum_{j=1}^{l}(\bar{y}_{\cdot j} - \bar{y}_{\cdot\cdot})^2 + l\sum_{i=1}^{k}(\bar{y}_{i\cdot} - \bar{y}_{\cdot\cdot})^2 + \sum_{i=1}^{k}\sum_{j=1}^{l}(y_{ij} - \bar{y}_{i\cdot} - \bar{y}_{\cdot j} + \bar{y}_{\cdot\cdot})^2$$

$$SS_T = \sum_{i=1}^{k}\sum_{j=1}^{l}(y_{ij} - \bar{y}_{\cdot\cdot})^2 = \sum_{i=1}^{k}\sum_{j=1}^{l}y_{ij}^2 - \frac{T_{\cdot\cdot}^2}{n}$$

$$SS_B = k\sum_{j=1}^{l}(\bar{y}_{\cdot j} - \bar{y}_{\cdot\cdot})^2 = \frac{1}{k}\sum_{j=1}^{l}T_{\cdot j}^2 - \frac{T_{\cdot\cdot}^2}{n}$$

$$SS_A = l\sum_{i=1}^{k}(\bar{y}_{i\cdot} - \bar{y}_{\cdot\cdot})^2 = \frac{1}{l}\sum_{i=1}^{k}T_{i\cdot}^2 - \frac{T_{\cdot\cdot}^2}{n}$$

$$SSE = \sum\sum(y_{ij} - \bar{y}_{i\cdot} - \bar{y}_{\cdot j} + \bar{y}_{\cdot\cdot})^2 = SS_T - SS_B - SS_A$$

이제 분산 σ^2의 불편추정량은 다음과 같다.

$$MSA = \frac{SS_A}{k-1}, \qquad MSE = \frac{SSE}{(k-1)(l-1)}$$

는 σ^2의 불편추정량이며 이와 똑같이

$$MSB = \frac{SS_B}{l-1}$$

도 σ^2의 불편추정량임을 쉽게 알 수 있다. 다만 일원배치에서는 $\nu_E = n-k$이었으나 이원배치에서는 $\nu_E = (k-1)(l-1)$이므로 MSE의 분모에 $n-k$대신 $(k-1)(l-1)$을 쓴다. 그리고

$$F_A = \frac{MSA}{MSE} \quad \sim \quad F_{(\ell-1,\,(k-1)(\ell-1))}$$

이며, 검정통계량의 값 $F_A > F_{\alpha,\,(k-1,\,(k-1)(\ell-1))}$이면, 가설 $H_{0\alpha}: \alpha_i = 0$은 기각하고, '인자 A의 수준간의 효과의 차는 유의적이라'라고 판정한다. 같은 방법으로 $F_B = MSB/MSE \sim F_{(\ell-1,\,(k-1)(\ell-1))}$이며, 검정통계량의 값 $F_B > F_{\alpha,\,(\ell-1,\,(k-1)(\ell-1))}$이면 가설 $H_{0\beta}: \beta_j = 0$을 기각하고, '인자 B의 수준사이의 효과의 차는 유의적이다'라는 판정을 내린다. 이상을 요약해서 분산분석표를 만들면 아래의 〈표 11.9〉와 같다.

〈표 11.9〉 이원배치법의 분산분석표

요인	평방합	자유도	불변 분산	F통계량
행간	$SS_A = \frac{1}{l}\sum_{i=1}^{k} T_{i\cdot}^2 - \frac{T_{\cdot\cdot}^2}{n}$	$k-1$	$MSA = \frac{SS_A}{(k-1)}$	$F_A = \frac{MSA}{MSE}$
열간	$SS_B = \frac{1}{k}\sum_{j=1}^{l} T_{\cdot j}^2 - \frac{T_{\cdot\cdot}^2}{n}$	$l-1$	$MSB = \frac{SS_B}{(l-1)}$	$F_B = \frac{MSB}{MSE}$
잔차 (오차)	$SSE = SS_T - SS_A - SS_B$	$(k-1)\cdot(l-1)$	$MSE = \frac{SSE}{(k-1)(l-1)}$	
전체	$SS_T = \sum_{i=1}^{k}\sum_{j=1}^{l} y_{ij} - \frac{T_{\cdot\cdot}^2}{n}$	$n-1$		

예제 11.3 A, B, C 3인의 공원이 Ⅰ, Ⅱ, Ⅲ, Ⅳ인 4내의 공작 기계에 의하여 하루에 제작한 부품의 수는 다음과 같았다 (각 제품 개수에서 35를 뺐다). 이것을 앞절의 방법에 의하여 평균값 사이의 차를 조사하면 유의차는 인정 안된다. 이것은 기계의 차에 의한 변동 때문에 개인차에 의한 변동이 나타나지 않았을지도 모른다. 기계의 차에 의한 영향을 배제하고 개인차를 검정하여라. 또 개인차를 배제한 기계에 의한 제품수의 평균차(기계의 우열)를 검정하여라.

〈표 11.10〉 이원분류표

	A	B	C	$T_{i\cdot}$
I	1	0	−1	0
II	3	2	1	6
III	2	3	0	5
IV	0	−2	−3	−5
$T_{\cdot j}$	6	3	−3	$T_{\cdot\cdot}=6$

풀이

$$SS_T=(1^2+3^2+2^2)+\{2^2+3^2+(-2)^2\}+\{(-1)^2+1^2+(-3)^2\}-\frac{6^2}{12}=39$$

$$SS_B=\frac{6^2}{4}+\frac{3^2}{4}+\frac{(-3)^2}{4}-\frac{6^2}{12}=10.5$$

$$SS_A=\frac{0^2}{3}+\frac{6^2}{3}+\frac{5^2}{3}+\frac{(-5)^2}{3}-\frac{6^2}{12}=25.67$$

$$SSE=SS_T-SS_A-SS_B=39-10.5-25.67=2.83$$

이것으로부터 다음 분산 분석표를 얻는다.

〈표 11.11〉 분산분석표

요인	평방합	자유도	불편 분산	분산비	5%점
SS_B	10.5	3−1=2	5.25	11.2	5.14
SS_A	25.67	4−1=3	8.55	18.2	4.76
SSE	2.83	2×3=6	0.47		
SS_T	39	11			

따라서 개인에 의한 차도, 기계에 의한 차도 유의함을 알 수 있다.

예제 11.4 무연탄에서 코크스(cokes)를 제조하는데 10% 첨가하는 역청탄 (A)을 5종류 $(A_1, A_2, A_3, A_4, A_5)$ 선택하고, 타르피치(tar pitch)의 첨가량 (B)을 4수준 $(B_1 : 4\%, B_2 : 6\%, B_3 : 8\%, B_4 : 10\%)$ 택하여 첨가한 후에 이것을 가열 성형하고, 코크스의 내압강도(kg/com^{2})를 측정한 결과 다음과 같이 얻었다. 이 자료에 대하여 이원배치법의 모형을 적용할 때, 역청탄의 종류와 타르피치의 첨가량이 코크스의 내압강도에 유의한 영향을 미치는가의 여부를 알아보기 위해 유의수준 5%로 검정하여라.

〈표 11.12〉 역청탄과 첨가량의 이원분류표

	A_1	A_2	A_3	A_4	A_5	평 균
B_1	79	72	51	58	68	65.6
B_2	75	66	48	56	65	62
B_3	69	64	44	51	61	57.8
B_4	65	62	41	45	58	54.2
평균	72	66	46	52.5	63	총평균 59.9

풀이 인자 A(역청탄의 종류)와 인자 B(타르피치의 첨가량)의 유의성을 판단하기 위한 가설

$$H_0 : \alpha_1 = \cdots = \alpha_5 = 0, \qquad H_a : \text{적어도 한 } \alpha_i \text{는 0이 아니다.}$$

$$H_0 : \beta_1 = \cdots = \beta_4 = 0, \qquad H_a : \text{적어도 한 } \beta_j \text{는 0이 아니다.}$$

을 검정하기 위한 제곱합을 계산하면

$$SS_A = 5\{(72-59.9)^2 + \cdots + (63-59.9)^2\} = 1764.8$$

$$SS_B = 4\{(65.6-59.9)^2 + \cdots + (54.2-59.9)^2\} = 369$$

$$SS_T = (79-59.9)^2 + \cdots + (58-59.9)^2 = 2153.8$$

$$SSE = SS_T - SS_A - SS_B = 20$$

이고, 각각의 자유도는 5-1=4. 4-1=3, 5×4-1=19, (5-1)(4-1)=12이다. 따라서, 이로부터 평균제곱과 F 검정통계량의 관측값들을 구해보면

$$MSA = SS_A/4 = 441.2$$

$$MSB = SS_B/3 = 123$$

$$MSE = SSE/12 = 1.67$$

$$F_A = MSA/MSE = 264.19$$

$$F_B = MSB/MSE = 73.65$$

이며, 부록의 F 분포표에서 $F \sim F_{(4.12)}$와 $F \sim F_{(3.12)}$일 때

$P(F \geqq 264.19) < 0.001$ 과 $P(F \geqq 73.65) < 0.001$

임을 알 수 있으며, 실제로 SPSS를 이용하면 유의확률은

$P = P(F \geqq 264.19) = 0.0001$ 과 $P = P(F \geqq 73.65) = 0.0001$

이다. 이로부터 역청탄의 종류에 따라서 코크스의 인장강도에 유의한 차이가 있다는 결론을 유의수준 5%에서 내릴 수 있으며, 타르피치의 첨가량에 따라서도 코크스의 인장강도가 유일하게 다름을 알 수 있다. 이러한 검정과정을 분산분석표로 나타내면 다음과 같다.

〈표 11.13〉 분산분석표

요인	제곱합	자유도	평균제곱	F값	유의확률
인자 A	1764.8	4	441.2	264.19	0.0001
인자 B	369	3	123	73.65	0.0001
잔차	20	12	1.67		
계	2153.8	19			

11.2.2 반복이 있는 이원분류표

먼저 처리 A의 수준이 k개 그리고 처리 B의 수준이 l개이며, 각 수준의 조합에서 반복횟수가 r인 이원분류 분산분석을 고려해 보자. 이 때 이원분류 분산분석의 자료구조는 〈표 11.14〉와 같이 요약할 수 있다.

〈표 11.14〉 이원분류 분산분석의 자료구조 : 반복이 있는 경우

처리	B_1	$\cdots$	B_j	$\cdots$	B_l	합계	평균
A_1	y_{111} y_{112} $\vdots$ y_{11r} $T_{11\cdot}$ $\bar{y}_{11.}$	$\cdots$	y_{1j1} y_{1j2} $\vdots$ y_{1jr} $T_{1j\cdot}$ $\bar{y}_{1j\cdot}$	$\cdots$	y_{1l1} y_{1l2} $\vdots$ y_{1lr} $T_{1l\cdot}$ $\bar{y}_{1l\cdot}$	$T_{1\cdot\cdot}$	$\bar{y}_{1\cdot\cdot}$
$\vdots$	$\vdots$	$\cdots$	$\vdots$	$\cdots$	$\vdots$	$\vdots$	
A_i	y_{i11} y_{i12} $\vdots$ y_{i1r} $T_{i1\cdot}$ $\bar{y}_{i1.}$	$\cdots$	y_{ij1} y_{ij2} $\vdots$ y_{ijr} $T_{ij\cdot}$ $\bar{y}_{ij\cdot}$	$\cdots$	y_{il1} y_{il2} $\vdots$ y_{ilr} $T_{il\cdot}$ $\bar{y}_{i1.}$	$T_{i\cdot\cdot}$	$\bar{y}_{i\cdot\cdot}$
$\vdots$	$\vdots$	$\cdots$	$\vdots$	$\cdots$	$\vdots$	$\vdots$	
A_k	y_{k11} y_{k12} $\vdots$ y_{k1r} $T_{k1\cdot}$ $\bar{y}_{k1\cdot}$	$\cdots$	y_{kj1} y_{kj2} $\vdots$ y_{kjr} $T_{kj\cdot}$ $\bar{y}_{kj\cdot}$	$\cdots$	y_{kl1} y_{kl2} $\vdots$ y_{klr} $T_{kl\cdot}$ $\bar{y}_{kl\cdot}$	$T_{k\cdot\cdot}$	$\bar{y}_{k\cdot\cdot}$
평균	$\bar{y}_{\cdot 1\cdot}$	$\cdots$	$\bar{y}_{\cdot j\cdot}$	$\cdots$	$\bar{y}_{\cdot l\cdot}$	$T_{\cdots}$	$\bar{y}_{\cdots}$

이원분류 분산분석 모형 : 반복이 있는 경우

$$y_{ijk} = \mu + \alpha_i + \beta_j + (\alpha\beta)_{ij} + \epsilon_{ijk}, \quad (i = 1, \cdots, k\ ;\ j = 1, \cdots, l\ ;\ k = 1, \cdots, r)$$

y_{ijk} : 처리 A_j와 B_j의 조합에 대해 k번째 반복에서 얻은 반응변수의 값
μ : 전체 모평균
α_i : 요인 A의 i번째 처리의 효과
β_j : 요인 B의 j번째 처리의 효과
$(\alpha\beta)_{ij}$: 처리 A_i와 B_j의 교호작용 효과
ϵ_{ijk} : 오차항으로 서로 독립인 확률변수 $(\epsilon_{ijk} \sim N(0, \sigma^2))$

반복이 있는 이원분류 분산분석에서는 요인 A와 B의 효과에 대한 가설 이외에, 상호작용(interaction, 교호작용)의 효과가 존재하는가 하는 다음과 같은 가설에 관심을 두게 되는데,

$$H_o : (\alpha\beta)_{ij} = 0, \quad i = 1, \cdots, k \quad j = 1, \cdots, l$$

상호작용에 대해서는 다음 예에서 자세히 설명할 것이다.

반복이 있는 이원분류 분산분석에서도 앞에서와 유사하게 전체제곱합 (SS_T)을 다음과 같이 분할 할 수 있는데,

$$\begin{aligned}\sum_{i=1}^{k}\sum_{j=1}^{l}\sum_{k=1}^{r}(y_{ijk} - \bar{y}_{...})^2 &= lr\sum_{i=1}^{k}(\bar{y}_{i..} - \bar{y}_{...})^2 + kr\sum_{j=1}^{l}(\bar{y}_{.j.} - \bar{y}_{...})^2 \\ &+ r\sum_{i=1}^{k}\sum_{j=1}^{l}(y_{ij.} - \bar{y}_{i..} - \bar{y}_{.j.} + \bar{y}_{...})^2 \\ &+ \sum_{i=1}^{k}\sum_{j=1}^{l}\sum_{k=1}^{r}(y_{ijk} - \bar{y}_{ij.})^2\end{aligned}$$

이 식에서 우변의 첫 번째 항을 처리 A의 제곱합 (SS_A), 두 번째 항을 처리 B의 제곱합(SS_B), 세 번째 항을 상호작용의 제곱합$(SS_{A\times B})$, 그리고 네 번째 항을 오차제곱합(SSE)이라고 한다. 각 변동의 계산은 다음과 같이 쓸 수 있다.(n= klr)

〈표 11.15〉 변동의 계산 (반복이 있는 이원배치법의 경우)

$SS_T = \sum_i \sum_j \sum_k y_{ijk}^2 - \frac{T^2_{\cdot\cdot\cdot}}{n}$	$\nu_T = n-1$
$SS_A = \frac{1}{rl} \sum_i T^2_{i\cdot\cdot} - \frac{T^2_{\cdot\cdot\cdot}}{n}$	$\nu_A = k-1$
$SS_B = \frac{1}{rk} \sum_i T^2_{\cdot j \cdot} - \frac{T^2_{\cdot\cdot\cdot}}{n}$	$\nu_B = l-1$
$SS_{A\times B} = r\sum_{i=1}^{k}\sum_{j=1}^{l}(y_{ij\cdot} - \bar{y}_{i\cdot\cdot} - \bar{y}_{\cdot j\cdot} + \bar{y}_{\cdot\cdot\cdot})^2$	$\nu_{A\times B} = (k-1)(l-1)$
$SS_E = SS_T - SS_A - SS_B - SS_{A\times B}$	$\nu_E = n-kl$

반복이 있는 이원분류 분산분석에 대한 분산분석표는 〈표 11.6〉과 같다.

〈표 11.16〉 분산분석표 (반복이 있는 이원분류)

요인	자유도	제곱합	평균제곱합	F통계량
처리A	$k-1$	SS_A	$MSA = \frac{SS_A}{k-1}$	$F_A = \frac{MSA}{MSE}$
처리B	$l-1$	SS_B	$MSB = \frac{SS_B}{l-1}$	$F_B = \frac{MSB}{MSE}$
교호작용	$(k-1)(l-1)$	$SS_{A\times B}$	$MSAB = \frac{SS_{A\times B}}{(k-1)(l-1)}$	$F_{AB} = \frac{MSB}{MSE}$
오차	$kl(r-1)$	SSE	$MSE = \frac{SSE}{kl(r-1)}$	
전체	$klr-1$	SS_T		

반복이 있는 이원분류 분산분석에서의 검정법은 다음과 같다.

- 귀무가설 $H_{0\alpha}: \alpha_1 = \alpha_2 = \cdots = \alpha_k (=0)$

  검정통계량 : $F_A = MSA/MSE$

  기각역 : $F_A > F_{\alpha,(k-1,\, klr-kl)}$

- 귀무가설 $H_{0\beta}: \beta_1 = \beta_2 = \cdots = \beta_l (=0)$

  검정통계량 : $F_B = MSA/MSE$

  기각역 : $F_B > F_{\alpha,(l-1,\, klr-kl)}$

- 귀무가설 $H_{0\alpha\beta}: (\alpha\beta)_{ij} = 0,\ i = 1, \cdots, k \ \ j = 1, \cdots, l$

  검정통계량 : $F_{AB} = MSAB/MSE$

  기각역 : $F_{AB} > F_{\alpha,((k-1)(l-1),\, (klr-kl))}$

예제 11.5 세 종류의 호르몬 처리와 성별에 따라 혈액 칼슘값에 차이가 있는지를 알아보기 위해 남녀 각 15명식을 선정하여 이들을 세 집단으로 나누어 세 가지 호르몬 처리를 한 후 혈액 칼슘을 측정한 결과는 다음과 같다.

〈표 11.17〉 반복이 있는 이원분류표

성별 \ 처리	처리1	처리2	처리3
남	16.87	19.07	32.45
	16.18	1877	28.71
	17.12	17.63	34.65
	16.83	16.99	28.79
	17.19	18.04	24.46
여	15.86	17.20	30.54
	14.92	17.64	32.41
	15.63	17.89	28.97
	15.24	16.78	28.46
	14.80	16.72	29.65

① 남녀 간에 혈액칼슘값에 차이가 있는가?

② 처리 1, 2, 3 간에 혈액칼슘값에 차이가 있는가?

③ 성별과 처리간에 교호작용이 있는가?

풀이 먼저 각 처리조합별 평균을 살펴보자. 남녀의 평균에서 남자가 21.58로 여자의 20.85보다 약간 높지만 큰 차이는 없어 보인다. 또한 처리 1과 2의 평균은 16.06과 17.67로 큰 차이가 나지 않지만 처리 3의 평균 29.91로 상당히 다른 값을 보인다. 남자에서 처리 1, 2, 의 패턴은 여자에서 처리들의 패턴과 유사해 보여 교호작용이 없을 것으로 생각된다. 이러한 것이 통계적으로 어떻게 검증되는지 이원배치 분산분석을 실시하여 보자.

〈표 11.18〉 각 제곱합표

성별 \ 처리	처리1	처리2	처리3	전체
남	$\bar{y}_{11.}=16.84$	$\bar{y}_{12.}=18.1$	$\bar{y}_{13.}=29.81$	$\bar{y}_{1..}=21.58$
여	$\bar{y}_{21.}=15.29$	$\bar{y}_{22.}=17.25$	$\bar{y}_{23.}=30.01$	$\bar{y}_{2..}=20.85$
전체	$\bar{y}_{.1.}=16.06$	$\bar{y}_{.1.}=17.67$	$\bar{y}_{.3.}=29.91$	$\bar{y}_{...}=21.32$

제곱합을 계산해 보면

$$SS_T=\sum_{i=1}^{2}\sum_{j=1}^{3}\sum_{k=1}^{5}(y_{ijk}-\bar{y}_{...})^2=1230.843,$$

$$SS_A=5\times 3\times\sum_{i=1}^{2}(\bar{y}_{i..}-\bar{y}_{...})^2=4.063,$$

$$SS_B=5\times 2\times\sum_{j=1}^{3}(\bar{y}_{.j.}-\bar{y}_{...})^2=1146.642,$$

$$SS_{A\times B}=5\sum_{i=1}^{2}\sum_{j=1}^{3}(\bar{y}_{ij.}-\bar{y}_{i..}-\bar{y}_{.j.}+\bar{y}_{...})^2=3.845$$

$$SSE=SS_T-SS_A-SS_B-SS_{A\times B}=76.292$$

가 된다. 이를 토대로 한 이원배치 분산분석표는 다음과 같다.

〈표 11.19〉 분산분석표

요인	자유도	자유도	평균제곱합	F통계량
성별	4.063	1	4.063	1.278
처리	1146.642	2	573.321	180.350
교호작용	3.845	2	1.923	0.605
오차	76.292	24	3.180	
계	1230.843	29		

자유도 (1,24)인 $F-$분포의 상위 5%의 확률에 해당하는 임계치 $F_{0.05,(1,24)}=4.26$이고, 자유도 (2,24)인 F-분포의 상위 5% 임계치 $F_{0.05,(2,24)}=3.40$이다. 먼저 교호작용효과부터 검정하자. F-값이 0.605으로 $F<F_{0.05,(2,24)}$가 되어 유의수준 5% 하에서 귀무가설은 기각되지 않으며, 따라서 성별과 처리간의 유의한 교호작용효과는 없다. 이제 주효과에 대한 검정결과를 보면, 성별간의 차이가 없다는 가설에 대한 F-값이 1.28로서 $F_{0.05,(1,24)}=4.26$보다 작으므로 귀무가설은 기각할 수 없다. 즉, 남녀 간의 혈액칼슘수치는 유의한 차이가 없다. 반면 처리간의 차이가 없다는가설에 대한 F-값은 180.350으로 상위 5%에 해당되는 임계치 $F_{0.05,(2,24)}=3.40$보다 매우 크므로 처리 간에는 유의한 차이가 있다고 할 수 있다.

예제 11.6 공장에서 시멘트 분쇄공정에서 시멘트 강도에 영향을 주는 여러 가지 요인 중에서 우선적으로 석고의 종류 (A)와 석고첨가량으로 사용되는 SO_3의 함량 (B)이 어떤 영향을 주는지 실험하였다. 석고 종류의 효과, 첨가량에 대한 효과의 차가 있는가? 또 석고의 종류와 첨가량 사이에 교호작용의 효과가 있는지를 유의수준 0.05에서 분석하여라.

〈표 11.20〉 반복이 있는 이원분류표

첨가량 \ 종류	A_1	A_2	A_3	합계	평균
B_1	305 302	322 325	320 322	1896	316.0
B_2	335 337	350 348	342 344	2056	342.7
B_3	366 364	326 324	338 336	2054	342.3
B_4	372 374	330 330	348 348	2102	350.3
B_5	376 373	327 330	350 350	2106	351.0
B_6	348 350	310 308	330 328	1974	329.0
합계 평균	4202 350.2	3930 327.5	4056 338.0	12188	338.6

풀이 1. 가설설정

2. 계산

위의 자료에서 반복측정치의 합을 계산하여 아래와 같은 다음 표를 얻는다.

〈표 11.21〉 합분류표

첨가량 \ 종류	A_1	A_2	A_3
B_1	607	647	642
B_2	672	698	686
B_3	730	650	674
B_4	746	660	696
B_5	749	657	700
B_6	698	618	658

$H_{0a} = a_1 = a_2 = a_3 = 0,$

$H_{1\alpha} : a_i \neq 0$ 인 i가 적어도 하나 존재한다.

$H_{0\beta} : \beta_1 = \beta_2 = \beta_3 = \beta_4 = \beta_5 = \beta_6 = 0$

$H_{1\beta} : \beta_j \neq 0$인 j가 적어도 하나 존재한다.

$H_{0\alpha\beta} : (a\beta)_{11} = (a\beta)_{12} = \cdots = (a\beta)_{34} = 0,$

$H_{a\alpha\beta} : (a\beta)_{ij} \neq 0$인 (i,j)가 적어도 하나 존재한다.

$\alpha = 0.05,\ F_{0.05,(2,24)} = 3.40,\ F_{0.05,(3,24)} = 3.01,\ F_{0.05,(6,24)} = 2.51$

$$SS_T = 305^2 + 302^2 + \cdots + 328^2 - \frac{12188^2}{36} = 13502.9,$$

$$\nu_T = 36 - 1 = 35,$$

$$SS_A = \frac{1}{12}(4202^2 + 3930^2 + 4056)^2 - \frac{12188^2}{36} = 3088.2,$$

$$\nu_A = 3 - 1 = 2,$$

$$SS_B = \frac{1}{6}(1896^2 + 2056^2 + 2054^2 + 2102^2 + 2106^2 + 1974^2) - \frac{12188^2}{36}$$

$$= 5548.9,$$

$$\nu_B = 6 - 1 = 5,$$

$$SS_{A\times B} = 2\sum_{i=1}^{6}\sum_{j=1}^{3}(\bar{y}_{ij.} - \bar{y}_{i..} - \bar{y}_{.j.} + \bar{y}_{...})^2 = 4825.8,$$

$$\nu_{A\times B} = (3-1)(6-1) = 10,$$

$$SSE = SST - SS_A - SS_B - SS_{A\times B} = 40.0,$$

$$\nu_E = 36 - 17 = 18.$$

〈표 11.22〉 분산분석표

요인	제곱합	자유도	평균 제곱	검정 통계량의 값	임계값 $F_{0.05}$
종류(A)	3388.2	2	1544.1	695.5	$F_{0.05(2,18)} = 3.55$
첨가량(B)	5548.9	5	1109.8	499.9	$F_{0.05(5,18)} = 2.77$
교호작용($A \times B$)	4825.8	10	482.6	217.4	$F_{0.05(10,18)} = 2.41$
오차	40.0	18	2.22		
총합	13502.9	35			

3. 결과 판정

(1) $F_A = 695.5 > 3.55$ 이므로 $H_{0\alpha} : \alpha_i = 0$을 기각한다. 따라서 석고의 종류 사이에 효과는 다르다.

(2) $F_B = 499.9 > 2.77$ 이므로 $H_{0\beta} : \beta_j = 0$을 기각한다. 첨가량 사이의 효과는 다르다.

(3) $F_{A\times B} = 217.4 > 2.41$이므로 $H_{0\alpha\beta} : (\alpha\beta)_{ij} = 0$을 기각한다. 석고의 종류와 첨가량의 교호작용의 효과가 있다.

연 · 습 · 문 · 제

01. 다음의 분산분석표를 완성하여라.

요인	제곱합	자유도	평균제곱합	F
처리		2		
잔차			20	
계	500	11		

02. 어떤 직물의 가공시 처리액의 농도가 직물의 인장강도에 영향을 미치는 지의 여부를 조사하기 위해, 네 가지 농도 A_1:3.0%, A_2:3.5%, A_3:4.0%, A_4:4.5%에서 반복 각 5회, 총 20회를 랜덤하게 처리한 후 인장강도를 측정한 결과가 아래의 표와 같다. 이 자료에 대하여 일원배치법의 모형을 적용할 때, 농도에 따른 인장강도에 차가 있는지를 알아보기 위한 분산분석 표를 작성하고 적절한 가설을 유의수준 5%에서 검정하여라.

	A_1	A_2	A_3	A_4	
	47	51	50	22	
	58	62	38	23	
	51	31	47	28	
	61	46	27	42	
	46	49	23	25	
평균	52.6	47.8	37.0	28.0	총평균 41.35

03. 세 종류의 공정에서 생산된 철선의 인장강도에 차이가 있는지를 알아보기 위해 공정 1에서 4회, 공정 2에서 5회, 공정 3에서 6회, 총 15회를 랜덤하게 실험한 후 인장강도를 측정하여 아래의 표를 얻었다. 이 자료에 대하여 일원배치법의 모형을 적용할 때, 공정에 따라 인장강도에 차가 있다고 할 수 있는 지를 알아보기 위해 유의수준 5%에서 검정하여라.

	공정1	공정2	공정3	
	2	4	6	
	3	5	5	
	4	6	7	
	5	4	4	
		3	6	
			8	
평균	3.5	4.4	6.0	총평균 4.8

04. 다음의 자료는 컴퓨터활용, 교양영어, 미적분학, 확률과 통계에서 5명의 학생이 얻은 최종 성적을 나타낸 것이다.

학생 \ 과목	컴퓨터활용	교양영어	미적분학	확률과 통계
1	68	57	73	61
2	83	94	91	86
3	72	81	63	59
4	55	73	77	66
5	92	68	75	87

유의수준 0.05를 사용하여 다음의 가설을 검정하여라.

1) 강좌들은 같은 난이도를 가지고 있다.

2) 학생들은 같은 능력을 가지고 있다.

05. 아래의 자료는 어느 생산 공장에서 5명의 기능공 $(B_1, B_2, B_3, B_4, B_5)$이 4대의 기계 $(A_1, A_2\ A_3, A_4)$를 하루씩 사용하여 생산한 제품의 양을 조사한 결과이다. 제품을 생산하는데 기능공 사이에 효과가 다른지 기계들의 효과가 다른지를 분석하라.

	B_1	B_2	B_3	B_4	B_5
A_1	90	98	99	100	96
A_2	92	92	93	94	98
A_3	95	93	91	96	90
A_4	98	96	97	93	99

06. 생물학 실험에서 지정된 기간 동안 어떤 유형의 식물의 성장을 향상시키기 위하여 화학약품의 네 가지의 농도가 사용된다. 생존한 식물들에 대하여 다음과 같은 성장 자료가 cm 단위로 기록되었다. 네 가지 농도에 따라 식물들의 평균성장에 유의수준 5%에서 차이가 있다고 할 수 있는가?

1	8.2	8.7	9.4	9.2		
2	7.7	8.4	8.6	8.1	8.0	
3	6.9	5.8	7.2	6.8	7.4	6.1
4	6.8	7.3	6.3	6.9	7.1	

07. 접차된 플라스틱의 조각들을 떼어놓은 데에 필요한 힘을 결정하기 위하여 연구가 이루어졌다. 네 가지의 수준의 습도를 사용하여 플라스틱의 세 가지 유형을 시험하였다. 결과가 kg 단위로 다음과 같이 주어졌다.

플라스틱 유형 \ 습도	30%	50%	70%	90%
A	39.0	33.1	33.8	33.0
B	36.9	27.2	29.7	28.5
C	27.4	29.2	26.7	30.9

유의수준 0.05를 사용하여 분신분석표를 작성히고 결과를 설명하어라.

08. 세 종류의 기계 (A_1, A_2, A_3)와 세 사람의 기능공(B_1, B_2, B_3)이 제품 품질에 미치는 영향을 조사하고자 하여 2회 반복이 있는 이원배치법에 의해 생산성을 측정한 결과 아래의 표를 얻었다. 이 자료에 대하어 이원배치법의 모형을 적용할 때, 각 인자와 교호작용의 효과에 대하여 유의수준 5%에서 검정하여라.

	B_1	B_2	B_3	평균
A_1	9, 14	14, 16	19, 22	15.67
A_2	13, 16	18, 26	14, 18	17.5
A_3	11, 12	11, 17	15, 16	13.67
평균	12.5	17	17.33	총평균 15.61

09. 네 종류의 기계와 세 사람의 기능공이 생산하는 제품의 생산량을 3회 반복하여 조사한 표이다. 다음을 유의수준 0.05로 검정하여라.

기능공 \ 기계	1	2	3	4
A	19 15 13	20 12 15	10 15 8	15 10 12
B	21 20 17	23 20 21	13 17 12	20 17 15
C	17 20 16	25 20 20	12 7 10	20 15 15

1) 세 기능공의 능력은 같은가?

2) 네 종류의 기계의 성능은 같은가?

3) 네 종류의 기계와 세 기능공 사이에 교호작용이 있는가?

APPENDIX

1. 이항누적분포표
2. 누적포아송분포표
3. 카이제곱분포표
4. 표준정규분포표
5. T -분포표
6. F -분포표

1. 이항누적분포표

$$B(x\,;\,n,\,p)=\sum_{k=0}^{x}\binom{n}{k}p^k(1-p)^{n-k}$$

		p																		
n	x	0.05	0.10	0.15	0.20	0.25	0.30	0.35	0.40	0.45	0.50	0.55	0.60	0.65	0.70	0.75	0.80	0.85	0.90	0.95
1	0	0.9500	0.9000	0.8500	0.8000	0.7500	0.7000	0.6500	0.6000	0.5500	0.5000	0.4500	0.4000	0.3500	0.3000	0.2500	0.2000	0.1500	0.1000	0.0500
2	0	0.9025	0.8100	0.7225	0.6400	0.5625	0.4900	0.4225	0.3600	0.3025	0.2500	0.2025	0.1600	0.1225	0.0900	0.0625	0.0400	0.0225	0.0100	0.0025
	1	0.9975	0.9900	0.9775	0.9600	0.9375	0.9100	0.8775	0.8400	0.7975	0.7500	0.6975	0.6400	0.5775	0.5100	0.4375	0.3600	0.2775	0.1900	0.0975
3	0	0.8574	0.7290	0.6141	0.5120	0.4219	0.3430	0.2746	0.2160	0.1664	0.1250	0.0911	0.0640	0.0429	0.0270	0.0156	0.0080	0.0034	0.0010	0.0001
	1	0.9928	0.9720	0.9393	0.8960	0.8438	0.7840	0.7182	0.6480	0.5748	0.5000	0.4252	0.3520	0.2818	0.2160	0.1406	0.1040	0.0608	0.0280	0.0072
	2	0.9999	0.9990	0.9967	0.9920	0.9844	0.9730	0.9571	0.9360	0.9089	0.8750	0.8336	0.7840	0.7254	0.6570	0.5625	0.4880	0.3859	0.2710	0.1426

n	x	p=0.05	0.10	0.15	0.20	0.25	0.30	0.35	0.40	0.45	0.50	0.55	0.60	0.65	0.70	0.75	0.80	0.85	0.90	0.95
4	0	0.8145	0.6561	0.5220	0.4096	0.3164	0.2401	0.1785	0.1296	0.0915	0.0625	0.0410	0.0256	0.0150	0.0081	0.0039	0.0016	0.0005	0.0001	0.0000
	1	0.9860	0.9477	0.8905	0.8192	0.7383	0.6517	0.5630	0.4752	0.3910	0.3125	0.2415	0.1792	0.1265	0.0837	0.0508	0.0272	0.0120	0.0037	0.0005
	2	0.9995	0.9963	0.9880	0.9728	0.9492	0.9163	0.8735	0.8208	0.7585	0.6875	0.6090	0.5248	0.4370	0.3483	0.2617	0.1808	0.1095	0.0523	0.0140
	3	1.0000	0.9999	0.9995	0.9984	0.9961	0.9919	0.9850	0.9744	0.9590	0.9375	0.9085	0.8704	0.8215	0.7599	0.6836	0.5904	0.4780	0.3439	0.1855
5	0	0.7738	0.5905	0.4437	0.3277	0.2373	0.1681	0.1160	0.0778	0.0503	0.0312	0.0185	0.0102	0.0053	0.0024	0.0010	0.0003	0.0001	0.0000	0.0000
	1	0.9774	0.9185	0.8352	0.7373	0.6328	0.5282	0.4284	0.3370	0.2562	0.1875	0.1312	0.0870	0.0540	0.0308	0.0156	0.0067	0.0022	0.0005	0.0000
	2	0.9988	0.9914	0.9734	0.9421	0.8965	0.8369	0.7648	0.6826	0.5931	0.5000	0.4069	0.3174	0.2352	0.1631	0.1035	0.0579	0.0266	0.0086	0.0012
	3	1.0000	0.9995	0.9978	0.9933	0.9844	0.9692	0.9460	0.9130	0.8688	0.8125	0.7438	0.6630	0.5716	0.4718	0.3672	0.2627	0.1648	0.0815	0.0226
	4	1.0000	1.0000	0.9999	0.9997	0.9990	0.9976	0.9947	0.9898	0.9815	0.9688	0.9497	0.9222	0.8840	0.8319	0.7627	0.6723	0.5563	0.4095	0.2262
6	0	0.7351	0.5314	0.3771	0.2621	0.1780	0.1176	0.0754	0.0467	0.0277	0.0156	0.0083	0.0041	0.0018	0.0007	0.0002	0.0001	0.0000	0.0000	0.0000
	1	0.9672	0.8857	0.7765	0.6554	0.5339	0.4202	0.3191	0.2333	0.1636	0.1094	0.0692	0.0410	0.0223	0.0109	0.0046	0.0016	0.0004	0.0001	0.0000
	2	0.9978	0.9842	0.9527	0.9011	0.8306	0.7443	0.6471	0.5443	0.4415	0.3438	0.2553	0.1792	0.1174	0.0705	0.0376	0.0170	0.0059	0.0013	0.0001
	3	0.9999	0.9987	0.9941	0.9830	0.9624	0.9295	0.8826	0.8208	0.7447	0.6562	0.5585	0.4557	0.3529	0.2557	0.1694	0.0989	0.0473	0.0158	0.0022
	4	1.0000	0.9999	0.9996	0.9984	0.9954	0.9891	0.9777	0.9590	0.9308	0.8906	0.8364	0.7667	0.6809	0.5798	0.4661	0.3446	0.2235	0.1143	0.0328
	5	1.0000	1.0000	1.0000	0.9999	0.9998	0.9993	0.9982	0.9959	0.9917	0.9844	0.9723	0.9533	0.9246	0.8824	0.8220	0.7379	0.6229	0.4686	0.2649
7	0	0.6983	0.4783	0.3206	0.2097	0.1335	0.0824	0.0490	0.0280	0.0152	0.0078	0.0037	0.0016	0.0006	0.0002	0.0001	0.0000	0.0000	0.0000	0.0000
	1	0.9556	0.8503	0.7166	0.5767	0.4449	0.3294	0.2338	0.1586	0.1024	0.0625	0.0357	0.0188	0.0090	0.0038	0.0013	0.0004	0.0001	0.0000	0.0000
	2	0.9962	0.9743	0.9262	0.8520	0.7564	0.6471	0.5323	0.4199	0.3164	0.2266	0.1529	0.0963	0.0556	0.0288	0.0129	0.0047	0.0012	0.0002	0.0000
	3	0.9998	0.9973	0.9879	0.9667	0.9294	0.8740	0.8002	0.7102	0.6083	0.5000	0.3917	0.2898	0.1998	0.1260	0.0706	0.0333	0.0121	0.0027	0.0002
	4	1.0000	0.9998	0.9988	0.9953	0.9871	0.9712	0.9444	0.9037	0.8471	0.7734	0.6836	0.5801	0.4677	0.3529	0.2436	0.1480	0.0738	0.0257	0.0038
	5	1.0000	1.0000	0.9999	0.9996	0.9987	0.9962	0.9910	0.9812	0.9643	0.9375	0.8976	0.8414	0.7662	0.6706	0.5551	0.4233	0.2834	0.1497	0.0444
	6	1.0000	1.0000	1.0000	1.0000	0.9999	0.9998	0.9994	0.9984	0.9963	0.9922	0.9848	0.9720	0.9510	0.9176	0.8665	0.7903	0.6794	0.5217	0.3017

n	x	p 0.05	0.10	0.15	0.20	0.25	0.30	0.35	0.40	0.45	0.50	0.55	0.60	0.65	0.70	0.75	0.80	0.85	0.90	0.95
8	0	0.6634	0.4305	0.2725	0.1678	0.1001	0.0576	0.0319	0.0168	0.0084	0.0039	0.0017	0.0007	0.0002	0.0001	0.0000	0.0000	0.0000	0.0000	0.0000
	1	0.9428	0.8131	0.6572	0.5033	0.3671	0.2553	0.1691	0.1064	0.0632	0.0352	0.0181	0.0085	0.0036	0.0013	0.0004	0.0001	0.0000	0.0000	0.0000
	2	0.9942	0.9619	0.8948	0.7969	0.6785	0.5518	0.4278	0.3154	0.2201	0.1445	0.0885	0.0498	0.0253	0.0113	0.0042	0.0012	0.0002	0.0000	0.0000
	3	0.9996	0.9950	0.9786	0.9437	0.8862	0.8059	0.7064	0.5941	0.4770	0.3633	0.2604	0.1737	0.1061	0.0580	0.0273	0.0104	0.0029	0.0004	0.0000
	4	1.0000	0.9996	0.9971	0.9896	0.9727	0.9420	0.8939	0.8263	0.7396	0.6367	0.5230	0.4059	0.2936	0.1941	0.1138	0.0563	0.0214	0.0050	0.0004
	5	1.0000	1.0000	0.9998	0.9988	0.9958	0.9887	0.9747	0.9502	0.9115	0.8555	0.7799	0.6846	0.5722	0.4482	0.3215	0.2031	0.1052	0.0381	0.0058
	6	1.0000	1.0000	1.0000	0.9999	0.9996	0.9987	0.9964	0.9915	0.9819	0.9648	0.9368	0.8936	0.8309	0.7447	0.6329	0.4967	0.3428	0.1869	0.0572
	7	1.0000	1.0000	1.0000	1.0000	1.0000	0.9999	0.9998	0.9993	0.9983	0.9961	0.9916	0.9832	0.9681	0.9424	0.8999	0.8322	0.7275	0.5695	0.3366
9	0	0.6302	0.3874	0.2316	0.1342	0.0751	0.0404	0.0207	0.0101	0.0046	0.0020	0.0008	0.0003	0.0001	0.0000	0.0000	0.0000	0.0000	0.0000	0.0000
	1	0.9288	0.7748	0.5995	0.4362	0.3003	0.1960	0.1211	0.0705	0.0385	0.0195	0.0091	0.0038	0.0014	0.0004	0.0001	0.0000	0.0000	0.0000	0.0000
	2	0.9916	0.9470	0.8591	0.7382	0.6007	0.4628	0.3373	0.2318	0.1495	0.0898	0.0498	0.0250	0.0112	0.0043	0.0013	0.0003	0.0000	0.0000	0.0000
	3	0.9994	0.9917	0.9661	0.9144	0.8343	0.7297	0.6089	0.4826	0.3614	0.2539	0.1658	0.0994	0.0536	0.0253	0.0100	0.0031	0.0006	0.0001	0.0000
	4	1.0000	0.9991	0.9944	0.9804	0.9511	0.9012	0.8283	0.7334	0.6214	0.5000	0.3786	0.2666	0.1717	0.0988	0.0489	0.0196	0.0056	0.0009	0.0000
	5	1.0000	0.9999	0.9994	0.9969	0.9900	0.9747	0.9464	0.9006	0.8342	0.7461	0.6386	0.5174	0.3911	0.2703	0.1657	0.0856	0.0339	0.0083	0.0006
	6	1.0000	1.0000	1.0000	0.9997	0.9987	0.9957	0.9888	0.9750	0.9502	0.9102	0.8505	0.7682	0.6627	0.5372	0.3993	0.2618	0.1409	0.0530	0.0084
	7	1.0000	1.0000	1.0000	1.0000	0.9999	0.9996	0.9986	0.9962	0.9909	0.9805	0.9615	0.9295	0.8789	0.8040	0.6997	0.5638	0.4005	0.2252	0.0712
	8	1.0000	1.0000	1.0000	1.0000	1.0000	1.0000	0.9999	0.9997	0.9992	0.9980	0.9954	0.9899	0.9793	0.9596	0.9249	0.8658	0.7684	0.6126	0.3698
	0	0.5987	0.3487	0.1969	0.1074	0.0563	0.0282	0.0135	0.0060	0.0025	0.0010	0.0003	0.0001	0.0000	0.0000	0.0000	0.0000	0.0000	0.0000	0.0000
	1	0.9139	0.7361	0.5443	0.3758	0.2440	0.1493	0.0860	0.0464	0.0233	0.0107	0.0045	0.0017	0.0005	0.0001	0.0000	0.0000	0.0000	0.0000	0.0000
10	2	0.9885	0.9298	0.8202	0.6778	0.5256	0.3828	0.2616	0.1673	0.0996	0.0547	0.0274	0.0123	0.0048	0.0016	0.0004	0.0001	0.0000	0.0000	0.0000
	3	0.9990	0.9872	0.9500	0.8791	0.7759	0.6496	0.5138	0.3823	0.2660	0.1719	0.1020	0.0548	0.0260	0.0106	0.0035	0.0009	0.0001	0.0000	0.0000
	4	0.9999	0.9984	0.9901	0.9672	0.9219	0.8497	0.7515	0.6331	0.5044	0.3770	0.2616	0.1662	0.0949	0.0473	0.0197	0.0064	0.0014	0.0001	0.0000
	5	1.0000	0.9999	0.9986	0.9936	0.9803	0.9527	0.9051	0.8338	0.7384	0.6230	0.4956	0.3669	0.2485	0.1503	0.0781	0.0328	0.0099	0.0016	0.0001
	6	1.0000	1.0000	0.9999	0.9991	0.9965	0.9894	0.9740	0.9452	0.8980	0.8281	0.7340	0.6177	0.4862	0.3504	0.2241	0.1209	0.0500	0.0128	0.0010
	7	1.0000	1.0000	1.0000	0.9999	0.9996	0.9984	0.9952	0.9877	0.9726	0.9453	0.9004	0.8327	0.7384	0.6172	0.4474	0.3222	0.1798	0.0702	0.0115
	8	1.0000	1.0000	1.0000	1.0000	1.0000	0.9999	0.9995	0.9983	0.9955	0.9893	0.9767	0.9536	0.9140	0.8507	0.7560	0.6242	0.4557	0.2639	0.0861
	9	1.0000	1.0000	1.0000	1.0000	1.0000	1.0000	1.0000	0.9999	0.9997	0.9990	0.9975	0.9940	0.9865	0.9718	0.9437	0.8926	0.8031	0.6513	0.4013

n	x	0.05	0.10	0.15	0.20	0.25	0.30	0.35	0.40	0.45	0.50	0.55	0.60	0.65	0.70	0.75	0.80	0.85	0.90	0.95
15	0	0.4633	0.2059	0.0874	0.0352	0.0134	0.0047	0.0016	0.0005	0.0001	0.0000	0.0000	0.0000	0.0000	0.0000	0.0000	0.0000	0.0000	0.0000	0.0000
	1	0.8290	0.5490	0.3186	0.1671	0.0802	0.0353	0.0142	0.0052	0.0017	0.0005	0.0001	0.0000	0.0000	0.0000	0.0000	0.0000	0.0000	0.0000	0.0000
	2	0.9638	0.8159	0.6042	0.3980	0.2361	0.1268	0.0617	0.0271	0.0107	0.0037	0.0011	0.0003	0.0001	0.0000	0.0000	0.0000	0.0000	0.0000	0.0000
	3	0.9945	0.9444	0.8227	0.6482	0.4613	0.2969	0.1727	0.0905	0.0424	0.0176	0.0063	0.0019	0.0005	0.0001	0.0000	0.0000	0.0000	0.0000	0.0000
	4	0.9994	0.9873	0.9383	0.8358	0.6865	0.5155	0.3519	0.2173	0.1204	0.0592	0.0255	0.0093	0.0028	0.0007	0.0001	0.0000	0.0000	0.0000	0.0000
	5	0.9999	0.9978	0.9832	0.9389	0.8516	0.7216	0.5643	0.4032	0.2608	0.1509	0.0769	0.0338	0.0124	0.0037	0.0008	0.0001	0.0000	0.0000	0.0000
	6	1.0000	0.9997	0.9964	0.9819	0.9434	0.8689	0.7548	0.6098	0.4522	0.3036	0.1818	0.0950	0.0422	0.0152	0.0042	0.0008	0.0001	0.0000	0.0000
	7	1.0000	1.0000	0.9994	0.9958	0.9827	0.9500	0.8868	0.7869	0.6535	0.5000	0.3465	0.2131	0.1132	0.0500	0.0173	0.0042	0.0006	0.0000	0.0000
	8	1.0000	1.0000	0.9999	0.9992	0.9958	0.9848	0.9578	0.9050	0.8182	0.6964	0.5478	0.3902	0.2452	0.1311	0.0566	0.0181	0.0036	0.0003	0.0000
	9	1.0000	1.0000	1.0000	0.9999	0.9992	0.9963	0.9876	0.9662	0.9231	0.8491	0.7392	0.5968	0.4357	0.2784	0.1484	0.0611	0.0168	0.0022	0.0001
	10	1.0000	1.0000	1.0000	1.0000	0.9999	0.9993	0.9972	0.9907	0.9745	0.9408	0.8796	0.7827	0.6481	0.4845	0.3135	0.1642	0.0617	0.0127	0.0006
	11	1.0000	1.0000	1.0000	1.0000	1.0000	0.9999	0.9995	0.9981	0.9937	0.9824	0.9576	0.9095	0.8273	0.7031	0.5387	0.3518	0.1773	0.0556	0.0055
	12	1.0000	1.0000	1.0000	1.0000	1.0000	1.0000	0.9999	0.9997	0.9989	0.9963	0.9893	0.9729	0.9383	0.8732	0.7639	0.6020	0.3958	0.1841	0.0362
	13	1.0000	1.0000	1.0000	1.0000	1.0000	1.0000	1.0000	1.0000	0.9999	0.9995	0.9983	0.9948	0.9858	0.9647	0.9198	0.8329	0.6814	0.4510	0.1710
	14	1.0000	1.0000	1.0000	1.0000	1.0000	1.0000	1.0000	1.0000	1.0000	1.0000	0.9999	0.9995	0.9984	0.9953	0.9866	0.9648	0.9126	0.7941	0.5367
20	0	0.3585	0.1216	0.0388	0.0115	0.0032	0.0008	0.0002	0.0000	0.0000	0.0000	0.0000	0.0000	0.0000	0.0000	0.0000	0.0000	0.0000	0.0000	0.0000
	1	0.7358	0.3917	0.1756	0.0692	0.0243	0.0076	0.0021	0.0005	0.0001	0.0000	0.0000	0.0000	0.0000	0.0000	0.0000	0.0000	0.0000	0.0000	0.0000
	2	0.9245	0.6769	0.4049	0.2061	0.0913	0.0355	0.0121	0.0036	0.0009	0.0002	0.0000	0.0000	0.0000	0.0000	0.0000	0.0000	0.0000	0.0000	0.0000
	3	0.9841	0.8670	0.6477	0.4114	0.2252	0.1071	0.0444	0.0160	0.0049	0.0013	0.0003	0.0000	0.0000	0.0000	0.0000	0.0000	0.0000	0.0000	0.0000
	4	0.9974	0.9568	0.8298	0.6296	0.4148	0.2375	0.1182	0.0510	0.0189	0.0059	0.0015	0.0003	0.0000	0.0000	0.0000	0.0000	0.0000	0.0000	0.0000
	5	0.9997	0.9887	0.9327	0.8042	0.6172	0.4164	0.2454	0.1256	0.0553	0.0207	0.0064	0.0016	0.0003	0.0000	0.0000	0.0000	0.0000	0.0000	0.0000
	6	1.0000	0.9976	0.9781	0.9133	0.7858	0.6080	0.4166	0.2500	0.1299	0.0577	0.0214	0.0065	0.0015	0.0003	0.0000	0.0000	0.0000	0.0000	0.0000
	7	1.0000	0.9996	0.9941	0.9679	0.8982	0.7723	0.6010	0.4159	0.2520	0.1316	0.0580	0.0210	0.0060	0.0013	0.0002	0.0000	0.0000	0.0000	0.0000
	8	1.0000	0.9999	0.9987	0.9900	0.9591	0.8867	0.7624	0.5956	0.4143	0.2517	0.1308	0.0565	0.0196	0.0051	0.0009	0.0001	0.0000	0.0000	0.0000
	9	1.0000	1.0000	0.9998	0.9974	0.9861	0.9520	0.8782	0.7553	0.5914	0.4119	0.2493	0.1275	0.0532	0.0171	0.0039	0.0006	0.0000	0.0000	0.0000
	10	1.0000	1.0000	1.0000	0.9994	0.9961	0.9829	0.9468	0.8725	0.7507	0.5881	0.4086	0.2447	0.1218	0.0480	0.0139	0.0026	0.0002	0.0000	0.0000
	11	1.0000	1.0000	1.0000	0.9999	0.9991	0.9949	0.9804	0.9435	0.8692	0.7483	0.5857	0.4044	0.2376	0.1133	0.0409	0.0100	0.0013	0.0001	0.0000
	12	1.0000	1.0000	1.0000	1.0000	0.9998	0.9987	0.9940	0.9790	0.9420	0.8684	0.7480	0.5841	0.3990	0.2277	0.1018	0.0321	0.0059	0.0004	0.0000
	13	1.0000	1.0000	1.0000	1.0000	1.0000	0.9997	0.9985	0.9935	0.9786	0.9423	0.8701	0.7500	0.5834	0.3920	0.2142	0.0867	0.0219	0.0024	0.0000
	14	1.0000	1.0000	1.0000	1.0000	1.0000	1.0000	0.9997	0.9984	0.9936	0.9793	0.9447	0.8744	0.7546	0.5836	0.3828	0.1958	0.0673	0.0113	0.0003
	15	1.0000	1.0000	1.0000	1.0000	1.0000	1.0000	1.0000	0.9997	0.9985	0.9941	0.9811	0.9490	0.8818	0.7625	0.5852	0.3704	0.1702	0.0432	0.0026
	16	1.0000	1.0000	1.0000	1.0000	1.0000	1.0000	1.0000	1.0000	0.9997	0.9987	0.9951	0.9840	0.9556	0.8929	0.7748	0.5886	0.3523	0.1330	0.0159
	17	1.0000	1.0000	1.0000	1.0000	1.0000	1.0000	1.0000	1.0000	1.0000	0.9998	0.9991	0.9964	0.9879	0.9645	0.9087	0.7939	0.5951	0.3231	0.0755
	18	1.0000	1.0000	1.0000	1.0000	1.0000	1.0000	1.0000	1.0000	1.0000	1.0000	0.9999	0.9995	0.9979	0.9924	0.9757	0.9308	0.8244	0.6083	0.2642
	19	1.0000	1.0000	1.0000	1.0000	1.0000	1.0000	1.0000	1.0000	1.0000	1.0000	1.0000	1.0000	0.9998	0.9992	0.9968	0.9885	0.9612	0.8784	0.6415
	20	1.0000	1.0000	1.0000	1.0000	1.0000	1.0000	1.0000	1.0000	1.0000	1.0000	1.0000	1.0000	1.0000	1.0000	1.0000	1.0000	1.0000	1.0000	1.0000

2. 누적포아송분포표

$$P\{X \leqq x\} = \sum_{k=0}^{x} \frac{\mu^k}{k!} e^{-\mu}$$

x	μ .10	.20	.30	.40	.50	.60	.70	.80	.90	.100
0	.905	.819	.741	.670	.607	.549	.497	.449	.407	.368
1	.995	.982	.963	.938	.910	.878	.844	.809	.772	.736
2	1.000	.999	.996	.992	.986	.977	.966	.953	.937	.920
3	1.000	1.000	1.000	.999	.998	.997	.994	.991	.987	.981
4	1.000	1.000	1.000	1.000	1.000	1.000	.999	.999	.998	.996
5	1.000	1.000	1.000	1.000	1.000	1.000	1.000	1.000	1.000	.999
6	1.000	1.000	1.000	1.000	1.000	1.000	1.000	1.000	1.000	1.000
7	1.000	1.000	1.000	1.000	1.000	1.000	1.000	1.000	1.000	1.000

x	μ 1.10	1.20	1.30	1.40	1.50	1.60	1.70	1.80	1.90	2.00
0	.333	.301	.273	.247	.223	.202	.183	.165	.150	.135
1	.699	.663	.627	.592	.558	.525	.493	.463	.434	.406
2	.900	.879	.857	.833	.809	.783	.757	.731	.704	.677
3	.974	.966	.957	.946	.934	.921	.907	.891	.875	.857
4	.995	.992	.989	.986	.981	.976	.970	.964	.954	.956
5	.999	.998	.998	.997	.996	.994	.992	.990	.987	.983
6	1.000	1.000	1.000	.999	.999	.999	.998	.997	.997	.995
7	1.000	1.000	1.000	1.000	1.000	1.000	1.000	.999	.999	.999
8	1.000	1.000	1.000	1.000	1.000	1.000	1.000	1.000	1.000	1.000
9	1.000	1.000	1.000	1.000	1.000	1.000	1.000	1.000	1.000	1.000

x	μ 2.10	2.20	2.30	2.40	2.50	2.60	2.70	2.80	2.90	3.00
0	.122	.111	.100	.091	.082	.074	.067	.061	.055	.050
1	.380	.355	.331	.308	.287	.267	.249	.231	.215	.199
2	.650	.623	.596	.570	.544	.518	.494	.469	.446	.423
3	.839	.819	.799	.779	.758	.736	.714	.692	.670	.647
4	.938	.928	.916	.904	.891	.877	.863	.848	.832	.815
5	.980	.975	.970	.964	.958	.951	.943	.935	.923	.916
6	.994	.993	.991	.988	.986	.983	.979	.976	.971	.966
7	.999	.998	.997	.997	.996	.995	.993	.992	.990	.988
8	1.000	1.000	.997	.999	.999	.999	.998	.998	.997	.996
9	1.000	1.000	1.000	1.000	1.000	1.000	.999	.999	.999	.999
10	1.000	1.000	1.000	1.000	1.000	1.000	1.000	1.000	1.000	1.000
11	1.000	1.000	1.000	1.000	1.000	1.000	1.000	1.000	1.000	1.000
12	1.000	1.000	1.000	1.000	1.000	1.000	1.000	1.000	1.000	1.000

x	μ 3.10	3.20	3.30	3.40	3.50	3.60	3.70	3.80	3.90	4.00
0	.045	.041	.037	.033	.030	.027	.025	.022	.020	.018
1	.185	.171	.159	.147	.136	.126	.116	.107	.099	.092
2	.401	.380	.359	.340	.321	.303	.285	.269	.253	.238
3	.625	.603	.580	.558	.537	.515	.494	.473	.453	.433
4	.798	.781	.763	.744	.725	.706	.687	.668	.648	.629
5	.906	.895	.883	.871	.858	.844	.830	.816	.801	.785
6	.961	.955	.949	.942	.935	.927	.918	.909	.899	.889
7	.986	.983	.980	.977	.973	.969	.965	.960	.955	.949
8	.995	.994	.993	.992	.990	.988	.986	.984	.981	.979
9	.999	.998	.998	.997	.997	.996	.995	.994	.993	.992
10	1.000	1.000	.999	.999	.999	.999	.998	.998	.998	.997
11	1.000	1.000	1.000	1.000	1.000	1.000	1.000	.999	.999	.999
12	1.000	1.000	1.000	1.000	1.000	1.000	1.000	1.000	1.000	1.000
13	1.000	1.000	1.000	1.000	1.000	1.000	1.000	1.000	1.000	1.000
14	1.000	1.000	1.000	1.000	1.000	1.000	1.000	1.000	1.000	1.000

x	μ 4.50	5.00	5.50	6.00	6.50	7.00	7.50	8.00	8.50	9.00
0	.011	.007	.004	.002	.002	.001	.001	.000	.000	.000
1	.061	.040	.027	.017	.011	.007	.005	.003	.002	.001
2	.174	.125	.008	.062	.043	.030	.020	.014	.009	.006
3	.342	.265	.202	.151	.112	.082	.059	.042	.030	.021
4	.532	.440	.358	.285	.224	.173	.132	.100	.074	.055
5	.703	.616	.529	.446	.369	.301	.241	.191	.150	.116
6	.831	.762	.686	.606	.527	.450	.378	.313	.256	.207
7	.913	.867	.809	.744	.673	.599	.525	.453	.386	.324
8	.960	.932	.894	.847	.792	.729	.662	.593	.523	.456
9	.983	.968	.946	.916	.877	.830	.776	.717	.653	.587
10	.993	.986	.975	.957	.933	.901	.862	.816	.763	.706
11	.998	.995	.989	.980	.966	.947	.921	.888	.549	.803
12	.999	.998	.996	.991	.984	.973	.957	.936	.909	.876
13	1.000	.999	.998	.996	.993	.987	.978	.966	.949	.926
14	1.000	1.000	.999	.999	.997	.994	.990	.983	.973	.959
15	1.000	1.000	1.000	.999	.999	.998	.995	.992	.986	.978
16	1.000	1.000	1.000	1.000	1.000	.999	.998	.996	.993	.989
17	1.000	1.000	1.000	1.000	1.000	1.000	.999	.998	.997	.995
18	1.000	1.000	1.000	1.000	1.000	1.000	1.000	.999	.999	.998
19	1.000	1.000	1.000	1.000	1.000	1.000	1.000	1.000	.999	.999
20	1.000	1.000	1.000	1.000	1.000	1.000	1.000	1.000	1.000	1.000
21	1.000	1.000	1.000	1.000	1.000	1.000	1.000	1.000	1.000	1.000
22	1.000	1.000	1.000	1.000	1.000	1.000	1.000	1.000	1.000	1.000

3. 카이제곱분포표–오른쪽 꼬리 확률

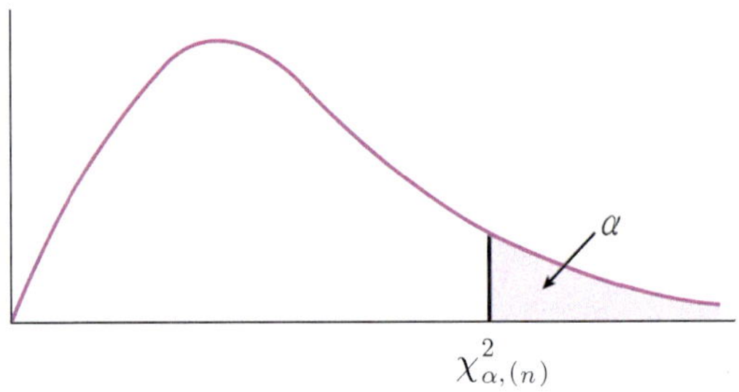

df \ α	0.9995	0.999	0.9975	0.995	0.990	0.975	0.950	0.900	0.750	0.500
1	0.00	0.00	0.00	0.00	0.00	0.00	0.00	0.02	0.10	0.45
2	0.00	0.00	0.01	0.01	0.02	0.05	0.10	0.21	0.58	1.39
3	0.02	0.02	0.04	0.07	0.11	0.22	0.35	0.58	1.21	2.37
4	0.06	0.09	0.14	0.21	0.30	0.48	0.71	1.06	1.92	3.36
5	0.16	0.21	0.31	0.41	0.55	0.83	1.15	1.61	2.67	4.35
6	0.30	0.38	0.53	0.68	0.87	1.24	1.64	2.20	3.45	5.35
7	0.48	0.60	0.79	0.99	1.24	1.69	2.17	2.83	4.25	6.35
8	0.71	0.86	1.10	1.34	1.65	2.18	2.73	3.49	5.07	7.34
9	0.97	1.15	1.45	1.73	2.09	2.70	3.33	4.17	5.90	8.34
10	1.26	1.48	1.83	2.16	2.56	3.25	3.94	4.87	6.74	9.34
11	1.59	1.83	2.23	2.60	3.05	3.82	4.57	5.58	7.58	10.34
12	1.93	2.21	2.66	3.07	3.57	4.40	5.23	6.30	8.44	11.34
13	2.31	2.62	3.11	3.57	4.11	5.01	5.89	7.04	9.30	12.34
14	2.70	3.04	3.58	4.07	4.66	5.63	6.57	7.79	10.17	13.34
15	3.11	3.48	4.07	4.60	5.23	6.26	7.26	8.55	11.04	14.34
16	3.54	3.94	4.57	5.14	5.81	6.91	7.96	9.31	11.91	15.34
17	3.98	4.42	5.09	5.70	6.41	7.56	8.67	10.09	12.79	16.34
18	4.44	4.90	5.62	6.26	7.01	8.23	9.39	10.86	13.68	17.34
19	4.91	5.41	6.17	6.84	7.63	8.91	10.12	11.65	14.56	18.34
20	5.40	5.92	6.72	7.43	8.26	9.59	10.85	12.44	15.45	19.34
21	5.90	6.45	7.29	8.03	8.90	10.28	11.59	13.24	16.34	20.34
22	6.40	6.98	7.86	8.64	9.54	10.98	12.34	14.04	17.24	21.34
23	6.92	7.53	8.45	9.26	10.20	11.69	13.09	14.85	18.14	22.34
24	7.45	8.08	9.04	9.89	10.86	12.40	13.85	15.66	19.04	23.34
25	7.99	8.65	9.65	10.52	11.52	13.12	14.61	16.47	19.94	24.34
26	8.54	9.22	10.26	11.16	12.20	13.84	15.38	17.29	20.84	25.34
27	9.09	9.80	10.87	11.81	12.88	14.57	16.15	18.11	21.75	26.34
28	9.66	10.39	11.50	12.46	13.56	15.31	16.93	18.94	22.66	27.34
29	10.23	10.99	12.13	13.12	14.26	16.05	17.71	19.77	23.57	28.34
30	10.80	11.59	12.76	13.79	14.95	16.79	18.49	20.60	24.48	29.34
40	16.91	17.92	19.42	20.71	22.16	24.43	26.51	29.05	33.66	39.34
50	23.46	24.67	26.46	27.99	29.71	32.36	34.76	37.69	42.94	49.33
60	30.34	31.74	33.79	35.53	37.48	40.48	43.19	46.46	52.29	59.33
80	44.79	46.52	49.04	51.17	53.54	57.15	60.39	64.28	71.14	79.33
100	59.90	61.92	64.86	67.33	70.06	74.22	77.93	82.36	90.13	99.33

df \ α	0.250	0.200	0.150	0.100	0.050	0.025	0.020	0.010	0.005	0.0025	0.001	0.0005
1	1.32	1.64	2.07	2.71	3.84	5.02	5.41	6.63	7.88	9.14	10.83	12.12
2	2.77	3.22	3.79	4.61	5.99	7.38	7.82	9.21	10.60	11.98	13.82	15.20
3	4.11	4.64	5.32	6.25	7.81	9.35	9.84	11.34	12.84	14.32	16.27	17.73
4	5.39	5.99	6.74	7.78	9.49	11.14	11.67	13.28	14.86	16.42	18.47	20.00
5	6.63	7.29	8.12	9.24	11.07	12.83	13.39	15.09	16.75	18.39	20.51	22.11
6	7.84	8.56	9.45	10.64	12.59	14.45	15.03	16.81	18.55	20.25	22.46	24.10
7	9.04	9.80	10.75	12.02	14.07	16.01	16.62	18.48	20.28	22.04	24.32	26.02
8	10.22	11.03	12.03	13.36	15.51	17.53	18.17	20.09	21.95	23.77	26.12	27.87
9	11.39	12.24	13.29	14.68	16.92	19.02	19.68	21.67	23.59	25.46	27.88	29.67
10	12.55	13.44	14.53	15.99	18.31	20.48	21.16	23.21	25.19	27.11	29.59	31.42
11	13.70	14.63	15.77	17.28	19.68	21.92	22.62	24.72	26.76	28.73	31.26	33.14
12	14.85	15.81	16.99	18.55	21.03	23.34	24.05	26.22	28.30	30.32	32.91	34.82
13	15.98	16.98	18.20	19.81	22.36	24.74	25.47	27.69	29.82	31.88	34.53	36.48
14	17.12	18.15	19.41	2.106	23.68	26.12	26.87	29.14	31.32	33.43	36.12	38.11
15	18.25	19.31	20.60	22.31	25.00	27.49	28.26	30.58	32.80	34.95	37.70	39.72
16	19.37	20.47	21.79	23.54	26.30	28.85	29.63	32.00	34.27	36.46	39.25	41.31
17	20.49	21.61	22.98	24.77	27.59	30.19	31.00	33.41	35.72	37.95	40.79	42.88
18	21.60	22.76	24.16	25.99	28.87	31.53	32.35	34.81	37.16	39.42	42.31	44.43
19	22.72	23.90	25.33	27.20	30.14	32.85	33.69	36.19	38.58	40.88	43.82	45.97
20	23.83	25.04	26.50	28.41	31.41	34.17	35.02	37.57	40.00	42.34	45.31	47.50
21	24.93	26.17	27.66	29.62	32.67	35.48	36.34	38.93	41.40	43.78	46.80	49.01
22	26.04	27.30	28.82	30.81	33.92	36.78	37.66	40.29	42.80	45.20	48.27	50.51
23	27.14	28.43	29.98	32.01	35.17	38.08	38.97	41.64	44.18	46.62	49.73	52.00
24	28.24	29.55	31.13	33.20	36.42	39.36	40.27	42.98	45.56	48.03	51.18	53.48
25	29.34	30.68	32.28	34.38	37.65	40.65	41.57	44.31	46.93	49.44	52.62	54.95
26	30.43	31.79	33.43	35.56	38.89	41.92	42.86	45.64	48.29	50.83	54.05	56.41
27	31.53	32.91	34.57	36.74	40.11	43.19	44.14	46.96	49.64	52.22	55.48	57.86
28	32.62	34.03	35.71	37.92	41.34	44.46	45.42	48.28	50.99	53.59	56.89	59.30
29	33.71	35.14	36.85	39.09	42.56	45.72	46.69	49.59	52.34	54.97	58.30	60.73
30	34.80	36.25	37.99	40.26	43.77	46.98	47.96	50.89	53.67	56.33	59.70	62.16
40	45.62	47.27	49.24	51.81	55.76	59.34	60.44	63.69	66.77	69.70	73.40	76.09
50	56.33	58.16	60.35	63.17	67.50	71.42	72.61	76.15	79.49	82.66	86.66	89.56
60	66.98	68.97	71.34	74.40	79.08	83.30	84.58	88.38	91.95	95.34	99.61	102.7
80	88.13	90.41	93.11	96.58	101.9	106.6	108.1	112.3	116.3	120.1	124.8	128.3
100	109.1	111.7	114.7	118.5	124.3	129.6	131.1	135.8	140.2	144.3	149.4	153.2

4. 표준정규분포표

$$P\{Z \leq z\} = \int_{-\infty}^{z} \frac{1}{\sqrt{2\pi}} e^{-\frac{x^2}{2}} dx$$

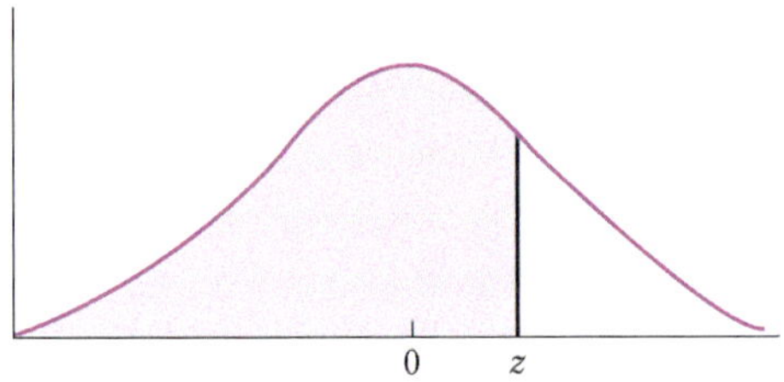

표의 숫자는 z보다 같거나 작을 확률을 나타낸다.

z	.00	.01	.02	.03	.04	.05	.06	.07	.08	.09
.0	.5000	.5040	.5080	.5120	.5160	.5119	.5239	.5279	.5319	.5359
.1	.5398	.5438	.5478	.5517	.5557	.5596	.5636	.5675	.5714	.5753
.2	.5793	.5832	.5871	.5910	.5948	.5987	.6026	.6064	.6103	.6141
.3	.6179	.6217	.6255	.6293	.6331	.6368	.6406	.6443	.6480	.6517
.4	.6554	.6591	.6628	.6664	.6700	.6736	.6772	.6808	.6844	.6879
.5	.6915	.6950	.6985	.7019	.7054	.7088	.7123	.7157	.7190	.7224
.6	.7257	.7291	.7324	.7357	.7389	.7422	.7454	.7486	.7517	.7549
.7	.7580	.7611	.7642	.7673	.7704	.7734	.7764	.7794	.7823	.7852
.8	.7881	.7910	.7939	.7967	.7995	.8023	.8051	.8078	.8106	.8133
.9	.8159	.8186	.8212	.8238	.8264	.8289	.8315	.8340	.8365	.8389
1.0	.8413	.8438	.8461	.8485	.8508	.8531	.8554	.8577	.8599	.8621
1.1	.8643	.8665	.8686	.8708	.8729	.8749	.8770	.8790	.8810	.8830
1.2	.8949	.8869	.8888	.8907	.8925	.8944	.8962	.8980	.8997	.9015
1.3	.9032	.9049	.9066	.9082	.9099	.9115	.9131	.9147	.9162	.9177
1.4	.9192	.9207	.9222	.9236	.9251	.9265	.9279	.9292	.9306	.9319
1.5	.9332	.9345	.9357	.9370	.9382	.9394	.9406	.9418	.9429	.9441
1.6	.9452	.9463	.9474	.9484	.9495	.9505	.9515	.9525	.9535	.9545
1.7	.9554	.9564	.9573	.9582	.9591	.9599	.9608	.9616	.9625	.9633
1.8	.9641	.9649	.9656	.9664	.9671	.9678	.9686	.9693	.9699	.9706
1.9	.9713	.9719	.9726	.9732	.9738	.9744	.9750	.9756	.9761	.9767
2.0	.9772	.9778	.9783	.9788	.9793	.9798	.9803	.9808	.9812	.9817
2.1	.9821	.9826	.9830	.9834	.9838	.9842	.9846	.9850	.9854	.9857
2.2	.9861	.9864	.9868	.9871	.9875	.9878	.9881	.9884	.9887	.9890
2.3	.9893	.9896	.9898	.9901	.9904	.9906	.9909	.9911	.9913	.9916
2.4	.9918	.9920	.9922	.9925	.9927	.9929	.9931	.9932	.9934	.9936
2.5	.9938	.9940	.9941	.9943	.9945	.9946	.9948	.9949	.9951	.9952
2.6	.9953	.9955	.9956	.9957	.9959	.9960	.9961	.9962	.9963	.9964
2.7	.9965	.9966	.9967	.9968	.9969	.9970	.9971	.9972	.9973	.9974
2.8	.9974	.9975	.9976	.9977	.9977	.9978	.9979	.9979	.9980	.9981
2.9	.9981	.9982	.9982	.9983	.9984	.9984	.9985	.9985	.9986	.9986
3.0	.9987	.9987	.9987	.9988	.9988	.9989	.9989	.9989	.9990	.9990
3.1	.9990	.9991	.9991	.9991	.9992	.9992	.9992	.9992	.9993	.9993
3.2	.9993	.9993	.9994	.9994	.9994	.9994	.9994	.9995	.9995	.9995
3.3	.9995	.9995	.9995	.9996	.9996	.9996	.9996	.9996	.9996	.9997
3.4	.9997	.9997	.9997	.9997	.9997	.9997	.9997	.9997	.9997	.9998
3.5	.9998	.9998	.9998	.9998	.9998	.9998	.9998	.9998	.9998	.9998

5. t 분포–오른쪽 꼬리 확률

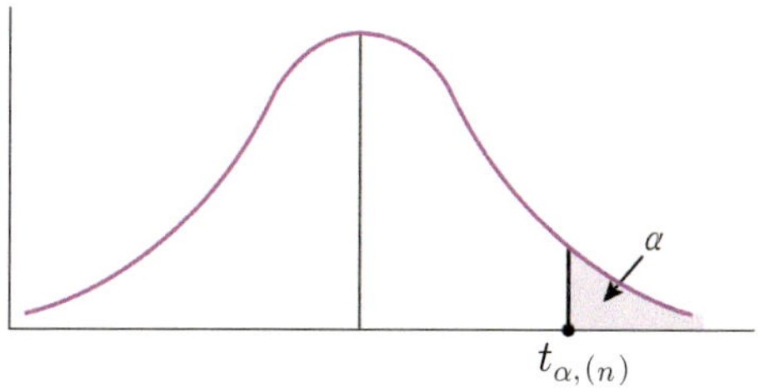

df \ α	0.25	0.20	0.15	0.10	0.05	0.025	0.02	0.01	0.005	0.0025	0.001	0.0005
1	1.000	1.376	1.963	3.078	6.314	12.71	15.89	31.82	63.66	127.3	318.3	636.6
2	0.816	1.061	1.386	1.886	2.920	4.303	4.849	6.965	9.925	14.09	22.33	31.60
3	0.765	0.978	1.250	1.638	2.353	3.182	3.482	4.541	5.841	7.453	10.21	12.92
4	0.741	0.941	1.190	1.533	2.132	2.776	2.999	3.747	4.604	5.598	7.173	8.610
5	0.727	0.920	1.156	1.476	2.015	2.571	2.757	3.365	4.032	4.773	5.893	6.869
6	0.718	0.906	1.134	1.440	1.943	2.447	2.612	3.143	3.707	4.317	5.208	5.959
7	0.711	0.896	1.119	1.415	1.895	2.365	2.517	2.998	3.499	4.029	4.785	5.408
8	0.706	0.889	1.108	1.397	1.860	2.306	2.449	2.896	3.355	3.833	4.501	5.041
9	0.703	0.883	1.100	1.383	1.833	2.262	2.398	2.821	3.250	3.690	4.297	4.781
10	0.700	0.879	1.093	1.372	1.812	2.228	2.359	2.764	3.169	3.581	4.144	4.587
11	0.697	0.876	1.088	1.363	1.796	2.201	2.328	2.718	3.106	3.497	4.025	4.437
12	0.695	0.873	1.083	1.356	1.782	2.179	2.303	2.681	3.055	3.428	3.930	4.318
13	0.694	0.870	1.079	1.350	1.771	2.160	2.282	2.650	3.012	3.372	3.852	4.221
14	0.692	0.868	1.076	1.345	1.761	2.145	2.264	2.624	2.977	3.326	3.787	4.140
15	0.691	0.866	1.074	1.341	1.753	2.131	2.249	2.602	2.947	3.286	3.733	4.073
16	0.690	0.865	1.071	1.337	1.746	2.120	2.235	2.583	2.921	3.252	3.686	4.015
17	0.689	0.863	1.069	1.333	1.740	2.110	2.224	2.567	2.898	3.222	3.646	3.965
18	0.688	0.862	1.067	1.330	1.734	2.101	2.214	2.552	2.878	3.197	3.611	3.922
19	0.688	0.861	1.066	1.328	1.729	2.093	2.205	2.539	2.861	3.174	3.579	3.883
20	0.687	0.860	1.064	1.325	1.725	2.086	2.197	2.528	2.845	3.153	3.552	3.850
21	0.686	0.859	1.063	1.323	1.721	2.080	2.189	2.518	2.831	3.135	3.527	3.819
22	0.686	0.858	1.061	1.321	1.717	2.074	2.183	2.508	2.819	3.119	3.505	3.792
23	0.685	0.858	1.060	1.319	1.714	2.069	2.177	2.500	2.807	3.104	3.485	3.768
24	0.685	0.857	1.059	1.318	1.711	2.064	2.172	2.492	2.797	3.091	3.467	3.745
25	0.684	0.856	1.058	1.316	1.708	2.060	2.167	2.485	2.787	3.078	3.450	3.725
26	0.684	0.856	1.058	1.315	1.706	2.056	2.162	2.479	2.779	3.067	3.435	3.707
27	0.684	0.855	1.057	1.314	1.703	2.052	2.158	2.473	2.771	3.057	3.421	3.690
28	0.683	0.855	1.056	1.313	1.701	2.048	2.154	2.467	2.763	3.047	3.408	3.674
29	0.683	0.854	1.055	1.311	1.699	2.045	2.150	2.462	2.756	3.038	3.396	3.659
30	0.683	0.854	1.055	1.310	1.697	2.042	2.147	2.457	2.750	3.030	3.385	3.646
40	0.681	0.851	1.050	1.303	1.684	2.021	2.123	2.423	2.704	2.971	3.307	3.551
50	0.679	0.849	1.047	1.299	1.676	2.009	2.109	2.403	2.678	2.937	3.261	3.496
60	0.679	0.848	1.045	1.296	1.671	2.000	2.099	2.390	2.660	2.915	3.232	3.460
80	0.678	0.846	1.043	1.292	1.664	1.990	2.088	2.374	2.639	2.887	3.195	3.416
100	0.677	0.845	1.042	1.290	1.660	1.984	2.081	2.364	2.626	2.871	3.174	3.390
1,000	0.675	0.842	1.037	1.282	1.646	1.962	2.056	2.330	2.581	2.813	3.098	3.300
∞	0.674	0.841	1.036	1.282	1.645	1.960	2.054	2.326	2.576	2.807	3.091	3.291

6. F 분포–오른쪽 꼬리 확률

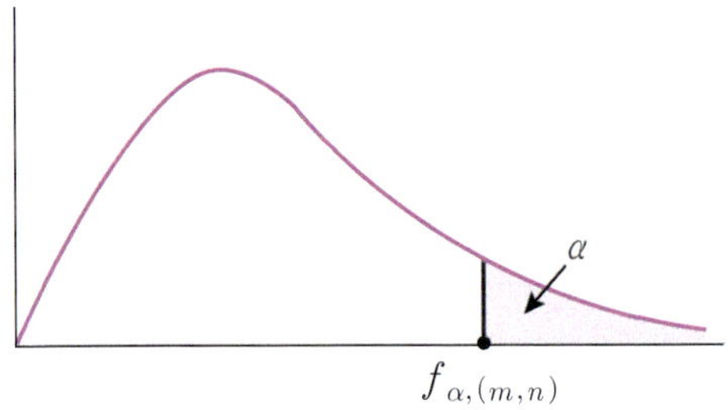

분모의 자유도	α	분자의 자유도 1	2	3	4	5	6	7	8	9	10
	0.100	39.86	49.50	53.59	55.83	57.24	58.20	58.91	59.44	59.86	60.19
	0.050	161.45	199.50	215.71	224.58	230.10	233.99	236.77	238.88	240.54	241.88
1	0.025	647.79	799.50	864.16	899.58	921.85	937.11	948.22	956.66	963.28	968.63
	0.010	4052.2	4999.5	5403.4	5624.6	5763.6	5859.0	5928.4	5981.1	6022.5	6055.8
	0.001	405284	500000	540379	562500	576405	585937	592873	598144	602284	605621
	0.100	8.53	9.00	9.16	9.24	9.29	9.33	9.35	9.37	9.38	9.39
	0.050	18.51	19.00	19.16	19.25	19.30	19.33	19.35	19.37	19.38	19.40
2	0.025	38.51	39.00	39.17	39.25	39.30	39.33	39.36	39.37	39.39	39.40
	0.010	98.50	99.00	99.17	99.25	99.30	99.33	99.36	99.37	99.39	99.40
	0.001	998.50	999.00	999.17	999.25	999.30	999.33	999.36	999.37	999.39	999.40
	0.100	5.54	5.46	5.39	5.34	5.31	5.28	5.27	5.25	5.24	5.23
	0.050	10.13	9.55	9.28	9.12	9.01	8.94	8.89	8.85	8.81	8.79
3	0.025	17.44	16.04	15.44	15.10	14.88	14.73	14.62	14.54	14.47	14.42
	0.010	34.12	30.82	29.46	28.71	28.24	27.91	27.67	27.49	27.35	27.23
	0.001	167.03	148.50	141.11	137.10	134.58	132.85	131.58	130.62	129.86	129.25
	0.100	4.54	4.32	4.19	4.11	4.05	4.01	3.98	3.95	3.94	3.92
	0.050	7.71	6.94	6.59	6.39	6.26	6.16	6.09	6.04	6.00	5.96
4	0.025	12.22	10.65	9.98	9.60	9.36	9.20	9.07	8.98	8.90	8.84
	0.010	21.20	18.00	16.69	15.98	15.52	15.21	14.98	14.80	14.66	14.55
	0.001	74.14	61.25	56.18	53.44	51.71	50.53	49.66	49.00	48.47	48.05
	0.100	4.06	3.78	3.62	3.52	3.45	3.40	3.37	3.34	3.32	3.30
	0.050	6.61	5.79	5.41	5.19	5.05	4.95	4.88	4.82	4.77	4.74
5	0.025	10.01	8.43	7.76	7.39	7.15	6.98	6.85	6.76	6.68	6.62
	0.010	16.26	13.27	12.06	11.39	10.97	10.67	10.46	10.29	10.16	10.05
	0.001	47.18	37.12	33.20	31.09	29.75	28.83	28.16	27.65	27.24	26.92
	0.100	3.78	3.46	3.29	3.18	3.11	3.05	3.01	2.98	2.96	2.94
	0.050	5.99	5.14	4.76	4.53	4.39	4.28	4.21	4.15	4.10	4.06
6	0.025	8.81	7.26	6.60	6.23	5.99	5.82	5.70	5.60	5.52	5.46
	0.010	13.75	10.92	9.78	9.15	8.75	8.47	8.26	8.10	7.98	7.87
	0.001	35.51	27.00	23.70	21.92	20.80	20.03	19.46	19.03	18.69	18.41

분모의 자유도	α	분자의 자유도 12	15	20	25	30	40	50	60	120	1,000
	0.100	60.71	61.22	61.74	62.05	62.26	62.53	62.69	62.79	63.06	63.30
	0.050	243.91	245.95	248.01	249.26	250.10	251.14	251.77	252.20	253.25	254.11
1	0.025	976.71	984.87	993.10	998.08	1001.4	1005.6	1008.1	1009.8	1014.0	1017.7
	0.010	6106.3	6157.3	6208.7	6239.8	6260.6	6286.8	6302.5	6313.0	6339.4	6362.7
	0.001	610668	615764	620908	624017	626099	628712	630285	631337	633972	636301
	0.100	9.41	9.42	9.44	9.45	9.46	9.47	9.47	9.47	9.48	9.49
	0.050	19.41	19.43	19.45	19.46	19.46	19.47	19.48	19.48	19.49	19.49
2	0.025	39.41	39.43	39.45	39.46	39.46	39.47	39.48	39.48	39.49	39.50
	0.010	99.42	99.43	99.45	99.46	99.47	99.47	99.48	99.48	99.49	99.50
	0.001	999.42	999.43	999.45	999.46	999.47	999.47	999.48	999.48	999.49	999.50
	0.100	5.22	5.20	5.18	5.17	5.17	5.16	5.15	5.15	5.14	5.13
	0.050	8.74	8.70	8.66	8.63	8.62	8.59	8.58	8.57	8.55	8.53
3	0.025	14.34	14.25	14.17	14.12	14.08	14.04	14.01	13.99	13.95	13.91
	0.010	27.05	26.87	26.69	26.58	26.50	26.41	26.35	26.32	26.22	26.14
	0.001	128.32	127.37	126.42	125.84	125.45	124.96	124.66	124.47	123.97	123.53
	0.100	3.90	3.87	3.84	3.83	3.82	3.80	3.80	3.79	3.78	3.76
	0.050	5.91	5.86	5.80	5.77	5.75	5.72	5.70	5.69	5.66	5.63
4	0.025	8.75	8.66	8.56	8.50	8.46	8.41	8.38	8.36	8.31	8.26
	0.010	14.37	14.20	14.02	13.91	13.84	13.75	13.69	13.65	13.56	13.47
	0.001	47.41	46.76	46.10	45.70	45.43	45.09	44.88	44.75	44.40	44.09
	0.100	3.27	3.24	3.21	3.19	3.17	3.16	3.15	3.14	3.12	3.11
	0.050	4.68	4.62	4.56	4.52	4.50	4.46	4.44	4.43	4.40	4.37
5	0.025	6.52	6.43	6.33	6.27	6.23	6.18	6.14	6.12	6.07	6.02
	0.010	9.89	9.72	9.55	9.45	9.38	9.29	9.24	9.20	9.11	9.03
	0.001	26.42	25.91	25.39	25.08	24.87	24.60	24.44	24.33	24.06	23.82
	0.100	2.90	2.87	2.84	2.81	2.80	2.78	2.77	2.76	2.74	2.72
	0.050	4.00	3.94	3.87	3.83	3.81	3.77	3.75	3.74	3.70	3.67
6	0.025	5.37	5.27	5.17	5.11	5.07	5.01	4.98	4.96	4.90	4.86
	0.010	7.72	7.56	7.40	7.30	7.23	7.14	7.09	7.06	6.97	6.89
	0.001	17.99	17.56	17.12	16.85	16.67	16.44	16.31	16.21	15.98	15.77

분모의 자유도	α	분자의 자유도									
		1	2	3	4	5	6	7	8	9	10
7	0.100	3.59	3.26	3.07	2.96	2.88	2.83	2.78	2.75	2.72	2.70
	0.050	5.59	4.74	4.35	4.12	3.97	3.87	3.79	3.73	3.68	3.64
	0.025	8.07	6.54	5.89	5.52	5.29	5.12	4.99	4.90	4.82	4.76
	0.010	12.25	9.55	8.45	7.85	7.46	7.19	6.99	6.84	6.72	6.62
	0.001	29.25	21.69	18.77	17.20	16.21	15.52	15.02	14.63	14.33	14.08
8	0.100	3.46	3.11	2.92	2.81	2.73	2.67	2.62	2.59	2.56	2.54
	0.050	5.32	4.46	4.07	3.84	3.69	3.58	3.50	3.44	3.39	3.35
	0.025	7.57	6.06	5.42	5.05	4.82	4.65	4.53	4.43	4.36	4.30
	0.010	11.26	8.65	7.59	7.01	6.63	6.37	6.18	6.03	5.91	5.81
	0.001	25.41	18.49	15.83	14.39	13.48	12.86	12.40	12.05	11.77	11.54
9	0.100	3.36	3.01	2.81	2.69	2.61	2.55	2.51	2.47	2.44	2.42
	0.050	5.12	4.26	3.86	3.63	3.48	3.37	3.29	3.23	3.18	3.14
	0.025	7.21	5.71	5.08	4.72	4.48	4.32	4.20	4.10	4.03	3.96
	0.010	10.56	8.02	6.99	6.42	6.06	5.80	5.61	5.47	5.35	5.26
	0.001	22.86	16.39	13.90	12.56	11.71	11.13	10.70	10.37	10.11	9.89
10	0.100	3.29	2.92	2.73	2.61	2.52	2.46	2.41	2.38	2.35	2.32
	0.050	4.96	4.10	3.71	3.48	3.33	3.22	3.14	3.07	3.02	2.98
	0.025	6.94	5.46	4.83	4.47	4.24	4.07	3.95	3.85	3.78	3.72
	0.010	10.04	7.56	6.55	5.99	5.64	5.39	5.20	5.06	4.94	4.85
	0.001	21.04	14.91	12.55	11.28	10.48	9.93	9.52	9.20	8.96	8.75
11	0.100	3.23	2.86	2.66	2.54	2.45	2.39	2.34	2.30	2.27	2.25
	0.050	4.84	3.98	3.59	3.36	3.20	3.09	3.01	2.95	2.90	2.85
	0.025	6.72	5.26	4.63	4.28	4.04	3.88	3.76	3.66	3.59	3.53
	0.010	9.65	7.21	6.22	5.67	5.32	5.07	4.89	4.74	4.63	4.54
	0.001	19.69	13.81	11.56	10.35	9.58	9.05	8.66	8.35	8.12	7.92
12	0.100	3.18	2.81	2.61	2.48	2.39	2.33	2.28	2.24	2.21	2.19
	0.050	4.75	3.89	3.49	3.26	3.11	3.00	2.91	2.85	2.80	2.75
	0.025	6.55	5.10	4.47	4.12	3.89	3.73	3.61	3.51	3.44	3.37
	0.010	9.33	6.93	5.95	5.41	5.06	4.82	4.64	4.50	4.39	4.30
	0.001	18.64	12.97	10.80	9.63	8.89	8.38	8.00	7.71	7.48	7.29
13	0.100	3.14	2.76	2.56	2.43	2.35	2.28	2.23	2.20	2.16	2.14
	0.050	4.67	3.81	3.41	3.18	3.03	2.92	2.83	2.77	2.71	2.67
	0.025	6.41	4.97	4.35	4.00	3.77	3.60	3.48	3.39	3.31	3.25
	0.010	9.07	6.70	5.74	5.21	4.86	4.62	4.44	4.30	4.19	4.10
	0.001	17.82	12.31	10.21	9.07	8.35	7.86	7.49	7.21	6.98	6.80

분모의 자유도	α	분자의 자유도 12	15	20	25	30	40	50	60	120	1,000
	0.100	2.67	2.63	2.59	2.57	2.56	2.54	2.52	2.51	2.49	2.47
	0.050	3.57	3.51	3.44	3.40	3.38	3.34	3.32	3.30	3.27	3.23
7	0.025	4.67	4.57	4.47	4.40	4.36	4.31	4.28	4.25	4.20	4.15
	0.010	6.47	6.31	6.16	6.06	5.99	5.91	5.86	5.82	5.74	5.66
	0.001	13.71	13.32	12.93	12.69	12.53	12.33	12.20	12.12	11.91	11.72
	0.100	2.50	2.46	2.42	2.40	2.38	2.36	2.35	2.34	2.32	2.30
	0.050	3.28	3.22	3.15	3.11	3.08	3.04	3.02	3.01	2.97	2.93
8	0.025	4.20	4.10	4.00	3.94	3.89	3.84	3.81	3.78	3.73	3.68
	0.010	5.67	5.52	5.36	5.26	5.20	5.12	5.07	5.03	4.95	4.87
	0.001	11.19	10.84	10.48	10.26	10.11	9.92	9.80	9.73	9.53	9.36
	0.100	2.38	2.34	2.30	2.27	2.25	2.23	2.22	2.21	2.18	2.16
	0.050	3.07	3.01	2.94	2.89	2.86	2.83	2.80	2.79	2.75	2.71
9	0.025	3.87	3.77	3.67	3.60	3.56	3.51	3.47	3.45	3.39	3.34
	0.010	5.11	4.96	4.81	4.71	4.65	4.57	4.52	4.48	4.40	4.32
	0.001	9.57	9.24	8.90	8.69	8.55	8.37	8.26	8.19	8.00	7.84
	0.100	2.28	2.24	2.20	2.17	2.16	2.13	2.12	2.11	2.08	2.06
	0.050	2.91	2.85	2.77	2.73	2.70	2.66	2.64	2.62	2.58	2.54
10	0.025	3.62	3.52	3.42	3.35	3.31	3.26	3.22	3.20	3.14	3.09
	0.010	4.71	4.56	4.41	4.31	4.25	4.17	4.12	4.08	4.00	3.92
	0.001	8.45	8.13	7.80	7.60	7.47	7.30	7.19	7.12	6.94	6.78
	0.100	2.21	2.17	2.12	2.10	2.08	2.05	2.04	2.03	2.00	1.98
	0.050	2.79	2.72	2.65	2.60	2.57	2.53	2.51	2.49	2.45	2.41
11	0.025	3.43	3.33	3.23	3.16	3.12	3.06	3.03	3.00	2.94	2.89
	0.010	4.40	4.25	4.10	4.01	3.94	3.86	3.81	3.78	3.69	3.61
	0.001	7.63	7.32	7.01	6.81	6.68	6.52	6.42	6.35	6.18	6.02
	0.100	2.15	2.10	2.06	2.03	2.01	1.99	1.97	1.96	1.93	1.91
	0.050	2.69	2.62	2.54	2.50	2.47	2.43	2.40	2.38	2.34	2.30
12	0.025	3.28	3.18	3.07	3.01	2.96	2.91	2.87	2.85	2.79	2.73
	0.010	4.16	4.01	3.86	3.76	3.70	3.62	3.57	3.54	3.45	3.37
	0.001	7.00	6.71	6.40	6.22	6.09	5.93	5.83	5.76	5.59	5.44
	0.100	2.10	2.05	2.01	1.98	1.96	1.93	1.92	1.90	1.88	1.85
	0.050	2.60	2.53	2.46	2.41	2.38	2.34	2.31	2.30	2.25	2.21
13	0.025	3.15	3.05	2.95	2.88	2.84	2.78	2.74	2.72	2.66	2.60
	0.010	3.96	3.82	3.66	3.57	3.51	3.43	3.38	3.34	3.25	3.18
	0.001	6.52	6.23	5.93	5.75	5.63	5.47	5.37	5.30	5.14	4.99

분모의 자유도	α	분자의 자유도 1	2	3	4	5	6	7	8	9	10
14	0.100	3.10	2.73	2.52	2.39	2.31	2.24	2.19	2.15	2.12	2.10
	0.050	4.60	3.74	3.34	3.11	2.96	2.85	2.76	2.70	2.65	2.60
	0.025	6.30	4.86	4.24	3.89	3.66	3.50	3.38	3.29	3.21	3.15
	0.010	8.86	6.51	5.56	5.04	4.69	4.46	4.28	4.14	4.03	3.94
	0.001	17.14	11.78	9.73	8.62	7.92	7.44	7.08	6.80	6.58	6.40
15	0.100	3.07	2.70	2.49	2.36	2.27	2.21	2.16	2.12	2.09	2.06
	0.050	4.54	3.68	3.29	3.06	2.90	2.79	2.71	2.64	2.59	2.54
	0.025	6.20	4.77	4.15	3.80	3.58	3.41	3.29	3.20	3.12	3.06
	0.010	8.68	6.36	5.42	4.89	4.56	4.32	4.14	4.00	3.89	3.80
	0.001	16.59	11.34	9.34	8.25	7.57	7.09	6.74	6.47	6.26	6.08
16	0.100	3.05	2.67	2.46	2.33	2.24	2.18	2.13	2.09	2.06	2.03
	0.050	4.49	3.63	3.24	3.01	2.85	2.74	2.66	2.59	2.54	2.49
	0.025	6.12	4.69	4.08	3.73	3.50	3.34	3.22	3.12	3.05	2.99
	0.010	8.53	6.23	5.29	4.77	4.44	4.20	4.03	3.89	3.78	3.69
	0.001	16.12	10.97	9.01	7.94	7.27	6.80	6.46	6.19	5.98	5.81
17	0.100	3.03	2.64	2.44	2.31	2.22	2.15	2.10	2.06	2.03	2.00
	0.050	4.45	3.59	3.20	2.96	2.81	2.70	2.61	2.55	2.49	2.45
	0.025	6.04	4.62	4.01	3.66	3.44	3.28	3.16	3.06	2.98	2.92
	0.010	8.40	6.11	5.19	4.67	4.34	4.10	3.93	3.79	3.68	3.59
	0.001	15.72	10.66	8.73	7.68	7.02	6.56	6.22	5.96	5.75	5.58
18	0.100	3.01	2.62	2.42	2.29	2.20	2.13	2.08	2.04	2.00	1.98
	0.050	4.41	3.55	3.16	2.93	2.77	2.66	2.58	2.51	2.46	2.41
	0.025	5.98	4.56	3.95	3.61	3.38	3.22	3.10	3.01	2.93	2.87
	0.010	8.29	6.01	5.09	4.58	4.25	4.01	3.84	3.71	3.60	3.51
	0.001	15.38	10.39	8.49	7.46	6.81	6.35	6.02	5.76	5.56	5.39
19	0.100	2.99	2.61	2.40	2.27	2.18	2.11	2.06	2.02	1.98	1.96
	0.050	4.38	3.52	3.13	2.90	2.74	2.63	2.54	2.48	2.42	2.38
	0.025	5.92	4.51	3.90	3.56	3.33	3.17	3.05	2.96	2.88	2.82
	0.010	8.18	5.93	5.01	4.50	4.17	3.94	3.77	3.63	3.52	3.43
	0.001	15.08	10.16	8.28	7.27	6.62	6.18	5.85	5.59	5.39	5.22
20	0.100	2.97	2.59	2.38	2.25	2.16	2.09	2.04	2.00	1.96	1.94
	0.050	4.35	3.49	3.10	2.87	2.71	2.60	2.51	2.45	2.39	2.35
	0.025	5.87	4.46	3.86	3.51	3.29	3.13	3.01	2.91	2.84	2.77
	0.010	8.10	5.85	4.94	4.43	4.10	3.87	3.70	3.56	3.46	3.37
	0.001	14.82	9.95	8.10	7.10	6.46	6.02	5.69	5.44	5.24	5.08

분모의 자유도	α	분자의 자유도 12	15	20	25	30	40	50	60	120	1,000
14	0.100	2.05	2.01	1.96	1.93	1.91	1.89	1.87	1.86	1.83	1.80
	0.050	2.53	2.46	2.39	2.34	2.31	2.27	2.24	2.22	2.18	2.14
	0.025	3.05	2.95	2.84	2.78	2.73	2.67	2.64	2.61	2.55	2.50
	0.010	3.80	3.66	3.51	3.41	3.35	3.27	3.22	3.18	3.09	3.02
	0.001	6.13	5.85	5.56	5.38	5.25	5.10	5.00	4.94	4.77	4.62
15	0.100	2.02	1.97	1.92	1.89	1.87	1.85	1.83	1.82	1.79	1.76
	0.050	2.48	2.40	2.33	2.28	2.25	2.20	2.18	2.16	2.11	2.07
	0.025	2.96	2.86	2.76	2.69	2.64	2.59	2.55	2.52	2.46	2.40
	0.010	3.67	3.52	3.37	3.28	3.21	3.13	3.08	3.05	2.96	2.88
	0.001	5.81	5.54	5.25	5.07	4.95	4.80	4.70	4.64	4,47	4.33
16	0.100	1.99	1.94	1.89	1.86	1.84	1.81	1.79	1.78	1.75	1.72
	0.050	2.42	2.35	2.28	2.23	2.19	2.15	2.12	2.11	2.06	2.02
	0.025	2.89	2.79	2.68	2.61	2.57	2.51	2.47	2.45	2.38	2.32
	0.010	3.55	3.41	3.26	3.16	3.10	3.02	2.97	2.93	2.84	2.76
	0.001	5.55	5.27	4.99	4.82	4.70	4.54	4.45	4.39	4.23	4.08
17	0.100	1.96	1.91	1.86	1.83	1.81	1.78	1.76	1.75	1.72	1.69
	0.050	2.38	2.31	2.23	2.18	2.15	2.10	2.08	2.06	2.01	1.97
	0.025	2.82	2.72	2.62	2.55	2.50	2.44	2.41	2.38	2.32	2.26
	0.010	3.46	3.31	3.16	3.07	3.00	2.92	2.87	2.83	2.75	2.66
	0.001	5.32	5.05	4.78	4.60	4.48	4.33	4.24	4.18	4.02	3.87
18	0.100	1.93	1.89	1.84	1.80	1.78	1.75	1.74	1.72	1.69	1.66
	0.050	2.34	2.27	2.19	2.14	2.11	2.06	2.04	2.02	1.97	1.92
	0.025	2.77	2.67	2.56	2.49	2.44	2.38	2.35	2.32	2.26	2.20
	0.010	3.37	3.23	3.08	2.98	2.92	2.84	2.78	2.75	2.66	2.58
	0.001	5.13	4.87	4.59	4.42	4.30	4.15	4.06	4.00	3.84	3.69
19	0.100	1.91	1.86	1.81	1.78	1.76	1.73	1.71	1.70	1.67	1.64
	0.050	2.31	2.23	2.16	2.11	2.07	2.03	2.00	1.98	1.93	1.88
	0.025	2.72	2.62	2.51	2.44	2.39	2.33	2.30	2.27	2.20	2.14
	0.010	3.30	3.15	3.00	2.91	2.84	2.76	2.71	2.67	2.58	2.50
	0.001	4.97	4.70	4.43	4.26	4.14	3.99	3.90	3.84	3.68	3.53
20	0.100	1.89	1.84	1.79	1.76	1.74	1.71	1.69	1.68	1.64	1.61
	0.050	2.28	2.20	2.12	2.07	2.04	1.99	1.97	1.95	1.90	1.85
	0.025	2.68	2.57	2.46	2.40	2.35	2.29	2.25	2.22	2.16	2.09
	0.010	3.23	3.09	2.94	2.84	2.78	2.69	2.64	2.61	2.52	2.43
	0.001	4.82	4.56	4.29	4.12	4.00	3.86	3.77	3.70	3.54	3.40

분모의 자유도	α	분자의 자유도 1	2	3	4	5	6	7	8	9	10
21	0.100	2.96	2.57	2.36	2.23	2.14	2.08	2.02	1.98	1.95	1.92
	0.050	4.32	3.47	3.07	2.84	2.68	2.57	2.49	2.42	2.37	2.32
	0.025	5.83	4.42	3.82	3.48	3.25	3.09	2.97	2.87	2.80	2.73
	0.010	8.02	5.78	4.87	4.37	4.04	3.81	3.64	3.51	3.40	3.31
	0.001	14.59	9.77	7.94	6.95	6.32	5.88	5.56	5.31	5.11	4.95
22	0.100	2.95	2.56	2.35	2.22	2.13	2.06	2.01	1.97	1.93	1.90
	0.050	4.30	3.44	3.05	2.82	2.66	2.55	2.46	2.40	2.34	2.30
	0.025	5.79	4.38	3.78	3.44	3.22	3.05	2.93	2.84	2.76	2.70
	0.010	7.95	5.72	4.82	4.31	3.99	3.76	3.59	3.45	3.35	3.26
	0.001	14.38	9.61	7.80	6.81	6.19	5.76	5.44	5.19	4.99	4.83
23	0.100	2.94	2.55	2.34	2.21	2.11	2.05	1.99	1.95	1.92	1.89
	0.050	4.28	3.42	3.03	2.80	2.64	2.53	2.44	2.37	2.32	2.27
	0.025	5.75	4.35	3.75	3.41	3.18	3.02	2.90	2.81	2.73	2.67
	0.010	7.88	5.66	4.76	4.26	3.94	3.71	3.54	3.41	3.30	3.21
	0.001	14.20	9.47	7.67	6.70	6.08	5.65	5.33	5.09	4.89	4.73
24	0.100	2.93	2.54	2.33	2.19	2.10	2.04	1.98	1.94	1.91	1.88
	0.050	4.26	3.40	3.01	2.78	2.62	2.51	2.42	2.36	2.30	2.25
	0.025	5.72	4.32	3.72	3.38	3.15	2.99	2.87	2.78	2.70	2.64
	0.010	7.82	5.61	4.72	4.22	3.90	3.67	3.50	3.36	3.26	3.17
	0.001	14.03	9.34	7.55	6.59	5.98	5.55	5.23	4.99	4.80	4.64
25	0.100	2.92	2.53	2.32	2.18	2.09	2.02	1.97	1.93	1.89	1.87
	0.050	4.24	3.39	2.99	2.76	2.60	2.49	2.40	2.34	2.28	2.24
	0.025	5.69	4.29	3.69	3.35	3.13	2.97	2.85	2.75	2.68	2.61
	0.010	7.77	5.57	4.68	4.18	3.85	3.63	3.46	3.32	3.22	3.13
	0.001	13.88	9.22	7.45	6.49	5.89	5.46	5.15	4.91	4.71	4.56
26	0.100	2.91	2.52	2.31	2.17	2.08	2.01	1.96	1.92	1.88	1.86
	0.050	4.23	3.37	2.98	2.74	2.59	2.47	2.39	2.32	2.27	2.22
	0.025	5.66	4.27	3.67	3.33	3.10	2.94	2.82	2.73	2.65	2.59
	0.010	7.72	5.53	4.64	4.14	3.82	3.59	3.42	3.29	3.18	3.09
	0.001	13.74	9.12	7.36	6.41	5.80	5.38	5.07	4.83	4.64	4.48
27	0.100	2.90	2.51	2.30	2.17	2.07	2.00	1.95	1.91	1.87	1.85
	0.050	4.21	3.35	2.96	2.73	2.57	2.46	2.37	2.31	2.25	2.20
	0.025	5.63	4.24	3.65	3.31	3.08	2.92	2.80	2.71	2.63	2.57
	0.010	7.68	5.49	4.60	4.11	3.78	3.56	3.39	3.26	3.15	3.06
	0.001	13.61	9.02	7.27	6.33	5.73	5.31	5.00	4.76	4.57	4.41

분모의 자유도	α	분자의 자유도 12	15	20	25	30	40	50	60	120	1,000
21	0.100	1.87	1.83	1.78	1.74	1.72	1.69	1.67	1.66	1.62	1.59
	0.050	2.25	2.18	2.10	2.05	2.01	1.96	1.94	1.92	1.87	1.82
	0.025	2.64	2.53	2.42	2.36	2.31	2.25	2.21	2.18	2.11	2.05
	0.010	3.17	3.03	2.88	2.79	2.72	2.64	2.58	2.55	2.46	2.37
	0.001	4.70	4.44	4.17	4.00	3.88	3.74	3.64	3.58	3.42	3.28
22	0.100	1.86	1.81	1.76	1.73	1.70	1.67	1.65	1.64	1.60	1.57
	0.050	2.23	2.15	2.07	2.02	1.98	1.94	1.91	1.89	1.84	1.79
	0.025	2.60	2.50	2.39	2.32	2.27	2.21	2.17	2.14	2.08	2.01
	0.010	3.12	2.98	2.83	2.73	2.67	2.58	2.53	2.50	2.40	2.32
	0.001	4.58	4.33	4.06	3.89	3.78	3.63	3.54	3.48	3.32	3.17
23	0.100	1.84	1.80	1.74	1.71	1.69	1.66	1.64	1.62	1.59	1.55
	0.050	2.20	2.13	2.05	2.00	1.96	1.91	1.88	1.86	1.81	1.76
	0.025	2.57	2.47	2.36	2.29	2.24	2.18	2.14	2.11	2.04	1.98
	0.010	3.07	2.93	2.78	2.69	2.62	2.54	2.48	2.45	2.35	2.27
	0.001	4.48	4.23	3.96	3.79	3.68	3.53	3.44	3.38	3.22	3.08
24	0.100	1.83	1.78	1.73	1.70	1.67	1.64	1.62	1.61	1.57	1.54
	0.050	2.18	2.11	2.03	1.97	1.94	1.89	1.86	1.84	1.79	1.74
	0.025	2.54	2.44	2.33	2.26	2.21	2.15	2.11	2.08	2.01	1.94
	0.010	3.03	2.89	2.74	2.64	2.58	2.49	2.44	2.40	2.31	2.22
	0.001	4.39	4.14	3.87	3.71	3.59	3.45	3.36	3.29	3.14	2.99
25	0.100	1.82	1.77	1.72	1.68	1.66	1.63	1.61	1.59	1.56	1.52
	0.050	2.16	2.09	2.01	1.96	1.92	1.87	1.84	1.82	1.77	1.72
	0.025	2.51	2.41	2.30	2.23	2.18	2.12	2.08	2.05	1.98	1.91
	0.010	2.99	2.85	2.70	2.60	2.54	2.45	2.40	2.36	2.27	2.18
	0.001	4.31	4.06	3.79	3.63	3.52	3.37	3.28	3.22	3.06	2.91
26	0.100	1.81	1.76	1.71	1.67	1.65	1.61	1.59	1.58	1.54	1.51
	0.050	2.15	2.07	1.99	1.94	1.90	1.85	1.82	1.80	1.75	1.70
	0.025	2.49	2.39	2.28	2.21	2.16	2.09	2.05	2.03	1.95	1.89
	0.010	2.96	2.81	2.66	2.57	2.50	2.42	2.36	2.33	2.23	2.14
	0.001	4.24	3.99	3.72	3.56	3.44	3.30	3.21	3.15	2.99	2.84
27	0.100	1.80	1.75	1.70	1.66	1.64	1.60	1.58	1.57	1.53	1.50
	0.050	2.13	2.06	1.97	1.92	1.88	1.84	1.81	1.79	1.73	1.68
	0.025	2.47	2.36	2.25	2.18	2.13	2.07	2.03	2.00	1.93	1.86
	0.010	2.93	2.78	2.63	2.54	2.47	2.38	2.33	2.29	2.20	2.11
	0.001	4.17	3.92	3.66	3.49	3.38	3.23	3.14	3.08	2.92	2.78

분모의 자유도	α	분자의 자유도 1	2	3	4	5	6	7	8	9	10
	0.100	2.89	2.50	2.29	2.16	2.06	2.00	1.94	1.90	1.87	1.84
	0.050	4.20	3.34	2.95	2.71	2.56	2.45	2.36	2.29	2.24	2.19
28	0.025	5.61	4.22	3.63	3.29	3.06	2.90	2.78	2.69	2.61	2.55
	0.010	7.64	5.45	4.57	4.07	3.75	3.53	3.36	3.23	3.12	3.03
	0.001	13.50	8.93	7.19	6.25	5.66	5.24	4.93	4.69	4.50	4.35
	0.100	2.89	2.50	2.28	2.15	2.06	1.99	1.93	1.89	1.86	1.83
	0.050	4.18	3.33	2.93	2.70	2.55	2.43	2.35	2.28	2.22	2.18
29	0.025	5.59	4.20	3.61	3.27	3.04	2.88	2.76	2.67	2.59	2.53
	0.010	7.60	5.42	4.54	4.04	3.73	3.50	3.33	3.20	3.09	3.00
	0.001	13.39	8.85	7.12	6.19	5.59	5.18	4.87	4.64	4.45	4.29
	0.100	2.88	2.49	2.28	2.14	2.05	1.98	1.93	1.88	1.85	1.82
	0.050	4.17	3.32	2.92	2.69	2.53	2.42	2.33	2.27	2.21	2.16
30	0.025	5.57	4.18	3.59	3.25	3.03	2.87	2.75	2.65	2.57	2.51
	0.010	7.56	5.39	4.51	4.02	3.70	3.47	3.30	3.17	3.07	2.98
	0.001	13.29	8.77	7.05	6.12	5.53	5.12	4.82	4.58	4.39	4.24
	0.100	2.84	2.44	2.23	2.09	2.00	1.93	1.87	1.83	1.79	1.76
	0.050	4.08	3.23	2.84	2.61	2.45	2.34	2.25	2.18	2.12	2.08
40	0.025	5.42	4.05	3.46	3.13	2.90	2.74	2.62	2.53	2.45	2.39
	0.010	7.31	5.18	4.31	3.83	3.51	3.29	3.12	2.99	2.89	2.80
	0.001	12.61	8.25	6.59	5.70	5.13	4.73	4.44	4.21	4.02	3.87
	0.100	2.81	2.41	2.20	2.06	1.97	1.90	1.84	1.80	1.76	1.73
	0.050	4.03	3.18	2.79	2.56	2.40	2.29	2.20	2.13	2.07	2.03
50	0.025	5.34	3.97	3.39	3.05	2.83	2.67	2.55	2.46	2.38	2.32
	0.010	7.17	5.06	4.20	3.72	3.41	3.19	3.02	2.89	2.78	2.70
	0.001	12.22	7.96	6.34	5.46	4.90	4.51	4.22	4.00	3.82	3.67
	0.100	2.79	2.39	2.18	2.04	1.95	1.87	1.82	1.77	1.74	1.71
	0.050	4.00	3.15	2.76	2.53	2.37	2.25	2.17	2.10	2.04	1.99
60	0.025	5.29	3.93	3.34	3.01	2.79	2.63	2.51	2.41	2.33	2.27
	0.010	7.08	4.98	4.13	3.65	3.34	3.12	2.95	2.82	2.72	2.63
	0.001	11.97	7.77	6.17	5.31	4.76	4.37	4.09	3.86	3.69	3.54
	0.100	2.76	2.36	2.14	2.00	1.91	1.83	1.78	1.73	1.69	1.66
	0.050	3.94	3.09	2.70	2.46	2.31	2.19	2.10	2.03	1.97	1.93
100	0.025	5.18	3.83	3.25	2.92	2.70	2.54	2.42	2.32	2.24	2.18
	0.010	6.90	4.82	3.98	3.51	3.21	2.99	2.82	2.69	2.59	2.50
	0.001	11.50	7.41	5.86	5.02	4.48	4.11	3.83	3.61	3.44	3.30

분모의 자유도	α	분자의 자유도 12	15	20	25	30	40	50	60	120	1,000
28	0.100	1.79	1.74	1.69	1.65	1.63	1.59	1.57	1.56	1.52	1.48
	0.050	2.12	2.04	1.96	1.91	1.87	1.82	1.79	1.77	1.71	1.66
	0.025	2.45	2.34	2.23	2.16	2.11	2.05	2.01	1.98	1.91	1.84
	0.010	2.90	2.75	2.60	2.51	2.44	2.35	2.30	2.26	2.17	2.08
	0.001	4.11	3.86	3.60	3.43	3.32	3.18	3.09	3.02	2.86	2.72
29	0.100	1.78	1.73	1.68	1.64	1.62	1.58	1.56	1.55	1.51	1.47
	0.050	2.10	2.03	1.94	1.89	1.85	1.81	1.77	1.75	1.70	1.65
	0.025	2.43	2.32	2.21	2.14	2.09	2.03	1.99	1.96	1.89	1.82
	0.010	2.87	2.73	2.57	2.48	2.41	2.33	2.27	2.23	2.14	2.05
	0.001	4.05	3.80	3.54	3.38	3.27	3.12	3.03	2.97	2.81	2.66
30	0.100	1.77	1.72	1.67	1.63	1.61	1.57	1.55	1.54	1.50	1.46
	0.050	2.09	2.01	1.93	1.88	1.84	1.79	1.76	1.74	1.68	1.63
	0.025	2.41	2.31	2.20	2.12	2.07	2.01	1.97	1.94	1.87	1.80
	0.010	2.84	2.70	2.55	2.45	2.39	2.30	2.25	2.21	2.11	2.02
	0.001	4.00	3.75	3.49	3.33	3.22	3.07	2.98	2.92	2.76	2.61
40	0.100	1.71	1.66	1.61	1.57	1.54	1.51	1.48	1.47	1.42	1.38
	0.050	2.00	1.92	1.84	1.78	1.74	1.69	1.66	1.64	1.58	1.52
	0.025	2.29	2.18	2.07	1.99	1.94	1.88	1.83	1.80	1.72	1.65
	0.010	2.66	2.52	2.37	2.27	2.20	2.11	2.06	2.02	1.92	1.82
	0.001	3.64	3.40	3.14	2.98	2.87	2.73	2.64	2.57	2.41	2.25
50	0.100	1.68	1.63	1.57	1.53	1.50	1.46	1.44	1.42	1.38	1.33
	0.050	1.95	1.87	1.78	1.73	1.69	1.63	1.60	1.58	1.51	1.45
	0.025	2.22	2.11	1.99	1.92	1.87	1.80	1.75	1.72	1.64	1.56
	0.010	2.56	2.42	2.27	2.17	2.10	2.01	1.95	1.91	1.80	1.70
	0.001	3.44	3.20	2.95	2.79	2.68	2.53	2.44	2.38	2.21	2.05
60	0.100	1.66	1.60	1.54	1.50	1.48	1.44	1.41	1.40	1.35	1.30
	0.050	1.92	1.84	1.75	1.69	1.65	1.59	1.56	1.53	1.47	1.40
	0.025	2.17	2.06	1.94	1.87	1.82	1.74	1.70	1.67	1.58	1.49
	0.010	2.50	2.35	2.20	2.10	2.03	1.94	1.88	1.84	1.73	1.62
	0.001	3.32	3.08	2.83	2.67	2.55	2.41	2.32	2.25	2.08	1.92
100	0.100	1.61	1.56	1.49	1.45	1.42	1.38	1.35	1.34	1.28	1.22
	0.050	1.85	1.77	1.68	1.62	1.57	1.52	1.48	1.45	1.38	1.30
	0.025	2.08	1.97	1.85	1.77	1.71	1.64	1.59	1.56	1.46	1.36
	0.010	2.37	2.22	2.07	1.97	1.89	1.80	1.74	1.69	1.57	1.45
	0.001	3.07	2.84	2.59	2.43	2.32	2.17	2.08	2.01	1.83	1.64

정답과 해설

1장 연습문제

01.

혈액형	도수	상대도수
O	16	0.40
A	18	0.45
B	4	0.10
AB	2	0.05
합계	40	1.00

02. (1)

계급값	도수
1.0~2.0	7
2.0~3.0	3
3.0~4.0	4
4.0~5.0	4
5.0~6.0	3
6.0~7.0	5
7.0~8.0	5
8.0~9.0	6
9.0~10.0	5
도수의 총합	42

(2)

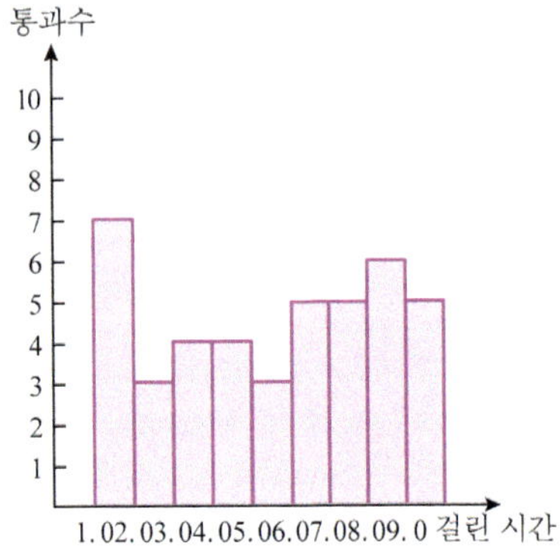

(3) $3+5+5+6+5=24$,

$\frac{24}{42}\times 100 = 57.14\cdots \fallingdotseq 57$

57%

03. 생략

04. 생략

05. (1)

계급	도수
0.45–0.90	2
0.90–1.35	6
1.35–1.80	11
1.80–2.25	5
2.25–2.70	6

(2)

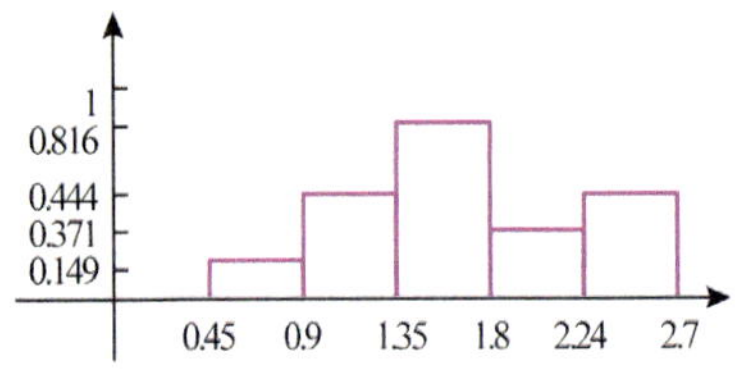

06.

```
0 | 6
1 | 223445567777889
2 | 000000222445567799
3 | 022444566
4 | 1167
5 | 12
```

07. 생략

08. 이 때 점도표는 다음과 같고 100과 110 사이의 점에 대해 거의 대칭임을 알 수 있다.

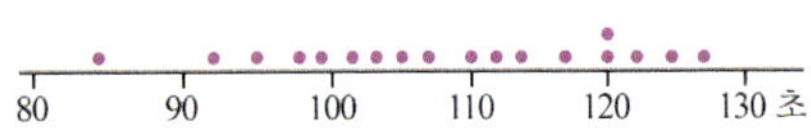

09. (1) 최고측정치와 최저측정치는 각각 32.1과 11이다. 그러므로 계급 구간은 $\frac{32.1-11}{5}=4.22$이다. 따라서 가까운 정수 5를 구간으로 하면 된다.

기온 (X)	정확 한계	빈도수 (f)	상대 빈도	누적 상대 빈도	누적 백분율 빈도
10~14	9.5~14.5	5	0.16	0.16	16
15~19	14.5~19.5	7	0.23	0.39	39
20~24	19.5~24.5	10	0.32	0.71	71
25~29	24.5~29.5	6	0.19	0.90	90
30~34	29.5~34.5	3	0.10	1.00	100 (%)
		$n=31$			

(2)

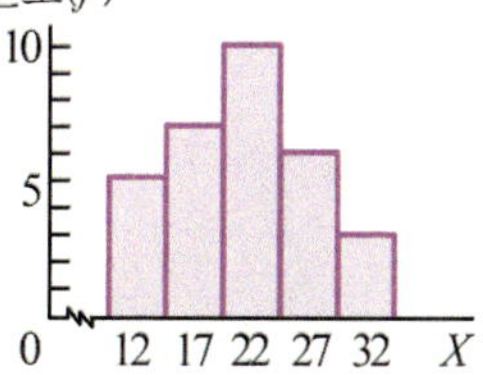

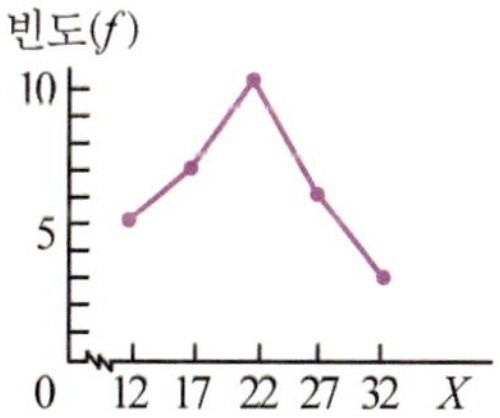

10. 평균 : 26.75

중앙값 : 25

11. (1)

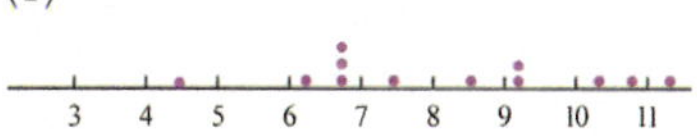

(2) 평균 : 8.178, 중앙값 : 7.925

(3) $Q_1=6.71$, $Q_3=9.75$

12. (2) 분산 = 18.67, 표준편차 = 4.32

13. (1) $Q_2=153$

(2) $Q_1=135.5$, $Q_3=166.5$

14. (1) 68.4 (2) 66.34

(3) 2.51

15. (1)

줄기	잎	도수
0	22233457	8
1	023558	6
2	035	3
3	03	2
4	057	3
5	0569	4
6	0005	4

(2)

계급구간	중간점	도수	상대도수
0.0~0.9	0.45	8	0.267
1.0~1.9	1.45	6	0.200
2.0~2.9	2.45	3	0.100
3.0~3.9	3.45	2	0.067
4.0~4.9	4.45	3	0.100
5.0~5.9	5.45	4	0.133
6.0~6.9	6.45	4	0.133

(3) 표본평균 = 2.7967, 표본범위 = 6.3, 표본표준편차 = 2.2273

16. (1) 총도수 $N=30$

계급값	도수
1.5~2.0	3
2.0~2.5	5
2.5~3.0	10
3.0~3.5	6
3.5~4.0	3
4.0~4.5	3
도수의 총합	30

(2)

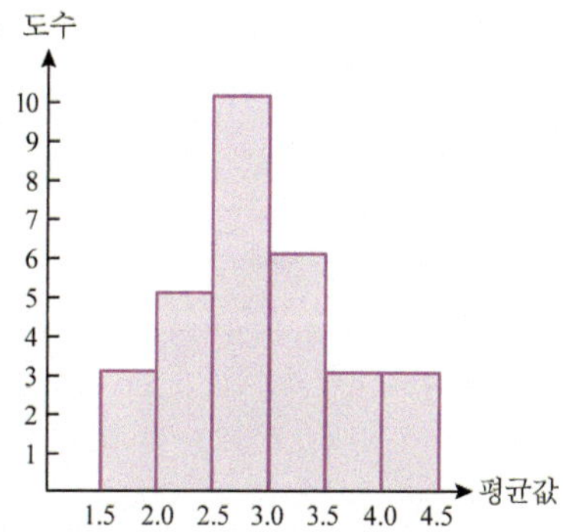

(3) 평균 = 2.87,

중위수 = 2.7

(4) $Q_1 = 2.4$, $Q_3 = 3.4$

(5)

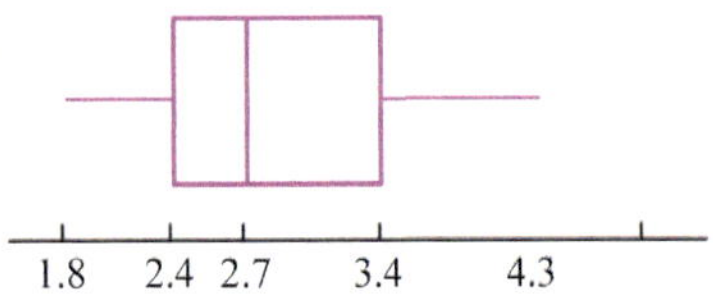

17. (1)

Stem	Leaf	#
9	24478	5
8	244899	6
7	23467	5
6	34557	5
5	039	3
4	0135	4
3	1135	4
2	178	3
1	1123667	7

+----------------------+----------------+

(2) 평균 = 5.52391, 중위수 = 6.1,

최빈값 = 1.1

(3) 범위 = 8.7, 표준편차 = 2.863037

18. 왼쪽으로 왜곡되어 있다.

19. 54

20. 막대그래프

21. 표본의 크기가 같고 범위도 같다.

22. 오른쪽으로 왜곡되어 있다.

23. $\frac{11}{19}$, 0

24. 중앙값과 사분위수 범위

25. 87

26. $Q_1 = 180 - 0.7 \times 20 = 166$,

$Q_3 = 180 + 0.8 \times 20 = 196$,

$IQR = 196 - 166 = 30$

$Q_1 - 1.5IQR = 121$, $Q_2 + 1.5IQR = 241$

따라서 121이하 또는 241이상이 이상치이다.

27.

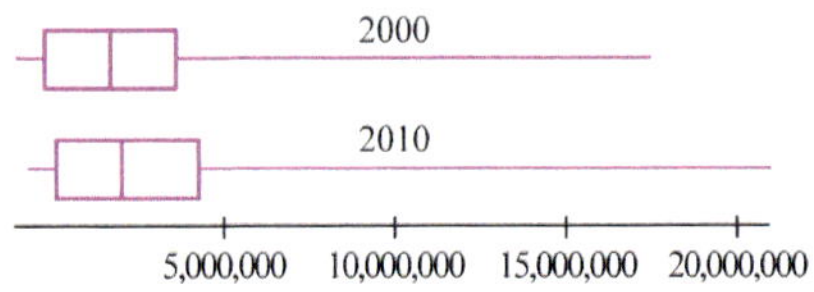

분포모양 : 2000, 2010년 모두 오른쪽에 왜곡되어있다.

- 중앙값 : 2,329,000 ~ 2,649,000
- 이상치 : 1980년,

$IQR = Q_3 - Q_1 = 2{,}195{,}000$,

$Q_1 - 1.5IQR = -3{,}538{,}500$,

$Q_3 + 1.5IQR = 8{,}121{,}500$

캘리포니아가 이상치이다.

1990년,

$IQR = Q_3 - Q_1 = 3{,}390{,}000$,

$Q_1 - 1.5IQR = -4{,}031{,}000$,

$Q_3 + 1.5IQR = 9{,}529{,}000$

또 캘리포니아가 이상치이다.

2장 연습문제

01. 평균과 범위가 같으며 분산은 A가 B보다 크다.

02. 표본의 크기와 범위가 같고 분산, 평균, 중앙값은 다르다.

03. 범위는 같으나 사분위수, 중앙값, 평균은 다르다.

04. 범위, 분산은 같고 평균은 다르다.

05. 같은 범위이고, 사분위수, 대푯값은 다르다. 첫 번째 분포는 왼쪽에 기운형태이고 두 번째 분포는 대칭형이며 세 번째 분포는 오른쪽에 기운형태이다.

06. 줄기 잎 그림을 그려보면 다음과 같다.

게임당 어시스트 수		게임당 리바운드 수
9 4 2 1	6	
9 7 7 6 5 3 2 1	7	
8 7 3 2	8	
4 3	9	4 6 7
2	10	3 4 6 6 6 6 8 8 9 9 9
	11	0 1 4
3	12	6
	13	4
	14	1
	15	
	16	8

- 분포모양 : 모두 분포가 오른쪽으로 기운 형태이나 각각 이상치를 제거하면 대칭, 종모양의 모습이 보인다.
- 중앙값 : 8, 11
- 범위 : 6.1 ~ 12.3, 9.4 ~ 16.8
- 게임당 리바운드 수가 대체로 어시스트 수 보다 많다는 것을 알 수 있다.

07. 상자도표를 그려보자.

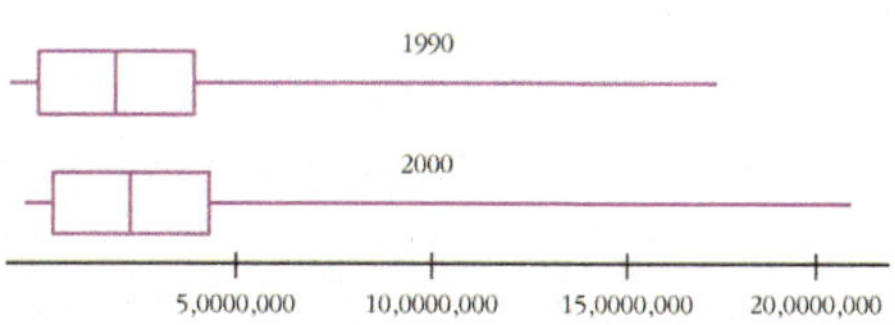

- 분포모양 : 오른쪽으로 기운형태가 두드러진다.
- 중심 : 2,329,000 , 2,649,000
- 범위 : 1990년 중앙값과 Q_1의 차이가 2000년에는 약간의 변화가 있으며 상위 50%는 증가가 확실하다.
- 이상치 : 1990년에 $IQR = Q_3 - Q_1 = 3{,}749{,}000 - 834{,}000 = 2{,}915{,}000$

이상치는 $Q_1 - 1.5(IQR) = -3{,}538{,}500$ 작거나, $Q_3 + 1.5(IQR) = 8{,}121{,}500$ 작거나, $Q_3 + 1.5(IQR) = 8{,}121{,}500$ 크다. 따라서 *California*는 이상치이다.

2000년에는 $IQR = Q_3 - Q_1 = 4{,}444{,}000 - 1{,}054{,}000 = 3{,}390{,}000$
$Q_1 - 1.5(IQR) = -4{,}031{,}000$
$Q_3 - 1.5(IQR) = 9{,}529{,}000$ 이므로 *California*는 이상치이다.

08.
- 분포모양 : 크르즈선 A는 젊은승객이 많으므로 오른쪽으로 기운 분포이고 크르즈선 C는 나이 많은 승객이 많으므로 왼쪽으로 기운분포, 크르즈선 B는 종모양분포를 한다.
- 중심 : 각각 18, 40, 61이다.
- 범위 : 10 ~ 70 으로 모두 같다.

09. 생략

10.

	팝·록 음악	컨츄리 음악	고전 음악	합계
동북부	50%	20%	30%	100%
서부	30%	50%	20%	100%
남부	25%	65%	10%	100%

11. 분할표

	찬성	반대	합계
남	450	150	600
여	160	40	200
	610	190	800

성별에 대한 상대도수분포표

	찬성	반대	합계
남	0.75	0.25	1
여	0.80	0.20	1

지지여부에 대한 상대도수분포표

	찬성	반대
남	73.77	78.95
여	26.23	21.05
합계	1	1

12. B7의 비율이 가장 높다.

13. (1) 62, 69, 54, 15

(2)

	멀미의 정도(강도)				합계
	안함	약하게 함	보통으로 함	심하게 함	
알약	0.43	0.36	0.18	0.03	1
가짜약	0.19	0.33	0.36	0.12	1

(3) 알약이 보통과 심함의 비율이 낮다.

14. 항암제 NEW의 1년 생존율 50%가 항암제 OLD의 1년 생존율 40%보다 10% 높으므로 항암제 NEW의 연구개발팀은 자축 연회를 열려고 할 것이다. 그러나 한 통계전문가가 좀 더 엄밀하게 자료를 탐사한 결과 80명의 암환자를 투약직전의 임상적 진단내용에 따라 경증과 중증 환자로 분류하여 자료를 구성할 수 있었다. 가)의 경증환자나 혹은 나)의 중증환자의 경우 모두 항암제 OLD의 생존율이 항암제 NEW에 비하여 10% 우수한 것으로 나타났다. 그렇다면 앞의 전체자료에서의 결론이 완전히 반대 결론이 나왔음을 알 수 있다.

3장 연습문제

01. $\dfrac{7!}{2!3!}=420$

02. ${}_4P_4=4!=24$

03. $\dfrac{5}{7+5}=\dfrac{5}{12}$

04. $\dfrac{{}_2C_1\,{}_5C_4}{{}_7C_5}$

05. ${}_5P_3=60$

06. ${}_5\Pi_4=5^4=625$

07. ${}_7C_3=35$

08. 상수항은

$${}_6C_r(3x^2)^{6-r}\left(-\frac{1}{x}\right)^r=(-1)^r\,{}_6C_r\,3^{6-r}x^{12-3r}$$

이므로 $12-3r=0$이므로 $r=4$ 따라서 상수항은 135

09. $\left(ax^3-\dfrac{1}{x^3}\right)^5$의 일반항은

$${}_5C_r(ax^3)^{5-r}\left(\frac{-1}{x^3}\right)^r$$

$$={}_5C_ra^{5-r}x^{15-6r}(-1)^r$$

x^3의 계수는 $15-6r=3$, $r=2$,

${}_5C_2a^3=10$, $a^3=1$

따라서 $a=1$

10. ${}_6C_r(x^2)^{6-r}\left(\dfrac{-2}{x}\right)^r=(-2)^r\,{}_6C_r\,x^{12-3r}$이므로 $12-3r=3$, $r=3$. 계산하면

$$-2^3\,{}_6C_3=\frac{6!}{3!3!}=-160$$

11. 일반항은 ${}_5C_r\,x^r\,{}_4C_s\,(-2)^{4-s}$이므로 ${}_5C_r\,{}_4C_s\,3^s\,(-2)^{4-s}\,x^{r+s}$에서 $r+s$가 2일 때

$r=2,\ s=0;\ r=1,\ s=1;\ r=0,\ s=2$

계산

$_5C_2\ _4C_0\ (-2)^4+{}_5C_1\ _4C_1\ (-2)^3$

$+{}_5C_0\ _4C_2\ (-2)^2$

$=-104$

12. (1) $_nC_0+{}_nC_1+{}_nC_2+{}_nC_3+\cdots+{}_nC_n$

$=2^n$

이므로

$_nC_1+{}_nC_2+{}_nC_3+\cdots+{}_nC_n=2^n-1$

따라서 문제의 주어진 식은

$2^n-1=31$

$2^n=32,\ n=5$

(2) $_nC_0+{}_nC_1+{}_nC_2+{}_nC_3+\cdots+{}_nC_n$

$=2^n$

이므로 $2000<2^n-1<3000$

$2^{10}=1024,\ 2^{11}=2048,\ 2^{12}=2096$

이므로 $n=11$

13. 전개식의 일반항은

$\dfrac{6!}{p!q!r!}(x^2)^p x^q\ 1^r=\dfrac{6!}{p!q!r!}x^{2p+q}$

(단, $p+q+r=6$)

$2p+q=3,\ \ p+q+r=6$. $p,\ q,\ r$은

음이 아닌 정수이므로

$(p,\ q,\ r)=(0,\ 3,\ 3),\ (1,\ 1,\ 4)$

따라서 $\dfrac{6!}{0!3!3!}+\dfrac{6!}{1!1!4!}=50$

14. $\dfrac{9!}{3!4!2!}=1260$

15. 이것은 A승차권 3매, B승차권 2매, C 승차권 5매를 일렬로 세우는 방법과 같으므로

$\dfrac{10!}{3!2!5!}=2520$[가지]

16. $P=\dfrac{10!}{4!3!3!}(0.5)^4(0.3)^3(0.2)^3$

17. $P=\dfrac{9!}{3!3!1!2!}(0.4)^3(0.2)^3(0.3)^1(0.1)^2$

18. $\dfrac{1}{12}$

19. $5\times\left(\dfrac{1}{6}\right)^2\left(\dfrac{5}{6}\right)^4$

20. $\dfrac{_5P_4+4\times{}_4P_3}{5\times{}_5P_4}=\dfrac{9}{25}$

21. $150\times\dfrac{_6C_3}{_8C_3}+200\times\dfrac{_6C_2\,_2C_1}{_8C_3}+250$

$\times\dfrac{_6C_1\,_2C_2}{_8C_3}=187.5$

22. $\dfrac{4}{_7C_4}=\dfrac{4}{35}$

23. $P(B|A)=\dfrac{P(A\cap B)}{P(A)}=\dfrac{0.6}{0.9}=\dfrac{2}{3}$

24. $P=1-(1-P_1)(1-P_2)(1-P_3)=0.27$

25. 뽑은 공이 붉은 공일 사상을 A, 그 공이 제 1상자로부터 나왔을 사상을 A_1, 그 공이 제 2상자로부터 나왔을 사상을 A_2, 그 공이 제 3상자로부터 나왔을 사상을 A_3라 하면 베이스(Bayes)의 공식에 의하여

$P(A_2|A)$

$=\dfrac{P(A_2)P(A|A_2)}{P(A_1)P(A|A_1)+\cdots+P(A_3)P(A|A_3)}$

$=\dfrac{\dfrac{1}{3}\times\dfrac{1}{6}}{\dfrac{1}{3}\times\dfrac{3}{8}+\dfrac{1}{3}\times\dfrac{1}{6}+\dfrac{1}{3}\times\dfrac{4}{9}}=\dfrac{12}{71}$

이다.

26. $_5C_3\left(\dfrac{6}{10}\right)^3\left(\dfrac{4}{10}\right)^2=0.3456$

27. $P(A)=\dfrac{1}{2},\quad P(B)=\dfrac{1}{6}$ 이므로,

$P(A\cap B)=\frac{1}{2}\times\frac{1}{6}=\frac{1}{12}$ 이므로,

$$P(B|A)=\frac{P(A\cap B)}{P(A)}=\frac{\frac{1}{2}\times\frac{1}{6}}{\frac{1}{2}}=\frac{1}{6}$$

28. $1-\frac{5}{6}\times\frac{5}{6}=\frac{11}{36}$

29. $1-\frac{6}{16}\times\frac{5}{15}=\frac{7}{8}$

30. $P(\text{암질환}|\text{담배})=\frac{P(\text{암질환}\cap\text{담배})}{P(\text{담배})}$

$$=\frac{\frac{360}{1000}}{\frac{560}{1000}}=0.64$$

31. $\frac{10}{36}$

32. 합이 적어도 4일 확률 : $P(A)=\frac{33}{36}$,

합이 많아야 5일 확률 : $P(B)=\frac{10}{36}$

$P(A\cap B)=\frac{7}{36}$,

$P(B|A)=\frac{P(A\cap B)}{P(A)}=\frac{7}{33}$

33. $({}_3P_2)({}_3P_3)=36$

34. $\frac{10!}{3!2!5!}=2520$

35. $\frac{5}{8}\times\frac{5}{8}\times\frac{2}{3}+\frac{3}{8}\times\frac{3}{8}\times\frac{2}{3}+\frac{3}{8}\times\frac{5}{8}\times\frac{1}{3}$

$=\frac{83}{192}$

36. $\frac{3}{36}$

37. 세 사람 모두 당첨 제비를 뽑지 못할 확률 q는 $q=\frac{7}{10}\times\frac{6}{9}\times\frac{5}{8}=\frac{7}{24}$ 이고,

적어도 한 사람이 당첨되는 것은 이것의 여사건이므로 구하는 확률 p는

$p=1-q=1-\frac{7}{24}=\frac{17}{24}$

38. $4!\times 2=48$

39. ${}_5C_3\left(\frac{1}{3}\right)^3\left(\frac{2}{3}\right)^2=\frac{40}{243}$

40. $\frac{(6-1)!}{2}=60$

41. (1) $P(S\cap B)=P(S)+P(B)-P(S\cup B)$

$=0.7+0.4-0.8=0.3$

(2) $P(S'\cap B')=1-P(S\cup B)=0.2$

42. (1) $P(A')=1-0.2=0.8$,

(2) $P(A'\cap B')=1-P(A\cup B)$

$=1-0.2-0.35=0.45$

(3) $P(A\cup B)=0.2+0.35=0.55$

43. (1) $P(C)=1-P(A)-P(B)$

$=1-0.990-0.001=0.009$

(2) $P(B')=1-P(B)=1-0.001$

$=0.999$

(3) $P(B)+P(C)=0.01$

44. A와 B가 각각의 소방차의 이용 가능성이라고 하자

(1) $P(A'\cap B')=P(A')P(B')$

$=(0.04)(0.04)=0.0016$

(2) $P(A\cup B)=1-P(A'\cap B')$

$=1-0.0016=0.9984$

45. C : 한 사람이 암에 걸렸을 사건

D : 한 사람이 암에 걸렸다고 진단할 사건

(1) $P(C)=0.05$, $P(D|C)=0.78$, .

$P(C')=0.95$, $P(D|C')=0.06$

따라서

$P(D)=P(C\cap D)+P(C'\cap D)$

$$= (0.05)(0.78) + (0.95)(0.06)$$
$$= 0.096$$

(2) $P(C|D) = \dfrac{P(C \cap D)}{P(D)} = \dfrac{0.039}{0.096}$
$$= 0.40625$$

46. 문제로부터 $P(P_1) = 0.30$, $P(P_2) = 0.20$, $P(P_3) = 0.50$이고, 우리가 구할 확률은 $P(P_j|D)$이다. 베이즈 정리로부터

$$P(P_1|D) = \frac{P(P_1)P(D|P_1)}{P(P_1)P(D|P_1) + \cdots + P(P_3)P(D|P_3)}$$
$$= \frac{(0.3)(0.01)}{(0.3)(0.01) + (0.2)(0.03) + (0.5)(0.02)}$$
$$= \frac{0.003}{0.019} = 0.158$$

이다. 비슷한 방법으로

$$P(P_2|D) = \frac{(0.2)(0.03)}{0.019} = 0.316$$

$$P(P_3|D) = \frac{(0.5)(0.02)}{0.019} = 0.526$$

을 얻을 수 있다. 제품이 불량이었을 때 분석법 3일 소선부 확률이 세 가지 중 가장 크므로, 분석법 3을 사용했을 가능성이 가장 크다.

4장 연습문제

01. (1) $1 = \sum_{x=0}^{3} c(x^2 + 4) = 30c$,

따라서 $c = \dfrac{1}{30}$

(2) $1 = \sum_{x=0}^{2} c\binom{2}{x}\binom{3}{3-x}$
$$= c\left[\binom{2}{0}\binom{3}{3} + \binom{2}{1}\binom{3}{2} + \binom{2}{2}\binom{3}{1}\right] = 10c$$

따라서 $c = \dfrac{1}{10}$

02. (1) $P(0 < X < 1) = \int_0^1 \dfrac{2(x+2)}{5}dx$
$$= \frac{(x+2)^2}{5}\Big|_0^1 = 1$$

(2) $P\left(\dfrac{1}{4} < X < \dfrac{1}{2}\right) = \int_{\frac{1}{4}}^{\frac{1}{2}} \dfrac{2(x+2)}{5}dx$
$$= \frac{(x+2)^2}{5}\Big|_{\frac{1}{4}}^{\frac{1}{2}} = \frac{19}{80}$$

03. 주사위는 확률 $\dfrac{1}{6}$로 6개의 다른 면이 나온다.

따라서, $f(x) = \dfrac{1}{6}$, $\quad x = 1, 2, 3, 4, 5, 6$

04. 결함이 있는 2대의 TV에서 x대를 뽑고, 5대의 TV에서 3-x대를 뽑을 수 있다. 총 7대의 TV에서 임의로 3대를 뽑을 수 있다.

따라서 $f(x) = \dfrac{\binom{2}{x}\binom{5}{3-x}}{\binom{7}{3}}$, $\quad x = 0,1,2$

이며, 표로 나타내면,

x	0	1	2
$f(x)$	$\frac{2}{7}$	$\frac{4}{7}$	$\frac{1}{7}$

05. X의 누적분포함수는

$$F(x)=\begin{cases}0, & x<0\\ \frac{2}{7}, & 0\le x<1\\ \frac{6}{7}, & 1\le x<2\\ 1, & x\ge 2\end{cases}$$

(1) $P(X=1)=P(X\le 1)-P(X\le 0)$

$$=\frac{6}{7}-\frac{2}{7}=\frac{4}{7}$$

(2) $P(0<X\le 2)$

$$=P(X\le 2)-P(X\le 0)$$

$$=1-\frac{2}{7}=\frac{5}{7}$$

06. (1) $\int_1^3\left(\frac{1}{2}\right)dx=\frac{x}{2}\Big|_1^3=1$

(2) $P(2<X<2.5)=\int_2^{2.5}\left(\frac{1}{2}\right)dx$

$$=\frac{x}{2}\Big|_2^{2.5}=\frac{1}{4}$$

(3) $P(X\le 1.6)=\int_1^{1.6}\left(\frac{1}{2}\right)dx$

$$=\frac{x}{2}\Big|_1^{1.6}=0.3$$

07. (1) $P(X<4)=\int_2^4\frac{2(1+x)}{27}dx$

$$=\frac{(1+x)^2}{27}\Big|_2^4=\frac{16}{27}$$

(2) $P(3\le X<4)=\int_3^4\frac{2(1+x)}{27}dx$

$$=\frac{(1+x)^2}{27}\Big|_3^4=\frac{1}{3}$$

08. $F(x)=\int_1^x\left(\frac{1}{2}\right)dt=\frac{x-1}{2}$,

$P(2<X<2.5)=F(2.5)-F(2)$

$$=\frac{1.5}{2}-\frac{1}{2}=\frac{1}{4}$$

09. $F(x)=\frac{2}{27}\int_2^x(1+t)dt$

$$=\frac{2}{27}\left(t+\frac{t^2}{2}\right)\Big|_2^x=\frac{(x+4)(x-2)}{27}$$

$P(3\le X<4)=F(4)-F(3)$

$$=\frac{(8)(2)}{27}-\frac{(7)(1)}{27}=\frac{1}{3}$$

10. (1) $F(x)=\int_0^x\frac{1}{2000}\exp\left(-\frac{t}{2000}\right)dt$

$$=-\exp\left(-\frac{t}{2000}\right)\Big|_0^x$$

$$=1-\exp\left(-\frac{x}{2000}\right)$$

따라서,

$$F(x)=\begin{cases}0, & x<0\\ 1-\exp\left(-\frac{x}{2000}\right), & x\ge 0\end{cases}$$

(2) $P(X>1000)=1-F(1000)$

$$=1-\left(1-\exp\left(-\frac{1000}{2000}\right)\right)$$

$$=0.6065$$

(3) $P(X<2000)=F(2000)$

$$=1-\exp\left(-\frac{2000}{2000}\right)$$

$$=0.6321$$

11. (1) $F(y)=\frac{1}{4}\int_0^y e^{-\frac{t}{4}}dt=1-e^{\frac{y}{4}}$,

따라서 $P(Y>6)=e^{-\frac{6}{4}}=0.2231$

(2) $P(Y\le 1)=1-e^{-\frac{1}{4}}=0.2212$

12. (1) $\sum_{x=0}^{3}\sum_{y=0}^{3}f(x,y)=c\sum_{x=0}^{3}\sum_{y=0}^{3}xy$,

$$=36c=1$$

$$c=\frac{1}{36}$$

(2) $\sum_x\sum_y f(x,y)=c\sum_x\sum_y|x-y|$,

$$=15c=1$$

$$c=\frac{1}{15}$$

13. (1) $P(0 \le X \le \frac{1}{2}, \frac{1}{4} \le Y \le \frac{1}{2})$

$$= \int_0^{\frac{1}{2}} \int_{\frac{1}{4}}^{\frac{1}{2}} 4xy\, dy\, dx = \frac{3}{8}\int_0^{\frac{1}{2}} x\, dx$$

$$= \frac{3}{64}$$

(2) $P(X < Y) = \int_0^1 \int_0^y 4xy\, dx\, dy$

$$= 2\int_0^1 y^3\, dy = \frac{1}{2}$$

14. (1)

x	1	2	3
$f_X(x)$	0.10	0.35	0.55

(2)

y	1	2	3
$f_Y(y)$	0.20	0.50	0.30

(3) $P(Y=3|X=2) = \dfrac{0.2}{0.05+0.10+0.20}$

$$= 0.5714$$

15. $f_X(x) = \frac{1}{8}\int_2^4 (6-x-y)dy$

$$= \frac{3-x}{4},\ 0 < x < 2$$

$$f(y|x) = \frac{f(x, y)}{f_X(x)} = \frac{6-x-y}{2(3-x)},\ 2 < y < 4$$

$$P(1 < Y < 3|X=1) = \frac{1}{4}\int_2^3 (5-y)dy$$

$$= \frac{5}{8}$$

16. (1) $1 = k\int_0^1 \int_0^1 \int_0^2 xy^2 z\, dx\, dy\, dz$

$$= 2k\int_0^1 \int_0^1 y^2 z\, dy\, dz$$

$$= \frac{2k}{3}\int_0^1 z\, dz$$

$$= \frac{k}{3}, \qquad \therefore k = 3$$

(2) $P(X < \frac{1}{4}, Y > \frac{1}{2}, 1 < Z < 2)$

$$= 3\int_0^{\frac{1}{4}} \int_{\frac{1}{2}}^1 \int_1^2 xy^2 z\, dx\, dy\, dz$$

$$= \frac{9}{2}\int_0^{\frac{1}{4}} \int_{\frac{1}{2}}^1 y^2 z\, dy\, dz = \frac{21}{16}\int_0^{\frac{1}{4}} z\, dz$$

$$= \frac{21}{512}$$

17. (1) $E[g(X, Y)] = E(XY^2)$

$$= \sum_x \sum_y xy^2 f(x, y)$$

$$= 14.4$$

(2) $\mu_X = E(X) = 3.20,$

$\mu_Y = E(Y) = 2.0$

18. $E(X) = \dfrac{4}{\pi}\displaystyle\int_0^1 \frac{x}{1+x^2}dx = \frac{\ln 4}{\pi}$

19. $E(X) = \displaystyle\int_0^1 \frac{2x(x+2)}{5}dx = \frac{8}{15}$

20. $E(X) = \displaystyle\int_0^1 x^2 dx + \int_1^2 x(2-x)dx = 1.$

따라서 연간 평균사용시간은

$(1)(100) = 100$시간.

21. $\mu_Y = E(3X-2)$

$$= \frac{1}{4}\int_0^\infty (3x-2)e^{-\frac{x}{4}}dx = 10$$

따라서

$\sigma_Y^2 = E\{[(3X-2)-10]^2\}$

$$= \frac{9}{4}\int_0^\infty (x-4)^2 e^{-\frac{x}{4}}dx = 144$$

22. $E(X) = \frac{11}{2},\ E(X^2) = \frac{93}{2}$, 따라서

$E[(2X+1)^2] = 4E(X^2) + 4E(X) + 1 = 209$

23. $E(X^2) - 2E(X) = 9,\ E(X^2) - 4E(X) = 2$

따라서 $E(X) = \frac{7}{2},\ E(X^2) = 16$

따라서 $\mu = \frac{7}{2},\ \sigma^2 = 16 - \left(\frac{7}{2}\right)^2 = \frac{15}{4}$

24. (1) $f_X(x)=\frac{3}{2}\int_0^1(x^2+y^2)dy$

$=\frac{1}{2}(3x^2+1),\quad 0<x<1$

그리고

$f_Y(y)=\frac{1}{2}(3y^2+1)\,,\; 0<y<1$

$f(x,\,y)\neq f_X(x)f_Y(x)$

따라서 $X,\ Y$는 독립이 아니다.

(2) $E(X+Y)=E(X)+E(Y)=2E(X)$

$=\int_0^1 x(3x^2+1)dx$

$=\frac{3}{4}+\frac{1}{2}=\frac{5}{4}$

$E(XY)=\frac{3}{2}\int_0^1\int_0^1 xy(x^2+y^2)dx\,dy$

$=\frac{3}{2}\int_0^1 y\left(\frac{1}{4}+\frac{y^2}{2}\right)dy=\frac{3}{8}$

(3) $V(X)=E(X^2)-[E(X)]$

$=\frac{1}{2}\int_0^1 x^2(3x^2+1)dx-\left(\frac{5}{8}\right)^2$

$=\frac{73}{960}$

$V(Y)=\frac{73}{960}$

$Cov(X,\ Y)=E(XY)-E(X)E(Y)$

$=\frac{3}{8}-\left(\frac{5}{8}\right)^2=-\frac{1}{64}$

(4) $V(X+Y)=V(X)+V(Y)$

$+2Cov(X,\ Y)$

$=\frac{29}{240}$

25. (1) $E(Y)=\int_0^\infty ye^{-\frac{y}{4}}dy=4$

(2) $E(Y^2)=\int_0^\infty y^2e^{-\frac{y}{4}}dy=32$

$V(Y)=32-4^2=16$

26. $\mu_x=E[X]=\sum_{y=0}^{2}\sum_{x=0}^{2}xf(x,\,y)=\frac{3}{4}$,

$\mu_y=E[Y]=\sum_{y=0}^{2}\sum_{x=0}^{2}yf(x,\,y)=\frac{1}{2}$

$\sigma_x^2=V(X)=E(X^2)-E(X)^2=\frac{45}{112}$,

$\sigma_y^2=V(Y)=E(Y^2)-E(Y)^2=\frac{9}{28}$,

$E(XY)=\sum_{x=0}^{2}\sum_{y=0}^{2}xyf(x,\,y)=\frac{3}{14}$

$Cov(X,\ Y)=E(XY)-E(X)E(Y)$

$=\frac{3}{14}-\frac{3}{4}\times\frac{1}{2}=-\frac{18}{112}$

$=-\frac{9}{56}$

$\rho_{XY}=Corr(X,\ Y)$

$=\frac{Cov(X,\ Y)}{\sqrt{V(X)}\sqrt{V(Y)}}$

$=-0.4472$

27. $E(X)=\int_0^1 x\cdot 2xdx=\left[\frac{2}{3}x^3\right]_0^1=\frac{2}{3}$,

$V(X)=\int_0^1 x^2\cdot 2x\,dx-\left(\frac{2}{3}\right)^2=\frac{1}{18}$

$E(2X+5)=2E(X)+5=\frac{19}{3}$

$V(2X+5)=4V(X)=\frac{2}{9}$

28. $f_X(x)=\int f(x,\,y)dy$

$=\int_0^{\frac{1}{\sqrt{2}}}8xydy=[4xy^2]_0^{\frac{1}{\sqrt{2}}}$

$=2x,\qquad 0\le x\le 1$

$f_Y(y)=\int_0^1 f(x,\,y)dx=\int_0^1 8xydx$

$=[4yx^2]_0^1=4y,\quad 0\le y\le\frac{1}{\sqrt{2}}$

$E(X)=\int xf_X(x)dx=\int_0^1 x\cdot 2xdx$

$=\left[\frac{2}{3}x^3\right]_0^1=\frac{2}{3}$

$$E(Y)=\int yf_Y(y)dy=\int_0^{\frac{1}{\sqrt{2}}} y \cdot 4ydy$$
$$=\left[\frac{4}{3}y^3\right]_0^{\frac{1}{\sqrt{2}}}=\frac{\sqrt{2}}{3}$$

$$V(X)=E(X^2)-E(X)^2$$
$$=\int_0^1 x^2 \cdot 2xdx-\left(\frac{2}{3}\right)^2$$
$$=\frac{1}{18}$$

$$V(Y)=E(Y^2)-E(Y)^2$$
$$=\int_0^{\frac{1}{\sqrt{2}}} y^2 \cdot 4ydy-\left(\frac{\sqrt{2}}{3}\right)^2=\frac{1}{36}$$

$$Cov(X,\ Y)=E(XY)-E(X)E(Y)$$
$$=\int_0^{\frac{1}{\sqrt{2}}}\int_0^1 xy \cdot 8xy\,dx\,dy-\frac{2}{3} \cdot \frac{\sqrt{2}}{3}$$
$$=\int_0^{\frac{1}{\sqrt{2}}}\frac{8}{3}y^2dy-\frac{2\sqrt{2}}{9}=0$$

$$\rho_{XY}=Corr(X,\ Y)=\frac{Cov(X,\ Y)}{\sqrt{V(X)V(Y)}}=0$$

29. $E(X)=1,\quad V(X)=0.4$

30. $E(X)=\sum_{x=1}^{4}xf(x)=2.4,$

$$V(X)=E(X^2)-E(X)^2$$
$$=\sum_{x=1}^{4}x^2f(x)-(2.4)^2=0.84$$

$E[g(X)]=E(3X+2)=3E(X)+2=9.2,$

$V[g(X)]=V(3X+2)=9V(X)=7.56$

31.

x \ y	0	1	2	계
0	0	$\frac{1}{30}$	$\frac{2}{30}$	$\frac{3}{30}$
1	$\frac{1}{30}$	$\frac{2}{30}$	$\frac{3}{30}$	$\frac{6}{30}$
2	$\frac{2}{30}$	$\frac{3}{30}$	$\frac{4}{30}$	$\frac{9}{30}$
3	$\frac{3}{30}$	$\frac{4}{30}$	$\frac{5}{30}$	$\frac{12}{30}$
계	$\frac{6}{30}$	$\frac{10}{30}$	$\frac{14}{30}$	1

(1) $P(X\le 2,\ \ Y=1)$

$$=f(0,1)+f(1,1)+f(2,1)$$
$$=\frac{1}{30}+\frac{2}{30}+\frac{3}{30}=\frac{6}{30}$$

(2) $P(X>2,\ Y\le 1)=f(3,0)+f(3,1)$

$$=\frac{3}{30}+\frac{4}{30}=\frac{7}{30}$$

(3) $P(X>Y)$

$$=f(1,0)+f(2,0)+f(2,1)$$
$$+f(3,0)+f(3,1)+f(3,2)=\frac{18}{30}$$

(4) $P(X+Y=4)=f(2,2)+f(3,1)$

$$=\frac{8}{30}$$

(5) X의 주변분포

x	0	1	2	3	계
$f_X(x)$	$\frac{3}{30}$	$\frac{6}{30}$	$\frac{9}{30}$	$\frac{12}{30}$	1

(6) Y의 주변분포

y	0	1	2	계
$f_Y(y)$	$\frac{6}{30}$	$\frac{10}{30}$	$\frac{14}{30}$	1

32. (1) $f_X(x)=\int_0^1\frac{2}{3}(x+2y)dy$

$$=\left[\frac{2}{3}xy+\frac{2}{3}y^2\right]_0^1$$
$$=\frac{2}{3}x+\frac{2}{3}\qquad 0<x\le 1$$

(2) $f_Y(y)=\int_0^1\frac{2}{3}(x+2y)dx$

$$=\left[\frac{1}{3}x^2+\frac{4}{3}xy\right]_0^1$$
$$=\frac{4}{3}y+\frac{1}{3}\qquad 0\le y<1$$

(3) $\int_0^{\frac{1}{2}}\frac{2}{3}x+\frac{2}{3}dx=\left[\frac{1}{3}x^2+\frac{2}{3}x\right]_0^{\frac{1}{2}}$

$$=\frac{5}{12}$$

33. (1) 확률변수 X의 주변분포

$$f_X(x)=\sum_{y=1}^{3} f(x,y)$$
$$=f(x,1)+f(x,2)+f(x,3)$$

x	1	2	3	계
$f_X(x)$	0.2	0.5	0.3	1

(2) 확률변수 Y의 주변분포

$$f_Y(y)=\sum_{y=1}^{3} f(x,y)$$
$$=f(1,y)+f(2,y)+f(3,y)$$

y	1	2	3	계
$f_Y(y)$	0.1	0.35	0.55	1

(3) $P(Y=3|X=2)=f(3|2)$

$$=\frac{f(2,3)}{f_X(2)}=0.7$$

34. $E(X)=\sum_{x=1}^{\infty} x\left(\frac{1}{2}\right)^x$

$$=\frac{1}{2}+2\times\frac{1}{4}+3\times\frac{1}{8}\cdots$$

$$E(X)=\frac{1}{2}+2\times\frac{1}{4}+3\times\frac{1}{8}\cdots$$
$$-\ \frac{1}{2}E(X)\ =\frac{1}{4}+2\times\frac{1}{8}+\cdots$$

$$E(X)-\frac{1}{2}E(X)=\frac{1}{2}+\frac{1}{4}+\cdots$$

$$=\frac{\frac{1}{2}}{1-\frac{1}{2}}=1$$

$$E(X)=\frac{1}{2}$$

35.

X	2	3	4	5	6	7	8	9	10	11	12
P	$\frac{1}{36}$	$\frac{2}{36}$	$\frac{3}{36}$	$\frac{4}{36}$	$\frac{5}{36}$	$\frac{6}{36}$	$\frac{5}{36}$	$\frac{4}{36}$	$\frac{3}{36}$	$\frac{2}{36}$	$\frac{1}{36}$

$$E(X)=2\times\frac{1}{36}+3\times\frac{2}{36}+\cdots 12\times\frac{1}{36}=7$$

36. $E(X)=\int_{-\infty}^{\infty} xf(x)dx$

$$=\int_0^1 x(6x-6x^2)dx$$
$$=\left[2x^3-\frac{3}{2}x^4\right]_0^1=\frac{1}{2}$$

$$V(X)=\int_{-\infty}^{\infty} x^2f(x)dx-[E(X)]^2$$
$$=\int_0^1 x^2(6x-6x^2)dx-\left(\frac{1}{2}\right)^2$$
$$=\left[\frac{3}{2}x^4-\frac{6}{5}x^5\right]_0^1-\frac{1}{4}=\frac{1}{20}$$

37. $P(0\le X\le 2)=\int_0^2 2e^{-2x}dx$

$$=\left[-\frac{1}{2}\times 2e^{-2x}\right]_0^2$$
$$=1-e^{-4}$$

$$P(X>2)=1-P(0\le X\le 2)$$
$$=1-(1-e^{-4})=e^{-4}$$

38. $P[(X,Y)\in A]=\int_0^1\int_0^{\frac{1}{2}}\left(\frac{x+y}{3}\right)dy\,dx$

$$=\frac{1}{3}\int_0^1\left[xy+\frac{y^2}{2}\right]_0^{\frac{1}{2}}dx$$
$$=\frac{1}{3}\int_0^1\left(\frac{1}{2}x+\frac{1}{8}\right)dx$$
$$=\frac{1}{3}\left(\frac{1}{4}+\frac{1}{8}\right)=\frac{1}{8}$$

39. $\frac{70-\mu}{\sigma}=-0.6,\quad \frac{88-\mu}{\sigma}=1.2$

두 식을 연립으로 풀면 $\mu=76,\ \sigma=10$

5장 연습문제

01. (1) $P(X>7)=\frac{10-7}{10}=0.3$

(2) $P(2<X<7)=\frac{7-2}{10}=0.5$

02. $B(20, 0.3)$

(1) $P(X \geq 10)=1-P(X \leq 9)$
$=1-0.9520$
$=0.0480$

(2) $P(X \leq 4)=0.2375$

(3) $P(X=5)=0.1789$

03. $n=20$이고, 불량일 확률은 $p=0.10$이다. 따라서 $P(X \leq 3)=0.8670$

04. $n=8$, $p=0.60$

(1) $P(X=6)=\binom{8}{6}(0.6)^6(0.4)2=0.2090$

(2)

$P(X=6)=P(X<6)-P(X \leq 5)$

$=0.8936-0.6846=0.2090$

05. $E(X)=np=0.95$, $\sigma^2(X)=npq=0.95^2$

$q=0.95$ $\quad p=1-q=0.05$

$n=19$

06. $h(x;6,3,4)=\frac{\binom{4}{x}\binom{2}{3-x}}{\binom{6}{3}}$, $\quad x=1,2,3$

$P(2 \leq X \leq 3)=h(2;6,3,4)+h(3;6,3,4)$
$=\frac{4}{5}$

07. $h(5;25,15,10)=\frac{\binom{10}{5}\binom{15}{10}}{\binom{25}{15}}=0.2315$

08. (1) $\frac{\binom{2}{1}\binom{13}{4}}{\binom{15}{5}}=0.4762$

(2) $\frac{\binom{2}{2}\binom{13}{3}}{\binom{15}{5}}=0.0952$

09. (1) $\frac{\binom{3}{0}\binom{17}{5}}{\binom{20}{5}}=0.3991$

(2) $\frac{\binom{3}{2}\binom{17}{3}}{\binom{20}{5}}=0.1316$

10. (1) $P(X \leq 4)=1-P(X \leq 3)=0.1429$

(2) $P(X=0)=p(0;2)=0.1353$

11. (1) $P(X \leq 3)=0.2650$

(2) $P(X>1)=1-0.0404=0.9596$

12. (1) $P(X>10|\lambda=14)=1-0.1757$
$=0.8283$

(2) 14

13. (1) $P(X=5)=\frac{e^{-3}3^5}{5!}=0.1008$

(2) $P(X<3)=0.4232$

14. 기하분포를 사용하면

(1) $P(X=3)=g(3;0.7)=(0.7)(0.3)^2$

$=0.0630$

(2) $P(X<4)=\sum_{x=1}^{3} g(x;0.7)$
$=\sum_{x=1}^{3}(0.7)(0.3)^{x-1}$
$=0.9730$

15. (1) 0.9236

(2) $1-0.1867=0.81333$

(3) 0.2424

(4) 0.0823

(5) 0.0250

(6) 0.6435

16. (1) 분포표에 따르면 $k=1.72$

(2) $P(Z>k)=0.2946$ 따라서
$P(Z<k)=0.7054$. 따라서 분포표에 따르면, $k=0.54$

(3) $P(Z<-0.93)=0.1762$
$0.1762+0.7235=0.8997$ 따라서
$k=1.28$

17. $P(778<X<834)=P(-0.55<Z<0.85)$
$=0.8023-0.2912=0.5111$

18. $z=-1.88$
$x=(2)(-1.88)+10=6.24$(년)

19. $P(0<Z<2)=0.4772$ 이므로
$Z=\dfrac{x-\mu}{\sigma}=\dfrac{k-100}{15}=2,\ k=130$

20. $P\left(0\le Z\le \dfrac{X-70}{10}\right)=0.5-\dfrac{60}{300}=0.3$

$\dfrac{X-70}{10}\fallingdotseq 0.84,$

$X=70+0.84\times 10\fallingdotseq 78$

21. (1) $p=0.05,\ n=100,\ \mu=5$
$\sigma=\sqrt{(100)(0.05)(0.95)}=2.1794$
따라서
$z=(2.5-5)/2.1794=-1.147$
$P(X>2)\approx P(Z\ge -1.147)=0.8749$

(2) $z=(10.5-5)/2.1794=2.524$
$P(X>10)\approx P(Z>2.52)=0.0059$

22. $E(X)=720\times\dfrac{1}{6}=120$
$\sigma(X)=\sqrt{720\times\dfrac{1}{6}\times\dfrac{5}{6}}=10$
인 정규분포를 따른다고 한다.

$P(115\le X\le 135)$
$=P(-0.5\le Z\le 1.5)$
$=0.1915+0.4332$
$=0.6247$

23. $\mu=3,\ f(x)=\dfrac{1}{3}e^{-x/3},\quad x>0$

(1) $P(X>5)=\displaystyle\int_5^\infty \frac{1}{3}e^{-x/3}dx$
$=\dfrac{1}{3}\left[-3e^{-x/3}\right]\Big|_5^\infty=e^{-5/3}$
$=0.1889$

(2) $P(X>10)=e^{-10/3}=0.0357$

24. $P(X\ge 8)=\displaystyle\int_0^\infty \frac{1}{8}e^{-\frac{1}{8}x}dx=0.3679$

25. X : 기계를 수리하는 데 걸린 시간

$X\sim \exp\left(\dfrac{1}{2}\right),\ f(x)\ =\dfrac{1}{2}e^{-\frac{1}{2}x}$

$\displaystyle\int_2^\infty \frac{1}{2}e^{-\frac{1}{2}x}dx=\left[-e^{\frac{-x}{2}}\right]_2^\infty$
$=e^{-1}=0.3679$

6장 연습문제

01. $P(\hat{P}\geq 0.55)=P\left(Z\geq \dfrac{0.55-0.455}{\sqrt{\dfrac{0.455\times 0.545}{200}}}\right)$

$=P(Z\geq 2.7)$

$=0.0035$

02. $P(0.55\leq \hat{P}\leq 0.56)$

$=P(-0.14\leq Z\leq 0.14)$

$=0.114$

03. $P(\hat{P}_1-\hat{P}_2\leq 0.20)=$

$P\left(Z\leq \dfrac{0.20-\left(\dfrac{245}{470}-\dfrac{223}{619}\right)}{\sqrt{\dfrac{\dfrac{245}{470}\left(1-\dfrac{245}{470}\right)}{470}+\dfrac{\dfrac{223}{619}\left(1-\dfrac{223}{619}\right)}{619}}}\right)$

$=P(Z\leq 1.297)=0.9027$

04. $P\left(\hat{P}\geq \dfrac{155}{200}\right)=P\left(Z\geq \dfrac{\dfrac{155}{200}-0.7}{\dfrac{\sqrt{0.7\ 0.3}}{200}}\right)$

$=P(Z\geq 2.31)=0.0104$

05. $P(\hat{P}_1-\hat{P}_2\geq 0.03)$

$=P\left(Z\geq \dfrac{0.03-(0.08-0.06)}{\sqrt{\dfrac{0.08\times 0.92}{100}+\dfrac{0.06\times 0.94}{200}}}\right)$

$=P(Z\geq 0.313)=0.377$

06. $P(\hat{P}\geq 0.4)=P\left(Z\geq \dfrac{0.4-0.35}{\sqrt{\dfrac{0.35\times 0.65}{100}}}\right)$

$=P(Z\geq 1.05)=0.15$

07. $P(0.55\leq \hat{P}\leq 0.6)$

$=P\left(\dfrac{0.55-0.58}{\sqrt{\dfrac{0.58\times 0.42}{150}}}\leq Z\leq \dfrac{0.6-0.58}{\sqrt{\dfrac{0.58\times 0.42}{150}}}\right)$

$=P(-0.744\leq Z\leq 0.496)=0.4616$

08. $P(\hat{P}_1-\hat{P}_2\geq 0.15)=$

$=P\left(Z\geq \dfrac{0.15-(0.83-0.74)}{\sqrt{\dfrac{0.83\times 0.17}{60}+\dfrac{0.74\times 0.26}{50}}}\right)$

$=P(Z\geq 0.762)=0.2230$

09. $E(\overline{X})=\mu,\ V(\overline{X})=\dfrac{\sigma^2}{n}$

10. (1) $\mu_{\overline{X}}=2.5,\ \sigma^2_{\overline{X}}=\dfrac{\sigma^2}{n}=\dfrac{\sigma^2}{10}=0.125$

(2) $P(2.75\leq \overline{X}\leq 3.5)$

$=P(0.71\leq Z\leq 2.82)$

$=0.2365$

11. $P\left(\dfrac{75-75}{\dfrac{10}{\sqrt{25}}}\leq Z\leq \dfrac{79-75}{\dfrac{10}{\sqrt{25}}}\right)=P(0\leq Z\leq 2)$

$=0.477$

12. $P(\overline{X}\geq 810)=P\left(Z\geq \dfrac{810-800}{\dfrac{40}{\sqrt{64}}}\right)=P(Z\geq 2)$

$=0.023$

13. $P\left(\overline{X}>\dfrac{1458}{36}\right)-P(\overline{X}>40.5)$

$=P(Z>1.5)$

$=0.0668$

14. $P(|\overline{X}-5|\geq 0.027)=P(|Z|\geq 2.7)$

$=2(0.0035)=0.007$

15. $P(\overline{X}\geq 200)=P\left(Z\geq \dfrac{200-187.5}{54\ 5}\right)$

$=P(Z\geq 1.622)=0.0526$

16. $P(75\leq \overline{X}\leq 95)$

$=P\left(\dfrac{75-85}{\dfrac{37}{\sqrt{30}}}\leq Z\leq \dfrac{95-85}{\dfrac{37}{\sqrt{30}}}\right)$

$=P(-1.48\leq Z\leq 1.48)=0.8611$

17. $P(\overline{X}-\overline{Y}<8.2)=P\left(X \le \dfrac{8.2-(50-40)}{\sqrt{\dfrac{9}{5}+\dfrac{4}{4}}}\right)$

$=P(Z<-1.08)=0.1401$

18. $P(48 \le \overline{X}-\overline{Y} \le 52)$

$=P(-2.62 \le Z \le 2.62)$

$=0.9912$

19. $P(\overline{X}-\overline{Y} \ge 0.5)=P\left(Z \ge \dfrac{0.5-0}{\sqrt{\dfrac{1}{18}+\dfrac{1}{18}}}\right)$

$=P(Z \ge 1.5)=0.067$

20. $P(\overline{X}-\overline{Y} \ge 1)=P\left(Z \ge \dfrac{1-(12.5-12)}{\sqrt{\dfrac{2^2}{36}+\dfrac{1.8^2}{49}}}\right)$

$=P(Z \ge 1.19)=0.117$

21. $P(-3 \le \overline{X}-\overline{Y} \le 3)$

$=P(-0.478 \le Z \le 2.392)$

$=0.675$

22. (1) 0.05

(2) 0.98

(3) 0.8

(4) 0.99

23. (1) 1.943

(2) 2.131

(3) 2.896

(4) -2.718

24. (1) $P(-t_{0.005}<t<t_{0.01})=0.985$

(2) $P(t>-t_{0.025})=0.975$

25. (1) 15.51

(2) 33.41

(3) 21.92

(4) 13.09

26. (1) 0.05

(2) 0.413

(3) 0.875

(4) 0.513

27. (1) $\chi^2_{0.99}=0.297$

(2) $\chi^2_{0.025}=32.852$

(3) $\chi^2_{0.05}=37.652$

그러므로 $\alpha=0.05-0.045=0.005$,

$\chi^2_{0.005}=46.928$

28. (1) $\overline{x}=103.6,\quad s^2=22.8$

$\chi^2_0=\dfrac{(n-1)s^2}{\sigma^2}=\dfrac{4\times 22.8}{25}=3.648$

(2) $P(\chi^2 \ge 3.648)=0.404$

29. (1) $P\left(\chi^2<\dfrac{c\times 30}{5}\right)=0.90$

$6c=40.256,\quad c=6.71$

(2) $P\left(\chi^2 \ge \dfrac{c\times 30}{5}\right)=0.95$

$6c=18.493,\quad c=3.08$

30. (1) $P(|t| \le c)=0.95,\quad c=2.13$

(2) $P(|t| \ge c)=0.10,\quad c=1.753$

31. (1) $P(S^2>9.1)$

$=P\left(\dfrac{(n-1)s^2}{\sigma^2}>\dfrac{(24)(9.1)}{6}\right)$

$=P(\chi^2>36.4)=0.05$

(2) $P(3.462<S^2<10.745)$

$=P(13.848<\chi^2<42.980)$

$=0.95-0.01=0.94$

32. (1) 1.88 (2)0.0672 (3) 5.4094 (4) 0.1109

33. $a=0.2794,\ b=4.15$

34. 0.01

35. $a=3.50,\ b=2.62$

7장 연습문제

01. 모수

02. n이 클 때, 비율은 정규분포에 따른다.

$0.43 \pm 1.96\sqrt{\frac{0.43 \times 0.57}{1000}}$

$= 0.43 \pm 0.031$

03. $n = 40, \hat{p} = \frac{34}{40} = 0.85, \hat{q} = 0.15,$

$z_{0.025} = 1.96$

따라서

$0.85 \pm (1.96)\sqrt{\frac{(0.85)(0.15)}{40}}$

$= 0.85 \pm 0.111$

$0.739 < p < 0.961$

04. (1) $\hat{p} = \frac{590}{1000} = 0.59$

(2) $SE(\hat{p}) = \sqrt{\frac{0.59 \times 0.41}{1000}} = 0.016$

(3) $1.96SE(\hat{p}) = 1.96 \times 0.016 = 0.0314$

(4) $(0.59 - 0.0314, 0.59 + 0.0314)$

$= (0.558, 0.6214)$

05. $1.96\frac{0.5}{\sqrt{n}} \le 0.01$ 에서

$n \ge \frac{(1.96)^2}{(4)(0.01)^2} = 9604$

$n = 9604$

06. $1.96\sqrt{\frac{0.04 \times 0.96}{n}} = 0.005$

$n = \frac{1.96^2 \times 0.04 \times 0.96}{(0.005)^2} \fallingdotseq 5900$

07. $p_A - p_B = 0.072 - 0.035 = 0.037(3.7\%)$

$(p_A - p_B) \pm$

$1.96\sqrt{\frac{0.072(0.928)}{1000} + \frac{0.035(0.965)}{800}}$

$= 0.037 \pm 1.96 \times 0.01044 = 0.037 \pm 0.0205$

$[-0.0165,\ 0.0575]$

08. $0.05 - 0.04 \pm$

$1.645\sqrt{\frac{0.05 \times 0.95}{1500} + \frac{0.04 \times 0.96}{2000}}$

$-0.0017 < \hat{p_1} - \hat{p_2} < 0.0217$

09. $1.022 \pm 1.96\frac{0.021}{\sqrt{100}} = 1.022 \pm 0.005$

$1.017 < \mu < 1.027(mm)$

10. 모집단 표준편차 σ는 미지이므로 표본의 표준편차 s로 대치한다. 즉 $\sigma \fallingdotseq s$이다.

$\overline{X} - 1.96\frac{\sigma}{\sqrt{n}} \le \mu \le \overline{X} + 1.96\frac{\sigma}{\sqrt{n}}$ 에서

$\overline{X} = 323.4, \quad \sigma \fallingdotseq s = 6.5, \quad n = 100$

즉 $323.4 - 1.274 \le \mu \le 323.4 + 1.274$

$322.126 < \mu < 324.674$

11. $173.2 \pm t_{0.025,\ (19)}\frac{8.42}{\sqrt{19}}$

$= 173.2 \pm 2.09\frac{8.42}{\sqrt{20}}$

12. $\overline{x} = 4.41, \quad s^2 = 4.959$

$\overline{x} \pm t_{0.05,\ (9)}\frac{s}{\sqrt{10}} = 4.41 \pm 1.29$

$3.12 < \mu < 5.70$

13. $\overline{x} = 2.163, \quad s^2 = 0.519,$

$t_{0.005,\ (29)} = 2.76$

$\overline{x} \pm t_{\alpha/2,\ (n-1)}\frac{s}{\sqrt{n}} = 2.163 \pm 2.76\frac{0.519}{\sqrt{30}}$

$1.96 < \mu < 2.35$

14. $n = 9, \overline{x} = 1.0056, s = 0.0245, t_{0.005,\ (8)}$

$= 3.355$

99% 신뢰구간은 $0.978 < \mu < 1.033$이다.

15. 95% 신뢰도로서

$\overline{X} - 2\frac{4.8}{\sqrt{n}} \le m \le \overline{X} + 2\frac{4.8}{\sqrt{n}}$

$|m-\overline{X}| \le 2\dfrac{4.8}{\sqrt{n}} = 0.5,\quad \dfrac{9.6}{\sqrt{n}} \le 0.5$

$\sqrt{n} \geqq 19.2,\quad n \geqq 368.64$

16. $1.96\dfrac{40}{\sqrt{n}} \le 15$에서

$n \ge [(1.96)(40)/15]^2 = 27.35,\ n = 28$

17. $(\overline{x_1}-\overline{x_2})-1.96\sigma < \mu_1-\mu_2 < (\overline{x_1}-\overline{x_2})$ $+1.96\sigma$

$\sigma = \sqrt{\dfrac{0.83^2}{100}+\dfrac{1.2^2}{144}} = 0.14$

$0.0856 < \mu_1-\mu_2 < 0.6344$

18. (1) $s_p^2 = \dfrac{9s_x^2+9s_y^2}{10+10-2}$

$= \dfrac{9(88.5481+240.5601)}{18}$

$= 164.5541$

$s_p = \sqrt{164.5541} = 12.83$

(2) $t_{0.05,\,(18)} = 1.734$이므로, 90% 신뢰구간은 다음과 같다.

$\left(\begin{array}{l}-1.5-(1.734)(12.83)(0.4472), \\ \qquad -1.5+(1.734)(12.83)(0.4472)\end{array}\right)$

$=(-11.45,\ 8.45)$

19. $n_A = n_B = 15,\ \overline{x_A} = 3.82,\ \overline{x_B} = 4.94,$

$s_A = 0.7794,\ s_B = 0.7538,\ s_p = 0.7667$

$t_{0.025,\,(28)} = 2.048$

$(4.94-3.82) \pm (2.048)(0.7667)\sqrt{1/15+1/15}$

$= 1.12 \pm 0.57,\ 0.55 < \mu_B - \mu_A < 1.69$

20. $n=8,\ \overline{d} = -1{,}112.5,\ s_d = 1{,}454,$

$t_{0.005,\,(7)} = 3.499$

$-1{,}112.5 \pm (3.499)\dfrac{1{,}454}{\sqrt{8}}$

$= -1{,}112.5 \pm 1{,}799.6$

$-2{,}912.1 < \mu_D < 686.1$

21. $n=9,\ \overline{d} = 2.778,\ s_d = 4.5765,$

$t_{0.025,\,(8)} = 2.306$

$2.778 \pm (2.306)\dfrac{4.5765}{\sqrt{9}} = 2.778 \pm 3.518$

$-0.74 < \mu_D < 6.30$

22. $\overline{d} \pm t_{0.025,\,(14)}\dfrac{s_d}{\sqrt{15}}$

로부터 구할 수 있다. 자료로부터 표본의 평균과 표준편차는

$\overline{d} = \dfrac{1}{15}\sum d_i = 8.80,$

$s_d = \sqrt{\dfrac{\sum(d_i-\overline{d})^2}{n-1}} = 10.98$

이고, $t_{0.025,\,(14)} = 2.145$ 이므로 95% 신뢰구간은

$8.80 \pm 2.145\dfrac{10.98}{\sqrt{15}} = 8.80 \pm 6.08$ 혹은

$(2.72,\ 14.88)$이다.

23. 3.00 ± 5.24

24.

환자	1	2	3	4	5	6	7	8	9	10	합계
$A(x)$	1.9	0.8	1.1	0.1	−0.1	4.4	5.5	1.6	4.6	3.4	
$B(y)$	0.7	−1.6	−0.2	1.2	−0.1	3.4	3.7	0.8	0.0	2.0	
차이	1.2	2.4	1.3	−1.1	0	1.0	1.8	0.8	4.6	1.4	13.4

위 표에서 $\sum d_i = 13.4$이므로

$\overline{d} = \dfrac{13.4}{10} = 1.34,$

$s_d^2 = \dfrac{1}{n-1}\left[\sum d_i^2 - n\overline{d}^2\right] = 2.23822$

$s_d = \sqrt{2.2382} = 1.496,\ \alpha = 0.05,$

자유도 $= 10-1 = 9,\ t_{0.025,\,(9)} = 2.262$

이다. 그러므로 A, B 두 수면제의 차 $\mu_D = \mu_X - \mu_Y$에 대한 95% 신뢰구간은

$1.34 - 2.262\dfrac{1.496}{\sqrt{10}} < \mu_D < 1.34$

$+2.262\frac{1.496}{\sqrt{10}}$, $0.27 < \mu_D < 2.41$이다.

25. $\frac{(n-1)s^2}{\chi^2_{0.025}} < \sigma^2 < \frac{(n-1)s^2}{\chi^2_{0.975}}$

$\frac{4\times 0.815}{11.143} < \sigma^2 < \frac{4\times 0.815}{0.484}$

$0.2926 < \sigma^2 < 6.74$

$s^2 = 0.815,\ \chi^2_{0.975} = 0.484,\ \chi^2_{0.025} = 11.143$

26. $\bar{x} = 2.545,\ s^2 = 1.4752,\ \chi^2_{0.975,(19)} = 8.91$

$\chi^2_{0.025,(19)} = 32.85$

$\frac{19\times 1.4752}{32.85} \le \sigma^2 \le \frac{19\times 1.4752}{8.91}$

$0.853 < \sigma^2 < 3.146$

27. $\bar{x} = 14.61,\ s^2 = 0.7854,\ \chi^2_{0.975,(9)} = 2.70$

$\chi^2_{0.025,(9)} = 19.02$

$\frac{9\times 0.7854}{19.02} \le \sigma^2 \le \frac{9\times 0.7854}{2.70}$

$0.755 \le \sigma^2 \le 1.618$

28. 우선 측정값 10개의 표본분산을 구하면 다음과 같다.

$$s^2 = \frac{n\sum_{i=1}^{n} x_i^2 - \left(\sum_{i=1}^{n} x_i^2\right)}{n(n-1)}$$

$$= \frac{(10)(21,273.12)-(461.2)^2}{(10)(9)} = 0.286$$

$\alpha = 0.05$, 자유도 $= 9$, $\chi^2_{0.025} = 19.023$

$\chi^2_{0.975} = 2.700$

$\frac{(9)(0.286)}{19.023} < \sigma^2 < \frac{(9)(0.286)}{2.700}$

$0.135 < \sigma^2 < 0.953$

8장 연습문제

01. $H_0 : p = 0.3$ (즉, 특별한 이유가 없다)

$$Z = \frac{\left|\frac{50}{200} - 0.3\right|}{\sqrt{\frac{0.3\times 0.7}{200}}} = 1.54 < 1.96$$

H_0를 채택한다. 따라서 특별한 이유가 있다고 생각할 수 없다.

02. $H_0 : p = 0.5,\ H_a : p \ne 0.5$

$$Z = \frac{0.4667 - 0.5}{\sqrt{0.5(1-0.5)/60}} = -0.5159$$

$-0.5159 > z_{0.025} = -1.96$이므로 귀무가설을 기각하지 않는다. 즉, 유의수준 5% 하에서 이 학과의 여학생 비율은 0.5라고 할 수 있다.

03. 1) $\hat{p} = 0.5267$

2) $H_0 : p = 0.56,\quad H_a : p < 0.56$

$$Z = \frac{0.5267 - 0.56}{\sqrt{0.56(1-0.56)/300}} = -1.1619$$

$-1.1619 > z_{0.025} = -1.96$ 이므로 귀무가설을 기각하지 않는다. 즉, 유의수준 5%하에서 지지율이 내려갔다고 볼 수 없다.

04. $H_0 : p = 0.6,\quad H_1 : p > 0.6$

$x = 70,\ n = 100,\ \hat{p} = 0.7$

$$Z = \frac{0.7 - 0.6}{\sqrt{\frac{0.6\times 0.4}{100}}} = 2.04$$

$2.04 > 1.645$이므로 H_0를 기각한다.

05. $H_0 : p = 0.4,\quad H_a : p > 0.4$

$p-$값 $= P(X \ge 9 | p = 0.4)$

$= 0.404 > 0.05$이므로

H_0를 기각할 수 없다.

06. $H_0: p = 0.5, \quad H_a: p < 0.5$

$p-$값 $= P(X \le 5|p = 0.5)$

$= 0.0207 < 0.05$이므로

H_0를 기각한다.

07. $H_0: p = 0.2, \quad H_a: p < 0.2$

$$Z = \frac{\frac{136}{1000} - 0.2}{\sqrt{\frac{0.2 \times 0.8}{1000}}} = -5.06$$

$p-$값$= P(Z \le -5.06) \simeq 0$이므로

H_0를 기각한다.

08. $H_0: p = 0.8, \quad H_a: p > 0.8$

$$Z = \frac{\frac{250}{300} - 0.8}{\sqrt{\frac{0.8 \times 0.2}{300}}} = 1.44$$

$1.44 < 1.645$이므로 H_0를 기각할 수 없다.

09. $H_0: p_1 = p_2, \quad H_a: p_1 \ne p_2$

$$\bar{p} = \frac{63 + 59}{100 + 125} = 0.5422$$

$$Z = \frac{\frac{63}{100} - \frac{59}{125}}{\sqrt{0.5422 \times 0.4578\left(\frac{1}{100} + \frac{1}{125}\right)}}$$

$= 2.36$

$2.36 > 1.96$이므로 H_0를 기각한다.

10. $H_0: p_1 = p_2, \quad H_a: p_1 > p_2$

$$\bar{p} = \frac{20 + 100}{200 + 150} = 0.086$$

$$Z = \frac{\frac{20}{200} - \frac{10}{150}}{\sqrt{0.086 \times 0.914\left(\frac{1}{200} + \frac{1}{150}\right)}} = 1.10$$

$1.10 < 1.96$이므로 H_0를 기각할 수 없다.

즉, 도시지역에서 유방암이 더 발생한다는 충분한 근거가 없다.

11. $p_A = 0.475, \quad p_B = 0.467$

$H_0: p_A = p_B, \quad H_a: p_A \ne p_B$

$$\bar{p} = \frac{475 + 467}{2000} = 0.471$$

$$t = \frac{p_A - p_B}{\sqrt{\bar{p}(1 - \bar{p})\left(\frac{1}{n_1} + \frac{1}{n_2}\right)}} = 0.3583742$$

$0.3584 < z_{0.025} = 1.96$이므로 H_0를 기각할 수 없다. 지지율이 같다고 볼 수 있다.

12. $H_0: p_1 - p_2 = 0, \quad H_a: p_1 - p_2 \ne 0$

$$\hat{p_1} = \frac{52}{203} = 0.256, \ \hat{p_2} = \frac{56}{270} = 0.207$$

$$Z = \frac{0.256 - 0.207}{\sqrt{\frac{0.256 \times 0.744}{203} + \frac{0.207 \times 0.793}{270}}}$$

$= 1.246$

$1.246 < z_{0.025} = 1.96$이므로 H_0를 채택한다.

13. $H_0: p_1 = p_2, \quad H_a: p_1 > p_2$

$$\hat{p_1} = \frac{120}{200} = 0.6, \ \hat{p_2} = \frac{240}{500} = 0.48$$

$$\hat{p} = \frac{120 + 240}{200 + 500} = 0.51$$

$$Z = \frac{0.60 - 0.48}{\sqrt{0.51 \times 0.49\left(\frac{1}{200} + \frac{1}{200}\right)}} = 2.9$$

$2.9 > 1.645$이므로 H_0를 기각한다.

14. $H_0: \mu = 70, \quad H_a: \mu > 70$

$\bar{x} = 71.8, \ \sigma^2 = 8.9$

$$Z = \frac{71.8 - 70}{81.9/\sqrt{100}} = 2.02 > 1.645$$이므로

H_0를 기각한다.

15. 우측검정

$H_0: m = 1850, \quad H_a: m > 1850$

$$Z = \frac{1900 - 1850}{\frac{120}{\sqrt{60}}} = 3.23 > 1.65$$

H_0를 기각한다. 따라서 평균사용 시간이 길어졌다고 볼 수 있다.

16. $n=12$인 소표본이므로 $t=\dfrac{\overline{X}-\mu_0}{s/\sqrt{n}}$의 값을 계산하여 양측검정한다.

가설 : $H_0: \mu=65,\quad H_a: \mu \neq 65$

$|t|=\left|\dfrac{67.25-65}{3.68/\sqrt{12}}\right| \fallingdotseq 2.03$

또 $t_{0.05,\,(11)}=2.201$

$\therefore |t|<t_{0.05,\,(11)}$이므로 유의수준 5%에 대하여 가설 채택. 즉, 보통사료와 유의적인 차이가 없다.

17. $H_0: \mu=8,\quad H_a: \mu\neq 8$

$\overline{x}=7.8kg,\ n=50,\ \sigma=0.5$

$Z=\dfrac{7.8-8}{\dfrac{0.5}{\sqrt{50}}}=-2.86<-2.576$이므로

H_0를 기각한다.

18. $H_0: \mu=46,\quad H_a: \mu<46$

$\overline{x}=42,\ s=11.9,\ n=12$

$t=\dfrac{42-46}{\dfrac{11.9}{\sqrt{12}}}=-1.16$

$-1.16>-t_{0.05,\,(11)}=-1.8$임로 H_0를 기각할 수 없다.

19. $H_0: \mu=10,\quad H_a: \mu>10$

$n=16,\ \overline{x}=11,\ s=3$

1) 기각역 : $t^*>t_{15,\,0.02}=2.249$

2) $t=\dfrac{11-10}{3/\sqrt{16}}=1.33<2.249$

H_0를 기각하지 않는다.

20. $H_0: \mu=110,\quad H_a: \mu<110$

$\alpha=0.05,\ \overline{x}=108,\ s=11.95229,\ n=15$

$t=\dfrac{108-110}{11.95229(\sqrt{15})}=-0.6481$

$-0.6481>-1.7161=t_{0.05,\,(14)}$

H_0를 기각하지 않는다.

21. 1) 모집단이 정규분포를 따른다

2) $H_0: \mu=1000,\quad H_a: \mu\neq 1000$

$t=\dfrac{1216-1000}{495/\sqrt{20}}=1.9514$

$1.9514<t_{0.025,\,(19)}=2.093$이므로 귀무가설을 기각하지 않는다. 즉, 유의수준 5% 하에서 수명기간 1000시간의 주장을 뒷받침한다.

3) $p-$값$=P(|t|>1.9514)=0.067$

22. 1) $s_p^2=\dfrac{(n_1-1)s_1^2+(n_2-1)s_2^2}{n_1+n_2-2}$

$=\dfrac{(12-1)\times 4.2^2+(16-1)\times 3.7^2}{12+16-2}$

$=15.3612$

2) $H_0: \mu_1=\mu_2,\quad H_a: \mu_1\neq\mu_2$

$t=\dfrac{(\overline{x_1}-\overline{x_2})-(\mu_1-\mu_2)}{\sqrt{s_p^2\left(\dfrac{1}{n_1}+\dfrac{1}{n_2}\right)}}=-5.3450$

기각 영역 : $|t|>t_{0.025,\,(26)}=2.056$이므로 H_0를 기각한다.

3) 95% 신뢰구간 :

$\overline{x_1}-\overline{x_2}\pm t_{0.025,\,(25)}\sqrt{s_p^2\left(\dfrac{1}{n_1}+\dfrac{1}{n_2}\right)}$

$=-8\pm 3.0773$

23. $H_0: \mu_A=\mu_B,\quad H_a: \mu_A>\mu_B$

$\overline{x_A}=18.6,\ \overline{x_B}=14.7,\ s_A^2=22.4,\ s_B^2=20.9$

$n_A=47,\ n_B=36,\ n_A,\ n_B>30$이므로

$Z=\dfrac{(\overline{x_A}-\overline{x_B})-(\mu_A-\mu_B)}{\sqrt{\dfrac{\sigma_A^2}{n_1}+\dfrac{\sigma_B^2}{n_2}}}=3.793$

$3.793>z_{0.01}=2.33$이므로 H_0를 기각한다.

$p-$값$=P(Z>3.793)=0.00007$

24. $H_0: \mu_1=\mu_2,\quad H_a: \mu_1\neq\mu_2$

$$Z=\frac{(\overline{x}_A-\overline{x}_B)-(\mu_1-\mu_2)}{\sqrt{\frac{s_1^2}{n_1}+\frac{s_2^2}{n_2}}}=12.7559$$

$|z|>z_{0.025}=1.96$이므로 H_0를 기각한다.

25. $H_0:\mu_1=\mu_2,\quad H_a:\mu_1\neq\mu_2$

$\overline{x}_1=1.503,\ \overline{x}_2=1.476,\ s_1^2=0.005$

$s_2^2=0.006$

$$Z=\frac{\overline{x}_1-\overline{x}_2}{\sqrt{s_1^2/n_1+s_2^2/n_2}}=5.76>1.96$$

H_0를 기각한다.

5%의 유의수준에서 유의적인 차이가 있다고 판단할 수 있다.

26. $s_p^2=\frac{(10-1)3.78+(10-1)2.66}{10+10-2}=3.23$

$H_0:\mu_A=\mu_B,\ H_a:\mu_A\neq\mu_B$

$n_A,\ n_B\leq 30$, 정규모집단일 때 t통계량을 이용한다.

$$t=\frac{(\overline{x}_A-\overline{x}_B)-(\mu_A-\mu_B)}{\sqrt{s_p^2\left(\frac{1}{n_A}+\frac{1}{n_B}\right)}}=-1.245$$

$-1.245>-t_{0.001,\,(18)}=-2.878$이므로 H_0를 기각할 수 없다. 유의수준 1% 하에서 두 암기법에 유의한 차이가 있다고 할 수 없다.

27. $H_0:\mu_1-\mu_2=2,\quad H_a:\mu_1-\mu_2>2$

$\overline{x}_1=85,\ \overline{x}_2=81,\ s_1=4,\ s_2=5,\ n_1=12$

$n_2=10$

$$s_p=\sqrt{\frac{11\times16+9\times25}{12+10-2}}=4.48$$

$$t=\frac{85-81-2}{4.48\sqrt{\frac{1}{12}+\frac{1}{10}}}=1.04$$

$1.04<t_{0.05,\,(20)}=1.724$ 이므로 H_0를 기각할 수 없다.

28. $\overline{d}=1,\ s_d^2=29.47,\ n=16$

$H_0:\mu_d=0,\quad H_a:\mu_d\neq0$

$$t=\frac{\overline{d}-\mu_d}{\sqrt{\frac{s_d^2}{n}}}=\frac{1}{\sqrt{\frac{29.47}{16}}}=0.582$$

$0.582<t_{0.005,(15)}=2.947$이므로 H_0를 기각할 수 없다.

29. $H_0:\mu_d=0,\quad H_a:\mu_d>0\ \ \overline{d}=1.1$

$s_d=9.34,\ t=\frac{1.1}{9.34/\sqrt{10}}=0.037$

$0.037<t_{0.05,\,(9)}=1.83$

따라서 H_0를 기각하지않는다.

30. $H_0:\mu_d=0,\quad H_a:\mu_d<0\quad \overline{d}=-54.13$

$s_d=83.002,\ t=\frac{-54.13}{83.002/\sqrt{15}}=-2.53$

$-2.53<-t_{0.05(14)}=-1.76$

따라서 H_0를 기각한다.

31. $H_0:\sigma^2=0.03,\quad H_a:\sigma^2\neq0.03$

$n=10,\ s^2=0.0604$

$$\chi^2=\frac{(n-1)s^2}{\sigma_0^2}=\frac{9\times0.0604}{0.03}=18.12$$

$$\chi^2_{0.995,\,(9)}=1.735<18.12<23.578=\chi^2_{0.005,\,(9)}$$

이므로 H_0를 기각할 수 없다. 즉 모분산이 0.03이라고 할 수 있다.

32. $H_0:\sigma^2=1.15,\quad H_a:\sigma^2>1.15$

$n=25,\ s^2=2.03$이므로

$$\chi^2=\frac{(n-1)s^2}{\sigma_0^2}=\frac{24\times2.03}{1.15}=42.37$$

$42.37>36.415=\chi^2_{0.05,\,(24)}$이므로 H_0를 기각할 수 있다. 즉, 기계가 관리하에 있지 않다고 할 수 있다.

33. $H_0 : \sigma^2 = 1, \quad H_a : \sigma^2 < 1$

$n = 10,\ s^2 = 0.16$

$$\chi^2 = \frac{(n-1)s^2}{\sigma_0^2} = \frac{9 \times 0.16}{1} = 1.44$$

$1.44 < \chi^2_{0.95,\,(9)} = 3.33$이므로 H_0를 기각할 수 있다. 즉 병채우기 시스템의 분산은 $1g$이하라고 할 수 있다.

34. $H_0 : \sigma^2 = 0.36, \quad H_a : \sigma^2 > 0.36$

$n = 15,\ s^2 = 0.4225$

$$\chi^2 = \frac{(n-1)s^2}{\sigma_0^2} = \frac{14 \times 0.4225}{0.36} = 16.43$$

$16.43 < 29.14 = \chi^2_{0.01,\,(14)}$이므로 H_0를 기각할 수 없다. 즉 뚜껑의 지름의 표준편차가 $0.6mm$보다 크다고 볼 수 없다.

9장 연습문제

01. H_0 : 자료는 정규분포 $N(50, 0.5^2)$를 따른다.

H_a : 자료는 정규분포 $N(50, 0.5^2)$를 따르지 않는다.

기대수는 다음과 같다.

$\widehat{E_1} = 225\,P(X \le 49.25) = 15.03$

$\widehat{E_2} = 225\,P(49.25 \le X \le 49.75) = 54.38$

$\widehat{E_3} = 225\,P(49.75 \le X \le 50.25) = 86.18$

$\widehat{E_4} = 225\,P(50.25 \le X \le 50.75) = 54.38$

$\widehat{E_5} = 225\,P(X \ge 50.75) = 15.03$

$$\chi^2 = \frac{(25-15.03)^2}{15.03} + \frac{(61-54.38)}{54.38} + \cdots + \frac{(10-15.03)^2}{15.03} = 12.53$$

$12.53 > \chi^2_{0.025,\,(14)} = 11.14$이므로

H_0를 기각한다.

02. H_0 : 열매들은 5 : 2 : 2 : 1로 혼합되지 않는다.

H_a : 열매들은 5 : 2 : 2 : 1로 혼합된다.

$\alpha = 0.05$, 기각역 : $\chi^2 > 7.815$,

자유도=3.

관측값	269	112	74	45
기대값	250	100	100	50

$$\chi^2 = \frac{(269-250)^2}{250} + \frac{(112-100)^2}{100} + \frac{(74-100)^2}{100} + \frac{(45-50)^2}{50} = 10.14$$

H_0를 기각한다. 즉, 열매들은 5 : 2 : 2 : 1로 혼합되지 않았다.

03. $H_0 : p_1 = p_2 = p_3 = p_4 = p_5 = \frac{1}{5}$

$H_a : p_i \neq \frac{1}{5}$인 i가 존재한다.

$\hat{E_1} = \hat{E_2} = \hat{E_3} = \hat{E_4} = \hat{E_5} = 100 \times \frac{1}{5} = 20$

$$\chi^2 = \frac{(14-20)^2}{20} + \cdots + \frac{(16-20)^2}{20} = 10$$

$10 > \chi^2_{0.05,(4)} = 9.488$이므로 H_0를 기각할 수 있다. 즉, 성적들의 분포는 균일하다고 할 수 없다.

04. H_0 : 초파리의 비율이 1 : 3 : 3 : 9이다.

H_a : 초파리의 비율이 1 : 3 : 3 : 9가 아니다.

$$\chi^2 = \frac{\left(226 - 4000 \times \frac{1}{16}\right)^2}{4000 \times \frac{1}{16}} + \cdots + \frac{\left(2277 - 4000 \times \frac{9}{16}\right)^2}{4000 \times \frac{9}{16}} = 3.27$$

$3.27 < \chi^2_{0.1,(3)} = 6.25$이므로 H_0를 기각할만한 충분한 증거가 없다.

05. $H_0 : p_1 = p_2 = p_3$

$H_a : H_0$이 아니다.

$$\frac{1372 + 1578 + 1686}{3} = 1545$$

$$\chi^2 = \frac{(1372-1545)^2}{1545} + \cdots + \frac{(1686-1545)^2}{1545} = 32.94$$

$32.94 > \chi^2_{0.05,(2)} = 5.99$이므로 시간에 따른 사상자수가 다르다는 충분한 증거가 있다.

06. 각 기대도수는

$\hat{E_1} = \frac{2}{18}(6000) = 667$

$\hat{E_2} = \frac{3}{18}(6000) = 1000$

$\hat{E_3} = \frac{3}{18}(6000) = 1000$

$\hat{E_4} = \frac{4}{18}(6000) = 1333$

$\hat{E_5} = \frac{6}{18}(6000) = 2000$

$$\chi^2 = \frac{(720-667)^2}{667} + \cdots + \frac{(1917-2000)^2}{2000} = 10.38$$

$10.38 > \chi^2_{0.05,(4)} = 9.49$이므로 5% 유의수준 하에서 감독자의 주장을 기각할 충분한 증거가 있다.

07. 각 경품의 기대도수 : $500 \times \frac{1}{3} = 166.7$

관측도수와 기대도수의 차인 잔차는 다음과 같다.

경품	티셔츠	커피잔	귀걸이
기대도수	166.7	166.7	166.7
잔차	16.3	8.3	−24.7

$$\chi^2 = \frac{(16.3)^2}{166.7} + \frac{(8.3)^2}{166.7} + \frac{(-24.7)^2}{166.7} = 5.667$$

$5.667 < \chi^2_{0.05,(2)} = 5.991$

따라서, 경품의 선호도에 차이가 있다고 결론지을 수 없다.

08. H_0 : 범죄발행건수는 각 지역과 무관하다.

H_a : 범죄발행건수는 각 지역과 무관하지 않다.

$\alpha = 0.01$, 기각역 : $\chi^2 > 21.666$, 자유도=9. 다음은 기대 도수이다.

지역	강간	강도	절도	살인
1	186.4	125.8	423.5	13.3
2	380.0	256.6	863.4	27.1
3	228.7	154.4	519.6	16.3
4	214.9	145.2	488.5	15.3

$$\chi^2 = \frac{(162-186.4)^2}{186.4} + \frac{(118-125.8)^2}{125.8} + \cdots + \frac{(19-15.3)^2}{15.3} = 124.59$$

H_0를 기각한다. 즉, 범죄발행건수는 각 지역과 무관하지 않다.

09.

나이/자동차	A	B	C	D	E
30세 미만	50.38	31.49	40.78	25.19	61.17
30~50세	52.25	32.66	42.30	26.13	69.67
50세 이상	65.37	40.86	52.92	32.69	87.16

H_0 : 나이와 자동차 선호도는 무관하다.

H_a : 나이와 자동차 선호도는 관련이 있다.

$\chi^2 = 103.7221 > \chi^2_{0.05,(8)} = 15.5073$이 므로 나이에 따라 자동차의 선호도가 다르다고 할 수 있다.

10. H_0 : 고혈압의 유무는 흡연정도에 독립이다.

H_a : 고혈압의 유무는 흡연정도에 종속이다.

$\alpha = 0.05$, 기각역 : $\chi^2 > 5.991$,
자유도$=2$.

다음은 기대 도수이다.

	비흡연자	보통 흡연자	골초
고혈압	33.4	30.0	23.6
정상	35.6	32.0	25.4

$$\chi^2 = \frac{(21-33.4)^2}{33.4} + \cdots + \frac{(19-25.4)^2}{25.4} = 14.60$$

H_0를 기각한다. 즉, 고혈압의 유무는 흡연정도에 종속이다.

11. H_0 : 심장마비의 정도에 따른 항체검사 결과는 독립이다.

H_a : 심장마비의 정도에 따른 항체검사 결과는 종속이다.

다음은 기대 도수이다.

	심함	중간	가벼움
양성반응	70.3	123.8	165.9
음성반응	54.7	96.2	129.1

$$\chi^2 = \frac{(85-70.3)^2}{70.3} + \cdots + \frac{(145-129.1)^2}{129.1} = 10.533$$

$10.533 > \chi^2_{0.05(2)} = 5.99$

H_0를 기각한다. 즉, 심장마비의 정도에 따른 항체검사결과는 관계가 있다.

12.

	낮은 콜레스테롤	중간 콜레스테롤	높은 콜레스테롤
치명적	27.4	21.1	15.5
비치명적	20.6	15.9	11.5

$$\chi^2 = \frac{(29-27.4)^2}{27.4} + \cdots + \frac{(9-11.5)^2}{11.5} = 3.1042$$

$3.1042 < \chi^2_{0.10\ (2)} = 4.61$이므로 유의수준 10% 하에서 콜레스테롤의 수치가 심장병을 예측한다는 충분한 증거가 없다.

13. $df = (4-1)(4-1) = 9$, $\chi^2_{0.001,(9)} = 27.88$

$87.6 > 27.88$이므로 유의수준 0.1% 하에서 운동 강도와 흡연습관에 상관관계가 있다는 충분한 근거가 있다.

14. H_0 :등급과 기계의 종류는 독립이다.
H_a :등급과 기계의 종류는 종속이다.
기대도수는 다음과 같다.

	기계1	기계2	기계3
1등급	77.86	56.84	46.89
2등급	13.51	16.16	13.33

또한, 검정통계량 값은

$$\chi^2 = \frac{(78-77.86)^2}{77.86} + \cdots + \frac{(30-13.33)^2}{13.33} = 9.376$$

$9.736 > \chi^2_{0.01,(2)} = 9.21$이므로 귀무가설 H_0는 기각된다. 즉, 제품의 등급과 기계 종류 간 차이가 존재한다고 볼 수 있다.

15. $df = (3-1)(3-1) = 4$, $\chi^2_{0.05,(4)} = 9.49$

$4.18 < 9.49$이므로 관계가 없다.

16. p_1, p_2, p_3를 낮, 저녁, 밤에 생산된 불량률이라 하면, 검정하고자 하는 가설은 다음과 같다.

H_0 : 낮, 저녁, 그리고 밤에 생산되는 제품의 불량률은 서로 같다.

H_a : 낮, 저녁, 그리고 밤에 생산되는 제품의 불량률은 서로 같지 않다.

기대도수

$$\widehat{E_{11}} = \frac{230 \times 1200}{3000} = 92$$

$$\cdots \quad \widehat{E_{23}} = \frac{2770 \times 800}{3000} = 738.7$$

와 같이 계산하면 아래의 표로 나타낼 수 있다.

	기대도수		
	낮	저녁	밤
불량품	92.0	76.7	61.3
양품	1108	923.3	738.7

자유도 $= (2-1)(3-1) = 2$이고, 검정통계량의 값은

$$\chi^2 = \frac{(80-92)^2}{92} + \cdots + \frac{(720-738.7)^2}{738.7}$$

$$= 8.476 > \chi^2_{0.05,(2)} = 7.38$$

H_0를 기각할 수 있다. 즉, 낮, 저녁, 그리고 밤에 생산되는 제품의 불량률은 차이가 있다고 할 수 있다.

17. H_0 : 각 생활수준의 범주 내에서 주부의 비율이 각 기간마다 동일하다.

H_a : 각 생활수준의 범주 내에서 주부의 비율이 각 기간마다 동일하지 않다.

$\alpha = 0.05$, 기각역 : $\chi^2 > 12.592$,

자유도$=6$. 다음은 기대 도수이다.

기간	생활수준			합계
	좋아짐	같다	나빠짐	
2010년 1월	66.6	145.2	88.2	300
5월	66.6	145.2	88.2	300
9월	44.4	96.8	58.8	200
2011년 1월	44.4	96.8	58.8	200

$$\chi^2 = \frac{(72-66.6)^2}{66.6} + \cdots + \frac{(55-58.8)^2}{58.8}$$

$$= 5.92$$

H_0를 기각할 수 없다. 즉, 각 생활수준의 범주 내에서 주부의 비율이 각 기간마다 동일하다고 할 수 있다.

18. H_0 : 유권자들의 후보A 지지율, 후보B의 지지율 및 미결정 비율은 각 도시마다 동일하다.

H_a : 유권자들의 후보A 지지율, 후보B의 지지율 및 미결정 비율은 각 도시마다 동일하지 않다.

$\alpha = 0.05$, 기각역 : $\chi^2 > 5.991$,

자유도$=2$. 다음은 기대 도수이다.

유권자의 성향	도시	
	성남	수원
후보A 지지	214.5	214.5
후보B 지지	204.5	204.5
미결정	81	81

$$\chi^2 = \frac{(204-214.5)^2}{214.5} + \cdots + \frac{(77-81)^2}{81} = 1.84$$

H_0를 기각할 수 없다. 즉, 유권자들의 후보A 지지율, 후보B의 지지율 및 미결정 비율은 각 도시마다 동일하다고 할 수 있다.

19. H_0 :두 공정 간에는 차이가 없다.

H_a :두 공정 간에는 차이가 있다.

기대도수 $\widehat{E_{11}} = \frac{700 \times 1482}{1653} = 627.59$

$\widehat{E_{12}} = \frac{700 \times 171}{1653} = 72.41$

$\widehat{E_{21}} = \frac{953 \times 1482}{1653} = 854.41$

$\widehat{E_{22}} = \frac{953 \times 171}{1653} = 98.59$ 와

같이 나타내면 아래 표로 나타낼 수 있다.

	양품	불량품
선 공정	627.59	72.41
앉은 공정	854.41	98.59

$$\chi^2 = \frac{(651-627.59)^2}{627.59} + \cdots + \frac{(122-98.59)^2}{98.59} = 14.64$$

$14.64 > \chi^2_{0.01, (1)} = 6.635$ 이므로 H_0를 기각할 수 있다. 즉, 전기부품의 납땜 공정에서 작업자가 서서하는 공정과 앉아서 하는 공정에서 양품과 불량품 생산에 차이를 유발한다.

20. H_0 :지역에 따라 찬성률이 같다.

H_a :지역에 따라 찬성률이 다르다.

기대도수 $\widehat{E_{11}} = \frac{471 \times 400}{1100} = 188.4$

$\widehat{E_{12}} = \frac{629 \times 400}{1100} = 228.7$

$\widehat{E_{21}} = \frac{471 \times 350}{1100} = 149.9$

$\widehat{E_{22}} = \frac{629 \times 350}{1100} = 200.1$

$\widehat{E_{31}} = \frac{471 \times 350}{1100} = 149.9$

$\widehat{E_{32}} = \frac{629 \times 350}{1100} = 200.1$

$$\chi^2 = \frac{(198-188.4)^2}{188.4} + \cdots + \frac{(217-200.1)^2}{200.1} = 8.11$$

$8.11 > \chi^2_{0.05, (2)} = 5.991$ 이므로 H_0를 기각 할 수 있다. 즉, 지역에 따라 찬성률에 차이가 있다.

10장 연습문제

01. $n=6$, $\sum x_i = 464$, $\sum y_i = 476$,

$\sum x_i y_i = 36926$, $\sum x_i^2 = 36354$, $\sum y_i^2 = 38254$

$\bar{x} \fallingdotseq 77.3333$, $\bar{y} \fallingdotseq 79.3333$

$$r = \frac{\frac{1}{n-1}\sum(x_i - \bar{x})(y_i - \bar{y})}{s_x s_y} = \frac{\sum x_i y_i - n\bar{x}\bar{y}}{\sqrt{\left(\sum x_i^2 - n\bar{x}^2\right)\left(\sum y_i^2 - n\bar{y}^2\right)}} \fallingdotseq 0.2397$$

02. $n=7$, $\sum x_i = 96$, $\sum y_i = 122$,

$\sum x_i y_i = 1217$, $\sum x_i^2 = 1702$, $\sum y_i^2 = 3324$

$\bar{x} \fallingdotseq 13.7143$, $\bar{y} \fallingdotseq 17.4286$

$$r = \frac{\frac{1}{n-1}\sum(x_i - \bar{x})(y_i - \bar{y})}{s_x s_y} = \frac{\sum x_i y_i - n\bar{x}\bar{y}}{\sqrt{\left(\sum x_i^2 - n\bar{x}^2\right)\left(\sum y_i^2 - n\bar{y}^2\right)}} \fallingdotseq -0.6174$$

$r = -0.6174$이므로 강한 음의 상관관계를 나타내고, $r^2 \fallingdotseq 0.4508$이므로 전체의 45%는 선형관계로 설명될 수 있다.

03. (1) $n=11$, $\sum x_i = 16.5$, $\sum y_i = 99.6$,

$\sum x_i y_i = 151.71$, $\sum x_i^2 = 25.85$, $\bar{x} = 1.5$,

$\bar{y} = 99.6/11$

$$b_1 = \frac{s_{xy}}{s_{xx}} = \frac{\sum x_i y_i - n\bar{x}\bar{y}}{\sum x_i^2 - n\bar{x}^2} = 2.1$$

$b_0 = \bar{y} - b_1\bar{x} \fallingdotseq 5.9045$,

$\hat{y} = 5.9045 + 2.1x$

(2) $x = 17.5$일 때,

$\hat{y} = 5.9045 + 2.1 \times 1.75 = 9.5795$이다.

04. 39.9%

05. (1) $n=5$, $\sum x_i = 15$, $\sum y_i = 19$,

$\sum x_i y_i = 64$,

$\sum x_i^2 = 55$, $\bar{x} = 3$, $\bar{y} = 3.8$

$$b_1 = \frac{s_{xy}}{s_{xx}} = \frac{\sum x_i y_i - n\bar{x}\bar{y}}{\sum x_i^2 - n\bar{x}^2} = 0.7$$

$b_0 = \bar{y} - b_1\bar{x} = 1.7$, $\hat{y} = 1.7 + 0.7x$

(2) $$s_x^2 = \frac{\sum x^2 - n\bar{x}^2}{n-1} = 2.5,$$

$$s_y^2 = \frac{\sum y^2 - n\bar{y}^2}{n-1} = 2.7$$

$$s_e^2 = \frac{SSE}{n-2} = 1.9667$$

(3) 가설설정 : $H_0 : \beta_1 = 0$, $\quad H_a : \beta_1 \neq 0$

유의수준 : $\alpha = 0.05$

검정통계량

$$t = \frac{b_1 s_x \sqrt{n-1}}{s_e} \fallingdotseq 1.5785,$$

기각역 : $|t| \geq t_{0.025,(3)} = 3.182$

결과판정

$|t| = 1.5785 < 3.182 = t_{0.025,(3)}$이므로, H_0를 기각할 수 없다. 즉, $\beta_1 = 0$이라고 할 수 있다.

(4) β_1의 신뢰구간은

$$b_1 - t_{\frac{\alpha}{2},(n-2)}\frac{s_e}{s_x\sqrt{n-1}} < \beta_1 < b_1 + t_{\frac{\alpha}{2},(n-2)}\frac{s_e}{s_x\sqrt{n-1}}$$

$$0.7 - 3.182\frac{\sqrt{1.9667}}{\sqrt{25}\sqrt{4}} < \beta_1 < 0.7 + 3.182\frac{\sqrt{1.9667}}{\sqrt{25}\sqrt{4}}$$

$0.7111 < \beta_1 < 2.1111$이 된다.

06. (1) $n=6$, $\sum x_i = 21$, $\sum y_i = 42.6$,

$\sum x_i y_i = 197.59$, $\sum x_i^2 = 98.64$,

$\sum y_i^2 = 396.38$, $\bar{x} = 3.5$,

$\bar{y} = 7.1$

$$b_1 = \frac{s_{xy}}{s_{xx}} = \frac{\sum x_i y_i - n\bar{x}\bar{y}}{\sum x_i^2 - n\bar{x}^2} \fallingdotseq 1.9288$$

$b_0 = \bar{y} - b_1\bar{x} \fallingdotseq 0.3492$,

$\hat{y} = 0.3492 + 1.9288x$

(2) $s_x^2 = \dfrac{\sum x^2 - n\bar{x}^2}{n-1} = 5.028$,

$s_y^2 = \dfrac{\sum y^2 - n\bar{y}^2}{n-1} = 18.784$

$s_e^2 = \dfrac{SSE}{n-2} \fallingdotseq 0.0982$

(3) $b_1 \pm t_{\frac{\alpha}{2},(n-2)} \dfrac{s_e}{s_x\sqrt{n-1}}$

$= 1.9288 \pm 4.6 \dfrac{0.0981}{\sqrt{5.028}\sqrt{5}}$

$= (1.8388,\ 2.0188)$

07. (1) $n = 11$, $\sum x_i = 16.5$, $\sum y_i = 100.4$,

$\sum x_i y_i = 152.59$, $\sum x_i^2 = 25.85$

$b_1 = \dfrac{(11)(152.29) - (16.5)(100.4)}{(11)(25.85) - (16.5)^2}$

$- 1.8901$

$b_0 = \dfrac{100.4 - (1.8091)(16.5)}{11}$

$= 6.4136$,

$\hat{y} = 6.4136 + 1.8901x$

(2) $x = 1.75$,

$\hat{y} = 6.4136 + (1.8091)(1.75) = 9.580$

(3) $s_{xx} = 25.85 - 16.5^2/11 = 1.1$

$s_{yy} = 923.58 - 100.4^2/11 = 7.2018$

$s_{xy} = 152.59 - (165)(100.4)/11 = 1.99$

$b_0 = 6.4136$, $b_1 = 1.8091$

$s_e^2 = \dfrac{7.2018 - 1.8091^2 \times 1.1}{9} = 0.4$

(4) $1.8091 \pm (2.262)(0.632)/\sqrt{1.1}$

$0.446 < b_1 < 3.172$

08. (1) $n = 12$, $\sum x_i = 385$, $\sum y_i = 328$,

$\sum x_i y_i = 14{,}063$, $\sum x_i^2 = 18{,}163$

$b_1 = 0.609$

$b_0 = 7.79$,

$\hat{y} = 7.79 + 0.609x$

(2) $x = 50$,

$\hat{y} = 7.79 + (0.609)(50) = 38.24$

(3) $s_e^2 = 4.821^2$

(4) $s_{b_1} = 0.0633$

$0.4087 < b_1 < 0.8096$

09. (1) 잔차플롯이 곡선이 아니므로 직선이 적합한 모형이다.

(2) $b_1 = 0.959$

(3) $r = 0.96$

(4) $\hat{y} = 0.95893 \times 80 + 256.576 = 333.3$

(5) $333.3 + 2 = 335.3$

10. $b_1 = r\dfrac{s_y}{s_x} = 0.15 \times \dfrac{42{,}000}{1.3} = 4846.15$

$b_0 = \bar{y} - b_1\bar{x} = 208{,}000 - 4{,}846.15 \times 6.2$

$= 177{,}954$ 이므로

$y = 4{,}846.15x + 177{,}954$

11. (1) $y = -3.225 + 2.676x$

(2) $s_e = 2.335$, $s_x = 2.486$

$s_{b_1} = \dfrac{2.335}{2.486\sqrt{12-1}} = 0.2832$

$b_1 \pm t_{0.05,(10)} s_{b_1} = 2.676 \pm 0.513$

12. (1) $y = 0.89 + 1.03x$

(2) $b_1 \pm t_{0.005,(18)} s_{b_1} = 1.03 \pm 2.87 \times 0.082$

$= (0.795,\ 1.265)$

(3) 가설검정 : $H_0 : \beta_1 = 0$, $H_a : \beta_1 \neq 0$

유의수준 : $\alpha = 0.05$

검정통계량 :

$$t = \frac{b_1 s_x \sqrt{n-1}}{s_{b_1}} = 12.6,$$

기각역 : $|t| \geq t_{0.025,(18)} = 2.10$

결과판정 :

$|t| = 12.6 > 2.10 = t_{0.025,(18)}$이므로,

H_0를 기각한다.

13. (1) $y = 385.39 + 9.85x$,

$r^2 = 0.13, r = 0.37$

(2) $b_1 \pm t_{0.005,(13)} s_{b_1} = (-5.15, 24.86)$

(3) $t = \frac{b_1}{s_b} = \frac{9.85}{6.95} = 1.4185$,

$1.4185 < t_{0.025,(13)} = 2.16$ 이므로

H_0를 채택한다. 즉 선형관계가 의미가 없다.

14. (1) $y = 35.42 + 1.0385x$

(2) 1.0385

(3) $R^2 = 11.5\%$ 반응값인 작품의 수의 변동의 11.5%가 모형적합에 의해 설명된다는 것을 의미한다.

(4) $r = \sqrt{0.115} = 0.339$

(5) 가설검정 :

$H_0 : \beta_1 = 0, \quad H_a : \beta_1 \neq 0$

유의수준 : $\alpha = 0.05$

검정통계량 :

$$t = \frac{b_1}{s_{b_1}} = 1.72,$$

기각역 : $|t| \geq t_{0.025,(22)} = 2.07$

결과판정 :

$|t| = 1.72 < 2.10 = t_{0.025,(22)}$이므로,

H_0를 기각할 수 없다. 즉, $\beta_1 = 0$이라고 할 수 있다.

15. (1) $y = 1.926x - 3593$, $r = 0.989$

(2) $\log y = 0.005639t + 1.905$

$t = x - 1900, \quad r = 0.996$

(3) 비선형모형에서

$\log y = 0.005639(200) + 1.905 = 3.0328$

$y = 1078(million)$

$\log 300 = 0.005639t + 1.905$

$t = 101$ 그러므로 $1900 + 101 = 2001$년

선형모형에서

$1.926 \times 2100 - 3593 = 452$(million)

$300 = 1.926x - 3593$에서,

$x = 2021.29$년

(4) 비선형 모형이 더 큰 상관계수를 갖고 더 정확하다.

16. (1) $\log y = -0.342 + 1.486 \log x$,

$r = 0.9997$

(2) $\log y = -0.342 + 1.486 \log 5000$

$= 5.155$

$y = 142.889$일

(3) $\log 45{,}000 = -0.342 + 1.486 \log x$

$\log x = 3.362$,

따라서 $x = 2{,}300$million miles

11장 연습문제

01.

요인	제곱합	자유도	평균 제곱합	F
처리	320	2	160	8
잔차	180	9	20	
계	500	11		

02. 이 예제는 일원배치법의 모형에서 $k=4$, $n=5$인 경우, 즉, $Y_{ij}=\mu+\alpha_i+e_{ij}$, $i=1,2,3,4$, $j=1,2,\cdots,5$로서 오차항 e_{ij}에 대한 가정이 전제된 것이다. 그리고 검정하고자 하는 가설은

$H_0:\alpha_1=\cdots=\alpha_4=0$, H_a:적어도 한 α_i는 0이 아니다.

이다. 주어진 자료에서

$$SS_T=(47-41.35)^2+\cdots+(25-41.35)^2=334.55$$

$$SS_{tr}=5[(52.6-41.35)^2+\cdots+(28.0-41.35)^2]=1826.55$$

$$SSE=(47-52.6)^2+\cdots+(25-28.0)^2=1508.00$$

을 얻을 수 있으며, 총 제곱합 SST의 자유도는 $4\times5-1=19$이며, 처리제곱합 SS_{tr}의 자유도는 4-1=3, 잔차제곱합 SSE의 자유도는 20-4=16이다.

이로부터 평균제곱과 F검정통계량의 관측값을 구해보면

$$MS_{tr}=SS_{tr}/3=608.85$$

$$MSE=SSE/16=94.25$$

$$f=MS_{tr}/MSE=608.85/94.25=6.46$$

이며, 부록의 F 분포표에서 $F\sim F_{(3,16)}$일 때

$0.001<P(F\geq 6.46)<0.01$

임을 알 수 있으며, 실제로 통계패키지를 이용하면 유의확률은

$P=P(F\geq 6.46)=0.0045$

이다. 이로부터 농도에 따라 직물의 인장강도에 유의한 차이가 있다는 결론을 유의수준 5%에서 내릴 수 있으며, 이러한 검정과정을 분산분석표로 나타내면 아래와 같다.

03. 이 예제는 $k=3, n_1=4, n_2=5, n_3=6$인 일원배치법의 모형으로 공정간의 유의성을 판단하기 위한 가설

$H_0:\alpha_1=\alpha_2=\alpha_3=0$,

H_a:적어도 한 α_i는0이 아니다.

을 검정하기 위한 제곱합을 계산하면

$$SS_T=(2-4.8)^2+\cdots+(8-4.8)^2=36.4$$

$$SS_{tr}=4(3.5-4.8)^2+\cdots+6(6.0-4.8)^2=16.2$$

$$SSE=(2-3.5)^2+\cdots+(8-6.0)^2=20.2$$

이고, 각각의 자유도는 4+5+6-1=14, 3-1=2, 15-3=12이다. 따라서 이로부터 평균제곱과 F검정통계량의 관측값을 구해보면

$$MS_{tr}=SS_{tr}/2=8.1$$

$$MSE=SSE/12=1.68$$

$$f=MS_{tr}/MSE=8.1/1.68=4.82$$

이며, 부록의 F 분포표에서 $F\sim F_{(2,12)}$일 때

$0.025\langle P(F\geq 4.82)<0.05$

임을 알 수 있으며, 실제로 통계패키지를 이용하면 유의확률은

$P=P(F\geq 4.82)=0.0292$

이다. 이로부터 공정에 따라 철선의 인장강도에 유의한 차이가 있다는 결론을 유의수준 5%에서 내릴 수 있으며, 이러한 검정과정을 분산분석표로 나타내면 아래의 표와 같다.

요인	제곱합	자유도	평균제곱	F값	유의확률
처리	16.2	2	8.1	4.82	0.0292
잔차	20.2	12	1.68		
계	36.4	14			

04. 강좌의 효과를 α_i라 하고, 학생의 효과를 β_j라 하면,

1) 가설 설정:

① $H_{0\alpha}: \alpha_1 = \alpha_2 = \alpha_3 = \alpha_4 = 0$,
$H_{a\alpha}: \alpha_i \neq 0$인 i가존재한다.

② $H_{o\beta}: \beta_1 = \beta_2 = \beta_3 = \beta_4 = \beta_5 = 0$,
$H_{a\beta}: \beta_j \neq 0$인 j가 존재한다.

2) 계산 :

$T_1.$	$T_2.$	$T_3.$	$T_4.$	$T..$
370	373	379	359	1481

$T._1$	$T._2$	$T._3$	$T._4$	$T._5$	$T..$
259	354	275	271	322	1481

$$SS_T = \sum_{i=1}^{4}\sum_{j=1}^{5} x_{ij}^2 - \frac{T_{..}^2}{n}$$
$$= (68^2 + 83^2 + \cdots + 87^2) - \frac{1481^2}{20}$$
$$= 2772.95$$
$$SS_A = \frac{1}{l}\sum_{i=1}^{4} T_{i.}^2 - \frac{T_{..}^2}{n}$$
$$= \frac{1}{5}(370^2 + 373^2 + 379^2 + 359^2) - \frac{1481^2}{20}$$
$$= 42.15$$
$$SS_B = \frac{1}{k}\sum_{j=1}^{5} T_{.j}^2 - \frac{T_{..}^2}{n}$$
$$= \frac{1}{4}(259^2 + 354^2 + 275^2 + 271^2 + 322^2)$$
$$- \frac{1481^2}{20} = 1618.70$$

$$SSE = SS_T - SS_A - SS_B = 1112.10$$

$\nu_T = n - 1 = 19$, $\nu_A = k - 1 = 3$, $\nu_B = l - 1$
$= 4$,

$\nu_E = (k-1)(l-1) = 12$

요인	제곱합	자유도	평균제곱	검정통계량	임계값
A	42.15	3	14.050	0.1516	$F_{0.05,(3,12)} = 3.49$
B	1618.70	4	404.675	4.3667	$F_{0.05,(4,12)} = 3.26$
오차	1112.10	12	92.675		
총합	2772.95	19			

3) 결과판정 :

① $F_A = 0.1516 < 3.49 = F_{0.05,(3,12)}$
이므로, $H_{0\alpha}$를 기각할 수 없다. 즉, 강좌들의 난이도는 차이가 있다고 할 수 없다.

② $F_B = 4.3667 > 3.26 = F_{0.05,(4,12)}$
이므로, $H_{0\beta}$를 기각할 수 있다. 즉, 학생들의 능력은 차이가 있다고 할 수 있다.

05. 기계의 효과를 α_i라 하고, 기능공의 효과를 β_j라 하면,

1) 가설설정 :

① $H_{0\alpha}: \alpha_1 = \alpha_2 = \alpha_3 = \alpha_4 = 0$,
$H_{a\alpha}: \alpha_i \neq 0$인 i가 존재한다.

② $H_{o\beta}: \beta_1 = \beta_2 = \beta_3 = \beta_4 = \beta_5 = 0$,
$H_{a\beta}: \beta_j \neq 0$인 j가 존재한다.

2) 계산 :

$T_1.$	$T_2.$	$T_3.$	$T_4.$	$T..$
483	469	465	483	1900

$T._1$	$T._2$	$T._3$	$T._4$	$T._5$	$T..$
375	379	380	383	383	1900

$$SS_T = \sum_{i=1}^{4}\sum_{j=1}^{5} x_{ij}^2 - \frac{T_{\cdot\cdot}^2}{n} = (90^2+98^2+\cdots+99^2) - \frac{1900^2}{20} = 188$$

$$SS_A = \frac{1}{l}\sum_{i=1}^{4} T_{i\cdot}^2 - \frac{T_{\cdot\cdot}^2}{n} = \frac{1}{5}(483^2+469^2+465^2+483^2) - \frac{1900^2}{20} = 52.8$$

$$SS_B = \frac{1}{k}\sum_{j=1}^{5} T_{\cdot j}^2 - \frac{T_{\cdot\cdot}^2}{n} = \frac{1}{4}(375^2+379^2+380^2+383^2+383^2) - \frac{1900^2}{20} = 11$$

$$SSE = SS_T - SS_A - SS_B = 124.2$$

$\nu_T = n-1 = 19$, $\nu_A = k-1 = 3$, $\nu_B = l-1 = 4$,

$\nu_E = (k-1)(l-1) = 12$

요인	제곱합	자유도	평균제곱	검정통계량	임계값
A	52.8	3	17.60	1.7005	$F_{0.05,(3,12)} = 3.49$
B	11.0	4	2.75	0.2657	$F_{0.05,(4,12)} = 3.26$
오차	124.2	12	10.35		
총합	188.0	19			

3) 결과판정 :

① $F_A = 0.1516 < 3.49 = F_{0.05,(3,12)}$ 이므로, $H_{0\alpha}$를 기각할 수 없다. 즉, 제품을 생산하는데 기계들의 효과는 차이가 있다고 할 수 없다.

② $F_B = 4.3667 > 3.26 = F_{0.05,(4,12)}$ 이므로, $H_{0\beta}$를 기각할 수 없다. 즉, 제품을 생산하는데 기능공들의 효과는 차이가 있다고 할 수 없다.

06. 1) 가설설정 :

$H_0 : \alpha_1 = \alpha_2 = \alpha_3 = \alpha_4 = 0$, $H_a : \alpha_i \neq 0$ 인 i가 존재한다.

2) 계산 :

$T_{1\cdot}$	$T_{2\cdot}$	$T_{3\cdot}$	$T_{4\cdot}$	$T_{\cdot\cdot}$
35.5	40.8	40.2	34.4	150.9

$$SS_T = \sum_{i=1}^{4}\sum_{j=1}^{n_i} x_{ij}^2 - \frac{T_{\cdot\cdot}^2}{n} = (8.2^2+8.7^2+\cdots+7.1^2) - \frac{150.9^2}{20} = 19.3495$$

$$SS_A = \sum_{i=1}^{4}\frac{T_{i\cdot}^2}{n_i} - \frac{T_{\cdot\cdot}^2}{n} = \left(\frac{35.5^2}{4}+\frac{40.8^2}{5}+\frac{40.2^2}{6}+\frac{34.4^2}{5}\right) - \frac{150.9^2}{20} = 15.462$$

$$SSE = SS_T - SS_A = 3.8857$$

$\nu_r = n-1 = 19$, $\nu_A = k-1 = 3$,

$\nu_E = \nu_r - \nu_A = 16$

요인	제곱합	자유도	평균제곱	검정통계량	임계값
처 리	15.4620	3	5.1540	21.2099	$F_{0.05(3,16)} = 5.29$
오 차	3.8875	16	0.2430		
총 합	19.3495	19			

3) 결과판정 :

$F = 21.2099 > 5.29 = F_{0.01,(3,16)}$ 이므로, H_0를 기각할 수 있다. 즉 4가지 농 도에 따라 식물들의 평균 성장에는 차이가 있다고 할 수 있다.

07. 플라스틱 유형의 효과를 α_i라 하고, 습도의 효과를 β_j라 하면,

1) 가설설정 :

① $H_{0\alpha} : \alpha_1 = \alpha_2 = \alpha_3 = 0$, $H_{a\alpha} : \alpha_i \neq 0$ 인 i가 존재한다.

② $H_{o\beta}: \beta_1 = \beta_2 = \beta_3 = \beta_4 = 0$,
$H_{a\beta}: \beta_j \neq 0$인 j가 존재한다.

2) 계산 :

$T_1.$	$T_2.$	$T_3.$	$T..$
138.9	122.3	114.2	375.4

$T._1$	$T._2$	$T._3$	$T._4$	$T..$
103.3	89.5	90.2	92.4	375.4

$$SS_T = \sum_{i=1}^{3}\sum_{j=1}^{4} x_{ij}^2 - \frac{T_{..}^2}{n} = (39.0^2 + 33.1^2 + \cdots + 30.9^2) - \frac{375.4^2}{12} = 171.1767$$

$$SS_A = \frac{1}{l}\sum_{i=1}^{3} T_{i.}^2 - \frac{T_{..}^2}{n} = \frac{1}{4}(138.9^2 + 122.3^2 + 114.2^{2^2}) - \frac{375.4^2}{12} = 79.2717$$

$$SS_B = \frac{1}{k}\sum_{j=1}^{4} T_{.j}^2 - \frac{T_{..}^2}{n} = \frac{1}{3}(103.3^2 + 89.5^2 + 90.2^2 + 92.4^2) - \frac{375.4^2}{12} = 41.2167$$

$$SSE = SS_T - SS_A - SS_B = 50.6883$$

$\nu_T = n-1 = 11$, $\nu_A = k-1 = 2$, $\nu_B = l-1 = 3$,
$\nu_E = (k-1)(l-1) = 6$

요인	제곱합	자유도	평균제곱	검정통계량	임계값
A	79.2717	2	39.6359	4.6917	$F_{0.05,(2,6)} = 5.14$
B	41.2167	3	13.7389	1.6263	$F_{0.05,(3,6)} = 4.76$
오차	50.36883	6	8.4481		
총합	171.1767	11			

3) 결과판정 :

① $F_A = 4.6917 < 5.14 = F_{0.05,(2,6)}$이므로, $H_{0\alpha}$를 기각할 수 없다. 즉, 플라스틱 유형에 따라 필요한 힘은 차이가 있다고 할 수 없다.

② $F_B = 1.6263 < 4.76 = F_{0.05,(3,6)}$이므로, $H_{0\beta}$를 기각할 수 없다. 즉, 습도에 따라 필요한 힘은 차이가 있다고 할 수 없다.

08. 각 효과의 유의성을 판단하기 위한 가설

$H_0: \alpha_1 = \alpha_2 = \alpha_3 = 0$,
H_a : 적어도 한 α_i 는 0이 아니다.

$H_0: \beta_1 = \beta_2 = \beta_3 = 0$,
H_a : 적어도 한 β_j는 0이 아니다.

$H_0: (\alpha\beta)_{ij} = 0 (i = 1,2,3,\ j = 1,2,3)$,
H_a : 적어도 한 $(\alpha\beta)_{ij}$는 0이 아니다.

을 검정하기 위한 제곱합을 계산하면

$$SS_A = 3\times 2[(15.67 - 15.61)^2 + \cdots + (13.67 - 15.61)^2] = 44.11$$
$$SS_B = 3\times 2[(12.5 - 15.61)^2 + \cdots + (17.33 - 15.61)^2] = 87.44$$
$$SS_{A\times B} = 2[(11.5 - 15.67 - 12.5 + 15.61)^2 + \cdots + (15.5 - \cdots + 15.61)^2] = 74.22$$
$$SS_T = (9 - 15.61)^2 + \cdots + (16 - 15.61)^2 = 288.28$$
$$SSE = SS_T - SS_A - SS_B - SS_{A\times B} = 82.51$$

이고, 각각의 자유도는 3-1=2, 3-1=2, (3-1)(3-1)=4, 3×3×2-1=17, 3×3×(2-1)=9이다. 따라서, 이로부터 평균제곱과 F 검정통계량의 관측값들을 구해보면

$$MSA = SS_A/2 = 22.055$$
$$MSB = SS_B/2 = 43.75$$
$$MS_{A\times B}/4 = 18.555$$
$$MSE = SSE/9 = 9.168$$

$$F_A = MSA/MSE = 2.41$$
$$F_B = MSB/MSE = 4.77$$
$$F_{AB} = MS_{A\times B}/MSE = 2.02$$

이며, 부록의 F 분포표에서 $F \sim F_{(2,9)}$와 $F \sim F_{(4,9)}$일 때

$0.1 < P(F \geq 2.41), 0.025 <$
$P(F \geq 4.77) < 0.05, 0.1 < P(F \geq 2.02)$

임을 알 수 있으며, 실제로 통계패키지를 이용하면 유의확률은

$P = P(F \geq 2.41) = 0.1455,$

$P = P(F \geq 4.77) = 0.0387$

$P = P(F \geq 2.02) = 01744$

이다. 이로부터 기능공에 따라서만 생산성에 유의한 차이가 있다는 결론을 유의수준 5%에서 내릴 수 있다. 이러한 검정과정을 분산분석표로 나타내면 다음과 같다.

요인	제곱합	자유도	평균제곱	F값	유의확률
인자A	44.11	2	22.055	2.41	0.1455
인자B	87.44	2	43.72	4.77	0.0387
교호작용	74.22	4	18.555	2.02	0.1744
오차	82.51	9	9.168		
계	288.28	17			

09. 기능공의 효과를 α_i, 기계의 효과를 β_j, 교호작용 효과를 $(\alpha\beta)_{ij}$라 하면

1) 가설설정 :

① $H_{0\alpha} : \alpha_1 = \alpha_2 = \alpha_3 = 0,$

$H_{a\alpha} : \alpha_i \neq 0$인 i가 존재한다.

② $H_{o\beta} : \beta_1 = \beta_2 = \beta_3 = \beta_4 = 0,$

$H_{a\beta} : \beta_j \neq 0$인 j가 존재한다.

③ $H_{o(\alpha\beta)} : (\alpha\beta)_{11} = (\alpha\beta)_{12} = \cdots = (\alpha\beta)_{34} = 0,$ $\quad H_{a(\alpha\beta)} : (\alpha\beta)_{ij} \neq 0$인 (i,j)가 존재한다.

2) 계산 :

$T_{1..}$	$T_{2..}$	$T_{3..}$	$T_{...}$
164	216	197	577

$T_{.1.}$	$T_{.2.}$	$T_{.3.}$	$T_{.4.}$	$T_{...}$
158	176	104	139	577

$T_{..1}$	$T_{..2}$	$\cdots$	$T_{..4}$	$T_{...}$
47	47	$\cdots$	50	577

$$SS_T = \sum_{i=1}^{3}\sum_{j=1}^{4}\sum_{\beta=1}^{3} x_{ij\beta}^2 - \frac{T_{...}^2}{n}$$
$$= (19^2 + 15^2 + \cdots + 15^2) - \frac{577^2}{36}$$
$$= 662.9722$$

$$SS_A = \frac{1}{rl}\sum_{i=1}^{3} T_{i..}^2 - \frac{T_{...}^2}{n}$$
$$= \frac{1}{12}(164^2 + 216^2 + 197^2) - \frac{577^2}{36}$$
$$= 115.3889$$

$$SS_B = \frac{1}{rk}\sum_{j=1}^{4} T_{.j.}^2 - \frac{T_{...}^2}{n}$$
$$= \frac{1}{9}(158^2 + 176^2 + 104^2 + 139^2) - \frac{577^2}{36}$$
$$= 316.0833$$

$$SS_{AB} = \frac{1}{r}\sum_{i-1}^{3}\sum_{j-1}^{4} T_{ij.}^2 - \frac{T_{...}^2}{n}$$
$$= \frac{1}{3}(47^2 + 47^2 + \cdots + 50^2) - \frac{577^2}{36} = 478.3056$$

$SSE = SS_T - SS_{AB} = 184.6666$

$\nu_T = n - 1 = 35, \nu_A = k - 1 = 2,$

$\nu_B = l - 1 = 3,$

$\nu_{A\times B} = (k-1)(l-1) = 6,$

$\nu_E = n - kl = 24$

요인	제곱합	자유도	평균제곱	검정통계량	임계값
A	115.3889	2	57.6745	7.4956	$F_{0.05,(2,24)}$ $= 3.40$
B	316.0833	3	105.3611	13.6932	$F_{0.05,(3,24)}$ $= 3.01$
$A \times B$	46.8334	6	7.8056	1.0145	$F_{0.05,(6,24)}$ $= 2.51$
오차	184.6666	24	7.6944		
총합	662.9722	35			

3) 결과판정 :

① $F_A = 7.4956 > 3.01 = F_{0.05,(2,24)}$ 이므로, $H_{0\alpha}$를 기각할 수 있다. 즉, 기능공들의 능력에는 차이가 있다고 할 수 있다.

② $F_B = 13.6932 > 3.01 = F_{0.05,(3,24)}$이므로, $H_{0\beta}$를 기각할 수 있다. 즉, 기계들의 성능에는 차이가 있다고 할 수 있다.

③ $F_{A \times B} = 1.0145 < 2.51 = F_{0.05,(6,24)}$ 이므로, $H_{0(\alpha\beta)}$를 기각할 수 없다. 즉, 기능공들과 기계들 간에 교호작용 효과는 있다고 할 수 없다.

■ 참고문헌

- Devore. Jay L, *Probability and statistics for engineering and the sciences*, 5th ed, Duxbury, Thomson Learning, 2000.
- Hogg, R. V. and Tanis, E. A., *Probability and Statistical Inference*, 7th ed, Prentice Hall International, Inc, 2006.
- Mendenhall, W. and Sincich, T. *Statstics for Engineering and the Sciences,* 4th ed, Englewood Cliffes, New Jersey : Prentice-Hall International, Inc, 1995
- Ross, S., *A First Course in Probability*, 6th ed, Prentice Hall International, Inc, 2002.
- Walpole, R. E., and R. H. Myers, *Probability and statistics for engineering and the scientists,* 5th ed, New York : Macmillan Publishing Co, Inc, 1993.
- 김병휘 외 4인, *확률 및 통계*, 자유아카데미, 2004
- 김우철 외 3인, *현대통계학*, 영지문화사, 제 4판, 1998.
- 한국통계학회, *통계학용어집*, 자유아카데미, 1997.
- Martin Sternstein, ph.D., *Barron's Statistics*, 2008.
- 최규정 외 4인, *이공계를 위한 확률과 통계학*, 자유아카데미, 2007.
- 장한명 외 1인, *통계학 연습*, 정익사, 1992.
- 송문섭 외 1인, *수리통계학*, 박영사, 2006.
- 김재광 외 6인, *통계학 입문*, 자유아카데미, 2009.
- 이재원 외 2인, *확률과 통계학*, 한티미디어, 2010.
- 구자용외 6인, *통계학*, 자유아카데미, 2005.
- 박미라외 2인, 의학데이터의 통계분석, 자유아카데미, 2009.
- Daren S. Starnes, The practice of statistics, 4th ed, W. H. Freeman and Company.

INDEX

ㅎ